Schleif- und Poliertechnik

Band V

Schleif- und Poliertechnik

Handbuch

des gesamten Schleif- und Polierwesens
in fünf Bänden

Von

Senator e. h. B. Kleinschmidt

Band I: Das Schleifen in der Metallbearbeitung
Band II: Das Polieren der Metalle
Band III: Das Schleifen und Polieren in der Holzbearbeitung
Band IV: Das Schleifen und Polieren in der Glas-, Stein-, Leder-, Kunststoff- usw. Bearbeitung
Band V: Das Schleifen der Werkzeuge

BERLIN W 35
TECHNISCHER VERLAG HERBERT CRAM
1954

SCHLEIF- UND POLIERTECHNIK
Handbuch des gesamten Schleif- und Polierwesens

Band V

Das Schleifen der Werkzeuge

Mit 421 Abbildungen

BERLIN W35
TECHNISCHER VERLAG HERBERT CRAM
1954

 — Satz und Druck: Ad. Mann Nachfl., Remscheid-Lennep.

Vorwort

Die Grundlage jeder handwerklichen oder industriellen Erzeugung ist das Werkzeug, mit dem sie ausgeführt wird. Manche Arbeit kann überhaupt erst mit Hilfe eines guten und zweckmäßigen Werkzeuges durchgeführt werden. Um die Erzeugnisse in größerer Güte und größeren Mengen herzustellen, wird das Werkzeug mehr und mehr vervollkommnet. Alles dies geschieht aber, um dem Werksmann die Arbeit zu erleichtern, je nach Möglichkeit ihm die körperliche Arbeit ganz abzunehmen und einer helfenden Maschine zu übertragen, deren Bedienung immer mehr erleichtert wird.

Die in letzter Zeit immer stärker in den Vordergrund tretende Genauigkeitssteigerung hat dazu geführt, daß die dabei zur Anwendung kommenden Schleifmaschinen rasch und folgerichtig dafür entwickelt wurden. Diese neuen Werkzeugschleifmaschinen hatten nun nicht allein die Aufgabe, die in Betracht kommenden Werkzeuge zu schleifen, sondern auch eine bestimmte Oberflächenbeschaffenheit und vor allem Maßhaltigkeit eines Werkstückes zu erreichen. Soweit es sich um das Schärfen der zeitgemäßen Werkzeuge handelt, sind diese Schleifmaschinen, wie auch der relativ kleine Maschinensatz aus der Reihe der Schleifmaschinen, in Bauart und Leistung äußerst wichtige und gut durchentwickelte Werkzeugmaschinen geworden.

Es sind nur einige Jahrzehnte her, da kannte man kein anderes Schleifen als das Werkzeugschleifen. Ursprünglich hieß also „Schleifen", was wir heute mit Werkzeugschleifen bezeichnen. Das Schleifen ist ja auch Jahrtausende alt und der Urmensch unterschied sich vom Tier nur dadurch, daß er imstande war, sich ein Werkzeug für seine Vorrichtungen zu schaffen und es zu bedienen verstand. Als er den Unterschied zwischen stumpf und scharf begriffen hatte, da suchte er nach Mitteln, um seinen Waffen, seinen Speeren, Aexten oder Beilen, eine Schärfe zu geben und er fand bald heraus, daß gewisse Gesteinsarten, die in der Natur in verschwenderischer Fülle vorhanden waren, die Sandsteine, sich für diesen Schleif- oder Schärfprozeß hervorragend eigneten.

Im Laufe der Jahrtausende sind mit Hilfe der Schleifmittel und Schleifverfahren aus dem halben Dutzend Werkzeugen, die der Vormensch besaß und uns in seinem Grabe überlieferte, mehrere hunderttausend verschiedene Werkzeuge geworden. Daß es ganz unmöglich ist, alle diese Werkzeuge namentlich zu kennen und zu unterscheiden, das verstehen wir ohne weiteres, wenn wir hören, daß ein Werkzeugkatalog eines großen Remscheider Exporthauses fast so dick ist wie die Bibel und dabei noch lange nicht alle Werkzeuge enthält.

Besonders die Präzisionswerkzeug-Industrie hatte sich in den letzten Jahrzehnten in Deutschland in Verbindung mit der Werkzeugmaschinen-Industrie ganz gewaltig entwickelt, und zwar je mehr die früher mehr handwerksmäßige Bearbeitung von Eisen, Stahl und anderen Metallen durch die Werkzeugmaschine abgelöst wurde. Diese Entwicklung war nur möglich, weil mit der geradezu als glänzend zu bezeichnenden Entwicklung der hochwertigen und vielartigen Schleifmittel, insbesondere der Schleifscheibe, die Entwicklung der

Schleifmaschine, und hier wieder der Werkzeug-Schleifmaschine, Hand in Hand ging. Die volle Ausnutzung der Werkzeugmaschinen war nur durch die Verwendung hochwertiger Werkzeuge möglich. Auf dem Gebiete der Werkzeugmaschinen- und der Genauigkeitswerkzeug-Herstellung entwickelte sich ein Wettbewerb in der Richtung, daß durch die Herstellung von Werkzeugmaschinen mit gesteigerter Leistung auch entsprechend höhere Leistungen von den in Betracht kommenden Maschinenwerkzeugen gefordert wurden. Andererseits verlangte das leistungsfähigere Genauigkeitswerkzeug zu seiner vollen Ausnutzung auch wiederum die entsprechenden Maschinen. Gleichlaufend hiermit führten die Anforderungen an die Genauigkeit der zu bearbeitenden Werkstücke zu einer fortgesetzten Verfeinerung in der Herstellung, wodurch wiederum hochwertige und genaue Meßwerkzeuge erforderlich wurden.

Unter den Begriff Genauigkeitswerkzeuge fallen auf der einen Seite die spanabhebenden und formgebenden Werkzeuge, wie z. B. Spiralbohrer, Fräser, Reibahlen, Gewindeschneidwerkzeuge, Metallkreissägen und die Spannwerkzeuge und auf der anderen Seite die hochwertigen Meßwerkzeuge für die Metallbearbeitung, die Abrichtwerkzeuge, Schnitt- und Stanzwerkzeuge usw., die in Verbindung mit den Werkzeugmaschinen Verwendung finden.

Wie bedeutend die Werkzeugindustrie ist, geht aus der Tatsache hervor, daß in einem Warenverzeichns die folgenden Maschinen und Präzisionswerkzeuge für die Metallbearbeitung aufgeführt sind:

Maschinen- und Präzisionswerkzeuge für die Metallbearbeitung

Spiral- und andere Bohrer,

Senker,

Gewindeschneid- und Walzwerkzeuge,

(ohne Gewindefräser und ohne Handgewindeschneidwerkzeuge),

Fräswerkzeuge,

Räumwerkzeuge,

Hand- und Maschinenreibahlen,

Kreissägeblätter bis 300 mm ϕ,

Spannwerkzeuge,

Körnerspitzen aus Hartmetall,

Sonstige nicht genannte Maschinen- und Präzisionswerkzeuge für die Metallbearbeitung.

Vorrichtungen, Schnitte und Stanzwerkzeuge für die Metallbearbeitung

Vorrichtungen,

Schnitte und Stanzwerkzeuge,

Präzisionsmeßwerkzeuge

Lehren, Lehrdorne und Lehrringe,

Gewindelehren, Gewindelehrdorne und Gewindelehrringe.

Wie schon gesagt, war früher das Werkzeugschleifen das Schleifen überhaupt; man kann aber trotzdem heute nicht verlangen, daß ein Werkzeugschleifer im Stande ist, alle Werkzeuge einwandfrei zu schleifen. Spricht man nämlich heute vom Werkzeugschleifen und den Werkzeugschleifmaschinen, dann meint man nun nicht das Schleifen aller Werkzeuge und eine dazu geeignete Maschine, sondern nur einen kleinen und scharf umrissenen Teil derselben und eine geeignete Sondermaschine dazu. Selbst aber dieses Schleifen von einigen

Sonderwerkzeugen ist nicht so bekannt, wie man wohl glauben möchte und wird nicht immer richtig ausgeführt.

Das Werkzeugschleifen als eine besondere Art des Schleifens umfaßt das Genau-Schleifen von zylindrischen Teilen, den Zubehörteilen und das Schleifen von Drehbank- und Hobelwerkzeugen und allen Arten von Fräsern und Reibahlen. Da eine große Genauigkeit erzielt werden muß, so gehört zu dieser Arbeit eine große Geschicklichkeit; auch ist die Arbeit sehr verschieden. Der größte Teil des Werkzeugschleifens erfolgt außer auf Schleifböcken auf Werkzeugschleifmaschinen und auf Flächenschleifmaschinen. In immer größer werdendem Umfange finden selbsttätige Werkzeugschleifmaschinen für das Schleifen von Drehbank- und Hobelmaschinen-Werkzeugen Verwendung. In vielen Werkstätten, besonders in den größeren, werden Sonderschleifmaschinen wie Bohrerschleifmaschinen, Gewindebohrer-Schleifmaschinen, Fräserschleifmaschinen und Kombinationsschleifmaschinen benutzt.

Zweck dieses Buches soll daher sein, den Betriebsmann über das sachgemäße Schleifen bestimmter Werkzeuge für die Metall- und Holz-Bearbeitung zu unterrichten, um ihn in den Stand zu setzen, seine Werkzeuge nun auch sachgemäß und wirtschaftlich zu schleifen. Da die Schleifmittel, insbesondere die Schleifscheibe, hierbei eine sehr große Rolle spielen, die Kenntnisse darüber aber bei den meisten Werkzeugschleifern und solchen, die es werden wollen, sehr beschränkt sind, so ist es wohl verständlich, daß den Schleifmitteln und Schleifmaschinen in diesem Buche ein breiter Raum gewährt werden mußte. Es ist aber auch verständlich, daß den bei dem Schleifen der verschiedenen Werkzeuge in Frage kommenden Schleifverfahren der größte Raum vorbehalten werden mußte. Bei der großen Bedeutung, welche die gesinterten Hartmetalle für fast alle Betriebe haben, ist es erklärlich, daß die für das Schleifen der mit Hartmetall bestückten Werkzeuge anzuwendenden Schleifverfahren ganz besonders ausführlich behandelt werden mußten.

Senator h. c. B. Kleinschmidt.

Inhaltsverzeichnis

Die hergestellten oder technischen (künstlichen) Schleifrohstoffe

Siliziumkarbid (SiC), Aluminiumoxyd (Al_2O_3) und Borkarbid (B_4C)

Die deutsche Schleifmittelindustrie hat mit der Erfindung der technischen (hergestellten oder künstlichen) Schleifrohstoffe eine gewaltige Entwicklung genommen. In etwa 95 v. H. aller Industrie- und Handwerksbetriebe finden die zeitgemäßen Schleifverfahren und mit ihnen die Schleifrohstoffe ausgedehnte Verwendung, und haben ganz wesentlich zu der hohen Entwicklungsstufe der deutschen Qualitätswerkzeuge beigetragen.

Es braucht nicht besonders betont zu werden, daß in Zukunft alles was geschieht, unter dem Gesichtspunkt höchster Wirtschaftlichkeit und Qualität unter dem geringsten Aufwand an Stoff, Kraft und Zeit geschehen muß. Daß hierbei die Arbeitsverfahren des Schleifens und Polierens, und die Schleifmittel in ihrer vielartigen Gestalt von ausschlaggebender Bedeutung sind, ist im allgemeinen noch wenig bekannt. Es wird also sozusagen alles geschliffen, vom Füllfederhalter bis zur Lokomotive, von der Kurbelwelle bis zur Nähnadel. In der Tat sind die Ausdehnung und die Leistungsfähigkeit der Schleif- und Polier-Industrie so umfangreich, vielseitig und neuartig, daß man fast alle gewerblichen und industriellen Erzeugnisse anführen müßte, weil die Mehrzahl von ihnen selbst oder mittelbar während ihres Arbeitsganges des Entstehens mit den Schleif- und Poliermitteln in Berührung kommen.

Abb. 1 Siliziumkarbid-Kristall

Die natürlichen Schleifrohstoffe konnten den Ansprüchen solange genügen, wie die Industrie noch nicht in ziemlichem Umfange entwickelt war. Als aber in der Mitte des vorigen Jahrhunderts die Industrie, insbesondere die Eisen- und Stahl-Industrie, sich stark entwickelte, verlangte man gebieterisch nach viel leistungsfähigeren Schleifstoffen als es der Schmirgel und der Sandstein sein konnten. Der Schmirgel enthält je nach seinen Fundorten etwa 30—45 % Verunreinigungen, d. h. nicht schleiffähige Bestandteile, und der Sandstein enthält häufig weiche und harte Stellen, so daß er auch nicht in allen Fällen als ideales Schleifmittel angesprochen werden kann. Was nun die Natur dem Menschen versagt hat, das hat der nie rastende und nie ruhende, stets vorwärtsstrebende Menschengeist versucht, auf künstlichem Wege herzustellen, und wir dürfen erfreulicherweise sagen, daß ihm dies auch in den beiden technischen oder hergestellten (künstlichen) Schleifrohstoffen Siliziumkarbid (SiC) und Elektrokorund (Al_2O_3) in hervorragender Weise gelungen ist. Die Erfindung des erstgenannten künstlichen Schleifrohstoffes geht auf den Amerikaner Acheson zurück, während der Elektrokorund von einem Deutschen, dem Elektrochemiker Moyat, erfunden worden ist. Beide Schleifrohstoffe ergänzen sich in glücklicher Weise. Die Erfindung des Siliziumkarbids geht auf das Jahr 1891 zurück, während der Elektrokorund einige Jahre später erfunden wurde. Siliziumkarbid darf als das wertvollste technische (künstliche) Schleifmittel betrachtet werden. Die Welterzeugung dieses Rohstoffes beträgt etwa 70 000—75 000 t jährlich. Davon hat Nordamerika mit einer Erzeugung von etwa 50 000 t den größten Anteil. Von den übrigen Erzeugern stellt Deutschland den größten Teil her, es folgen dann die Schweiz, Schweden, Norwegen, Frankreich, Italien und Rußland.

Der Erfinder Acheson hatte schon seit längerem an die Möglichkeit geglaubt, den natürlichen Schleifstoff Schmirgel durch einen härteren Stoff zu ersetzen. Er kam auf den Gedanken, hierzu den elektrischen Ofen zu benutzen, um eine Form von kristallisierter Kohle zu erzeugen, die einige der Eigenschaften des Diamanten besitzen und sich als Schleifmittel eignen sollte. Der Erfinder erkannte, daß die Kohle das Härtungsmittel im Stahl ist und daß sie in ihrer Kristallform als Diamant die härteste bekannte Substanz ist. Er entschloß sich daher, Versuche zu machen, Ton mit Kohle unter Einfluß elektrischer Hitze zusammenzuschmelzen. Dies war die erste Vorstellung eines technischen oder hergestellten Schleifrohstoffes. Der Erfinder nannte den neuen Stoff, da er ohne chemische Analyse unter dem Eindruck stand, daß er aus Kohle und Corundum bestand, „Carborundum"; er hatte die beiden Worte „Carbon" und „Corundum" zusammengezogen und daraus das Phantasiewort „Carborundum" gebildet, das heute ein eingetragenes Warenzeichen darstellt. Die kleinen schillernden Kristalle wurden später als Siliziumkarbid (SiC) festgestellt. Es war dies bis dahin eine unbekannte chemische Verbindung, dessen Molekül aus einem Atom Silizium und einem Atom Kohle besteht. Siliziumkarbid bildet rhomboedrische Kristalle, die durch Graphit und Siliziumverbindungen verschiedener Oxydationsstufen, welche in dünnen Schichten auf der Oberfläche lagern, schwarz, grün oder blau getönt sind.

Die Abb. 1 zeigt Siliziumkarbidkristalle. Wenn die Kristalle keine Verunreinigungen enthalten, so sind sie farblos und durchsichtig. Die Färbung des Siliziumkarbides kann man in einem bestimmten Ausmaße durch Veränderung des Fertigungsganges beeinflussen.

Wenn man die Frage stellt, worin denn die große technische Bedeutung des Siliziumkarbids liegt, so muß die Antwort darauf lauten: in seiner hohen Härte. Nimmt man nämlich die (heute als ungenügend geltende) Mohs'sche Härtetafel als Grundlage, so muß man das Siliziumkarbid zwischen Härte 9 und 10 einreihen. Es neigt aber mehr nach Nr. 10, der Härte des Diamanten. Hinzu

Abb. 2: Elektrischer Ofen zur Herstellung von Siliziumkarbid

kommt aber noch, daß die Schleifkörner eine günstigste Kristallisationsform besitzen, scharfe Ecken und Kanten aufweisen, so daß man das Siliziumkarbid als einen idealen Schleifrohstoff bezeichnen darf. Man stellt heute diesen Stoff durch die Reaktion von Kohle und Quarzsand in der sehr hohen Temperatur des elektrischen Ofens bei etwa 2200 ° C her. Da die Rohstoffe für die Herstellung des Siliziumkarbids — Quarz (SiO_2) und Kohle bzw. Petrolkoks (C) — in guter, fast reiner Beschaffenheit überall vorhanden sind, kommt eine gleichmäßige, gute Ware auf den Weltmarkt. Sie gelangt als grünes und schwarzes Material (im durchfallenden Licht dunkelblau) in den Handel. Zwischen erstklassigen grünen und erstklassigen dunklen Siliziumkarbid besteht chemisch so gut wie kein Unterschied. Siliziumkarbid, das chemisch rein ist, zeigt sich farblos. Sauerstoff greift Silizumkarbid unter 1000 ° C kaum an; ab 1350 ° C wird es durch Sauerstoff oberflächlich oxydiert und allmählich schließlich in Kieselsäure übergeführt.

Acheson hat das technische Verfahren zur Herstellung von Siliziumkarbid im elektrischen Ofen mit Kohleelektroden ausgearbeitet. Die heutige Schmelzofenform ist zum Teil noch nach seinen Vorschlägen aufgebaut. Die Abb. 2 zeigt einen elektrischen Ofen zur Herstellung von Siliziumkarbid. In der Regel arbeitet man mit Oefen zu 750 kW und 7 m Länge, 2,50 m Breite und 2 m Höhe, sowie mit Oefen zu 1500 kW, 12 m Länge, 4 m Breite und 3 m Höhe. Nach einer Schmelzdauer von 36 Stunden liefert der 750-kW-Ofen etwa 3 t und der 1500-kW-Ofen etwa 6,5 t. Notwendig sind zur Herstellung von 1 t kristallisiertem Siliziumkarbid etwa 3,5 t feinkörniges Gemisch, das aus 1900 kg Quarz (55 %), 1200 kg Petrolkoks (35 %), Hüttenkoks oder Anthrazit, 370 kg Holzsägespänen (8 %) und 60 kg Kochsalz (2 %) besteht. Erforderlich ist ein Stromverbrauch von 8500 kWh. Nach Beendigung des Schmelzprozesses wird das kristallisierte Siliziumkarbid mit hydraulischen Pressen gebrochen und auf Kollergängen gemahlen. Dann wäscht man es mit Schwefelsäure und anschließend mit Natronlauge, um Verunreinigungen wie Graphit, Silizium, Ferrosilizium und Aluminiumsilizium zu entfernen. Nach dem Nachwaschen mit Wasser wird die Siliziumkarbidware getrocknet, über magnetische Eisenabscheider geleitet und durch Siebe in Körner von 4 bis 0,01 Millimeter Größe

Abb. 3: Elektrokorund-Kristall

getrennt. Siliziumkarbid ist das Idealschleifmittel für Stoffe mit geringer Zerreißfestigkeit, wie z. B.: Grauguß, Hartguß, Messing, weiche Bronze, Kupfer, Aluminium, gesinterte Hartmetalle, Glas, Gesteine (Granit, Marmor usw.), Kunststoffe, Gummi, Leder, Kohle, Perlmutter, Porzellan usw. Für die wirtschaftliche Bearbeitung der gesinterten Hartmetalle kommt nur das sogenannte grüne Siliziumkarbid in Betracht. Das Siliziumkarbid gelangt auch unter den Warenzeichen Crystolon, Carborundum, Carbosilite, Suvox-Diamantin, Crystomax, Sica usw. in den Handel.

Der nächstwichtige technische oder hergestellte (künstliche) Schleifrohstoff ist der Elektrokorund oder Kunstkorund. Seine chemische Zusammensetzung ist wie folgt:

$Al_2O_3 + Fe_2O_3 + SiO_2 + TiO_2$. Der Gehalt an Al_2O_3 beträgt 90 bis 95 und bis 99,5 %. Der Elektrokorund, der ein sehr zähes Material darstellt, kristallisiert rhomboedrisch. Die Farbe ist rötlich bis weiß, die Bruchform muschelig körnig, die Härte nach Moß über 9, schätzungsweise 9,25, sein spezifisches Gewicht 3,9—4. Allerdings erweist sich seine Spaltbarkeit geringer als die des Naturkorundes. Im Gegensatz zum Siliziumkarbid gibt es beim Elektrokorund eine ganze Reihe von Arten und Sorten, die sich durch ihren Tonerdegehalt unterscheiden. Als Rohstoff dient bei der Erzeugung des Elektrokorundes neben der Kohle das bekannte tonerdereichste Mineral Bauxit, so genannt nach seinen ersten Fundstätten bei Les Beaux in Südfrankreich. Das Mineral Bauxit ist ein kolloidales Verwitterungsprodukt tonerdehaltiger Gesteine, wie z. B. Granit, Gneis und Basalt; es ist rot bis weiß gefärbt. Außer in Frankreich befinden sich wichtige Lagerstätten dieses Minerals in Ungarn, Dalmatien, Istrien, Rumänien und Nordamerika. Der dalmatinische Bauxit gewinnt mehr und

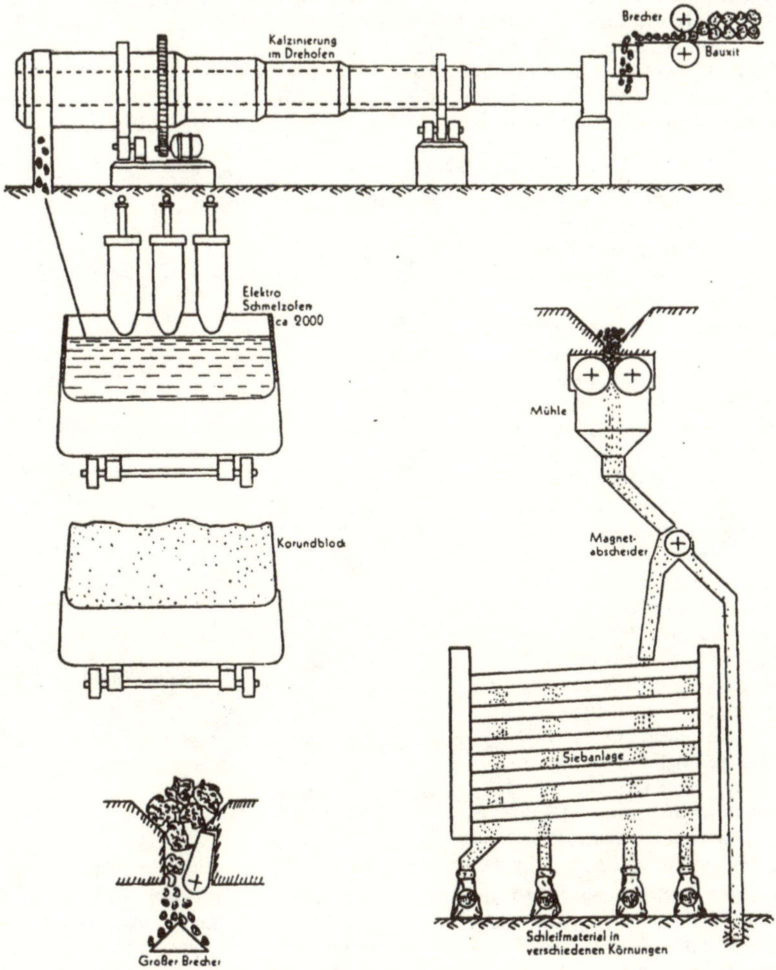

Abb 4: Schematische Darstellung der Herstellung des Elektrokorund-Schleifrohstoffes

mehr an Bedeutung. Die Vorkommen in Rumänien sind sehr bedeutend. Die wichtigsten Lager befinden sich im westlichen Siebenbürgen zwischen der ungarischen Grenze und Klausenburg südlich von Großwardein, in den Bergen des Bihur. Die Weltvorräte von Bauxit betragen nach „Rohstoffumschau" insgesamt 1,5 Billionen Tonnen. China soll daran mit etwa 270 Millionen, Brasilien mit 150 Millionen und Griechenland mit etwa 50 Millionen beteiligt sein. Die durchschnittlichen prozentualen Zusammensetzungen des Bauxits sind wie folgt:

Bauxit	Al_2O_3	SiO_2	Fe_2O_3	TiO_2	H_2O
weiß	60—70	3—13	2—5	3—5	12—20
rot	55—65	1—3	15—20	3—5	15—20
grau	55—60	8—12	8—12	3—5	15—20

In kleinen Mengen kommen außerdem im Bauxit vor: Kalk, Kalium, Natriumkarbonat und Borsäure. Der Bauxit wird für die Verarbeitung auf Kunstkorund etwa in der Größe einer Walnuß zerkleinert, möglichst weit kalziniert und mit Anthrazit gemischt. Hierauf erhitzt man das Gemisch im elektrischen Ofen auf über 2000 ° C, wobei der Bauxit schmilzt und zuerst die Eisen- und hierauf die Silizium- und Titanverbindungen durch den Kohlenstoff reduziert werden. In Form eines weißen Rauches entweicht der kleinere Teil des Siliziums, während der größere Teil mit dem reduzierten, metallischen Eisen Eisensilizite bildet, die während des Schmelzvorgangs flüssig bleiben und auf Grund ihres hohen spezifischen Gewichtes zu Boden sinken. Hierdurch wird die Trennung des spezifischen leichteren Aluminiumoxyds von den Reduktionsprodukten rein mechanisch unterstützt. Beendigt ist der Raffinationsvorgang sobald die Reduktion der Eisen-, Silizium- und Titanoxyde vollzogen und eine weitgehende Scheidung der Schmelze in eine untere Schicht von silizium- und titanhaltigem Eisen und eine obere Schicht von Aluminiumoxyd eingetreten ist. Sodann wird das flüssige Eisen und das Aluminiumoxyd getrennt aus dem Ofen entfernt oder je nach der Arbeitsweise kann es auch im Ofen erkalten. Aluminiumoxyd kristallisiert hierbei zu Elektrokorund. Eine schematische Darstellung der Elektrokorundherstellung zeigt Abb. 4.

Abb. 5: Elektrokorund-Block, wie er aus dem Schmelzofen gekommen ist

Den Erzeugungsgang kann man auf zwei Arten gestalten, und zwar fortlaufend einmal als Abstichbetrieb, indem man dem Ofen von oben immer neue Mischung zuführt und den gebildeten Korund und das Eisen im flüssigen Zustande durch eine Abstichöffnung von Zeit zu Zeit abzieht; dann aber auch als sogenannten Blockbetrieb, indem man im Ofen einen möglichst großen Block von geschmolzenem Korund anwachsen läßt, hierauf den Prozeß unterbricht, den Block aus dem Ofen entfernt und sodann den Ofen von neuem beschickt. Die Blockware ist in ihrer Herstellung zwar teurer als die Abstichware, dafür erweist sich aber die Qualität als eine bessere. Der Elektrokorund zeigt eine große Zähigkeit, das ist an und für sich wohl erwünscht, erschwert aber das Zerkleinern des Materials außerordentlich.

Für beide Herstellungsverfahren werden Oefen gleicher Art verwendet, und zwar benutzt man einen Ofen, der aus einem ortsfesten oder fahrbaren Herd von 1,5 bis 4 Meter Durchmesser besteht, dessen Boden mit Kohle, Teer usw. ausgestampft ist. Freischwebend werden in dem oberen offenen Ofen drei Kohleelektroden gehängt, zwischen denen der Lichtbogen erzeugt wird. Fassungen verschiedener Art mit und ohne Wasserkühlung gelangen als Verbindung der Elektroden mit den Kupferkabeln, die als Stromzuführung dienen, zur Verwendung. Dreiphasen-Drehstrom von 6300 Volt dient als Stromquelle. Was nun die Brenndauer des Ofens anbetrifft, so beträgt dieselbe 36 bis 40 Stunden. Man legt im Blockverfahren nach dem Erkalten eine an einem Kran hängende Kette um den Block, hebt ihn von der Schmelzstelle auf einen Wagen und fährt ihn dann aus der Schmelzhalle. Es dauert ziemlich lange, ehe man den Block vom Wagen heben kann, etwa 4 bis 5 Tage, dann muß er aber noch 9 bis 12 Tage erkalten, bevor er weiter bearbeitet werden kann. Mittels eines Fallbären wird der Block zerschlagen, die Stücke in Brechern weiter zerkleinert und sodann gereinigt. Der Abstichbetrieb spielt sich in etwa der

Abb. 6: Elektrische Öfen zur Herstellung von Elektrokorund

gleichen Weise ab, nur wird der flüssige Elektrokorund alle 4 bis 6 Stunden durch ein Loch im Ofenmantel abgezogen. In Abb. 6 wird die Erzeugung des Elektrokorunds im elektrischen Ofen gezeigt.

Der hochwertige Elektrokorund zeigt eine weiße bis graue Farbe, öfters auch ins Bräunliche und Rosa gehend; Elektrokorund minderwertiger Güte ist dunkelgrau bis schwarz gefärbt. Obwohl die Härte des Elektrokorunds geringer als die des Siliziumkarbids ist, stellt er doch einen ganz vorzüglichen Schleifrohstoff dar, der eine immer größer werdende Verwendung findet. Den in den Handel kommenden Elektrokorund teilt man in drei Arten ein: Geringe Qualität von 60—80 % Al_2O_3, bessere Qualität von 94—97½ Al_2O_3, hochwertige Qualität von 99—99,5 % Al_2O_3 als Edel- oder Sonderkorund bezeichnet. Der in großem Umfange zur Verwendung gelangende Edelkorund wird auf Tonerdepulver (Tonerdehydrat) erzeugt und besteht aus weißen, gut durchgebildeten Kristallen, die sich mit der Hand leicht auseinanderbrechen lassen. Da der einzelne Kristall des Elektrokorunds scharfe Spitzen und Kanten besitzt, kann mit dem Edelkorund sehr gute Schleif- und Polierarbeit geleistet werden.

Borkarbid (B_4C)

Borkarbid ist eine im elektrischen Ofen hergestellte Verbindung von Bor und Kohlenstoff. Dieser Stoff besteht aus kleinen glänzenden Kristallen von außerordentlich großer Härte. Das Siliziumkarbid wird in seiner Härte vom Borkarbid übertroffen, die Härte des Diamanten aber nicht erreicht. Hergestellt wird dieser Stoff nach dem amerikanischen Patent Nr. 1 897 214. Die chemische Zusammensetzung ist die folgende:

B_4C	97 %
Freier Graphit	Spuren
Bor, frei und als Boriden	2 %
Eisen	0,4 %
Aluminium	0,2 %
Silizium	0,3 %
Calzium und Magnesium	0,1 %

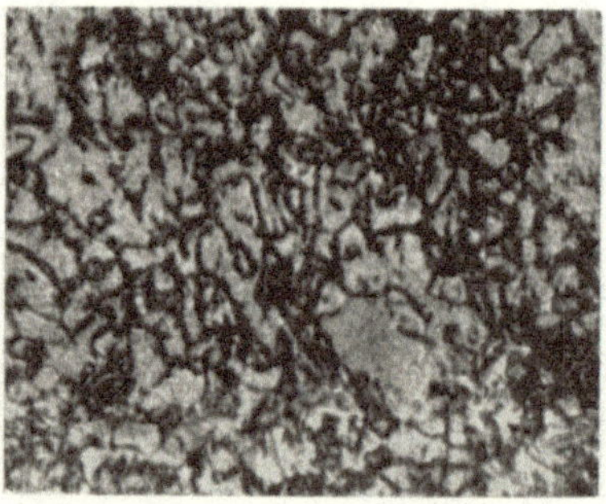
Abb. 7: Borkarbid (B_4C)

Als feines Pulver für Feinschleif- und Läppzwecke wurde Borkarbid zuerst von Nordamerika aus in den Handel gebracht; heute wird es auch in Deutschland in ansehnlichen Mengen erzeugt und als Ersatz für Diamantpulver für gewisse Arbeitsprozesse, z. B. zum Facettenschleifen von Diamanten, zum Schleifen von Steinen usw. benutzt. Wegen der hohen Härte wird es auch zur Bearbeitung der verschiedenen Arten von Hartmetallen verwendet, insbesondere auch zum Läppen und für Düsen an Sandstrahlgebläsen. Für allgemeine Schleifzwecke kommt Borkarbid wohl kaum in Frage, einmal ist seine Struktur nicht so günstig wie die des Siliziumkarbids und dann vor allem sind die Herstellungskosten so außerordentlich hoch, daß sie einen sehr hohen Verkaufspreis bedingen. (Abb. 7).

Die Körnung der Schleifrohstoffe

Unter Körnung der Schleifrohstoffe versteht man allgemein die beim Zerkleinern des Rohstoffes anfallenden Korngrößen, die entsprechend ausgesiebt werden. Die feinen staubförmigen Sorten werden mittels Schlämmen ausgesondert. In der Abb. 8 wird die Herstellung der Schleifmittel aus hergestellten (künstlichen) Schleifrohstoffen gezeigt. Nach der Mahlung des erschmolzenen Schleifmittels wird das gemahlene Gut nach Korngrößen auf Siebmaschinen eingeteilt.

Fast jedes Schleifmittelwerk hat seine willkürlich festgesetzten Korngrößen bzw. Siebbezeichnungen. Daher sind die Körnungsbezeichnungen der deutschen Schleifmittelwerke leider noch nicht einheitlich*). Der Verein deutscher Schleif-

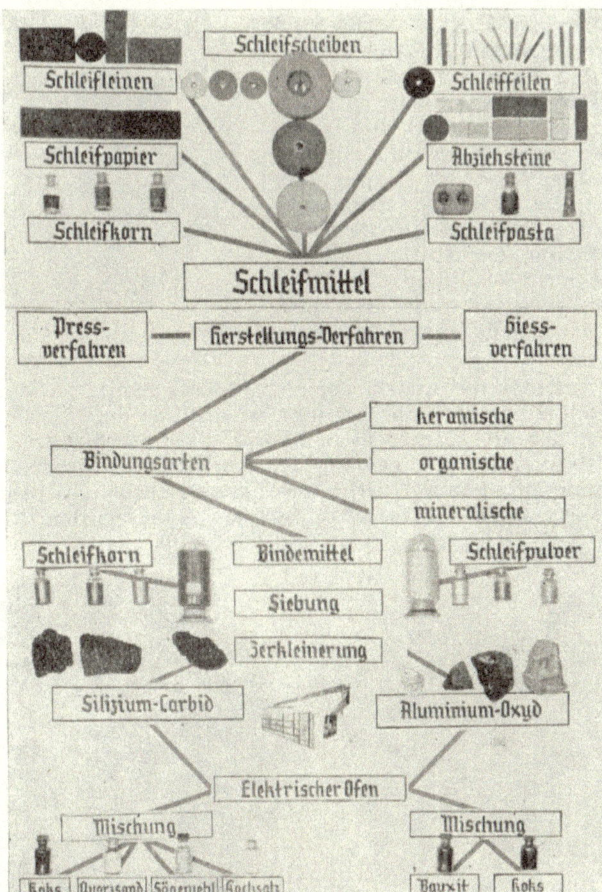

Abb. 8 Herstellung der Schleif mittel aus hergestellten (künstlichen) Schleifrohstoffen.

*) Siehe Seite 32 Normung der Schleifwerkzeuge.

mittelwerke (VDS) schlägt daher eine einheitliche Bezeichnung von Körnungen wie folgt vor:

sehr grob	8	10	12		
grob	14	16	20	24	
mittel	30	36	46	50	60
fein	70	80	90	100	120
sehr fein	150	180	200	220	240
staubfein	280	320	400	500	600

Die Werte sind Richtwerte. Wenn die ausübende Technik ein Bedürfnis nach Zwischenkörnungen besitzt, so soll dem nicht entgegengetreten werden. Die Normung der Körnungen ist mit der Vereinheitlichung der Bezeichnungsweise noch nicht ausgesprochen. Vorbedingung hierfür wäre eine Normung der Siebung und hierbei die Aufstellung von Regelwerten und zulässigen Abweichungen für die Durchgangsmengen und die Rückstände auf dem eine Körnungsgröße bestimmenden Prüfsieb und dem zugehörigen Vor- und Nachsieben. Ferner wäre Vorbedingung die Verwendung einheitlicher und unter einheitlicher Kontrolle stehender Siebe und Siebverfahren. Das Verlangen, Normzahlen für die Bezeichnung der Korngrößen zu verwenden, ist nicht erfüllbar. Die Körnungen werden zwischen sehr grob und staubfein, wie vorstehend aufgeführt, eingestellt.

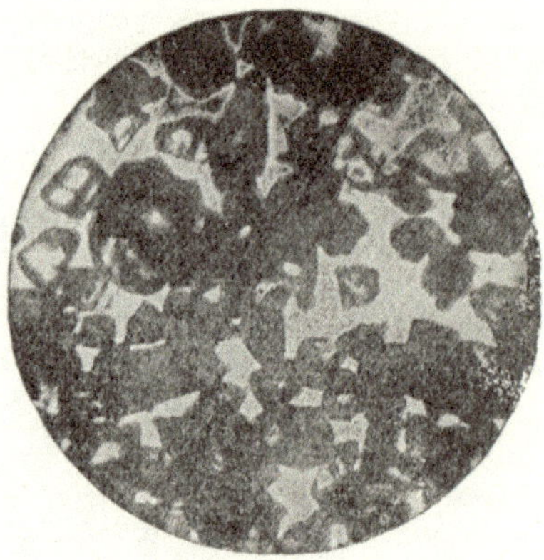

Abb. 9 Diamant im Mörser zerkleinert

Die Zahlen bedeuten die Anzahl der Maschen des Siebes auf ein Zoll Länge. Die Korngrößennummer oder die Körnung wird durch die Nummer des Siebes bestimmt, durch das die Körner etwa hälftig noch durchgehen, um auf dem nachfolgenden liegenzubleiben. Die feinsten Körnungen (Korngrößen), d. h. die staubfeinen Nummern, können nicht mehr durch Siebe geschieden, sondern müssen durch Schlämmen, Windsichten usw. gewonnen werden.

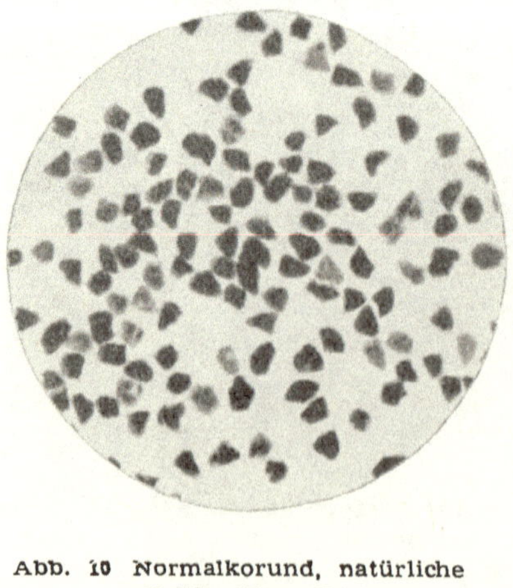

Abb. 10 Normalkorund, natürliche Größe, Korn 12

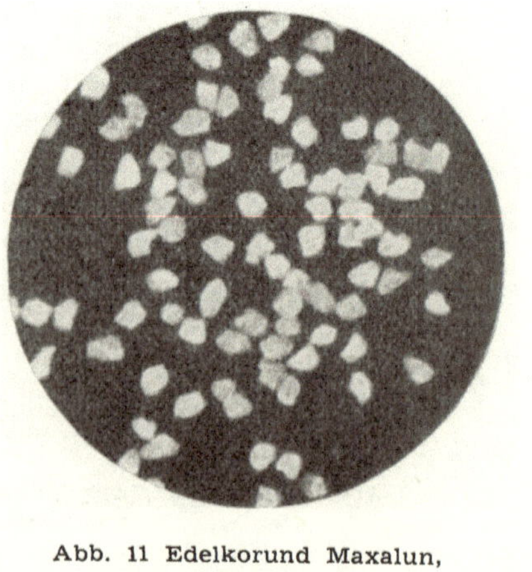

Abb. 11 Edelkorund Maxalun, natürliche Größe, Korn 12

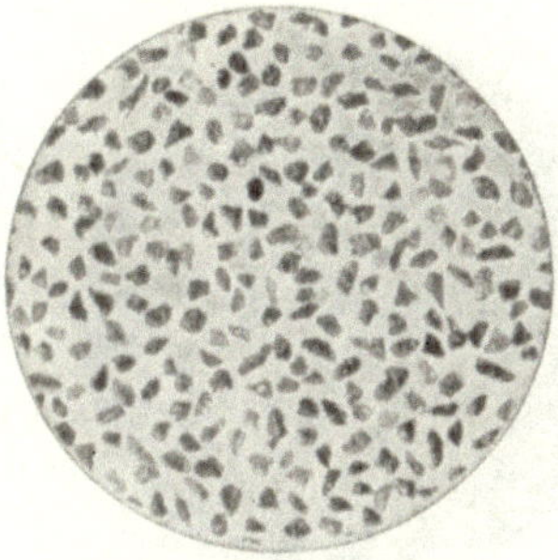

Abb. 12 Elektrokorund
Korn 16

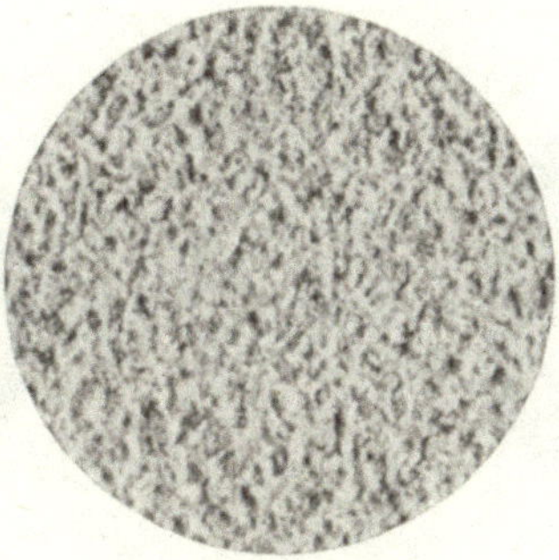

Abb. 13 Scheibenfläche
Korn 16

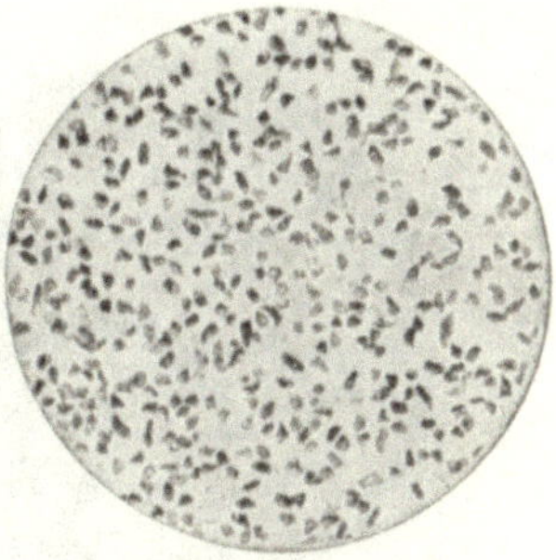

Abb. 14 Elektrokorund
Korn 24

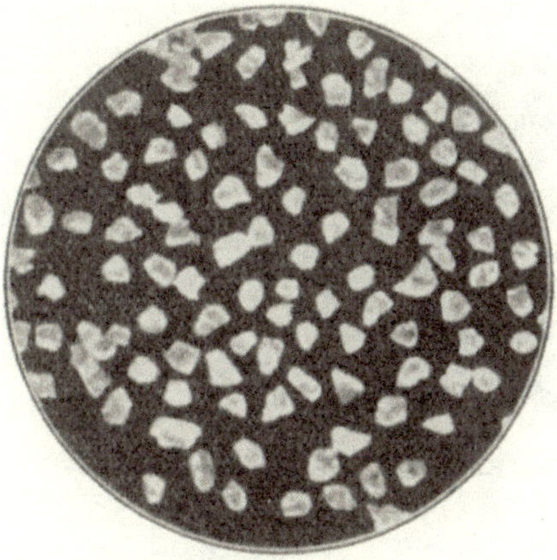

Abb. 15 Edelkorund, Korn 30
(2,5× vergrößert)

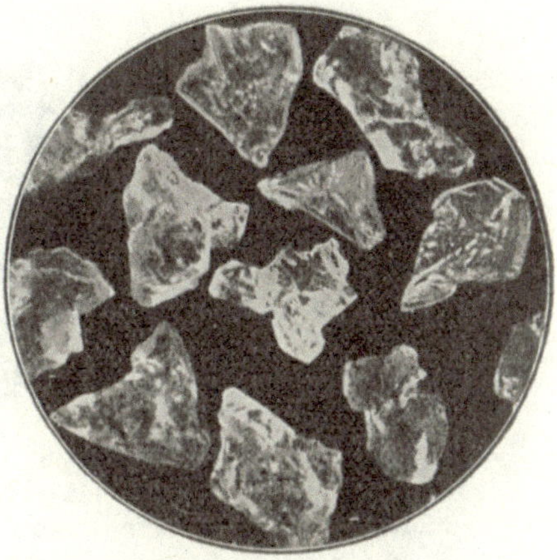

Abb. 16 Elektrokorund (Edelkorund)
Korn 30 (17× vergrößert)

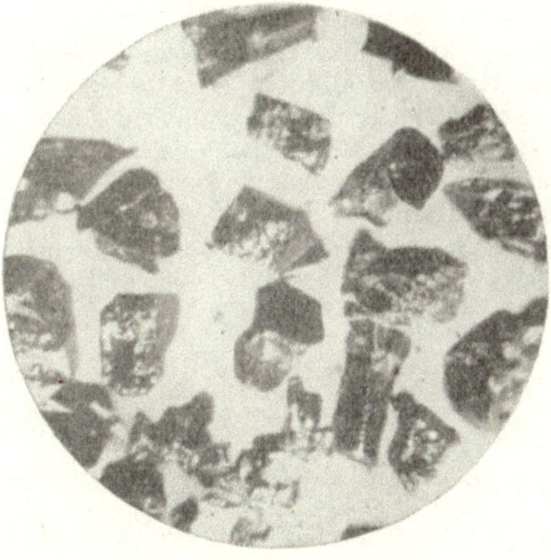

Abb. 17 Siliziumkarbidkorn

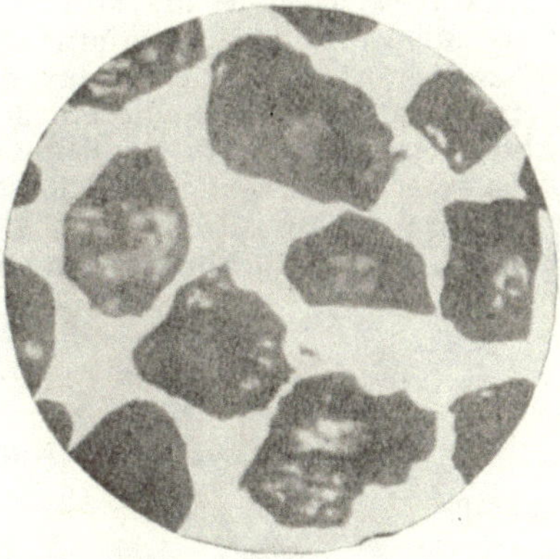

Abb. 18 Siliziumkarbid, Korn 20 (10× vergrößert)

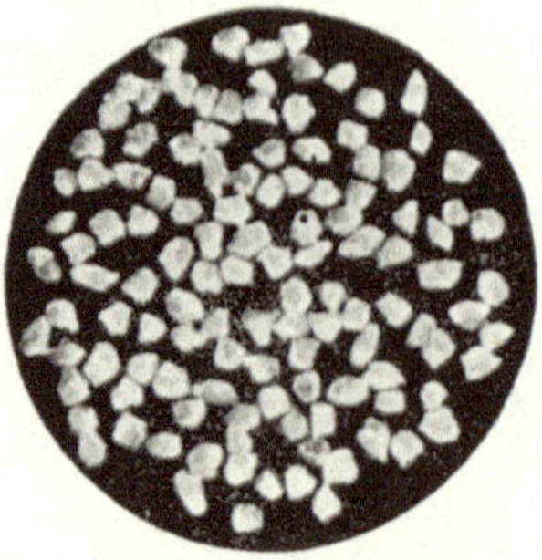

Abb. 19 Kubisches Korn

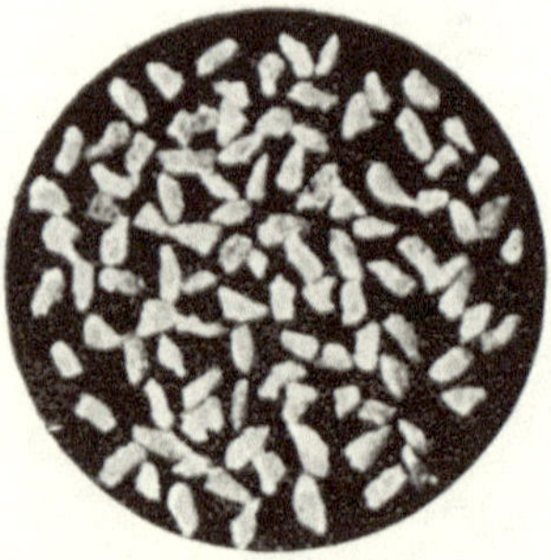

Abb. 20 Spitzes Korn

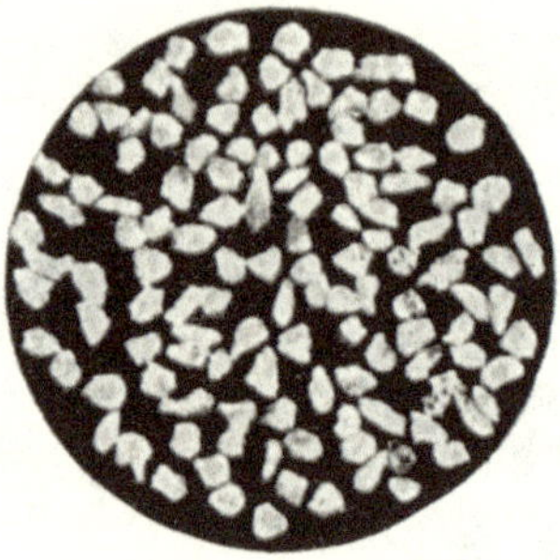

Abb. 21 Gemischtes Korn

Im Mörser zerkleinerten Diamant zeigt Abb. 9.

In Abb. 10—16 werden verschiedene Körnungen von Elektrokorund Nr. 12, 16, 24 und 30 gezeigt.

Die Abb. 17 und 18 zeigen Siliziumkarbid Nr. 60 (10mal vergrößert) und Nr. 20 (10mal vergrößert).

Natürlich ist auch die Form des Schleifkorns außer der Größe von Bedeutung. Man unterscheidet kubisches und spitzes Korn wie aus den Abb. 19 und 20 ersichtlich. Weder die eine noch die andere Art fällt bei dem Mahl- und Siebvorgang rein an, vielmehr ein aus beiden bestehendes Gemisch, wie aus der Abb. 21 ersichtlich. Für Sonderzwecke kann durch entsprechende Nachbehandlung ausschließlich kubisches Korn hergestellt werden.

Eine Tafel zur Bestimmung der Korngrößen in Abhängigkeit vom Material und der Art des Schliffes wird in Abb. 55 gezeigt.

Das Herstellungsverfahren der Schleifscheiben

Es gibt zwei Herstellungsverfahren von Schleifscheiben, das

Preß- und das Gießverfahren.

Die Frage, welches von beiden Verfahren das bessere sei, ist noch nicht entschieden. Es ist jedoch Tatsache, daß nach beiden Verfahren in jeder Beziehung

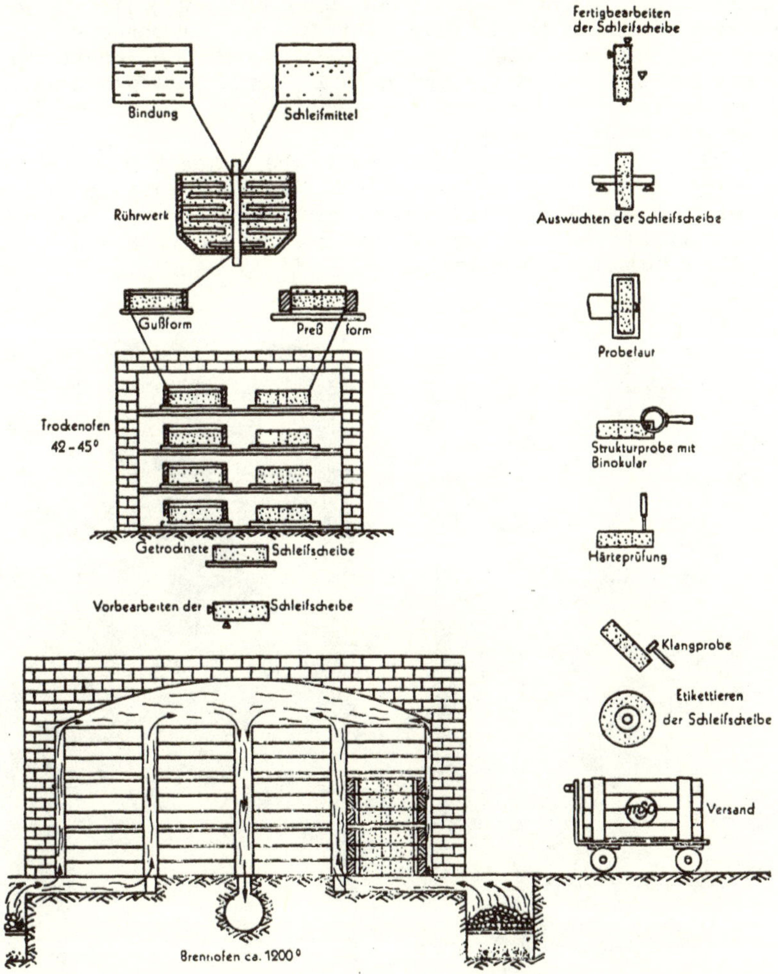

Abb. 22 Schematische Darstellung der Herstellung von Schleifscheiben

geeignete Schleifscheiben, hergestellt werden können. Bekanntlich besteht eine Schleifscheibe aus dem Schleifkorn und dem Bindemittel. In Abb. 23 wird eine Mischtrommel, in der das Schleifkorn mit dem Bindemittel gemischt wird, gezeigt. Abb. 24 zeigt, wie die Mischung in die Form eingefüllt wird.

Eine schematische Darstellung der Herstellung von Schleifscheiben wird in Abb. 22 gebracht (MSO).

Bei dem Preßverfahren muß sehr sorgfältig gearbeitet werden, dies trifft besonders zu, wenn kleine Schleifscheiben auf Spindelpressen gepreßt werden. Der zu erzielende Druck hängt hier von der Kraft der die Presse bedienenden Person ab, welche natürlich im Laufe des Tages schwankt. Im übrigen spielt bei der Wahl der Herstellungsverfahren der Verwendungszweck, die anzufertigende Stückzahl, die Art der Pressung usw. eine Rolle. Die Schleifscheiben werden auf hydraulischen Pressen oder auf Spindelpressen gepreßt. (Die Abb. 25 zeigt eine 170-Tonnen-Presse mit Motorpreßpumpe). Das Pressen einer Schleifscheibe wird in Abb. 27 dargestellt. Die zur Verwendung gelangende Mischung liegt auf dem Arbeitstisch des Pressers griffbereit, er füllt sie in die Form und schiebt sie unter die hydraulische Presse. Nach dem Pressen wird die Form entleert. Dies geschieht auf Ausstoßtischen, wie er in der nachstehenden Abb. 26 gezeigt wird.

Die im Bilde dargestellte Maschine drückt die fertiggepreßte Schleifscheibe unbeschädigt aus der Preßform heraus. Die Form mit der gepreßten Schleifscheibe wird auf den Tisch mit 4 Krampen festgespannt, worauf an dem großen, untenliegenden Rad so lange gedreht wird, bis Schleifscheibe und Preßplatten aus der Form herausgestoßen sind.

Abb. 23 Mischtrommel, in der das Schleifkorn mit dem Bindemittel gemischt wird.

Abb. 24 Die Mischung wird in die Form eingefüllt.

Der in Abb. 26 gezeigte Ausstoßtisch genügt für Formen bis 400 Millimeter Durchmesser; der innere Ausstoßtisch ist zur Aufnahme der ausfallenden Dorne hohl und hat einen Durchmesser von 140 und 180 Millimeter Hub. Die gepreßte Schleifscheibe kommt in den Trockenraum, wo ihr die Feuchtigkeit entzogen wird.

Um die im Gießverfahren herzustellenden Schleifscheiben zu erzeugen, wird die Mischung in großen Rührbottichen angerührt und dann in die Form (auf einem Untersatz befindlicher Blechkranz mit Papiereinlage) gelöffelt oder abgelassen. Sobald der gegossene Kuchen soweit getrocknet ist, daß er befördert werden kann, kommt er ebenfalls in den Trockenofen. Die Dauer des Trockenprozesses richtet sich nach der Größe der Schleifscheiben.

Der nächste Arbeitsgang umfaßt, soweit die gegossenen Schleifscheiben in Frage kommen, das Abdrehen der sogenannten Rohlinge, wie die vorgetrockneten Formen genannt werden. Man dreht sie auf das verlangte Maß ab, und zwar mit Uebermaß, weil sich das Brenngut im Ofen verziehen kann und später sowieso nochmals in der Dreherei abgedreht werden muß. Hingegen kommen die im Preßverfahren hergestellten Schleifscheiben von der Trockenkammer unmittelbar in den Brennofen.

Wir kommen nun zu dem Brennen der Schleifscheiben. Für den Brennprozeß sind außer den Tunnelöfen noch Rund- und Viereck-Oefen in Benutzung und zwar beheizt man diese mit Stein- und Braunkohle, Gas, Oel; Oefen kleinerer Abmessung werden auch mit Elektrizität usw. beheizt. In Deutschland werden die größeren ortsfesten Rundöfen, die auf Steinkohlenheizung oder die feuertechnisch weit günstigere Braunkohlenheizung eingestellt sind, noch weitgehend benutzt. Allmählich werden sie aber durch die Tunnelöfen verdrängt.

Abb. 25 170-Tonnen-Presse mit Motorpreßpumpe.

Abb. 26 Ausstoßtisch

Abb. 27 Das Pressen einer Schleifscheibe

Bei den Rundöfen gibt es zwei Ausführungen. Bei der einen werden Abgase durch den Sammelkessel dem Abzugskanal und von da aus dem gesondert stehenden Kamin zugeführt, bei der anderen Ausführung erhält der Ofen eine Kuppel und darauf sitzt der eigene Schornstein.

Das Brenngut wird in Kapseln eingelegt, d. h. in Quarzsand eingebettet bzw. eingerieben und dann gebrannt. Man darf den Brennprozeß als den schwierigsten Arbeitsgang in der Schleifscheibenherstellung bezeichnen. Schon das Einsetzen der Kapseln in den Ofen muß mit großer Sorgfalt von erfahrenen Fachleuten vorgenommen werden, da in ein und demselben Ofen Schleifscheiben von kleinem, mittlerem und großem Durchmesser zu brennen sind.

Abb. 28 Das Innere eines Brennofens.

Abb. 28 zeigt das Innere eines Rundofens. Bei den in Weißgluthitze gebrannten Schleifscheiben keramischer Bindung usw. geht man bis zur Temperatur von etwa 1300 ° C und auch darüber. Das Messen der Brenntemperatur erfolgt mit dem selbstschreibenden Pyrometer und zweckmäßigerweise auch mit dem Segerkegel. Für einen Rundofen von etwa 4,5 Meter Durchmesser und 4 Meter Höhe, der etwa 12 000 Kilo Brenngut aufnehmen kann, dauert das Einsetzen 6 Tage, die Brenndauer bei Elektrokorundscheiben 7 und bei Siliziumkarbid-Scheiben 8 Tage und Nächte. 7 bis 8 Tage muß der Ofen abkühlen und das Entleeren des Ofens bzw. der Schamottekapseln nimmt 1 bis 2 Tage in Anspruch.

Wie schon erwähnt, werden die Rundöfen immer mehr durch den Tunnelofen verdrängt. In Abb. 29 wird ein Tunnelofen zum Brennen von Schleifscheiben Bauart Heimsoth-Vollmer-Dreßler dargestellt. An das Brennen von Siliziumkarbid- und Korundschleifscheiben im Tunnelofen ist jedoch die Voraussetzung geknüpft, daß die keramischen Massen und Bindungen so aufeinander eingestellt sind, daß sämtliche bei der Temperatur, die im allgemeinen dem Segerkegel 10 entspricht, gebrannt werden können.

Bei der Benutzung des Tunnelofens wird nicht allein an Arbeitsaufwand gespart, sondern es ergibt sich auch eine Brennstoffersparnis. Ein anderer wich-

Abb. 29 Tunnelofen zum Brennen von Schleifscheiben

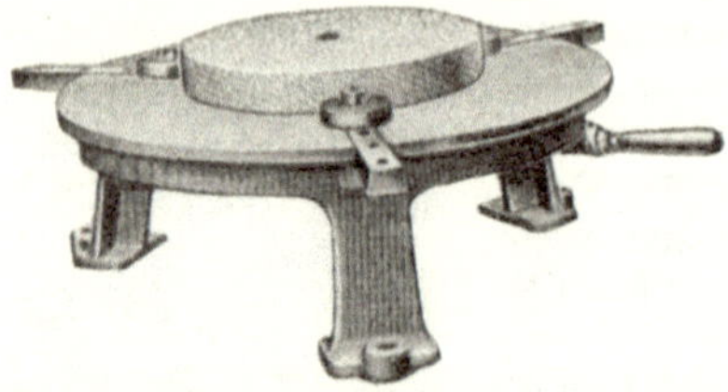

Abb. 30 Zentrierapparat zum Ausgießen der Schleifscheiben.

tiger Vorteil besteht darin, daß infolge des absolut gleichmäßigen Durchbrandes die Scheiben im Ausfall in Hinsicht auf Qualität viel besser sind. Der Tunnelofen selbst gliedert sich von der Ausfahrt aus betrachtet in Vorwärme-, Brenn- und Kühlzone. Die Brennzone, etwa in dem mittleren Teil des Ofens gelegen, enthält die Brennerei-Einrichtung, welcher Koksofengas (Ferngas) oder Generatorgas, welches in werkseigener Gaserzeugeranlage hergestellt wird, zugeführt wird. Die Abgabe der Wärme an das Brenngut kann durch direkte oder indirekte Beheizung erfolgen. Die Wahl der Beheizungsart oder des Ofensystems richtet sich danach, wie sich die Scheiben gegenüber den Einflüssen der rauchgashaltigen oder oxydierenden Ofenatmosphäre verhalten.

Die Kühlzone ist so konstruiert, daß sie ein langsames, schrittweises Abkühlen der Scheiben gewährleistet. Die Tagesleistung einer Tunnelofenanlage schwankt zwischen 500 bis 8000 Kilo gebrannte Scheiben, die Größe der Scheiben von den kleinsten bis zu solchen von 1 Meter Durchmesser.

Außer dem Preßverfahren findet in der Herstellung von Schleifscheiben auch das Gießverfahren Anwendung. In Abb. 31 wird das Gießen einer Schleifscheibe dargestellt.

Abb. 31 Das Gießen einer Schleifscheibe (MSO)

Die nach dem Brennen aus dem Ofen kommenden Schleifscheiben müssen weiterbearbeitet und auf das jeweilig vorgesehene Maß gebracht werden. Diese Bearbeitung erfolgte früher vielfach auf normalen Drehbänken mit Flatterfräsern und auch vielfach mit Diamanten. In den neuzeitlich eingerichteten Schleifscheibenfabriken werden die Plan- oder Stirnseiten der Schleifscheiben weit vorteilhafter auf Sondermaschinen, den Planier-Maschinen, abgeschliffen. Diese Maschinen arbeiten heute nach Nutzbarmachung der gesammelten Erfahrungen mit hoher Genauigkeit.

Nach der Fertigbearbeitung einer Schleifscheibe ist sie auf Zerreißfähigkeit zu prüfen. Dies ist zur Verhinderung von Betriebsunfällen dringend notwendig. Die Bohrung der Schleifscheibe wird mit Weichblei oder Weichmetall ausgegossen. Infolge Knappheit von Weichblei wird auch vielfach die Vergußmasse CEFA verwendet. Aus Abb. 30 ist ein Zentrierapparat zum Ausgießen der Schleifscheiben zu ersehen.

Die Schleifscheibe wird auf eine Platte gelegt, der Ausgießdorn genau in die Mitte der Bohrung gesteckt und dann wird das Weichblei hineingegossen. Eine neue Bauart „Amni Moment“ eines modernen Zentrier- und Ausgießapparates zeigt die Abb. 32. Dieser Apparat ist mit einer sich zwangsläufig drehenden Dornspindel zum Ausgießen des Dornes aus der Bohrung mittels Zahnstangenantriebes mit balliger Dornauflage und Ausgießscheibe mit Abscherhebel versehen. Ein Nacharbeiten des Ausgießwerkstoffes an den Schleifscheiben-Stirnseiten ist nicht erforderlich.

Abb. 32 Zentrier- und Ausgießapparat, Bauart „Amni Moment“.

Wie aus der nebenstehenden Abbildung ersichtlich, ist dieser Zentrier- und Ausgießapparat mit einem über der Tischplatte liegenden leicht auswechselbaren Blockzentrierschlitten versehen. Der Apparat ist für Schleifscheiben bis 600 mm Durchmesser bestimmt; er hat sich seit Jahren in der Praxis gut bewährt.

Der Härtegrad der Schleifscheiben

In der Regel teilt man die Schleifscheiben nach ihrer Härte in sehr weiche, weiche, mittelharte, harte und sehr harte Schleifscheiben ein. Eine weiche Schleifscheibe ist eine solche, die sich leicht von Hand mit einem spitzen Werkzeug, wie z. B. einem Schraubenzieher oder Meißel, tiefer einritzen läßt. Bei mittelharten Schleifscheiben ist das Anritzen schon etwas schwieriger und erfordert mehr Kraft als bei den weichen Schleifscheiben. Die harten und noch weniger die sehr harten Schleifscheiben lassen sich nicht mehr auf diese Weise ritzen; sie setzen dem Eindringen des Prüfstiftes zu großen Widerstand entgegen, die Schleifscheibe wird nur leicht angeschabt. Die Schleifscheibenhärte darf nicht mit der Härte des Schleifrohstoffes verwechselt werden. Die Härte des Schleifrohstoffes liegt fest, die Härte der Schleifscheibe wird hingegen durch verschiedene Faktoren bestimmt, wie z. B. die Festigkeit des Bindemittels, die Schichtdicke des Bindemittels zwischen den Schleifkörnern, die Größe der Schleifkörner, die Größe des Porenraumes, den Preßdruck (bei den im Preßverfahren hergestellten Schleifscheiben), die Brenntemperatur, die Lage des Brenngutes im Brennofen (unten oder oben, außen oder innen), auch die Abmessungen der Schleifscheibe spielen eine Rolle. Eine „weiche" Schleifscheibe erhält man bei einer geringen Festigkeit des Bindemittels, einer kleinen Schichtgröße zwischen den Schleifkörnern und großen Poren.

Es ist nicht leicht, eine genau Begriffsbestimmung der Schleifscheibenhärte zu geben. Die Schleifscheibe ist ein Gebilde, das aus zwei grundverschiedenen Stoffen besteht, dem Schleifkorn und dem Bindemittel. So ist es auch verständlich, daß man hier nicht einen Härtebegriff definieren kann, wie z. B. die Brinell-Härte bei Stahl. Im allgemeinen versteht man unter Härte der Schleifscheibe die Festigkeit der Bindung, die so beschaffen sein soll, daß sie die Schleifkörner beim Stumpfwerden infolge des erhöhten Widerstandes am Werkstoff freigibt, so daß die dahinter liegenden neuen, scharfen Schleifkörner zur Wirksamkeit kommen können. Ein Scharfschleifen des einzelnen Schleifkornes, nachdem es durch die geleistete Arbeit stumpf geworden ist, ist nicht möglich. Wohl kann man ein Stahlwerkzeug schleifen, hingegen muß ein stumpf gewordenes Schleifkorn herausgebrochen werden. Die Brüchigkeit der Schleifscheibenbindung sorgt ja dafür, daß dann sofort ein neues Korn seine Schleifkante darbietet.

Zwei Mittel dienen zum Herausbrechen der stumpfen Schleifkörner: das selbsttätige Scharfhalten der Schleifscheibe oder das Abrichten, also ein Eingriff von außen her. Sobald das Schleifkorn stumpf geworden ist und nur noch unter starkem Druck zum Schneiden gebracht werden kann, vermag die Schleifscheibenoberfläche dem Gegendruck des zu schleifenden Werkstückes nicht standzuhalten. Die Bindung zerbröckelt, und das stumpfe Schleifkorn bricht aus. Die Fähigkeit einer Schleifscheibe, sich selbst scharf zu halten, ist also für ihre Härte maßgebend. Das Schleifkorn muß sich gerade in dem Augenblick ablösen, wenn es stumpf geworden ist, damit das dahinter liegende Schleifkorn frei wird und zum Angriff kommen kann. Geschieht das rechtzeitige Ablösen des Schleifkornes nicht, so ist die Schleifscheibe, d. h. das Bindemittel, zu hart. Die Schleifscheibe wird dann recht bald stumpf und blank, so daß damit nicht weiter gearbeitet werden kann. Ist die Schleifscheibe, d. h. die Bindung, dagegen zu weich, so bleibt zwar die Schleifscheibe scharf, sie nutzt sich aber viel zu rasch ab (arbeitet also unwirtschaftlich) und wird leicht unrund, muß also oft abgerichtet werden. Immerhin ist es vorteilhafter, eine etwas zu weiche als zu harte Schleifscheibe zu verwenden; denn die weiche Schleifscheibe hat einen geringen Kraftverbrauch und bleibt viel länger schneidfähig als die harte Schleifscheibe. Einen fortlaufenden Betrieb kann man auch eher mit einer weichen Schleifscheibe durchführen: denn es treten weniger Unterbrechungen des Schleifens ein, weil die Schleifscheibe nicht so oft abgedreht zu werden braucht. Ein harter Werkstoff macht die Schleifkörner früher stumpf als ein weicher; es ergibt sich also daraus, daß für weiches Material harte Schleifscheiben und für hartes Material weiche Schleifscheiben zu verwenden sind. Abweichend hiervon verlangen Metalle, die zum Schmieren neigen, wie z. B. Messing oder Kupfer, besonders weiche Schleifscheiben; harte Schleifscheiben würden sich mit den abgeschliffenen Metallspänen zu schnell zusetzen, und die Schleifscheiben könnten sich nicht mehr selbst scharf halten, müßten also immer wieder abgedreht werden, was nicht allein Zeitverlust, sondern auch erheblichen Scheibenverlust bedeuten würde. Für diese Metalle würden also nur weiche Schleifscheiben in Frage kommen.

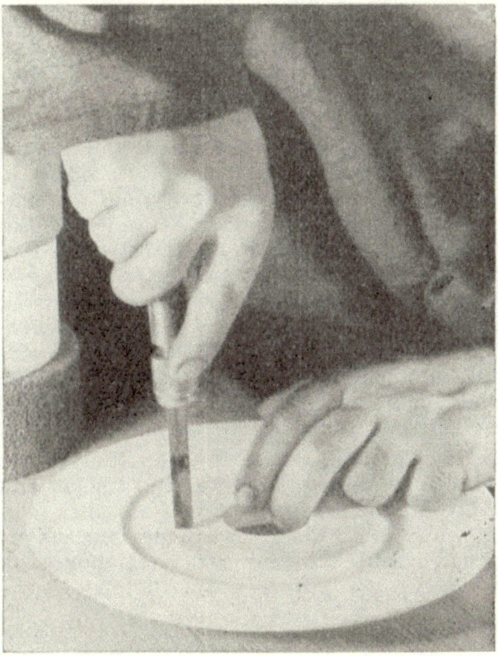

Abb. 33 Härteprüfung der Schleifscheibe mit einem Stahlstichel (MSO)

Zu harte Schleifscheiben können auch leicht ein Erhitzen des Werkstoffes und Rattermarken herbeiführen. Von einzelnen Verbrauchern wird hin und wieder die Behauptung aufgestellt, daß eine bestimmte Schleifscheibe nach der Mitte zu weicher ist, und daß infolgedessen die Schleifscheibe eine zu starke Abnutzung aufweise. Diese irrtümliche Auffassung ist darauf zurückzuführen, daß bei kleiner werdender Schleifscheibe die Verminderung des Durchmessers und damit der Umfangsgeschwindigkeit nicht durch eine entsprechende Drehzahlsteigerung berücksichtigt worden ist.

Aus Abb. 33 ist die Härteprüfung der Schleifscheibe mit einem Stahlstichel zu ersehen.

Ein absolutes Maß zur Bestimmung der Schleifscheibenhärte gibt es noch nicht, vielmehr wird die Ermittlung der Härte einer Schleifscheibe durch den relativen Vergleich der Schleifscheiben untereinander vorgenommen. Innerhalb gewisser Grenzen schwankt die Härte einer Schleifscheibe auch immer.

Bei keramischen Bindungen werden zur Härtebezeichnung der Schleifscheiben meist Buchstaben gewählt. Nach DIN 69 100 sind die Härtegrade wie folgt festgelegt:

Sehr weich	E	F	G	
Weich	H	I	Jot	K
Mittel	L	M	N	O
Hart	P	Qu	R	S
Sehr hart	T	U	V	W
Äußerst hart	X	Y	Z	

Die einheitliche Bezeichnungsweise soll dazu führen, daß im großen und ganzen Scheiben annähernd gleicher Härte auch gleiche Bezeichnungen tragen. Da es aber für den Begriff der Härte bisher keinen einheitlichen Maßstab gibt, so ist mit einer Vereinheitlichung der Bezeichnungsweise noch keine Normung der Härte von Schleifscheiben gefunden und infolgedessen auch keine Normung für die Schleifleistung der Schleifscheiben festgelegt. Denn die Festlegung des Härtegrades gestattet noch keine endgültige Aussage über den Gütegrad einer Schleifscheibe, d. h. über ihre beste Eignung für eine bestimmte Schleifaufgabe. Eine Normung der Leistung würde voraussetzen, daß vor allem die Beschaffenheit der Schleifmittel, die Größe und Gestalt der Schleifkörner, die Mischung der Körnungen, die Siebe und das Siebverfahren, die Beschaffenheit der Bindungen, das Gefüge der Schleifscheiben, die Herstellungsweisen und Rezepte vereinheitlicht und genormt wären.

Es ist ganz ausgeschlossen, daß ein Verbraucher übereinstimmende Schleifleistungen verlangen kann, wenn er bei verschiedenen Herstellern gleichbezeichnete Schleifscheiben bestellt. Es kann dies möglich sein, aber es muß nicht sein. Nach wie vor ist die Auswahl der für einen angegebenen Schleifzweck bestgeeigneten Schleifscheibe dem Hersteller zu überlassen.

Die Bindungsarten der Schleifscheiben

Einen wesentlichen Einfluß auf die Schleiffähigkeit der Schleifscheibe hat außer des Schleifrohstoffes und der Korngröße das Bindemittel; denn die Festigkeit und Schleifkraft hängt von der Art und der Menge des Bindemittels ab. Man unterscheidet keramische, vegetabilische und mineralische Bindung.

Etwa 70 Prozent aller Schleifkörper werden in keramischer Bindung hergestellt. Man kann sie in einer großen Anzahl von Härtegraden herstellen und sie zeichnen sich vor allem durch einen kühlen und freien Schnitt aus und können für Naß- und Trockenschliff verwendet werden. Die Hauptbestandteile der keramischen Bindung sind Tone und Feldspat. Diese Bindung erhält ihre Festigkeit durch den Brennprozeß bis zu etwa 1200—1300 ° C. Ein großer Vorteil von Schleifkörpern in dieser Bindungsart ist die Dauerhaftigkeit in der Lagerung und ihre Porigkeit, die dem Verwendungszweck angepaßt wird. Vor allem aber zeigt sie auch eine große Widerstandsfähigkeit gegen chemische Einflüsse. Allerdings sind sie unelastisch und daher empfindlich gegen Stoß und Druck. Zu der vegetabilischen Bindung gehören: Kunstharzbindung (Bakelite), Schellackbindung und Gummibindung.

Die Kunstharzbindung eignet sich besonders zur Herstellung von Trennscheiben, die bei einer Umfangsgeschwindigkeit von bis 80 m/sek. laufen. Ferner stellt man mit ihr Schleifkörper zum Abgraten von Stahl, Temperguß usw. her, die bei einer Umfangsgeschwindigkeit von 45 m/sek. arbeiten.

Schleifscheiben in Schellackbindung kommen dort zur Anwendung, wo es sich um hochgradige Fein- und Polierschliffe handelt, wie z. B. an Stahl- oder Hartgußwalzen; sie ergeben einen sehr sauberen Schliff.

Gummigebundene Schleifscheiben kommen hauptsächlich als Vorschubscheiben beim spitzenlosen Schleifen vor. Da die Gummibindung den Schleifscheiben eine sehr hohe Elastizität verleiht, können profilierte und sehr dünne Schleifscheiben hergestellt werden, wie beispielsweise solche zum Schärfen von Sägezähnen, zum Schleifen von Schlitzfräsern, Werkzeuge für Holzbearbeitung, Zertrennen von harten Werkstoffen usw. Als Trennscheiben laufen die gummigebundenen Scheiben mit 60 m/sek.

Zur mineralischen Bindung gehören:

Magnesitbindung und Silikatbindung. Die Magnesitbindung eignet sich nur zum Trockenschliff bei niedriger Umfangsgeschwindigkeit für Sonderzwecke, z. B. zum Schleifen in der Steinbearbeitung.

Die Silikatbindung hat sich ein großes Arbeitsfeld erobert. Sie ist nicht so spröde wie die glasartige keramische Bindung. Die Schneidwirkung der in dieser Bindungsart hergestellten Schleifscheiben ähnelt der des Sandsteines.

Die Hauptbestandteile der Silikatbindung sind Feldspat, Schlämmkreide, Kaolin und Wasserglas, wobei das Wasserglas ausschlaggebend ist.

In der Regel werden die silikatgebundenen Schleifscheiben gestampft, wobei vor allem auf eine gleichmäßige Verteilung der Masse und auf ein gleichmäßiges Stampfen zu achten ist. Schleifscheiben von geringer Breite kann man in dieser Bindungsart auch im Preßverfahren herstellen. Nachdem die so hergestellten Schleifscheiben getrocknet sind, werden sie bei einer Temperatur bis zu etwa 200 ° C. in einem etwa 30stündigen Erhärtungsprozeß erhärtet.

Der große Vorteil gegenüber den keramischen Schleifscheiben besteht darin, daß man die Silikatschleifscheiben in wenigen Tagen herstellen kann.

Die Silikatbindung zeichnet sich vor allem durch ihren kühlen Schliff aus und wird vorzugsweise überall da angewendet, wo eine Schleifwärme vermieden werden muß. Daher ist das hauptsächlichste Anwendungsgebiet von Silikatschleifscheiben das Schleifen dünner Werkzeuge, namentlich deren Schneiden. Ferner eignen sie sich zum Flächenschliff mit Segment-, Ring- und Topfschleifscheiben.

Silikatschleifscheiben lassen nur eine Arbeit bei niedriger Temperatur zu und geben einen sehr sauberen Schliff. Die Schleifscheiben in dieser Bindung lassen sich in größeren Abmessungen als die keramisch gebundenen herstellen, jedoch ist die zulässige Umfangsgeschwindigkeit genau einzuhalten, da die Festigkeit gegenüber den keramischen Schleifkörpern geringer ist. Für grobe Schleifarbeiten eignen sich Silikatschleifscheiben nicht.

Die verschiedenen Formen der Schleifmittel

In Industrie und Handwerk finden die Schleifmittel in den verschiedenartigsten Formen Verwendung. Man benutzt sie entweder lose oder in Verbindung mit anderen Stoffen. Jede Verwendung kann verschiedener Art sein. So spricht man z. B. von Schleifpapier, Schleifleinen, Schleiftuch, Schleifpasten usw., bei denen bestimmte Stoffe als Träger des eigentlichen Schleifrohstoffes zu betrachten sind.

Die Abziehsteine, auch Oelsteine genannt, werden in den verschiedensten Abmessungen und Formen, je nach dem Verwendungszweck, hergestellt. Das größte Anwendungsgebiet haben jedoch die Schleifscheiben, bei denen der

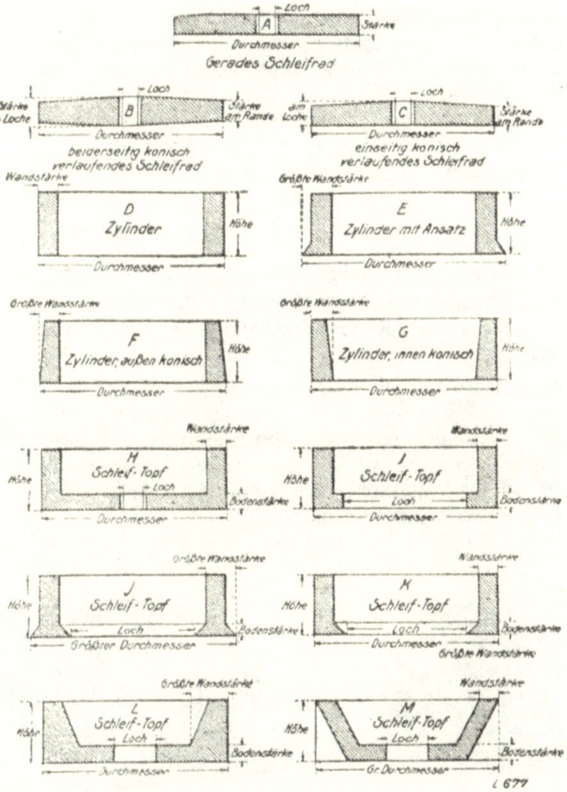

Abb. 34 Verschiedene Formen von Schleifscheiben

eigentliche Schleifrohstoff mit einem Bindemittel in eine feste Form gebracht ist. Dabei wird nicht nur die einfache Gestalt der eigentlichen Schleifscheibe, auch Schleifrad genannt, benutzt, sondern auch manche Abwandlung, wie Zylinder, Walzen, Töpfe, Tassen, Teller, Ringe, Segmente, Platten usw. Im allgemeinen richten sich die Größen der Abmessungen der Schleifscheiben nach der Bauart der Schleifmaschinen. In der Regel werden Schleifscheiben im Durchmesser von 10 bis 1000 Millimeter und in den Stärken wie sie sich für die verschiedensten Verwendungszwecke herausgebildet haben, hergestellt. Die Breite der Rundschliff-Scheiben richtet sich nach der Größe des Längsvorschubes für eine Umdrehung des Werkstückes und danach, ob das Werkstück gehärtet oder ungehärtet ist. Bei Rund- und Innenschliff haben große Scheibenbreiten nur Zweck, wenn genügend große Längsvorschübe vorhanden sind, um sie ausnutzen zu können.

Bis zu einem gewissen Grad ist die zur Verwendung gelangte Form der Schleifscheiben und Schleifkörper beliebig. Es ist nur Bedingung, daß die Form so gestaltet ist, daß sie der jeweiligen Beanspruchung genügen kann. Man kann nun die zur Anwendung gelangenden verschiedenen Formen der Schleifscheiben und Schleifkörper wie folgt zusammenfassen:

Gerade Schleifscheiben mit kleinen und großen Bohrungen, Aussparungen, Profilen, Ansätzen usw.;
Schleiftöpfe in gerader und schräger Form und Schleiftassen;
Schleifringe in den verschiedenen Wandstärken;
Schleifsegmente als Teile von Ringen oder in geraden Formen;
Schleifwalzen, Schleifkegel, Schleifkugeln und sonstige Formsteine;
Stahlkernschleifscheiben;
Trennscheiben (in den Stärken von 1—3,5 Millimeter);
Rutschersteine und Schleifblöcke der verschiedenen Arten;
Feilen der verschiedenen Arten;
Honingsteine;
Sensenwetzsteine;
Schleifpulver und Schleifpaste;
Schleifpapier und Schleifleinen oder Schleiftuche.

Besondere Beachtung muß den DIN-Normen DIN 181 bis 185, Form A bis H und 190 geschenkt werden, wie sie zum Schleifen von Werkzeugen Anwendung finden. (Siehe Seiten 109—112).

Die gebräuchlichen Randformen von Schleifscheiben werden in der Abb. 44 wiedergegeben.

Abschließend ist zu sagen, daß die Leistungsfähigkeit der Schleifindustrie vor allem darauf beruht, daß sie nicht allein ihre Erzeugnisse in bester Qualität auf den Markt bringt, sondern die Schleifmittelformen den jeweiligen Verwendungszwecken auch genau anpaßt.

Abb. 35 Axtsteine

Abb. 36 Schleifrutscher

Abb. 37 Verschiedene Formen von Schleifscheiben

Abb. 38 Runder Abziehstein

Abb. 39 Trennscheiben

Abb. 40 Topfschleifscheiben

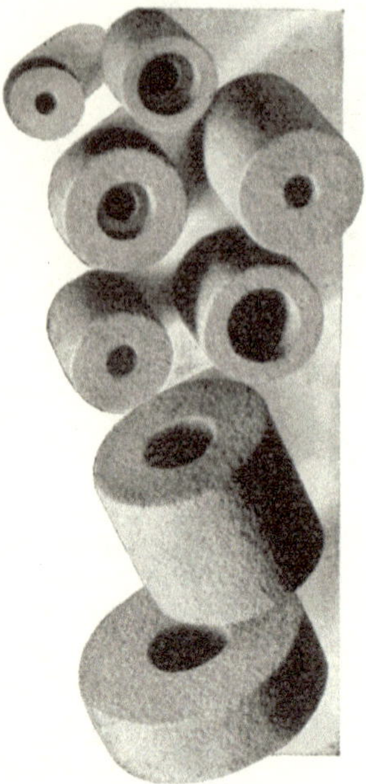

Abb. 41 Schleifscheiben für Innenschliff

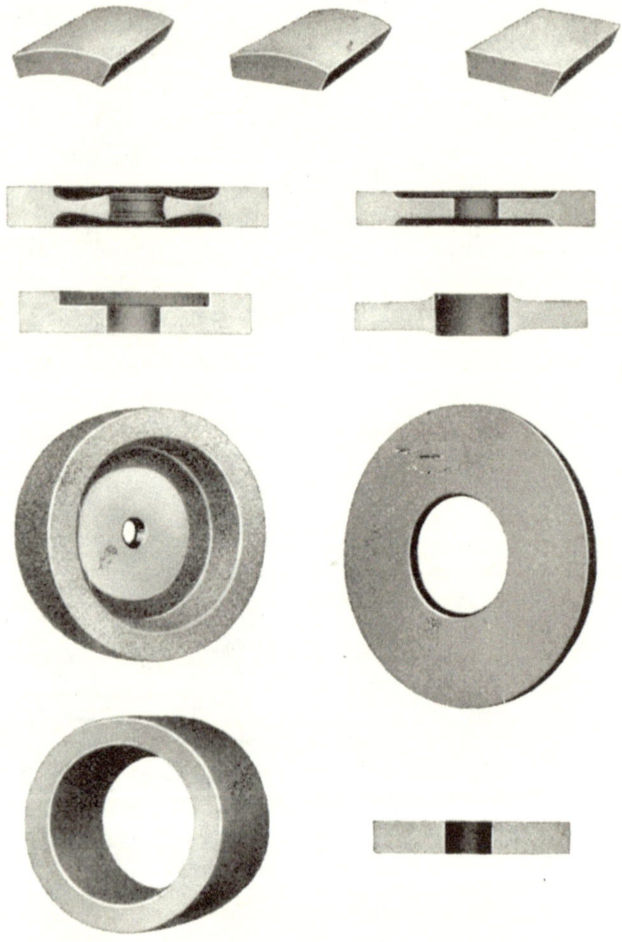

Abb. 42 Verschiedene Formen von Schleifscheiben und Schleifsegmenten

Abb. 43 Verschiedene Schleifscheiben-Formen.

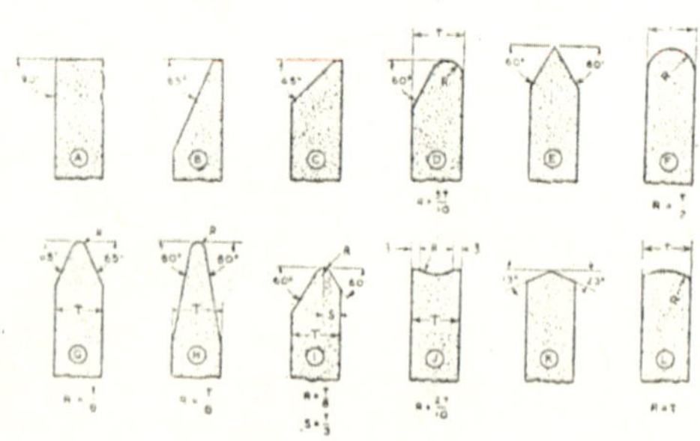

Abb. 44 Randformen von Schleifscheiben.

Abb. 45 Kombinations-Abziehstein

Abb. 46 Vielformstein

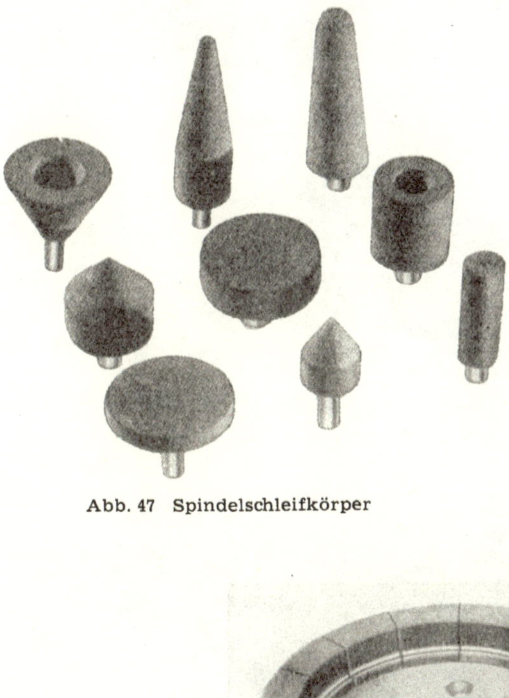

Abb. 47 Spindelschleifkörper

Abb. 48 Graveur-Stichel

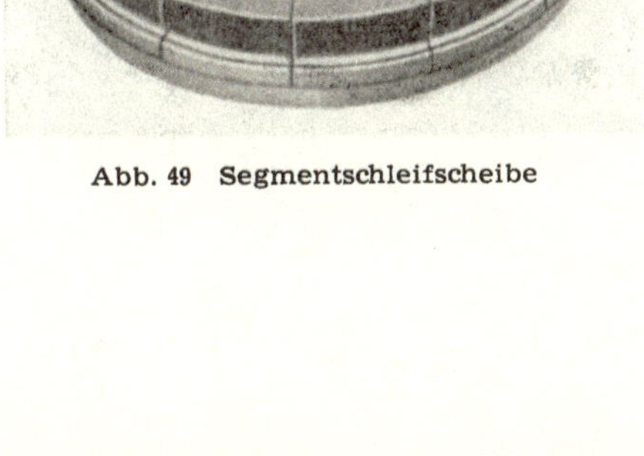

Abb. 49 Segmentschleifscheibe

Abb. 50 Verschiedene Formen von Schleifsegmenten

Abb. 51 Abziehstein für Schmiede

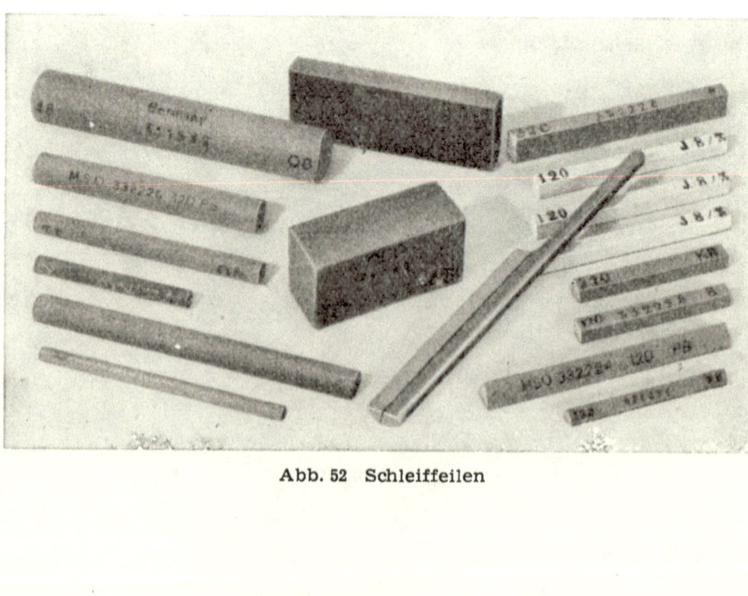

Abb. 52 Schleiffeilen

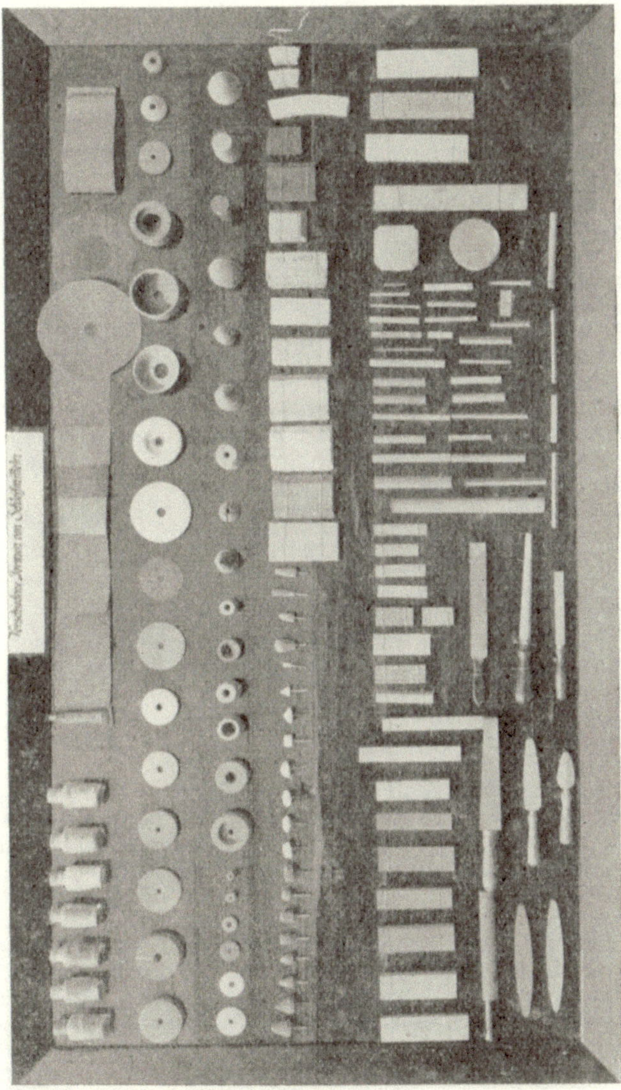

Abb. 53 Die vielartigen Formen von Schleifmitteln

Normung der Schleifwerkzeuge

Wichtige DIN-Blätter für die Schleif- und Poliertechnik.

Erfreulicherweise ist in den letzten Jahren die Normung der Schleifwerkzeuge gut vorangekommen. Nachstehend ein Verzeichnis der wichtigsten neuen DIN-Blätter, aufgestellt vom Ausschuß Maschinenwerkzeuge im Deutschen Normenausschuß.

DIN 69 100 Schleifwerkzeuge, Bezeichnung.
DIN 69 102 Richtlinien für die Wahl von Schleifkörpern.
DIN 69 103 Richtwerte und zulässige Höchstwerte für die Umfangsgeschwindigkeit beim Schleifen.
DIN 69 106 Das Auswuchten von Schleifscheiben.
DIN 69 120 Gerade Schleifkörper von 4 bis 900 mm Außendurchmesser.
DIN 69 120 Auswahlbl. 1 gerade Werkstattschleifkörper für Außenschleifen.
DIN 69 120 Auswahlbl. 2 Schleifkörper für Stähleschleifmaschinen.
DIN 69 123 Schleifkörper für Außenschleifen mit Elektro- und Druckluftwerkzeugen.
DIN 69 125 Gerade ausgesparte Schleifkörper für Innenschleifen.
DIN 69 129 Schleifkörper für die Lederindustrie.
DIN 69 138 Schleifzylinder mit Bodenflansch für Flachschleifen.
DIN 69 139 Gerade Topfschleifscheiben für Flachschleifen. Außendurchmesser 40—200 mm.
DIN 69 140 Schleifkörper für Flachschliff.
DIN 69 141 Hochleistungsschleifblätter für Flachschleifen.
DIN 69 149 Werkzeugschleifscheiben.
DIN 69 150 Sägenschleifscheiben.
DIN 69 151 Schleifkörper für Fräser und Schnecken.
DIN 69 158 Schleifwalze für Mähmesser.
DIN 69 159 Trennschleifscheiben.
DIN 69 160 Gewindeschleifscheiben.
DIN 69 162 Schleifkörper für Zahnflankenschleifmaschinen.
DIN 69 164 Schleifkörper für Brikett-Formzeug.
DIN 69 170 Schleifstifte.
DIN 69 171 Oelsteine und Schleiffeilen.
DIN 69 172 Rutschersteine.
DIN 69 173 Bimssteine.
DIN 69 186 Ziehschleifsteine.
DIN 69 188 Rutscher für Straßenbahnschienen.

Da das Normblatt DIN 69 100 Bezeichnung für alle Verbraucher von Schleifwerkzeugen außerordentlich wichtig ist, wird der hauptsächlichste Inhalt nachstehend wiedergegeben. Das gleiche trifft auch auf Normblatt DIN 69 102 Richtlinien für die Wahl von Schleifkörpern und auf DIN 69 103 Richtwerte und zulässige Höchstwerte für die Umfangsgeschwindigkeit beim Schleifen zu.

In dem im Februar 1949 erschienenen Normblatt DIN 69 100, Schleifwerkzeuge, Bezeichnung, sollen die kennzeichnenden Merkmale von Schleifwerkzeugen, besonders von Schleifkörpern, festgelegt werden. Hervorzuheben ist allerdings, daß damit noch keine Normung der Güteeigenschaften eines Schleifkörpers, wie Schleifwirkung und Schleifleistung, gegeben ist. Auch ist noch nichts damit über die beste Eignung des Schleifkörpers für eine bestimmte Schleifaufgabe gesagt. Mit ein und demselben Schleifkörper werden bei verschiedenen Arbeitsbedingungen auch verschiedene Ergebnisse erzielt. Mit der einheitlichen Bezeichnung der Schleifkörper ist auch die Reihenfolge der Merkmale wie folgt festgelegt: G e s t a l t gemäß der Schleifgattung, H a u p t a b m e s s u n g e n gemäß der Normung. S c h l e i f m i t t e l, K ö r n u n g,

H ä r t e, G e f ü g e und B i n d u n g. Die Benennungen und Kurzzeichen sind wie folgt:

Hauptabmessungen: Außendurchmesser × Breite × Bohrung bei Rundkörpern,
Länge × Breite × Dicke bei Flachkörpern.

Folgende 7 Bezeichnungen kommen zur Anwendung:

0 S c h l e i f g a t t u n g,
1 A b m e s s u n g e n,
2 D I N - B e z e i c h n u n g,
3 S c h l e i f m i t t e l,
4 K ö r n u n g,
5 H ä r t e g r a d,
6 G e f ü g e,
7 B i n d u n g.

Allgemeines 0,0, Außen- und Innenschleifen 0,1, Flachschleifen 0,2, Werkzeugschleifen 0,3, Trennschleifen 0,4, Sonderschleifen 0,5, Schleifen mit Schleifstiften 0,6, Schleifen mit handbewegten Schleifkörpern 0,7, Schleifen mit Schleifwerkzeugen aus Gewebe und Papier 0,8, Schleifen mit sonstigen Schleifwerkzeugen 0,9.

Was die Schleifmittel anbetrifft, so sind die Kurzzeichen wie folgt:

N K Normalkorund 3,0, H K Halbedelkorund 3,1, E K Edelkorund 3,2, K S Korund (schwarz) 3,3, K O Naturkorund 3,4, S C Siliziumkarbid 3,5, S L Schmirgel 3,6, D T Diamant 3,7.

Die Körnungen sind wie folgt festgelegt:

8	10	12			Sehr grob 4,0.
14	16	20	24		Grob 4,1.
30	36	46	50	60	Mittel 4,2.
70	80	90	100	120	Fein 4,3.
150	180	200	220	240	Sehr fein 4,4.
280	320	400	500	600	Staubfein 4,5.

Die Härtegrade sind wie folgt festgelegt:

E F G	Sehr weich	5,0.
H I Jot K	Weich	5,1.
L M N O	Mittel	5,2.
P Qu R S	Hart	5,3.
T U V W	Sehr hart	5,4.
X Y Z	Äußerst hart	5,5.

Die Bezeichnungen für das Gefüge sind wie folgt:

0 und 1 Sehr dicht 6,0
2 und 3 Dicht 6,1
4 und 5 Mittel 6,2
6 und 7 Offen 6,3
8 und 9 Sehr offen 6,4

Die Bezeichnungen für die Bindung sind wie folgt:

Ke Keramisch 7,0
Ba Kunstharz 7,1
Gu Gummi 7,2
Si Silikat 7,3
Mg Magnesit 7,4
Ol Öl 7,5
Nh Naturharz 7,6
Sonstige 7,7

Die Bezeichnung eines genormten geraden Schleifkörpers ist wie folgt:

250 × 25 × 76 DIN 69 120 NK 46 M 4 Ke

Der Außendurchmesser D = 250 mm, Breite B = 25 mm, Bohrung d = 76 mm (nach DIN 69 120), Schleifmittel Normalkorund (NK), Körnung 46, Härte M, Gefüge mittel (4), Bindung keramisch (Ke).

Das Normalblatt DIN 69 102 gibt Richtlinien für die Wahl von Schleifkörpern. Damit soll eine gute Vorwahl der Schleifkörper in bezug auf Schleifmittel, Körnung, Härtegrad und Bindung für die verschiedenen Schleifarbeiten ermöglicht werden. Maßgebend sind mittlere Arbeitsbedingungen. Der Vorschub ist für das Vorschleifen beim Abrichten des Schleifwerkzeuges größer, für das Fertigschleifen kleiner zu nehmen. Kommt man damit nicht aus, so nehme man für das Vorschleifen die Körnung um höchstens zwei Nummern gröber und die Härte einen Grad höher, für das Fertigschleifen die Körnung eine Nummer feiner und die Härte einen Grad weicher. Wenn nichts anderes angegeben, kommt keramische Bindung Ke und normales Gefüge in Frage.

DK 621.922 Deutsche Normen Februar 1949

Schleifwerkzeuge

Gerade Schleifkörper

von 4 bis 900 mm Außendurchmesser

DIN 69120

Ersatz für DIN 2214

Maße in mm

Gerade Schleifkörper sind Schleifkörper mit zylindrischem Umfang, ebenen, senkrecht zur Umlaufachse stehenden Seitenflächen und glatter Bohrung. Sie schleifen mit dem Umfang.

Bezeichnung eines geraden Schleifkörpers von Außendurchmesser D = 250 mm, Breite B = 25 mm, Bohrung d = 76 mm, Schleifmittel Normalkorund (NK), Körnung 46, Härte M, Gefüge mittel (4), Bindung keramisch (Ke)[1]:

Schleifkörper 250 × 25 × 76 DIN 69120 NK 46 M 4 Ke[1])

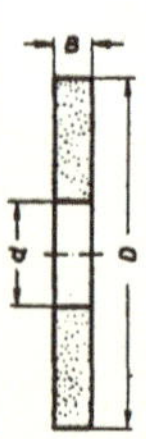

Benennung	Bild	Breite B	6	8	10	13	16	20	25	32	40	50	63	80
		Außendurchmesser D	Bohrung d (zul. Abw.: für d = 2 bis 16: + 0,1; für d = 20 bis 32: + 0,2)											
Gerader Schleifkörper		4	2	2	2	2								
		5	2	2.	2	2								
		6		2	2	2	2							
				3	3	3	3							
		8		3	3	3	3	3						
				4	4	4	4	4						
		10		3	3	3	3	3	3					
				4	4	4	4	4	4					
		12		4	4	4	4	4	4					
				6	6	6	6	6	6					
		14		4	4	4	4	4	4	4				
				6	6	6	6	6	6	6				
		16		6	6	6	6	6	6	6				
				8	8	8	8	8	8	8				
		18		6	6	6	6	6	6	6				
				8	8	8	8	8	8	8				
		20		6	6	6	6	6	6	6				
				8	8	8	8	8	8	8				
		22		8	8	8	8	8	8	8				
				10	10	10	10	10	10	10				
		25		8	8	8	8	8	8	8				
				10	10	10	10	10	10	10	10			
		28		10	10	10	10	10	10	10	10			
				13	13	13	13	13	13	13	13			
		32		10	10	10	10	10	10	10	10			
				13	13	13	13	13	13	13	13			
		36			13	13	13	13	13	13	13			
					16	16	16	16	16	16	16			
		40			13	13	13	13	13	13	13	13		
					16	16	16	16	16	16	16	16		
		45			16	16	16	16	16	16	16	16		
					20	20	20	20	20	20	20	20		
		50			16	16	16	16	16	16	16	16		
					20	20	20	20	20	20	20	20	20	
		56			20	20	20	20	20	20	20	20	20	
					25	25	25	25	25	25	25	25	25	
		63			20	20	20	20	20	20	20	20	20	20
					25	25	25	25	25	25	25	25	25	25
					32	32	32	32	32	32	32	32	32	32
		80			20	20	20	20	20	20	20	20	20	20
					25	25	25	25	25	25	25	25	25	25
					32	32	32	32	32	32	32	32	32	32

Fortsetzung Seite 2

Ausschuß Maschinenwerkzeuge im Deutschen Normenausschuß

Benennung	Bild	Breite B / Außendurchmesser D	6	8	10	13	16	20	25	32	40	50	63	80	100	125	160
			Bohrung d zul. Abw.: für d = 20 bis 76: + 0,2 für d = 127 und 203: + 0,25 für d = 305 : + 0,3														
Gerader Schleifkörper	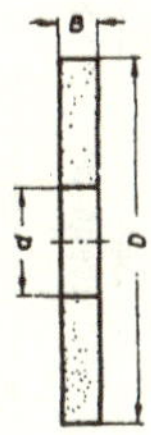	100	20	20	20	20	20	20	20	20	20	20					
						32	32	32	32	32	32	32					
						51	51	51	51	51	51	51					
		125	20	20	20	20	20	20	20	20	20	20					
							32	32	32	32	32	32					
							51	51	51	51	51	51					
		150	20	20	20	20	20	20	20	20	20	20					
			32	32	32	32	32	32	32	32	32	32					
						51	51	51	51	51	51	51					
							76	76	76	76	76	76					
		175			20	20	20	20	20	20	20	20					
					32	32	32	32	32	32	32	32					
					51	51	51	51	51	51	51	51					
								76	76	76	76	76	76				
		200			32	32	32	32	32	32	32	32					
					51	51	51	51	51	51	51	51					
								76	76	76	76	76	76	76			
		250			32	32	32	32	32	32	32	32					
					51	51	51	51	51	51	51	51					
					76	76	76	76	76	76	76	76	76	76			
		300					32	32	32	32	32	32					
							51	51	51	51	51	51					
							76	76	76	76	76	76	76				
							127	127	127	127	127	127	127				
		350					32	32	32	32	32	32					
							51	51	51	51	51	51					
							127	127	127	127	127	127	127	127			
		400							40	40	40	40	40	40			
									51	51	51	51	51	51			
								127	127	127	127	127	127	127	127	127	
		450							51	51	51	51	51	51			
									127	127	127	127	127	127			
										203	203	203	203	203	203	203	
		500										51	51	51			
												127	127	127	127		
											203	203	203	203	203	203	
		600										63	63	63	63		
												203	203	203	203	203	
												305	305	305	305	305	
		750											76	76	76	76	
													305	305	305	305	
		900												305	305	305	305

[1]) Werkstoff und Ausführung des Schleifkörpers bei Bestellung angeben.

Schleifmittel	EK HK NK SC SL
Körnung	8 bis 600
Härte	E bis Z
Gefüge	0 bis 9
Bindung	Ba Gu Ke Mg OL Si Nh

Die Schleifkörper dieser Norm können begrenzt auch mit den aufgezeigten Randformen geliefert werden, um sie der jeweiligen Schleifarbeit anzupassen. In diesem Falle ist bei der Bestellung die Bezeichnung durch die in Frage kommende Randform zu ergänzen, z. B.:

Schleifkörper 200 × 10 × 32 F DIN 69120 NK 46 M 4 Ke

Randformen der Schleifkörper

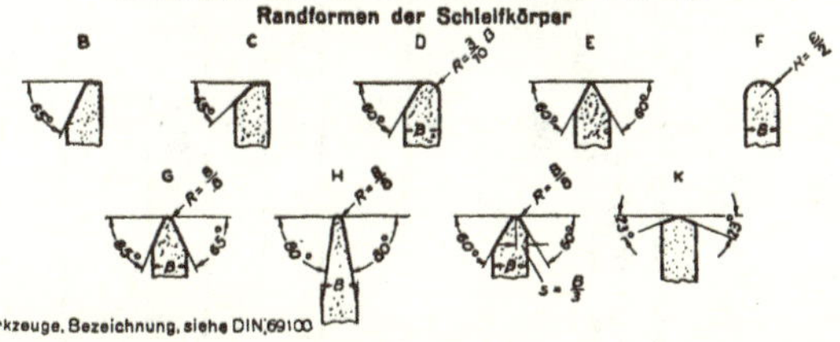

Schleifwerkzeuge, Bezeichnung, siehe DIN 69100

Für das maschinelle **A u ß e n s c h l e i f e n** wähle man nach DIN 69 102 bei einem Schleifscheibendurchmesser und Werkstoff:

bis 350 mm	bis 450 mm	bis 600 mm	
EK 60 L	50 L	46 L	Einsatz- und Werkzeugstähle, einfach und mehrfach legierte Stähle, gehärtet, Härte bis 63 H Rc.
EK 60 K	50 K	46 K	Einfach und mehrfach legierte Stähle, gehärtet und vergütet, Härte über 63 H Rc.
EK 60 Jot	50 Jot	46 K	Schnellarbeitsstahl, gehärtet, Härte über 63 H Rc.
EK 60 I SC 60 I	50 I	46 I	
SC 80 H	60 H	—	Hartmetall
NK 60 M	50 M	46 M	Stahl, ungehärtet bis 70 kg/mm² Zugfestigkeit.
NK 60 L	50 L	46 L	Stahl, vergütet, bis 120 kg/mm² Zugfestigkeit.
SC 60 I EK 60 I	50 Jot	46 Jot	Grauguß
SC 60 I[1]	46 I[1]	46 I[1]	Zinklegierungen und Leichtmetalle

1 Kunstharzbindung

Für das maschinelle **Innenschleifen** wähle man bei einem Schleifscheiben-Durchmesser und Werkstoff

bis 16 mm	**bis 36 mm**	bis 80 mm	bis 125 mm	
EK 80 L	60 K	46 Jot	46 I	Einsatz- und Werkzeugstähle, einfach und mehrfach legierte Stähle, gehärtet, Härte bis 63 HRc
EK 80 K	60 Jot	46 I	46 H	Einf. u. mehrf. leg. Stähle, geh., Härte ü. 63 HRc
NK 80 M	60 L	46 K	46 Jot	Stahl ungehärtet bis 70 kg/mm² Zugfestigkeit
EK 80 L	60 K	46 Jot	46 I	Stahl, vergütet, bis 120 kg/mm² Zugfestigkeit
SC 80 K	60 Jot	46 I	36 H	Grauguß.

Für das maschinelle **Flachschleifen** wähle man bei einem Schleifscheiben-Durchmesser und Werkstoff

Gerade Schleifscheibe bis 200 mm Durchm.	**Topfschleifscheibe** bis 200 mm Durchm.	**Topfschleifscheibe** bis 350 mm Durchm.	**Segmente**	
EK 46 Jot	36 Jot	30 Jot	30 Jot	Einsatz- u. Werkzeugstähle, einfach und mehrfach legierte Stähle, gehärtet, Härte bis 63 HRc
EK 46 I	36 I	30 I	30 I	Einfach und mehrfach legierte Stähle, gehärtet, Härte über 63 HRc
EK 46 G	46 G	36 G	30 I	Schnellarbeitsstahl, gehärtet, Härte bis 63 HRc
EK 46 G	46 G	36 G	30 H	Schnellarbeitsstahl, gehärtet, Härte bis 63 HRc
SC 60 G	60 G	50 G	50 H	Hartmetall
EK 46 K NK 46 K	46 K	36 K	24 K	Stahl, ungehärtet, bis 70 kg/mm² Zugfestigkeit
EK 46 I	46 I	36 I	24 Jot	Stahl, vergütet bis 120 kg/mm² Zugfestigkeit
EK 46 I SC 46 I	46 I	36 I	30 Jot	Grauguß
SC 36 I 1	30 I[1]	24 I[1]	20 I[1]	Zinklegierungen und Leichtmetalle

1 Kunstharzbindung

Werkzeugschleifen (Bohrer, Fräser, Lehren, Reibahlen, Senker, Stähle: Maschinenschleifen)

Anstatt DIN 69 149 siehe frühere DIN 181–185

	Werkzeugstahl	Schnell-arbeitsstahl	Hartmetall
DIN 69 120 Gerade Schleifscheiben für Umfangsschleifen bis 500 mm Durchmesser.	NK 30 P NK 46 M	EK 36 O EK 46 L	Vorschleifen SC 36 K Fertigschleifen SC 80 Jot Feinstschleifen SC 240 I
DIN 69 120 Gerade Schleifscheiben für Umfangsschleifen zum Schleifen der Spanstufe bis 300 mm Durchmesser.			SC 120 L
Topfschleifscheiben oder Schleifzylinder für Seitenschleifen bis 350 mm Durchmesser.	NK 24 L NK 30 L	EK 24 K EK 36 K	Vorschleifen SC 36 Jot Fertigschleifen SC 80 I Feinstschleifen SC 240 I

Abgraten (Putzen)

	Handschleifmaschinen Scheibendurchmesser bis 200 mm		**Ständerschleifmaschinen** Scheibendurchmesser bis 400 mm		Scheibendurchmesser über 400 bis 700 mm		**Pendelschleifmaschinen** Scheibendurchmesser 300 bis 600 mm	
	V=30 m/s	V=45 m/s	V=30 m/s	V=45 m/s	V=30 m/s	V=45 m/s	V=30 m/s	V=45 m/s
I	NK 20 Qu NK 20 P	NK 16 R[1] NK 20 Qu[1]	NK 20 Qu NK 24 P	NK 16 R[1] NK 70 Qu[1]	NK 14 R NK 16 R	NK 14 Qu[1] NK 12 Qu[1]	NK 16 Qu NK 20 P	NK 12 R[1] NK 14 Qu[1]
II	SC 16 R SC 20 R	–	SC 20 R SC 24 Qu	–	SC 14 S SC 16 S	–	SC 12 R SC 14 R	–
III	EK 36 M[2] NK 36 O[1]	–	EK 36 N[2] NK 36 P[1]	–	EK 30 N[2] NK 30 O[1]	–	–	–

[1] Kunstharzbindung
[2] Scheibe mit Füllung

I Stahl u. Stahlguß, Schweißnähte II Grauguß, Messing Bronze III Leichtmetall

Die Schleifscheibe und ihre Anwendungsbereiche

Die wichtigste Rolle unter den Schleifmitteln spielt die Schleifscheibe. Man darf sagen, daß etwa 60 bis 70 v. H. des Gesamtverbrauchs aller Schleifmittelformen in Form von Schleifscheiben zur Verwendung gelangen. Höchste Leistungen in der zeitgemäßen Genauigkeits-Schleiferei und in der Mengenfertigung können nur durch eine besondere sorgfältige Auswahl der zur Benutzung gelangenden Schleifscheiben erzielt werden. Bei keinem anderen Werkzeug richtet sich die Wirtschaftlichkeit so wenig nach dem Preis wie gerade bei der Schleifscheibe; daher darf auch niemals der Anschaffungspreis maßgebend, sondern nur die Leistungsfähigkeit und die Lebensdauer der Schleifscheibe ausschlaggebend sein. Die in der Anschaffung billigste Schleifscheibe kann unter Umständen im Verbrauch die teuerste sein. Für den Verbraucher ist es schwierig, ja in manchen Fällen sogar unmöglich, die richtige Auswahl einer Schleifscheibe zu treffen; er sollte dies vielmehr in allen Fällen dem Schleifscheibenhersteller überlassen, denn nur er ist in der Lage, die zweckmäßigste Schleifscheibe zu bestimmen. Es ist allerdings unbedingt erforderlich, daß der Verbraucher dem Hersteller alle erforderlichen Angaben unterbreitet, weil ein außerordentliches Zusammenarbeiten zwischen Verbraucher und Hersteller notwendig ist, um die Auswahl der leistungsfähigsten Schleifscheiben zu gewährleisten. In jeder Weise muß also der Verbraucher den Hersteller unterstützen. Damit er dazu die Möglichkeit hat, dürfte es angebracht sein, ihn mit den wichtigsten Punkten, die für die Auswahl einer Schleifscheibe maßgebend sind, bekannt zu machen.

Genannt sei hier in erster Linie die Art des zu bearbeitenden Werkstoffes, die Art des Schleifverfahrens, das Arbeitsverfahren und die sonstigen Bedingungen sowie die Eigenschaften der Schleifscheibe, Zugfähigkeit, Härte und Dehnung des Werkstoffes, sind bei der zuerst genannten Art, dem zu bearbeitenden Werkstoff, von Wichtigkeit. Bei dem Schleifverfahren ist es notwendig, zu wissen, ob Flächenschliff, Rundschliff, Innenschliff oder Gußputzen zur Anwendung kommt. Auch finden bei den einzelnen Schleifverfahren Unterteilungen statt, und zwar kann es sich beim Flächenschliff um Maschinen mit senkrechter Spindel mit Topf- und Zylinderschleifscheibe handeln, bei denen die Tischbewegung rund oder längs verläuft, und Maschinen mit waagerechter Spindel, bei denen die Tischbewegung ebenfalls rund oder längs stattfindet. Beim Rundschliff kann es sich um Schleifen zwischen Spitzen oder spitzenloses Schleifen handeln. Beim Innenschleifen werden Maschinen mit waagerechter Spindel verwendet, und zwar vollselbsttätige, halbselbsttätige und nicht selbsttätige Schleifmaschinen. Beim Gußputzen kommen Maschinen mit Schwingarm, Ständermaschinen sowie tragbare Maschinen mit elektrischem oder Preßluftantrieb in Frage, und besonders für groben Flächenschliff solche Schleifmaschinen, bei denen an der Seite geschliffen wird.

Von nicht geringer Wichtigkeit sind auch das zur Anwendung kommende Arbeitsverfahren sowie die sonstigen Bedingungen. Der Zustand der Schleifmaschine muß in erster Linie beachtet werden, ebenso die Zustellung, die Werksstückgeschwindigkeit, die Berührungsfläche der Schleifscheibe (Berührungsfläche, Berührungsbreite, Berührungsbogen, ständiger oder unterbrochener Eingriff). Die Überwachung der Schleifscheibenzustellung ist auch von Wichtigkeit, und zwar handelt es sich hier um zwei Arten: die Handeinstellung und die selbsttätige Zustellung eingeteilt in eine hydraulische und eine mechanische. Von großer Bedeutung sind auch die Größe und das Gewicht der Schleifmaschine im Verhältnis zum geschliffenen Teil, ferner das Werkstück, und zwar dessen Größe, Form, abzunehmende Werkstoffmenge, Wärmebehandlung, Spanleistung und Feinheitsgrad des Schliffes. Nicht minder wichtig sind auch die benutzten Kühlmittel sowie die Art der Vorrichtung zum Abrichten und Aufrauhen der Schleifscheibe. Der letzte Punkt, die Eigenschaften einer Schleifscheibe, ist für die Auswahl besonders wichtig. Hier sind von ausschlaggebender Bedeutung: Schleifrohstoff, Bindung, Körnung und Härte sowie der Gefügeaufbau der Schleifscheibe. Was nun den Schleifrohstoff anbetrifft, so spielt die Art des Stoffes eine wichtige Rolle, und zwar kommt es darauf an, ob Siliziumkarbid, Elektrokorund oder Edelkorund zur Verwendung bei der Herstellung der Schleifscheibe kommen. Auch die Bindungsmenge ist von Wichtigkeit, ebenso die Art der Bindung, und zwar ob die keramische, die Gummibindung, die Kunstharzbindung (häufig auch Bakelitebindung genannt), die Schellack- oder die Silikatbindung zu wählen ist.

Was die am Umfang der Schleifscheibe auftretenden Scherkräfte anbetrifft, so muß gesagt werden, daß diese durch die Dehnbarkeit, Härte und Zugfestigkeit des zu schleifenden Werkstoffes beeinflußt werden. Außer aus den physikalischen Eigenschaften des zu schleifenden Stoffes ergeben sich am Schleifumfang die Druckbeanspruchungen aus dem Maße der Zustellung. Es ist natürlich verständlich, daß bei der Berührungsstelle der auftretende Druck bei harten Werkstoffen größer ist als bei weichen; denn harte Werkstoffe setzen naturgemäß dem Eindringen des Schleifkorns einen größeren Widerstand entgegen. Die Scherkräfte werden von Werkstoffen mit großer Zugfestigkeit leichter ausgehalten, daher kommt für solche Werkstoffe auch das zähere der beiden Schleifrohstoffe, das Aluminiumoxyd, für die Bearbeitung in Frage. Hingegen werden mit dem anderen Schleifrohstoff Siliziumkarbid Werkstoffe von geringer Zugfestigkeit, die hart und spröde sind, geschliffen. Bei Werkstoffen, die unter Einwirkung der Schleifkraft zum Fließen neigen, ist die Dehnbarkeit allein nicht maßgebend für die Auswahl der entsprechenden

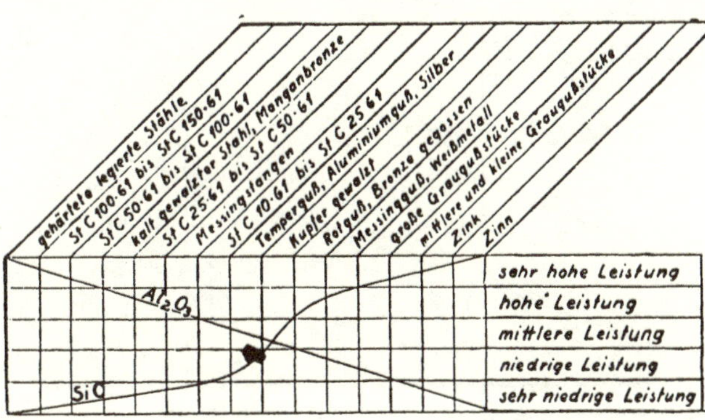

Abb. 54 Verwendungsbereiche der Schleifstoffe bei verschiedenen Werkstoffen

Schleifscheibe, vielmehr ist die Beziehung zwischen Dehnbarkeit, Härte und Zugfestigkeit ausschlaggebend für die Wahl der geeigneten Korngröße, Härte, Bindung und Gefüge der Schleifscheibe.

Was nun die Körnung der Schleifscheibe anbetrifft, so hängt die zu wählende Körnung von der abzunehmenden Menge des Werkstoffes ab. Zweckmäßig wird eine Schleifscheibe grober Körnung gewählt, wenn es darum geht, große Mengen abzuschleifen und eine große Leistung ohne Rücksicht auf Feinheit des Schliffes zu erzielen. Daß die Feinheit des Schliffes von der Körnung der Schleifscheibe abhängig ist, das braucht nicht besonders betont zu werden.

In Abb. 54 werden die Verwendungsbereiche der Schleifstoffe bei verschiedenen Werkstoffen dargestellt, während in Abb. 55 eine Tafel zur Bestimmung der jeweiligen Korngröße wiedergegeben wird.

Die Länge des Berührungsbogens zwischen der Schleifscheibe und dem Werkstück hat auch einen entscheidenden Einfluß auf Körnung und Härtegrad. Nachstehend seien zwei Grenzfälle angeführt.

1. Das Innenschleifen einer Bohrung mit der größtmöglichen Schleifscheibe und
2. das Außenrundschleifen eines Werkstückes von geringem Durchmesser mit einer großen Schleifscheibe.

Nur eine harte Schleifscheibe würde im zweiten Falle zur Zufriedenheit arbeiten, da die Längenunterschiede der Berührungsbogen nur gering sind. Die Berührungsbogen werden bei Topfschleifscheiben und Schleifzylindern zu Berührungsflächen; ihr Größenunterschied ist noch einflußreicher als der Bogen bei geraden Schleifscheiben. Je nach der Art des Arbeitsverfahrens ist die Berührungsfläche zwischen Schleifscheibe und Werkstück ganz verschieden. Beim Rundschliff ist sie von mehreren Faktoren abhängig. Wenn beim Rundschliff Schleifscheiben- und Werkstücksdurchmesser gleichgehalten werden, wird die Länge des Berührungsbogens durch den Vorschub bestimmt. Dieser

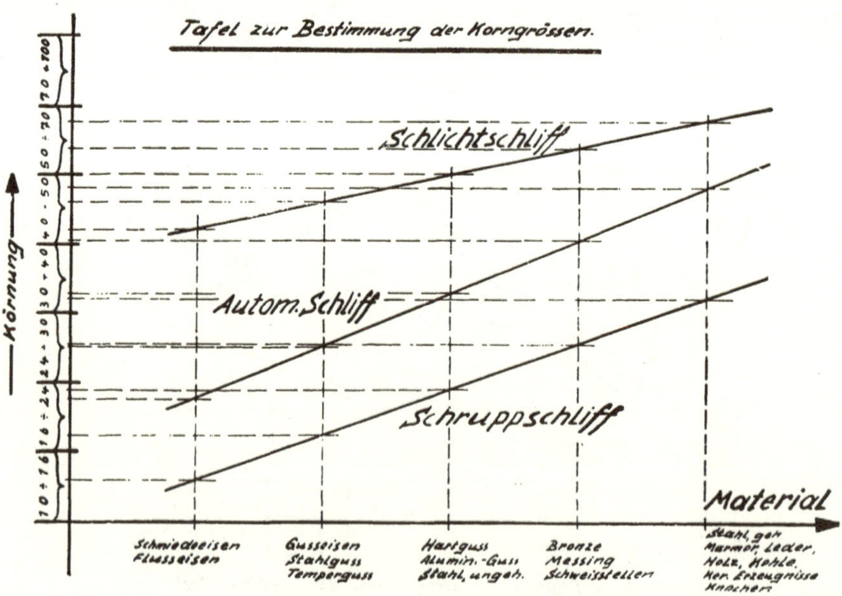

Abb. 55 Tafel zur Bestimmung von Korngrößen

wird dann am Umfang der Schleifscheibe gemessen. Die Form und Länge dieses Bogens bestimmen bei einem gegebenen Vorschub das Verhältnis von Schleifscheibe zum Werkstück. Die Berührungsbreite ist abhängig von der Breite der Stirnseite der Schleifscheibe, die das Werkstück berührt. Dies ist der andere Faktor, parallel zur Schleifscheibenachse gemessen, der die Berührungsfläche beeinflußt. Es muß darauf hingewiesen werden, daß diese Überlegungen auch für das Flächenschleifen Geltung haben, bei dem eine Berührung des Umfanges der Schleifscheibe und des Werkstückes stattfindet, das eine flache oder gerade Oberfläche besitzt. Die Länge und die Breite der Berührungsfläche werden auch hier, genau wie beim Rundschliff, ermittelt. Berührungsbogen und Berührungsfläche darf man allerdings nicht mit der Berührungsbreite verwechseln. Vielmehr versteht man bei geraden Schleifscheiben die Schleifscheibenbreite, die mit dem Werkstück in Berührung kommt. Handelt es sich aber um Zylinder und Topfschleifscheiben, so wird darunter die Randbreite verstanden. Die Größe des Quervorschubes wirkt sich auf die Stirnseite der Schleifscheibe aus. Naturgemäß ist beim Innenschliff die Größe der Schleifscheibe durch die Größe der auszuschleifenden Bohrung begrenzt.

Um recht wirtschaftlich zu schleifen, wird man eine möglichst große Schleifscheibe wählen, weil dadurch das Verhältnis von wirksamer Berührungsfläche zum Schleifscheibenumfang viel größer wird, obwohl die wirksame Länge nicht annähernd so groß sein kann wie beim Rundschliff.

Die Schleifscheibe ist ein empfindliches Werkzeug; wirtschaftlich arbeiten kann sie daher nur, wenn die zur Verwendung kommende Schleifmaschine in gutem Zustande ist. Für einen bestimmten Schleifzweck die richtige Schleifmaschine zu wählen, ist gar nicht so einfach und erfordert eine langjährige Erfahrung. Schwere, starre Schleifmaschinen verlangen weichere Schleifscheiben als leichter gebaute Maschinen; bei Maschinen, die Erschütterungen ausgesetzt sind, muß man feiner gekörnte und härtere Schleifscheiben verwenden.

Nachstehend sind einige Werkzeugschleifscheiben im Bilde dargestellt, und zwar Maxalun-W-Werkzeugschleifscheiben.

Wenn man wirtschaftlich arbeiten will, so muß man auch bei Bestellung von geraden Schleifscheiben für Außenschliff auf das Normblatt DIN 69 102 achten; denn bei Berücksichtigung der in diesem Normblatt festgelegten Abmessungen

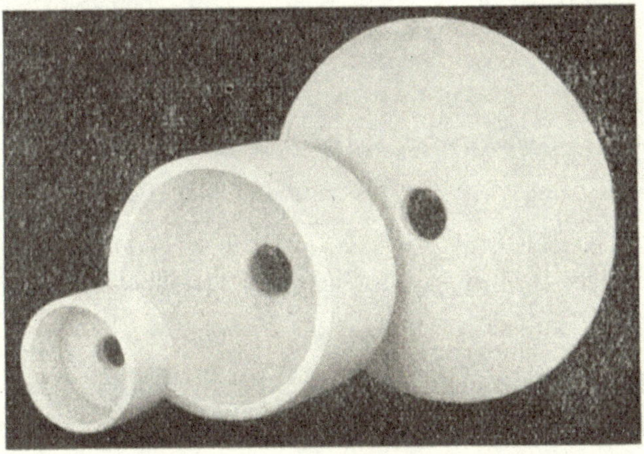

Abb. 56 Maxalun-W — Werkzeugschleifscheiben

ergeben sich verkürzte Lieferfristen, vereinfachte Lagerhaltung und Rohstoffersparnis.

Nicht allein die Schleifmaschine ist für ein wirtschaftliches Arbeiten beim Schleifen ausschlaggebend, auch die Geschicklichkeit des Schleifers spielt eine wichtige Rolle. Vor allem muß der Schleifer seine Schleifscheibe genau kennen. Es ist sehr interessant, daß angestellte Versuche gezeigt haben, daß beim Freihandschleifen verschiedener Schleifer an der gleichen Schleifmaschine und in der gleichen Werkstatt Mehrkosten bis zu 100 % entstanden. Dies begründet die schon erwähnte Tatsache, daß die Erfahrung und die Geschicklichkeit des Schleifers für ein wirtschaftliches Arbeiten an der Schleifmaschine unentbehrlich sind. So ist es z. B. auch nicht angängig, an eine Schleifscheibe wechselnde Anforderungen zu stellen. Wenn dies aber trotzdem geschieht, so arbeitet die Schleifscheibe unwirtschaftlich; weil entweder die Schleiffähigkeit sehr stark leidet oder notgedrungen viel Schleifstoff geopfert werden muß.

Wie bereits erwähnt, ist es unbedingt notwendig, daß der Hersteller von Schleifscheiben zur zweckmäßigen Auswahl derselben vom Verbraucher genaue Angaben erhalten muß, die ihn in den Stand setzen, die wirtschaftlichste Schleifscheibenzusammensetzung für den jeweiligen Verwendungszweck zu bestimmen. Damit diese Arbeit dem Verbraucher erleichtert wird, fügt in der Regel der Hersteller seinen Prospekten und Katalogen einen Fragebogen bei, der etwa wie folgt lautet:

Fragebogen

zur Bestimmung der Körnung und Härte für Siliziumkarbid- und Elektrokorund-Schleifscheiben.

Betr. Auftrag vom ....

Nr. .... Nr. .... Bericht-Nr. ....

Abmessungen der Schleifscheiben ....
(Durchmesser, Breite, Lochdurchmesser, Aussparung)

Randform (Nummerangabe erbeten oder Skizze beifügen) ....

Sonderform, nach DIN-Normen Nr. .... oder Skizze ....

I. Art des zu schleifenden Gegenstandes.

1. Werkstoff: ....
2. Falls Stahl, gehärtet oder ungehärtet: ....
3. Beschaffenheit und Festigkeit des zu schleifenden Stahles: ....
....
4. Bei Werkzeugen angeben, ob für Holz- oder Metallbearbeitung: ....
....

II. Art des Schleifens.

5. Trocken oder naß: ....
6. Gewünschter Schliff, vor- oder nachschleifen: ....

7. Bearbeitung von Flächen, Kanten, Ecken, Nähten (wichtig für Guß- und Schmiedestücke), große oder kleine Stücke: ....

....

8. Wird am Umfange oder an den Seiten der Schleifscheibe geschliffen? ....

....

9. Freihandschleifen mit Auflage: ....

10. Automatisches Schleifen, läuft die Schleifscheibe horizontal oder vertikal:

....

11. Rundschleifen: ....

Umdrehungszahl des Arbeitsstückes: ....

Durchmesser des Arbeitsstückes: ....

Vorschub des Arbeitsstückes: ....

oder Vorschub der Schleifscheibe: ....

12. Innenschleifen: ....

Umdrehungszahl des Arbeitsstückes: ....

Durchmesser des Arbeitsstückes: ....

Vorschub des Arbeitsstückes: ....

oder Vorschub der Schleifscheibe: ....

III. Allgemeines.

13. Umdrehungszahl der Schleifscheibe in der Minute: ....

14. Angabe der Körnung und Härte der bisher benutzten Schleifscheiben:

....

15. Haben sich dieselben bewährt oder welche Mängel waren vorhanden:

....

....

....

16. Besondere Bemerkungen: ....

Datum: .... Firma: ....

Handelt es sich um Nachbestellungen, so braucht man nur dem Lieferer das jeder Schleifscheibenlieferung beigefügte Schleifscheibenetikett einzusenden, um dann genau die gleiche Schleifscheibe zu erhalten.

Hochporige Schleifscheiben

Der Gefügeaufbau einer Schleifscheibe besteht in der Dichte der Kornlagerung und der Art der Verteilung der Bindungsmasse zwischen den einzelnen Schleifkörnern und auf deren Oberfläche. So zeigt z. B. die Abb. 57 bis 59 den Gefügeaufbau von 3 Schleifscheiben in gleicher Körnung und Härte. Die Abbildungen lassen den Unterschied zwischen einer gewöhnlichen Schleifscheibe und einer hochporösen Schleifscheibe von mittlerer und sehr grober Porosität deutlich erkennen. Der Porenraum kann eine Größe von über 50 bis etwa 70 % des Schleifscheibenvolumens erreichen. Wichtig ist jedoch dabei, daß die Poren im ganzen Schleifscheibenvolumen gleichmäßig verteilt sind. Diese gleichmäßige Verteilung ist aus der Abb. 58 deutlich zu ersehen, und zwar handelt es sich um eine Schleifscheibe mit geregeltem (gleichmäßigem) Gefüge, während im Gegensatz hierzu in Abb. 59 das ziemlich unregelmäßige Gefüge einer normalen Schleifscheibe veranschaulicht wird.

Vor allem unterscheiden sich die hochporösen Schleifscheiben von den normalen Schleifscheiben dadurch, daß sie ein mit Poren gleichmäßig durchsetztes Gefüge, eine rauhe Oberfläche und niedriges Gewicht aufweisen. Poren in der Größe bis etwa 3 mm durchdringen das Schleifscheibengefüge, sie sind von den Wänden aus Schleifkorn und Bindemittel umschlossen, (siehe Abb. 60), in denen die Poren sitzen, wie sie auch in jedem anderen Schleifscheibengefüge vorhanden sind. Es ist selbstverständlich, daß ein solches Gefüge eine andere und zwar wesentlich rauhere Oberfläche der Schleifscheibe ergeben muß. Bei diesen Schleifscheiben treten aus kleinen Schleifkörnern aufgebaute, schneidende Wände in Wirksamkeit und nicht mehr Spitzen und Kanten der einzelnen Schleifkörner. Die hinter den schneidenden Wänden liegenden Poren bilden Spankammern, so daß ein Festsetzen von Schleifspänen in diesen Räumen und dadurch bedingtes vorzeitiges Nachlassen der Wirkung infolge Verstopfung und Verschmierung vermieden werden können. Abb. 57 zeigt das schematisch vergrößerte Gefüge einer hochporigen MSO-Schleifscheibe.

Abb. 57

Abb. 58

Abb. 59

Abb. 57 — 59 Schematische Darstellung von 3 Schleifscheiben von gleicher Körnung und gleichem Härtegrad, jedoch mit verschiedenem Gefügebau. Die punktierten Flächen geben die Schleifkörner an, die schwarzen Striche das Bindemittel und die weißen Felder die Poren. Die verschiedenen Gefüge in diesen Schleifscheiben ergeben naturgemäß unterschiedliche Schleifergebnisse. (Nach „Schliff und Scheibe".)

Die hochporösen Schleifscheiben zeichnen sich vor allem durch große Griffigkeit, höhere Schleifleistung, geringe Erwärmung des Werkstückes und große Betriebssicherheit aus.

Es ist selbstverständlich, daß die Oberfläche einer porösen Schleifscheibe bedeutend gröber erscheint, als die einer normalen Schleifscheibe. Natürlich wird eine für denselben Verwendungszweck bestimmte poröse Schleifscheibe aus entsprechend feinerem Korn hergestellt als eine normale Schleifscheibe, was allerdings die Schleifwirkung sehr beeinflußt. Der Kraftbedarf einer porösen Schleifscheibe ist infolge der feineren Körnung, die leichter in das zu schleifende Material eindringt, geringer, und außerdem erzielen die vielen kleinen Schleifkörner eine wesentlich leichtere Abnahme der Schleifspäne, die von großen Poren aufgenommen werden und nach der Berührung mit dem zu schleifenden Werkstück herausgeschleudert werden. Bei normalen Schleifscheiben dagegen, wo dieser Porenraum verhältnismäßig klein ist, und die Schleifkörner entsprechend größer sind, hat der Schleifspan so gut wie keinen Aufnahmeraum, und wird infolgedessen zwischen die Schleifkörner gepreßt, wodurch ein vorzeitiges Ausbrechen verursacht wird. Je größer nun die Berührungsfläche zwischen Schleifscheibe und Werkstück ist, um so gröber ist auch das Schleifkorn bei normalen Schleifscheiben zu wählen, und somit wird die geschliffene Oberfläche dann auch entsprechend rauh, was bei der hochporösen Schleifscheibe nicht der Fall ist. Aus dieser Tatsache ergibt sich auch die höhere Schleifleistung der porösen Schleifscheiben.

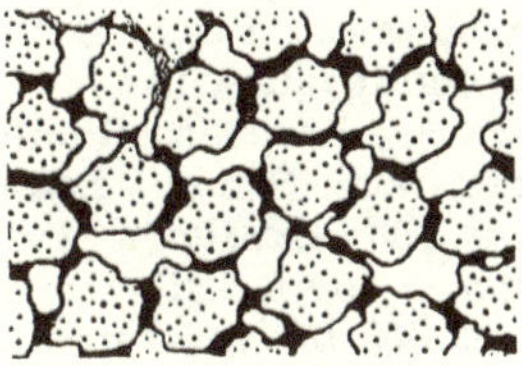

Abb. 60 Aufbauschema einer Schleifscheibe mit geregeltem Gefüge.

Abb. 61 Aufbauschema einer gewöhnlichen Schleifscheibe

Die Wärmeentwicklung ist bei jedem Schleifvorgang von großer Bedeutung, ganz besonders bei gehärteten und vergüteten Stählen, wie die Abb. 62 erkennen läßt, haben die hochporösen Schleifscheiben eine Art Ventilationswirkung, da durch die hohe Porosität Luft und Kühlmittel den ganzen Schleifscheibenkörper leicht durchdringen können, also ein Vorteil, der sich sowohl beim Trocken- als auch beim Naßschliff günstig auswirkt. Man kann bei den porösen Schleifscheiben selbst bei großen Berührungsflächen immer noch von einem kühlen Schliff sprechen.

Die Porosität der Schleifscheiben kann in verschiedenen Graden hergestellt werden, d. h. man kann sie dem jeweiligen Verwendungszweck genau anpassen.

Allgemein lassen sich die hochporösen Schleifscheiben von dem geringsten Härtegrad bis zu mittelharten Graden, etwa M bis O, herstellen. Der Anwendungsbereich dieser Schleifscheiben ist außerordentlich groß. Sehr wirtschaftlich lassen sich weiche und plastische Stoffe bearbeiten, wie z. B. Holz, Kork, Gummi, Leder, weiche Legierungen, Aluminium usw., ferner hochwertige Stähle, gleich ob gehärtet oder ungehärtet, also alle Werkstoffe mit hoher Zugfestigkeit.

Infolge der hohen Porosität ist das Gewicht der porösen Schleifscheiben auch 30—50 % geringer als von normalen Schleifscheiben, was sich auf die Schonung der Schleifmaschinen günstig auswirkt, da vor allem die Schleifwelle und Lagerung weniger belastet wird und der Kraftbedarf auch entsprechend geringer ist.

Selbst die Betriebssicherheit ist bei hochporösen Schleifscheiben größer, da ihr Volumengewicht geringer ist, denn die Materialspannungen innerhalb einer umlaufenden Schleifscheibe sind vom spezifischen Gewicht des Materials und der zweiten Potenz der Umfangsgeschwindigkeit abhängig.

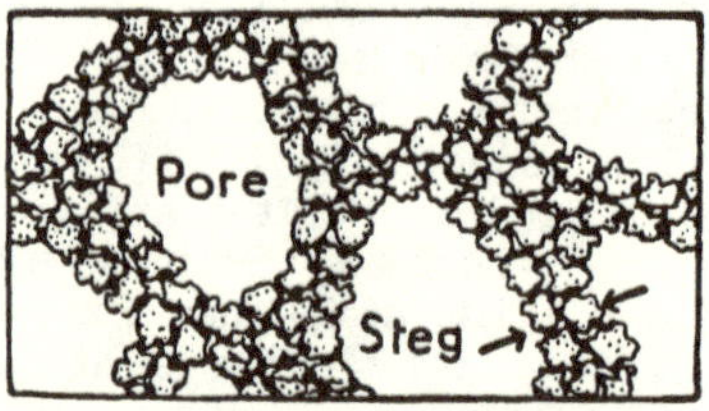

Abb. 62 Schematisch vergrößertes Gefüge einer hochporigen MSO - Schleifscheibe.

Wie aus den vorstehenden Ausführungen zu ersehen ist, werden bei hochporösen Schleifscheiben entsprechend feinere Körnungen gewählt als bei normalen Schleifscheiben, was sich in erster Linie zugunsten der Oberflächengüte auswirkt. Während man beispielsweise das Nachschleifen von Fräsern bei normalen Schleifscheiben mit Körnung 50 bis 60 durchführt, wählt man bei hochporösen Schleifscheiben etwa Körnung 100. Dasselbe gilt natürlich auch für den Rundschliff, bei welchem man auf Körnung 80 bis 100 gehen kann.

Man stellt die porösen Schleifscheiben in keramischer Bindung her, und zwar sowohl in Elektrokorund, als auch in Siliziumkarbid. Sie eignen sich besonders auch für selbsttätigen und halbselbsttätigen Schliff, für selbsttätigen Außenrundschliff, Flächenschliff und halbselbsttätigen Werkzeugschliff.

Abschließend ist zu sagen, daß die hochporösen Schleifscheiben in bezug auf größere Wirtschaftlichkeit und der Steigerung der Oberflächengüte große schleiftechnische Fortschritte gebracht haben.

Schleifscheiben mit einem Diamant-Belag

Seit einigen Jahren sind in verschiedenen Ländern Schleifscheiben auf den Markt gekommen, die eine dünne Schicht von Diamanten enthalten, die sogenannten Diamantschleifscheiben. Der in der Kunst des Schleifens erzielte Fertigschliff, das Verlangen nach einer größeren Umfangsgeschwindigkeit der Schleifscheibe und vor allem der Wunsch nach größerer Genauigkeit und einem viel besseren Fertigschliff als bisher, verlangten gebieterisch eine leistungsfähigere Schleifscheibe, und zwar die Schleifscheibe mit einem Belag aus Diamanten.

Die Diamanten, die bei der Herstellung der Diamantenschleifscheibe Verwendung finden, sind meistens südafrikanische Diamanten, die so unrein sind, daß sie für Schmucksteinzwecke nicht in Frage kommen; sie werden durch ein besonderes Verfahren zerkleinert und sehr sorgfältig auf Standardsieben gesiebt [1]), mit einem für diesen Zweck besonders geschaffenen Bindemittel gemischt, darauf die Mischung dann in der gewünschten Größe geformt. Infolge der außerordentlich hohen Kosten ist es nicht möglich, volle Schleifscheiben aus Diamanten herzustellen, abgesehen von Scheiben von etwa 12 mm Durchmesser und darunter; denn der Preis für Schleifscheiben, die ganz aus Diamanten hergestellt sind, würde so hoch werden, daß eine Anschaffung nicht mehr in Frage kommen könnte. Aus diesem Grunde hat man eine Mischung zusammengestellt, auf die eine Diamantenmischung etwa in der Stärke 0,1 bis 4 mm kommt. Man stellt nun die Scheiben genau auf Größe her und balanciert sie auf einen Bruchteil eines Grammes aus. Wenn nach langem Gebrauch die

Abb. 63 Rohdiamanten

1) Nach dem Sieben muß das feinere Korn geschlämmt werden.

Schneidfähigkeit der Diamantscheibe einmal nachläßt, wird sie aufgefrischt. Dies geschieht, indem ein Bimsstein oder ein weicher Schleifstab aus Elektrokorund über die diamantbesetzte Fläche der umlaufenden Scheibe einmal leicht hinweggeführt wird.

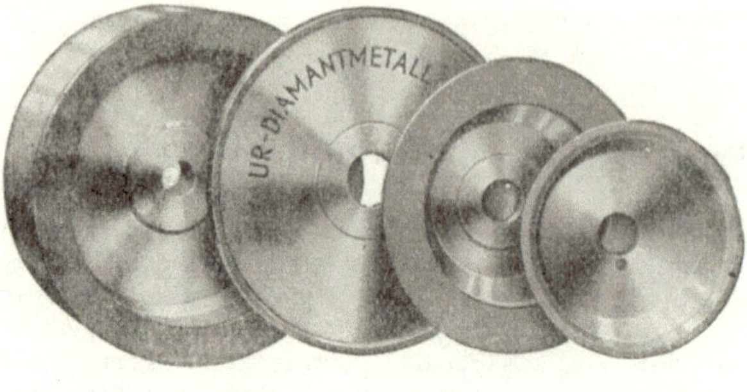

Abb. 64 Verschiedene Formen von Diamant-Schleifscheiben mit Metallbindung.

Rohdiamanten sind in Abb. 63 dargestellt.

In Abb. 64 und 65 werden verschiedene Formen von Diamantschleifscheiben mit Metallbindung gezeigt, wogegen in Abb. 65 eine Diamanttopfscheibe in abgefederter Ausführung dargestellt ist. Die Diamantmetallauflage ist etwa 2 Millimeter stark und durch ein Speziallot fest mit der Aluminium- bzw. Stahlunterlage verbunden. Die Körnung und die Härte der Bindung ist wie bei den keramischen Schleifkörpern von der Art und Beschaffenheit des zu schleifenden Werkstoffes abhängig. So erfordern z. B. keramische Werkstoffe, Wolframkontakte u. a. härteste Bindung der Diamanten. Allgemein schleift man mit einer Umfangsgeschwindigkeit von 20 m/sek., für welche der Diamantgehalt berechnet ist. Für Werkzeuge unter 40 mm Durchmesser soll die Umfangsgeschwindigkeit 15 m/sek. und unter 20 mm Durchmesser 10 m/sek. betragen. Durch niedrigere Umlaufszahlen wird der Schleifprozeß entsprechend verlängert. Vor allem ist darauf zu achten, daß stets gegen die Schneide geschliffen wird, wie dies überhaupt stets beim Schleifen von gesinterten Hartmetallen üblich ist. Ein Mitschleifen der Stahlunterlage oder eines sonstigen Schaftmaterials ist unter allen Umständen zu vermeiden, da sonst ein Verschmieren der Diamantmetallauflage eintritt und die Griffigkeit weit herabgesetzt wird. Anhaftende Schleifrückstände kann man durch sekundenlange Benutzung eines Siliziumkarbidrutschers rasch beseitigen, wodurch die Scheibe ihre alte Griffigkeit wieder erhält. Grundverkehrt ist es, die verminderte Schleifleistung durch erhöhten Schleifdruck ausgleichen zu wollen. Die Vorteile, die sich bei Benutzung einer Diamant-Schleifscheibe ergeben, sind folgende:

Abb. 65 Diamant-Schleifscheiben in Metallbindung

1. Man erhält mit der Diamantschleifscheibe eine bessere Schneidkante.
2. Die Lebensdauer des Werkzeuges wird erheblich verlängert.
3. Die Schleifzeit wird verkürzt.
4. Die Unterhaltungskosten der Schleifmaschinen werden verringert.

Man kann sagen, daß die Diamantscheibe die Schleifscheibe aus grünem Siliziumkarbid-Schleifkorn übertrifft. Mit der Diamantscheibe, die mit der Grünkornschleifscheibe beim Schleifen der gesinterten Hartmetalle Verwendung findet, lassen sich die Plättchen aus gesintertem Hartmetall wirtschaftlicher schleifen, weil man, wie schon gesagt, mit der Diamantschleifscheibe eine reinere und schärfere Schneidkante erzielt und die Gefahr, daß die Plättchen rissig oder beschädigt werden, viel geringer ist als bisher.

Abb. 66 Diamant-Topfscheibe in abgefederter Ausführung

Aus Abb. 67 ist eine 20mal vergrößerte Werkzeugschneidkante ersichtlich, die mit einer Schleifscheibe in keramischer Bindung mit Körnung 170 wirtschaftlich geschliffen wird.

Durch Verwendung der Diamantscheibe kann in gewissen Fällen die Notwendigkeit des mittleren Feinschliffs und des Läppens ausgeschaltet werden. Durch eine einzige Schleifoperation lassen sich die meisten Werkzeuge mit der Diamantscheibe neu schleifen. Zwei Schleifoperationen mit der Diamantscheibe genügen selbst in den Fällen, in denen die Werkzeugschneide sehr ausgebrochen ist oder wenn ein sehr hoher Feinschliff verlangt wird. Es wird also eine viel bessere Schneidkante auf allen Werkzeugen erzielt, ohne daß die zusätzlichen Kosten des Läppens entstehen.

Die Diamantschleifscheibe nimmt infolge ihrer Fähigkeit frei zu schneiden Stoff weg. Es wird die durch das Schlagen gegen das Plättchen hervorgerufene Neigung zum Ausbrechen oder Rissigwerden des Hartmetallplättchens ausgeschaltet. Um eine zufriedenstellend arbeitende Schneidkante zu erzielen, wird also bei jeder Schleifoperation weniger Stoff abgenommen. Auch kann man mit Leichtigkeit geometrisch flache Oberflächen erzielen und dadurch richtige Winkel und demzufolge größere Leistungsfähigkeit bei der Arbeit erreichen. Daß die Oberfläche des mit einer Diamantschleifscheibe geschliffenen Plättchens vollkommen flach bis zur Schneidkante ist, ist aus Abb. 67 zu ersehen.

Abb. 67

Infolge der besseren Schneidkante, die zugleich der geläppten Kante zu Beginn scharf war und eine größere Anzahl von Stücken fertigzustellen ermöglicht, bevor die Schneide rund wird, braucht das Werkzeug weniger oft nachgeschliffen zu werden. Mit einem Werkzeug, das mit der Diamantscheibe neu geschliffen ist, können zwei- bis viermal soviel Stücke zwischen den Schleifoperationen erzeugt werden, als es mit der gewöhnlichen Schleifscheibe möglich ist. Man kann auch dünnere Teile des Hartmetalls schleifen, weil die Diamantschleifscheibe frei und kühl schneidet, und zwar fast ohne Erwärmung arbeitet. Dadurch wird erreicht, daß das Hartmetallwerkzeug bis auf einen geringen Rest des Plättchens aufgebraucht werden kann. Es wird also sehr wirtschaftlich gearbeitet, denn man kann eine größere Anzahl von Schliffen während der Lebensdauer des Werkzeuges erzielen. Das Ausbröckeln der

Schneidkante wird auf Grund der Tatsache, daß die Diamantschleifscheibe während des Schliffes praktisch keine Hitze entwickelt, vermieden. Der vorzügliche Fertigschliff vermindert den Kratereffekt, welcher durch den auf das Plättchen abrollenden Span hervorgerufen wird und bedeutet eine geringere Anzahl Neuschliffe und längere Lebensdauer des Werkzeuges. Es können Werkzeuge bei Verwendung der Diamantschleifscheibe in wesentlich kürzerer Zeit neu geschliffen werden, als dies bei anderen Schleifmitteln der Fall ist, und zwar aus dem Grunde, weil man mit der Scheibe sofort eine scharfe, glatte Schneide erhält und die abgeschliffene Menge so hoch ist. Ein Neuschliff, der, wenn man die alten Verfahren anwendet, Stunden dauert, kann mit der Diamantscheibe in vielen Fällen in Minuten erledigt werden. Hieraus ist ersichtlich, daß die Schneidwirkung der Diamantscheibe eine sehr schnelle ist.

Bewährt haben sich auch bakelitegebundene Diamantscheiben, entweder mit gröberem Diamantkorn zum Schleifen oder mit feinerem Korn zum Läppen. — Die Feinstbearbeitung, das „Läppen" der gesinterten Hartmetalle — als dritter Arbeitsgang nach dem bekannten Vor- und Nachschleifen — ist das Hauptanwendungsgebiet der bakelitegebundenen Diamantscheiben.

Entsprechend der Vielzahl der verschiedenen Hartmetallwerkzeuge (Messerköpfe, Reibahlen, Gewindebohrer, Fräser, Profilstähle aller Art usw.) und der vorhandenen Maschinentypen gibt es Diamantscheiben in verschiedenen Formen und Größen. Eine kleine Auswahl ist nachstehend abgebildet (Abb. 81).

Die Abb. 70 zeigt u. a. die außerordentlich feine Schneide an einem mit der bekannten SPEDIA-Diamantscheibe bearbeiteten Hartmetallwerkzeug. Der Ver-

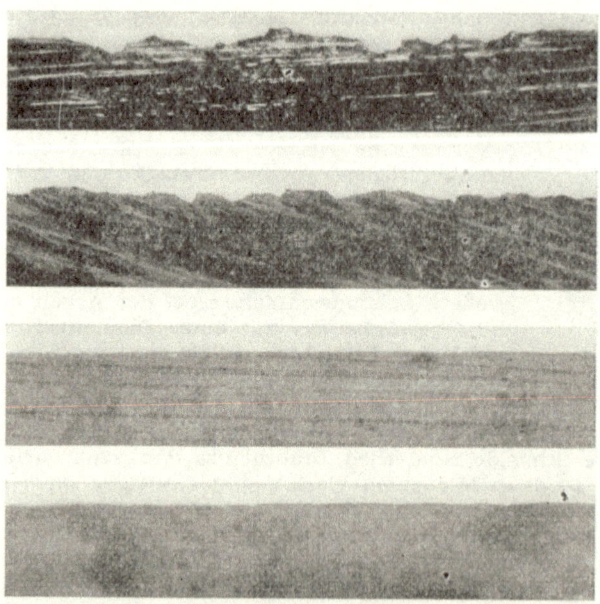

Abb. 68 Hartmetall-Werkzeug vorgeschliffen Abb. 69 Hartmetall-Werkzeug fertiggeschliffen. Abb. 70 Hartmetall-Werkzeug mit der „Spedia-Diamantläppscheibe" geläppt. Abb. 71 Normale Rasierklinge (zum Vergleich)

gleich dieser geläppten Schneide mit einer normalen Rasierklinge ist äußerst interessant.

Ein Abplatzen oder Springen der Diamantschicht ist bei solchen bakelitegebundenen Scheiben unmöglich. Auch kommt jedes Diamantkörnchen zum Angriff und wird restlos ausgenutzt. Die Scheibe bleibt bei richtiger Anwendung griffig und offen bis zum völligen Verschleiß.

Die Meinung, das Arbeiten mit Diamantscheiben sei „zu teuer", ist durchaus unzutreffend und wurde in der Praxis genügend widerlegt. Dadurch, daß Hartmetallwerkzeuge, die mit Diamantscheiben richtig bearbeitet wurden, mindestens doppelt so lange und mehr stehen, daß der Verschleiß des Hartmetalls geringer wird und daß dadurch Material und Löhne gespart werden, machen sich gute Diamantscheiben in kurzer Zeit selbst bezahlt und sind trotz ihrer relativ hohen Anschaffungskosten äußerst wirtschaftlich.

Einige Voraussetzungen für wirklich gute Läppergebnisse:

1. Die Hartmetallschneiden müssen mit gröberen Diamantscheiben oder geeigneten Silizium-Karbid-Scheiben gut vor- und nachgeschliffen sein, ehe sie mit der feinkörnigen Diamantscheibe geläppt werden.

Abb. 72 Der Handläpper im Gebrauch

2. Es sollen genau laufende, erschütterungsfreie Maschinen benutzt werden.
3. Geläppt wird nur die Hartmetallfase (nicht etwa auch das Schaftmaterial!)
4. Nur ein ganz leichter Druck (möglichst gefühlsmäßig von Hand) ist erforderlich.
5. Die Arbeitsfläche der Diamantscheibe soll möglichst mit einem guten, dünnflüssigen Öl benetzt werden (Tropföler, ölgetränkter Filz usw.).
6. Bakelitegebundene Diamantscheiben können zwischen 12—15 m/sek laufen, passen sich also allen Werkverhältnissen an. Im allgemeinen fährt man mit einer mittleren Geschwindigkeit am besten.

Abb. 72 und 73 zeigen den Diamant-Handläpper, der ebenfalls nutzbringende Verwendung findet beim Läppen von Hartmetallwerkzeugen.

Abb. 73 Diamant-Handläpper

In Abb. 72 wird der Handläpper im Gebrauch gezeigt. Man gebraucht ihn vor allem da, wo keine Diamant-Läppscheibe zur Verfügung steht oder wo das häufige Auswechseln von Hartmetallwerkzeugen vermieden werden soll, z. B. bei Automaten. — Außerdem läßt sich mit dem Diamant-Handläpper die Wirkung der Hartmetallschneiden noch verbessern, indem man mit diesem kleinen Werkzeug leicht in der dem Schnittwinkel entgegengesetzten Richtung über die Schneidkante fährt.

Die in der Abb. 81 aufgeführten Formen von Diamantschleifscheiben sind den Wünschen der verschiedenen Industriezweige entsprechend ausgebildet worden und den DIN-Formen angeglichen.

Die Abb. 79 zeigt den Schleifbelag aus Diamanten bei verschiedenen Formen von Schleifscheiben, bei denen D.—S. die Diamanten-Schicht darstellt.

Eine Läppscheibe in Topfscheibenform aus organisch gebundenem Diamantkorn wird in Abb. 74 dargestellt.

Es gibt also, wie aus den vorstehenden Ausführungen zu ersehen ist, verschiedene Bindungsarten der Diamantscheiben, und zwar:

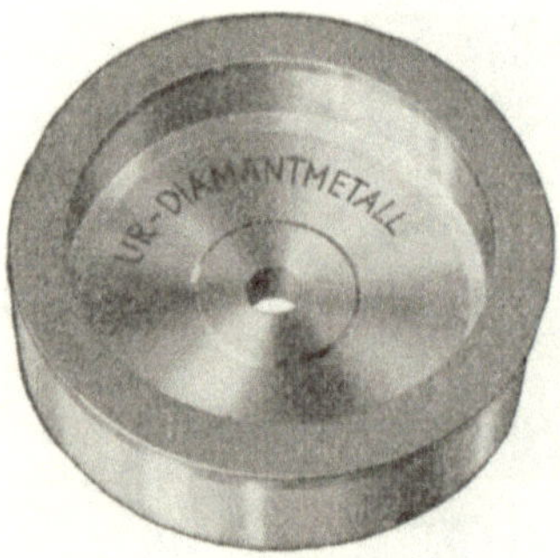

Abb. 74 Läppscheibe in Topfscheibenform

1. Metallgebundene Diamantscheiben (siehe u. a. Abb. 65).
2. Organisch gebundene (kunstharzgebundene) Diamantscheiben (weniger gebräuchlich).
3. Scheiben aus einem porigen Sonderguß, auf welche der Diamantstaub trocken oder feucht aufgetragen wird.
4. Man trägt den Diamantenstaub trocken auf eine Filz-, Holz- oder Metallscheibe auf.

Die in der Abb. 78 dargestellten Schleif- und Läppdorne finden Verwendung zum Handschleifen und Handläppen von Hartmetall, Hartporzellan, Glas usw.

In den Abb. 75, 76 und 77 werden die Arbeitsverfahren des Flächenschleifens, Profilschleifens und Läppens mit diamantbesetzten, metallgebundenen

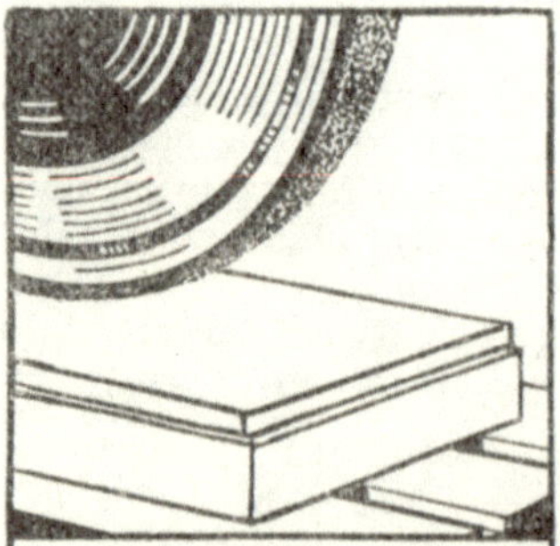

Flächenschleifen

Abb. 75

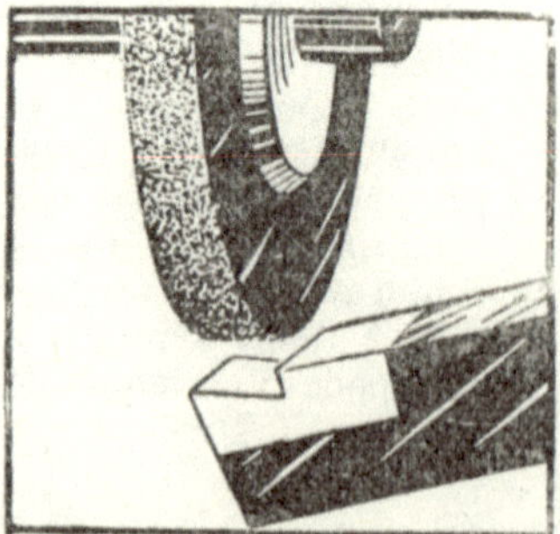

Profilschleifen

Abb. 76

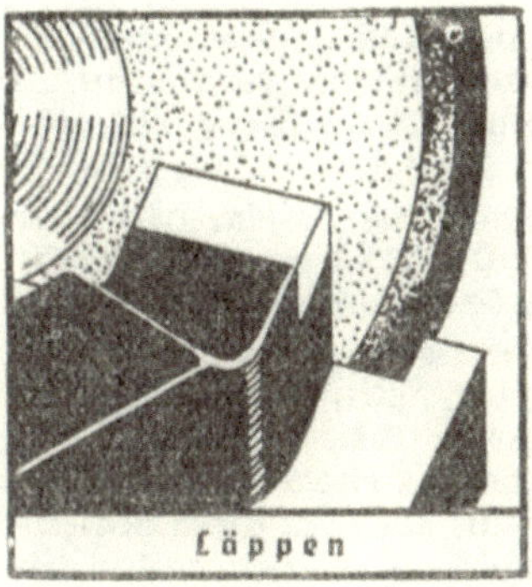

Abb. 77

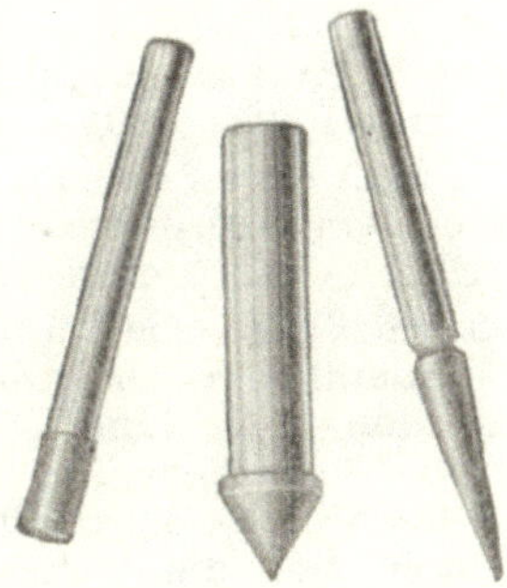

Abb. 78 Schleif- u. Läppdorne

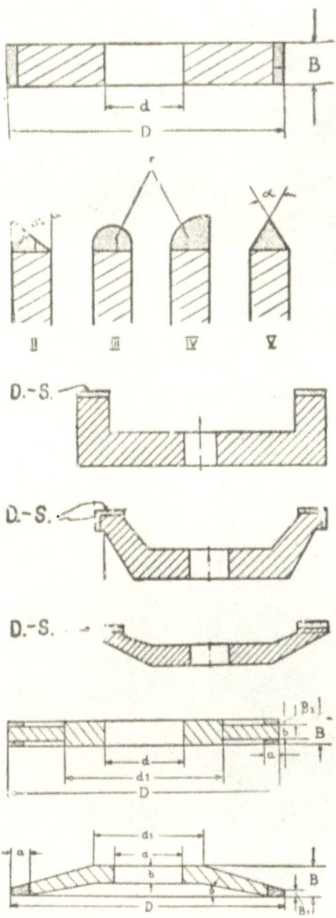

Abb. 79 Schleifbelag aus Diamanten

Diamant-Schleif- und Läppscheiben dargestellt. Diese Schleif- und Läppscheiben werden für Hartmetalldrehstähle, Hartmetallfräser, Hartmetallreibahlen usw. verwendet; auch für das Schleifen von Glas, Porzellan, Steatit und anderen Hartkörpern werden sie benutzt.

Häufig werden in der Auswahl und Benutzung von Diamantscheiben viele Fehler gemacht, daher sind die folgenden Ausführungen zu beachten:

1. Wenn Diamantscheiben nicht schlagfrei laufen. Die Maschinen sind entsprechend zu überprüfen, Spindeln notfalls neu lagern. Nur schlagfreier Lauf, der Schlag darf nicht mehr als 0,02 mm betragen, verbürgt eine einwandfreie Schneide, vermeidet das Ausbröckeln des Hartmetalls und sichert die lange Lebensdauer der Diamantscheibe. Vielfach sind die Scheiben infolge Schlagens beim Laufen nur auf einen Teil des Umfanges abgenutzt und müssen dann mit ½ bis ¾ des Diamantbelages aus dem Betrieb genommen werden. Das Korn wird zurückgenommen.
2. Um einen schlagfreien Lauf zu erreichen, werden die Scheiben zuweilen in der gröbsten Form ausgerichtet mit Schlägen usw., die sowohl die Scheibe als auch den Diamantbelag beschädigen.
3. Die Scheiben werden nur selten gereinigt. Die Scheibe muß mindestens von Zeit zu Zeit mit Petroleumlappen oder Filz abgerieben und sauber gehalten werden.

4. Die Scheiben werden vielfach infolge der betreffenden Schneidenform des Werkzeuges einseitig benutzt, entweder nur an der Außenkante oder nur an der Innenkante, so daß z. B. am Rande der Diamantbelag verbraucht, in der Mitte ganz erhalten bleibt. In diesen Fällen ist es ratsam, entsprechende Profilscheiben zu wählen.

5. Es muß stets mit ganz leichtem Schleifdruck geschliffen werden, tritt aber trotzdem eine übermäßige Erwärmung ein, so muß Werkzeug und Schleifscheibe durch Unterbrechung des Schleifens abgekühlt werden.

6. Die Schleifzugabe am Werkstück hat sich nach der Größe des verwendeten Diamantkornes zu richten. Werkstattblatt 62 macht nähere Angaben über Körnung, Bindung, Schleifscheibengeschwindigkeit, Scheibenbezeichnung usw. Vor allem muß immer unterschieden werden zwischen Vorschliff, Feinschliff, Feinstschliff, Läppschliff und Polierschliff; auch für diese Schleifstufen sind die Vorschriften in dem schon erwähnten Werkstattblatt zu beachten.

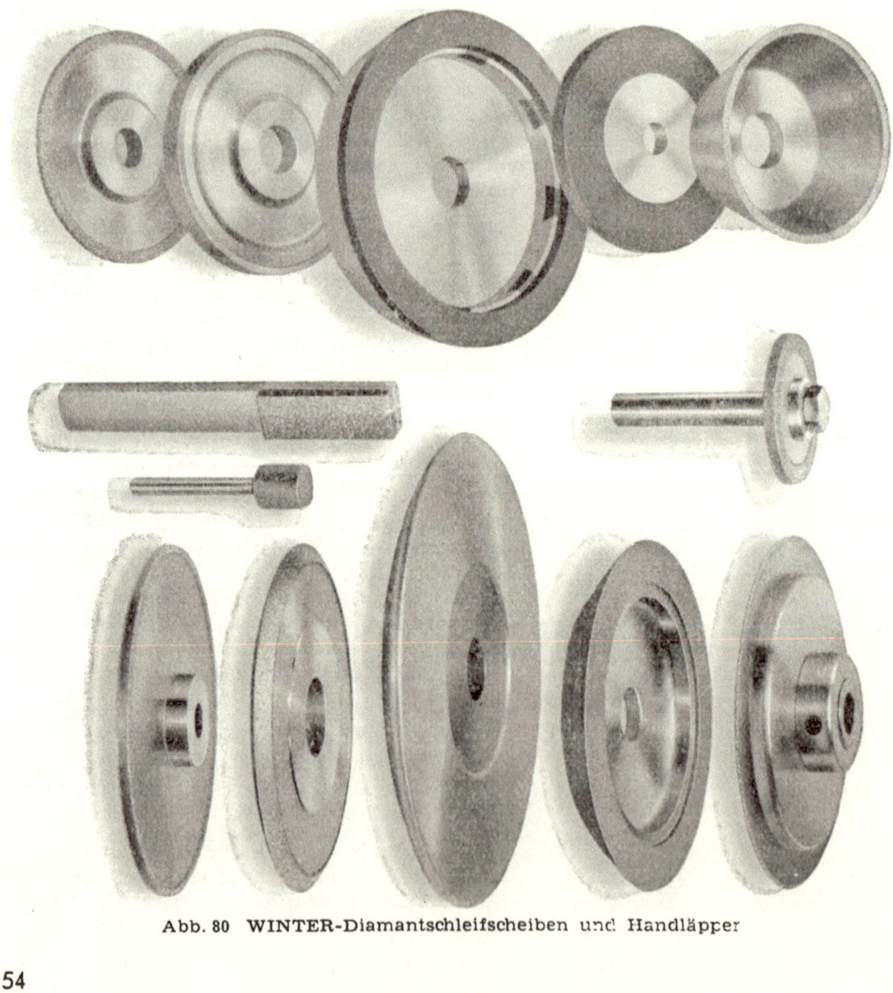

Abb. 80 WINTER-Diamantschleifscheiben und Handläpper

Diamantkorn wird wie folgt verwendet:

	Korngrenzen
Zum Sägen, Bohren, Fräsen	600 – 400 My 400 – 300 „ 300 – 200 „ 200 – 120 „
Zum Grobschleifen	120 – 90 My 90 – 60 „
Zum Feinschleifen	60 – 40 My 40 – 20 „
Zum Polieren	20 – 10 My 10 – 5 „ 5 – 2 „
Zum Feinpolieren	2 – 1 My 1 – 0,5 „

Abschließend ist zu sagen, daß die Vorteile, welche die Diamantscheibe bietet, sehr bedeutend sind.

Nachstehend eine Anzahl der bakelitegebundenen „Spedia"-Formen 1—12 (Abb. 81).

Abb. 81

Spedia Form 1

D	H	B	H_1	R
75	24	20	14	10
75	24	20	14	6,5
75	24	20	14	7.5
125	24	20	14	12,5
125	24	20	14	7,5
125	24	20	13	9,5
150	30	20	13	19
150	30	20	13	10

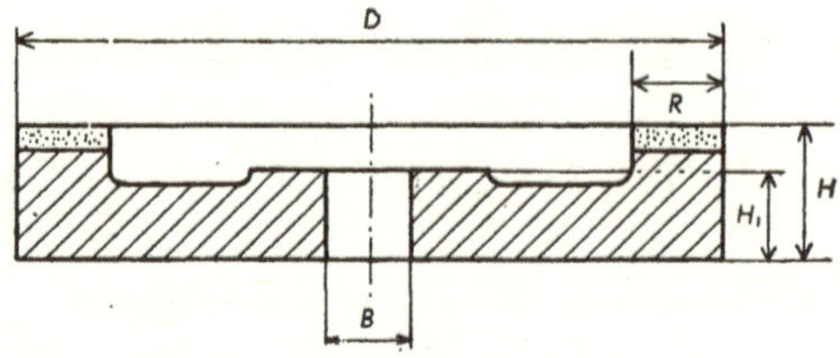

Spedia Form 2

D	H	B
75	12,5	20
100	9,5	20
125	13,5	20
150	12,5	20
150	8	20

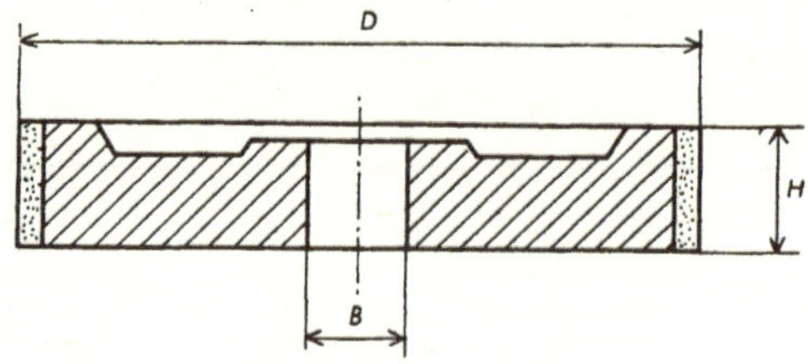

Spedia Form 3

D	H	B	D_1	H_1	R
100	18	20	40	16	7
125	35	20	70	17	7,5
125	50	20	70	27	9,5
125	25	20	57	13	10
125	35	20	70	17	12,5
150	20	20	60	18	6,5
150	20	20	60	15	10
150	24	20	60	19	10
150	45	20	70	14	19

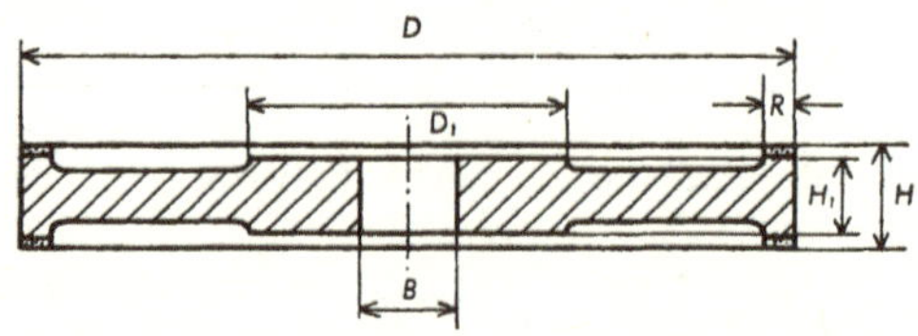

Spedia Form 4

D	H	B	R	R_1
75	15	20	10	7,5

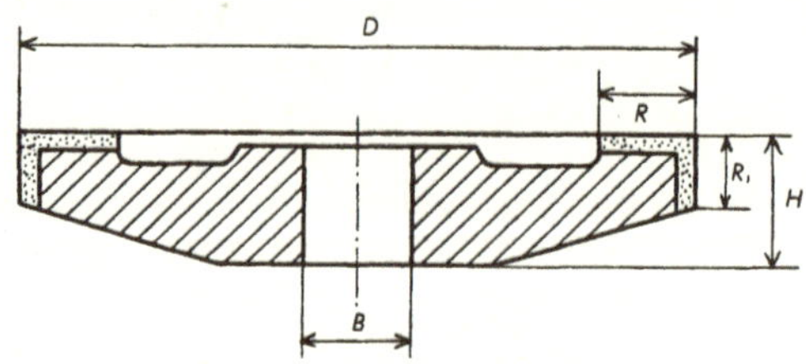

Spedia Form 5

D	H	B	R	H_1
75	15	20	13.5	10

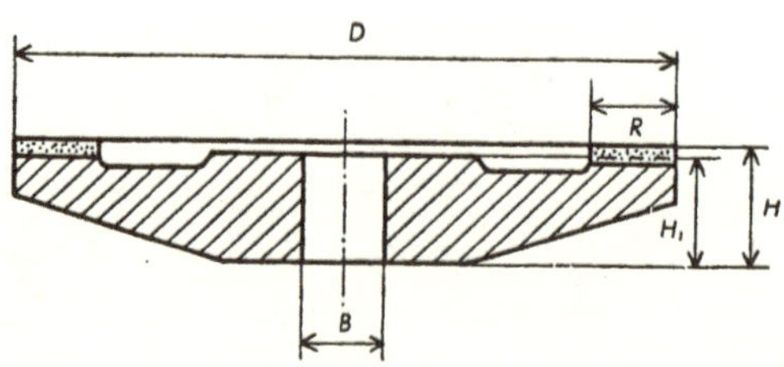

Spedia Form 6

D	H	B	H_1	R
75	20	20	10	7
75	20	20	10	6
100	20	20	11	10
100	20	20	11	6
100	20	20	11	7
125	24	20	12	12.5
125	24	20	12	7
125	24	20	12	9,5
150	30	20	13	20
150	30	20	13	10

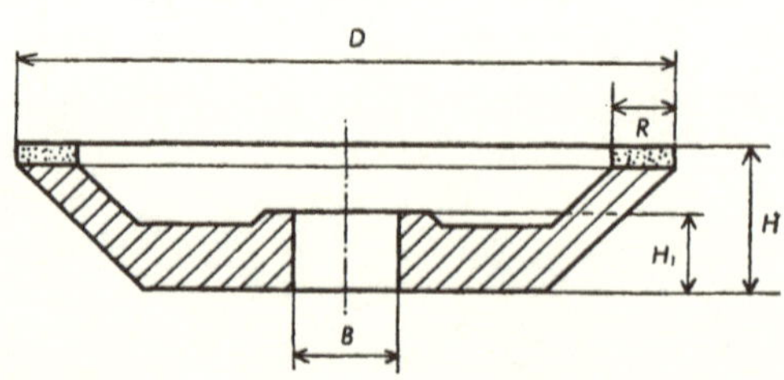

Abb. 81

Spedia Form 7

D	H	B	D_1	b	R
75	25	20	40	10	4
75	25	20	40	10	5
125	46	20	90	12	12,5

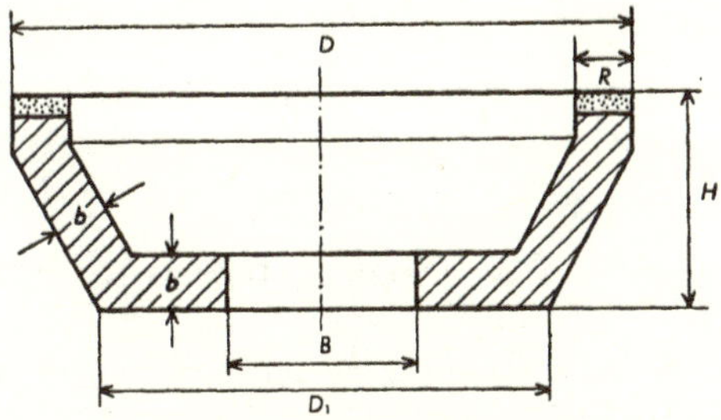

Spedia Form 8

D	H	B	D_1	B_1	C	R
31	32	7	25	11	11	10
31	32	7	25	22	11	4,5
31	20	6	18	23	10	4

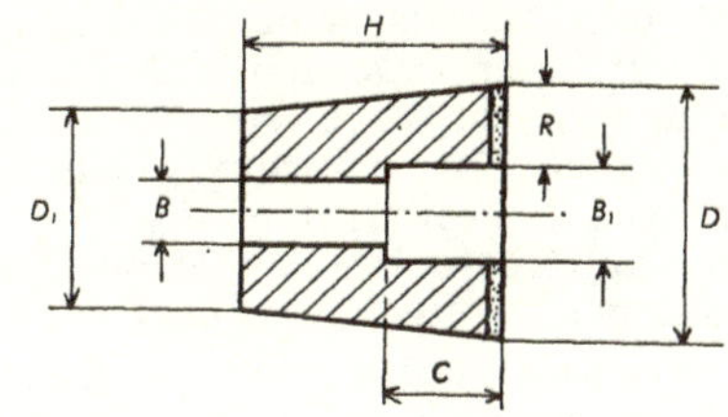

Spedia Form 9

D	H	B	H_1	R	R_1
100	10	20	9	16	20

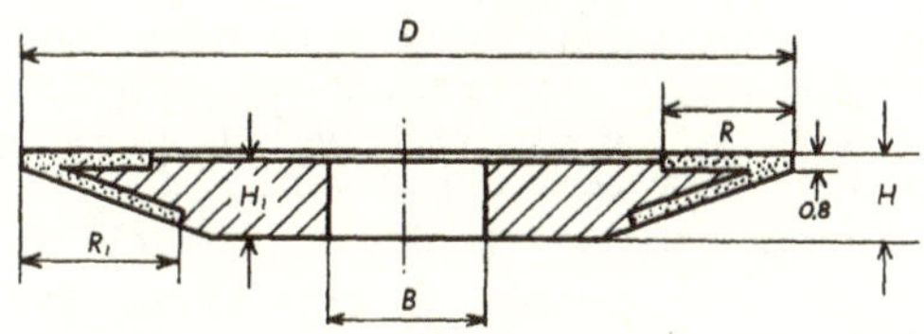

Spedia Form 10

D	H	B	H_1	R
100	10	20	9	16

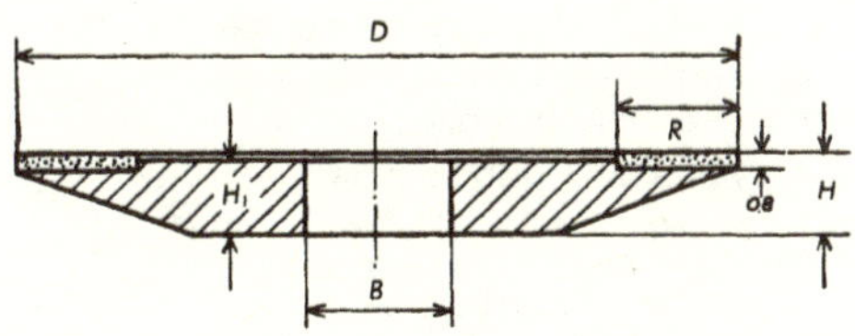

Spedia Form 11

D	H	B	D_1	H_1	R
100	8	20	40	9,5	7
125	6,5	20	57	12,5	10
150	7	20	60	12	6,5
150	7	20	60	12	10

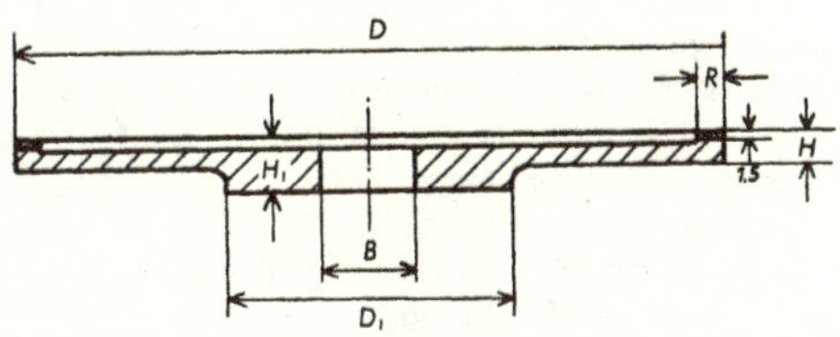

Spedia Form 12

D	H	B	H_1	D_1	R
75	21	20	9	38	8

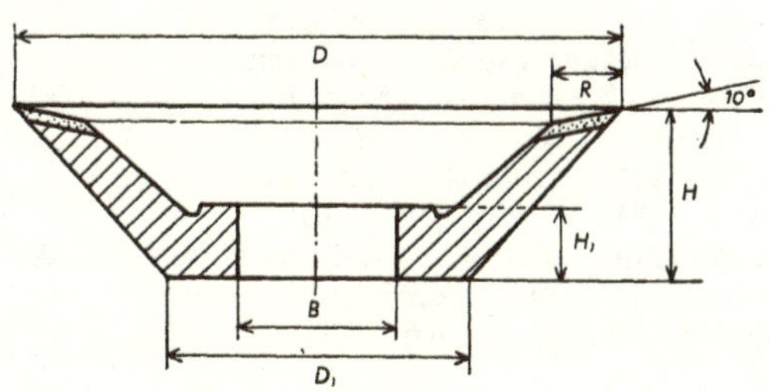

Das Auswuchten der Schleifscheiben

Es ist nicht möglich, Schleifscheiben im Material so gleichmäßig zu erzeugen, daß sie ohne weiteres, wenn sie rund laufen, auch ausgewuchtet sind.

Um mit einer Schleifscheibe, insbesondere wenn es sich um einen Genauigkeitsschliff auf einer Präzisionsschleifmaschine handelt, einwandfreie Schleifleistungen zu erzielen, ist es unbedingt erforderlich, daß man die Schleifscheibe genau auswuchtet. Der Bruchteil eines Millimeters Schlag genügt schon, um Erschütterungen hervorzurufen, die ihrerseits wieder einen unsauberen und ungenauen Schliff verursachen. Dieser kleine Schlag verursacht ferner erhebliche Belastungen des Schleifkörpers durch Stöße.

Es ist selbstverständlich, daß die Genauigkeit der Auswuchtung sich nach dem Grade des zu erzielenden Schliffes richtet. Beträgt die Breite der Schleifscheibe mehr als ein Drittel des Durchmessers, so muß die dynamische Auswuchtung auf Sondermaschinen durchgeführt werden; die statische Auswuchtung wendet man an, wenn die Auswuchtung auf Auswuchtböcken oder Auswuchtwaagen vorgenommen wird.

Allgemein ist bei Schleifscheiben die statische Auswuchtung ausreichend, da es sich in der Hauptsache um Werkzeuge mit achsialer Ausdehnung handelt.

Oft wird das Auswuchten so vorgenommen, daß man in die die Scheibe haltenden Flanschen ringförmige Nuten anbringt, in welche Ausgleichgewichte entsprechend verschoben werden können.

Abb. 72 zeigte eine Ausbuchtwaage für Schleifscheiben. Dieses Gerät arbeitet genau und ist vor allem einfach zu bedienen. Die Auswuchtwaage besitzt einen Waagebalken, der in Schneide- und Achatpfannen gelagert ist und der zwei Kerblager enthält, in welchen die Schleifscheibe mit dem Prüfdorn einzulegen ist. Die Ausschläge sind wie bei einer gewöhnlichen Zeigerwaage abzulesen, wobei der Zeiger von dem Wiegerahmen aus nach einer Skala geht; außerdem ist noch eine Schiene mit einer Skala angeordnet, auf der man eine Wiegeschale entsprechend einstellen kann. An dieser

Abb. 82 Auswuchtwaage für Schleifscheiben

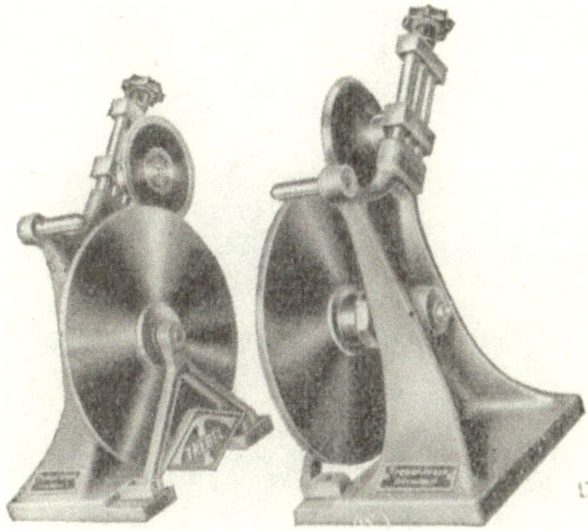

Abb. 83 Statische Auswuchtapparate, Modell E 0 und E 1

Auswuchtwaage ist jede rollende Reibung vermieden, dagegen wird jede Schwerpunktveränderung durch einen Ausschlag des Zeigers angezeigt; auf diese Weise ist es einfach, die Größe der Unbalance genau zu ermitteln.

In Abb. 83 werden zwei statische Auswuchtapparate, System Trebel, dargestellt, und zwar Modell E O und E 1 mit einer Tragfähigkeit von 1 bis 50 kg bzw. 7 bis 150 kg. Diese Apparate, von denen noch ein Modell E 20 mit einer Tragfähigkeit von 0 bis 3 kg hergestellt wird, zeichnen sich durch einfache Handhabung, sofortige Betriebsbereitschaft und höchste Empfindlichkeit aus. Die Wirkung dieser Auswuchtapparate beruht darauf, daß die auszuwuchtende Schleifscheibe auf Scheiben oder Rollen gelegt wird und daß der Schwerpunkt des Körpers infolge der Anziehungskraft der Erde nach unten einpendelt. Ein Vorteil ist es, daß die Apparate ohne besondere Ausrichtung sofort verwendet und infolge des geringen Gewichtes an die Werkstücke herangebracht werden können. Da Schleifscheiben nicht homogen sind, wandert ihr Schwerpunkt während ihrer Abnutzung. Wiederholte Nachwuchtung ist deshalb erforderlich.

Bei der Abb. 84 wird der statische Trebel-Auswuchtapparat, Bauart 02 mit Federwippe, gezeigt, der bis zu einer Tragfähigkeit von 30 kg benutzt werden kann. Die Scheiben des Apparates sind ineinander verschoben, um die Auswuchtdorne möglichst nahe an den Scheitelpunkt der Scheiben heranzubringen, wo sich eine etwaige Unbalanz am stärksten auswirkt. Die Scheiben sind ebenfalls wie bei der vorher aufgeführten Bauart ballig ausgeführt. Der Scheibenrand ist auf 1,5 mm Stärke angespitzt. Die Ablaufscheiben besitzen eine glasharte Oberfläche und sind zur Erzielung allerhöchster Rundlaufgenauigkeit auf dem Kugellager selbst geschliffen und poliert.

Allgemein wird die Auswuchtung der Schleifscheiben durch die Herstellerfirma vorgenommen. Dies geschieht meist dadurch, daß durch Anbringung eines Gegengewichtes aus Blei die vorhandenen Unbalancen beseitigt werden. Ein Merkblatt für das Auswuchten von Schleifscheiben, herausgegeben vom Verein deutscher Schleifmittelwerke e. V., Gruppe Schleifscheiben, wird nachstehend wiedergegeben:

Abb. 84 Statischer Trebel-Auswuchtapparat, Bauart 02

Merkblatt für das Auswuchten von Schleifscheiben:

1. Die Schleifleistung, die Feinheit und Genauigkeit der Arbeitsflächen, die Lebensdauer der Schleifscheibe, die Schleifwelle und die Lagerung leiden, wenn die umlaufende Schleifscheibe nicht sorgfältig ausgewuchtet ist.
2. Das sorgfältig vorgenommene statische Auswuchten mit Hilfe der derzeit bekannten und angewandten Auswuchtmittel ist in der Regel völlig ausreichend. Der Wuchtfehler in der Schleifscheibe sollte nicht größer sein, als daß er noch durch die übliche Auswuchtvorrichtung an der Befestigungsflansche oder durch Bleiausguß an der Schleifscheibe ausgeglichen werden kann.
3. Zu diesem Zwecke ist die zwischen Flanschen eingespannte Schleifscheibe auf einen Dorn zu nehmen und auf eine Auswuchtvorrichtung, z. B. auf eine Schwerpunktswaage oder einen Abrollbock zu bringen. Durch probeweises Drehen wird die Stelle der Überwucht in die tiefste Lage gebracht. Zum Ausgleich der Unwucht sind die beiden Wuchtgewichte, die in einer gleich den Flansch eingedrehten Ringnute angeordnet sind, einander gegenüberstehend zunächst in die durch die Achse durchgehende waagerechte Lage zu bringen. Dann werden sie so lange nach oben um gleiche Beträge verschoben, daß die Schleifscheibe in jeder Lage in Ruhe bleibt, also ausgewuchtet ist.
4. Eingemeißelte oder eingebohrte Ausnehmungen, die mit Blei ausgegossen werden, sollten an der Schleifscheibe auf Ausnahmefälle beschränkt werden.
5. Eine gut ausgewuchtete Schleifscheibe kann im Laufe ihrer Abnützung wieder in Unwucht kommen. Sie muß dann von neuem ausgewuchtet werden.
6. In Sonderfällen, bei sehr breiten Schleifscheiben, oder wenn besonders hohe Ansprüche an die Genauigkeit und Feinheit des Schliffes gestellt werden, kann dynamische Auswuchtung geboten sein.
7. Die dynamische Auswuchtung ist nicht Sache des Schleifscheibenherstellers, sondern Sache des Verbrauchers. An den Schleifmaschinen müssen in solchen Fällen Vorrichtungen für dynamische Auswuchtung vorhanden sein.

Abb. 85 Dynamische Universal-Auswuchtmaschine
mit elektro-mechanischer Meßeinrichtung, Modell D E 200

Eine Universal-Auswuchtmaschine mit elektro-mechanischer Meßeinrichtung, Modell D E 200, Patent Trebel, wird in Abb. 85 gezeigt. Sie dient zur schnellen und serienmäßigen Feststellung von Unbalancen in zwei beliebig gewählten Ausgleichsebenen für rotierende Prüfkörper aller Art. Während des Wuchtvorganges ist die Empfindlichkeit der Maschine regulierbar und kann den Erfordernissen des Prüfkörpers angepaßt werden. Die Meßzeit für beide Ausgleichebenen beträgt 20—40 Sek. Diese Auswuchtmaschine besteht aus einem Bett, dem Antriebskasten mit Meßeinrichtung und zwei unabhängig voneinander verschiebbaren Lagerböcken, die offene Lagerrollen tragen, aus denen der Prüfkörper aufgelegt wird und deren Höhe an Hand eines Höhenmessers, dem Achsdurchmesser entsprechend, eingestellt wird. Durch die Mitnehmerscheibe des Antriebsgehäuses über einen Mitnehmer und einen auf seiner Welle aufgesteckten Mitnehmer erfolgt der Antrieb des Prüfkörpers. Die Lager stützen

Abb. 86 Schleifscheiben-Wuchtwaage, Type NG

sich über eine Hebelübersetzung (DRP) an den Tragfedern elastisch ab. Die Wuchtdrehzahl ist gleichbleibend. Durch eine etwaige Unwucht wird bei umlaufendem Prüfkörper das Lagergestänge in Resonanzschwingungen versetzt, deren Amplitude durch den Anschlag eines Zeigers am elektrischen Anzeigegerät stark vergrößert sichtbar gemacht wird. Der Meßbalken verbindet die Lager mit den Meßböcken, welche ihrerseits unter die beiden vorher bestimmten Ausgleichebenen des Prüfkörpers gestellt werden. Durch Meßfedern werden an diesen Meßböcken Gegenschwingungen in den Meßbalken eingeleitet, die man durch wechselweises Drehen der beiden Handräder so regeln kann, daß die Federkräfte die Unwuchtkräfte ausgleichen und die Lagerschwingungen verschwinden. In einem einzigen Lauf ohne Anhalten der Maschine oder Umlegen des Prüfkörpers erfolgt die Messung in beiden Ausgleichebenen.

Wenn die beiden Lager durch die Unwucht des umlaufenden Prüfkörpers in Schwingungen versetzt sind, werden die beiden Handräder abwechselnd gedreht, bis der Zeiger am Anzeigegerät auf Null steht, und zwar ohne Unterbrechung des Laufes erst an dem einen und dann an dem anderen Lager. Wenn die Messung erfolgt ist, liest man an Skalen die Größe und Lage der

Abb. 87 Schleifscheiben-Wuchtwaage, Type SWS, für Fertigungsbetriebe

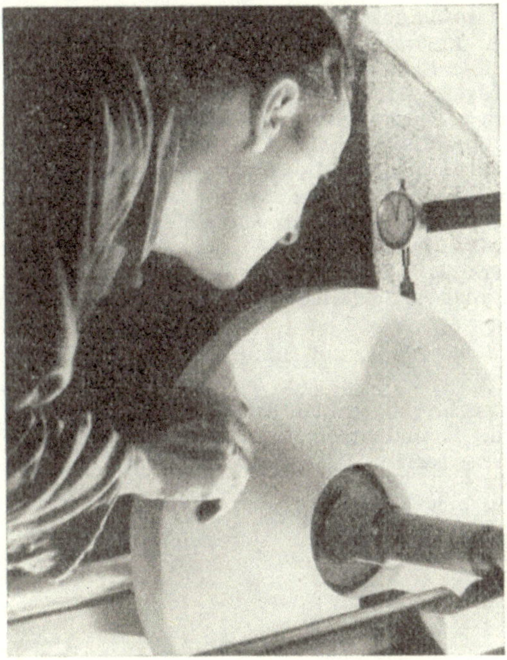

Abb. 88 Plan- und Rundfluchtung einer Schleifscheibe (MSO)

erforderlichen Ausgleichgewichte unmittelbar für die Ausgleichebenen in genauen Werten ab.

In Schleifscheibenfabriken muß das Auswuchten schnell vor sich gehen. Bisher wurden dort auch Geräte etwa nach Abb. 86 verwendet. Diese Geräte erfordern das Aufstecken der Schleifscheiben auf einen Aufspanndorn. Bei Schleifscheiben mit großen Bohrungen, wie sie insbesondere für Rund- und Flächenschleifmaschinen verwendet werden, wird also ein entsprechend großer und schwerer Dorn erforderlich. Das Hereinnehmen dieses schweren Dornes mit der Scheibe in den Wiegerahmen der Auswuchtwaage nach Abb. 86 ist ermüdend und zeitraubend. Es ist deshalb eine Wuchtwaage geschaffen worden nach Abb. 87, bei welcher die Schleifscheibe lediglich auf den Wiegeteller aufzulegen ist. Auf einen dünnen Zapfen, der in der Mitte des Aufnahmetellers hervorsteht, wird eine Blechscheibe mit etwa 3—5 mm Dicke aufgelegt, deren Außendurchmesser der Bohrung der Schleifscheibe entspricht. Durch diese Zentrierblechscheibe wird also die Schleifscheibe auf das Achsenmittel beim Auflegen zentriert. Die Schleifscheibe kann somit bequem aufgelegt und auch wieder heruntergenommen werden. Der Aufnahmeteller pendelt um eine Achse und wird solange gedreht, bis der Leuchtstrich an der Grammskala auf Null einspielt. Dann liegt der Schwerpunkt in der Pendelachse. Um diese zu kennzeichnen, ist der rechte Stab auf der Tischplatte angeordnet. Der Aufnahmeteller wird nun mit der Schleifscheibe um 90° gedreht, also von dem rechts angeordneten Stab zu dem vorne angeordneten. Der Aufnahmeteller neigt sich alsdann nach unten und der Leuchtstrich geht an der Skala in die

Höhe. Die Grammskala ist auswechselbar. Für große Massenwuchtungen kann also jeweils passend zu der Schleifscheibengröße eine Grammskala angefertigt werden. Für kleinere Serien kann man irgendeine Grammskala verwenden, und man legt dann in der gefundenen Ebene soviel Blei auf die Scheibe, die nachträglich dann eingegossen werden soll, bis der Leuchtstrich wieder auf Null zeigt. Diese Schnellwuchtwaage, Type SWS genannt, wird in drei Größen hergestellt. Die kleinste geht für Schleifscheiben von 100—300 mm Durchmesser, die mittlere von 200—600 mm Durchmesser und die größte von 300—800 mm Durchmesser. Es ist natürlich dabei zu berücksichtigen, daß bei der Größe 3 nicht Schleifscheiben mit 300 mm Durchmesser gewuchtet werden, die z. B. für Sägeschärfmaschinen verwendet werden, also wobei das Gewicht außerordentlich gering ist. In diesem Falle ist es dann schon erforderlich, für die leichten und kleineren Schleifscheiben auch eine entsprechend kleinere Waage zu nehmen.

In Abb. 88 wird die Plan- und Rundfluchtung einer Schleifscheibe gezeigt (MSO).

Bei Hochleistungsschleifmaschinen sollte der Schleifkörper mehrmals überprüft werden, da mit fortlaufender Abnutzung der Schleifscheibe sich auch die Massenverhältnisse verschieben und dadurch wieder neue Unbalancen auftreten können.

Das Abrichten der Schleifscheiben

Die Güte des zu erzielenden Schliffes hängt in erster Linie von dem jeweiligen Zustand der Schleifscheibe ab. Da sich nun die Schleifscheibe im Laufe ihrer Verwendung abnutzt, stumpf und unrund wird, und sich ihre Poren mehr oder weniger zusetzen, so ist es unbedingt erforderlich, dieselbe mit Hilfe besonderer Werkzeuge zu behandeln und abzurichten. Es ist sonst ein genaues und wirtschaftliches Arbeiten unmöglich; denn auch mit dem feinsten Schleifkorn erzielt man ein anderes Ergebnis, je nach dem die Schleifscheibe frisch abgerichtet ist oder mit stumpfem Korn arbeitet. Es sollte daher von seiten der Verbraucher dem Abrichten und Aufrauhen der Schleifscheibe eine größere Aufmerksamkeit gewidmet werden als bisher. Nachstehend soll nun der Verbraucher der Schleifscheiben darüber unterrichtet werden, wie er das Abrichten und Aufrauhen zweckmäßig vornimmt und welche Werkzeuge ihm dafür zur Verfügung stehen.

Es sind drei Gruppen von Abrichtwerkzeugen, die für das Abrichten und Aufrauhen der Schleifscheiben Verwendung finden und zwar:

1. Abrichtapparate mit Stahlrädchen und Stahlkegel,
2. Abricht- oder Schleifstäbe, Abrichtkreisel und Rutscher,
3. Diamanten und besondere diamantfreie Abrichtapparate.

Durch die spanabhebende Wirkung Hunderttausender von kleinen harten Schleifkörnern in der Schleifscheibe tritt eine starke Wärmeentwicklung auf. Der Beweis hierfür ist die starke Funkenbildung, die anzeigt, daß die erzeugte Temperatur höher ist als bei jedem anderen Schneidvorgang. Wenn sich die

Abb. 89
Stumpfe, verschmierte, scharfe Schleifscheiben

Abb. 90 Das Abrichten einer Schleifscheibe auf der Stirnseite

Abb. 91 Das Abdrehen der Seitenfläche einer Schleifscheibe mit einem Abrichtkegel.

kleinen Schleifkörner abgenutzt haben, d. h. das einzelne Schleifkorn stumpf wird, dann wird das Spanabnehmen stark erschwert und es tritt eine mehr schabende Wirkung ein, die der des Polierens ähnelt. Bei der Überhitzung schmelzen die kleinen Teile der abgetrennten Späne, setzen die Poren der Schleifscheibe zu. Diesen Vorgang, bei dem die Schleifwirkung aufhört, nennt man das Verschmieren der Schleifscheibe, im allgemeinen nennt man das „Die Scheibe setzt sich voll", die Schleifspäne haben sich in den Raum zwischen den einzelnen Körnern eingepreßt. Dieses Verschmieren tritt besonders dann leicht ein, wenn die Scheibe noch Eisenteile in Form von Eisenoxyd enthält, wie es z. B. bei Schmirgelscheiben oder bei Korundscheiben der Fall sein kann, bei denen die Eisenteilchen gar nicht oder nicht genügend entfernt worden sind. Bei der hohen Temperatur schmilzt das Eisenoxyd und sintert die Schleifkörner zusammen. Die Schleifscheibe setzt sich zu und rutscht, weil sie glatt geworden ist, über das Werkstück hinweg. Es liegt auf der Hand, daß verschmierte Schleifscheiben leicht unrund werden und zu schlagen beginnen, so daß ein genaues Schleifen damit nicht mehr möglich ist.

In Abb. 89 sieht man links die Randform einer stumpf oder blank gewordenen Schleifscheibe, in der Mitte eine solche, die sich zugesetzt oder verschmiert hat und rechts eine scharfe Schleifscheibe.

Um die Schleifscheibe wieder scharf und freischneidend zu halten, ist es erforderlich, sie aufzurauhen. In den folgenden Abbildungen werden nun die verschiedenen Werkzeuge, die für diese Arbeit erforderlich sind, dargestellt.

Abb. 90 zeigt das Abrichten einer Schleifscheibe auf der Stirnseite, während Abb. 91 das Abrichten mit einem Abrichtkegel darstellt.

In Abb. 92 wird ein „Peristat", mit Spannbolzen und Festziehmutter gezeigt. Die Wirkung des Peristats beruht auf der Schulterwirkung eines Flatterfräsers und unter gleichzeitiger Ausschaltung jeder Schleifwirkung der Schleifscheibe bei voller Umlaufzahl. Dies wird durch reibungslosen Ablauf des Flatterfräsers, der nur mit ganz leichtem Druck an die Schleifscheibe herangeführt wird, erreicht. Der Peristat wird genau so angewendet wie der Diamant und kommt für alle Rund- und Flächenschleifmaschinen, und zwar für gerade Schleifscheiben und Topfscheiben und Schleifsegmente in Betracht.

Abb. 92 Peristat mit Spannbolzen und Festziehmutter

In Abb. 93 wird ein Abdreh-Apparat „Dilumit-Koloß" gezeigt. Er ist mit kombinierter Kugel- und Gleitlagerung und kombinierten Wellen- und Hammerfräsern versehen und zum Runddrehen und Aufrauhen großer, schwerer Schleifscheiben über 400 Millimeter Durchmesser bestimmt.

Für mittelgroße Schleifscheiben ist die Bau-Art „Dilumit-Knirps" bestimmt. Diese Bauart ist die gleiche wie bei dem vorgenannten Apparat und zwar arbeitet dieser Abdreh-Apparat mit größter Schonung der Schleifscheibe, da nur Oberflächenbearbeitung.

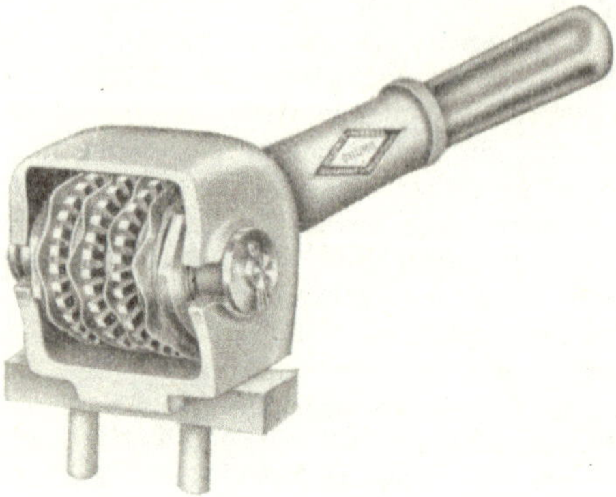

Abb. 93 Abrichtwerkzeug „Dilumit-Koloß"

Bei dem Abrichtgerät „Indeg-Spezial" handelt es sich um einen Schleifscheiben-Abrichter, dessen Walzen aus mehreren gelochten Stahlblech-Scheiben bestehen, die unterschnittene Kanten haben. Durch die Lochung bleibt die Abrichtwalze stets scharf, da die Löcher derart angeordnet sind, daß stets wieder spitze Kanten entstehen und die Walze bis zum völligen Verschleiß scharf bleibt. Da der Apparat in sieben verschiedenen Größen hergestellt wird, kann er für alle Scheiben Verwendung finden.

Abb. 94
Keramische Schleifscheibe, Körnung 60, links mit Naturdiamant
Mitte mit Abziehstein, rechts mit Rondor-Diamant abgedreht

Die in Abb. 103 dargestellten Silizium-Karbid-Rutscher eignen sich besonders zum Abrichten von Schleifscheiben aus Silizium-Karbid und Elektrokorund. Ein sehr zweckmäßiges Abrichtgerät ist auch der Abrichtkreisel (Abb. 95), auch Rondor-Diamant genannt. Er findet Anwendung zum genauen Runddrehen, Profilieren und Schärfen kleinster dünnwandiger, zerbrechlicher Schleifscheiben von 1 mm Stärke an bis zu etwa 4 kg Gewicht. Mit ihm ist das Andrehen von Randstärken bis zu ½ mm möglich, wobei kein Ausbrechen auch der feinsten Profile zu befürchten ist. In den Abb. 96, 97, 105 und 106 wird der Rondor-Diamant beim Gebrauch dargestellt.

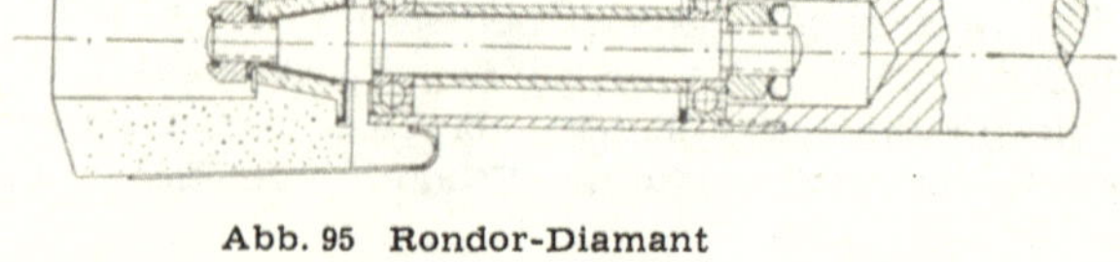

Abb. 95 Rondor-Diamant

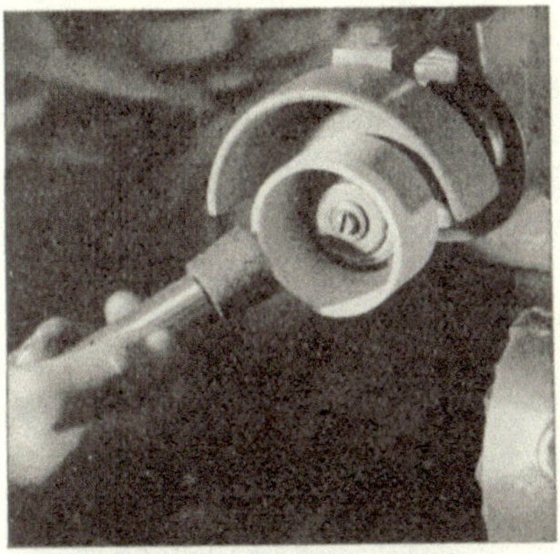

Abb. 96 Rondor-Diamant, Modell 00, beim Abrichten einer kleinen Topfscheibe auf Universal-Werkzeug-Schleifmaschine

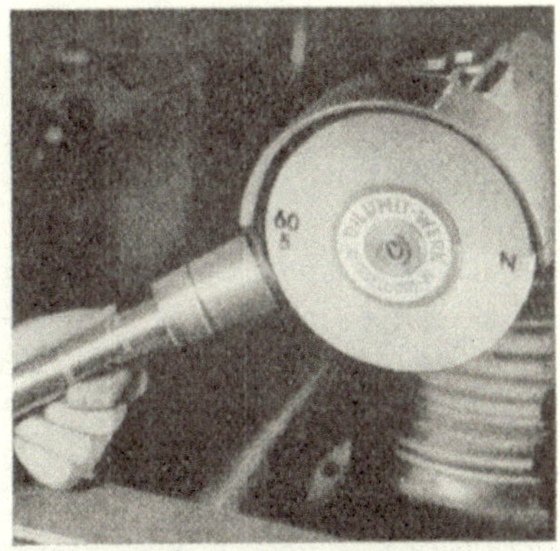

Abb. 97 Rondor-Diamant, Modell 1, beim Abdrehen des Umfanges einer geraden Werkzeugschleifscheibe

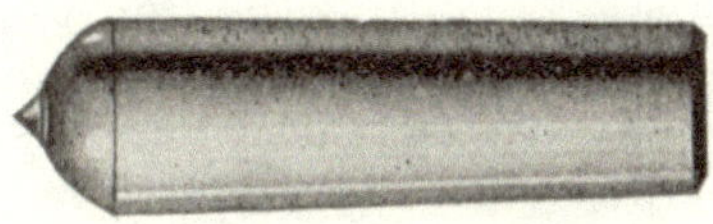

Abb. 98 Vorsatzkegel 1

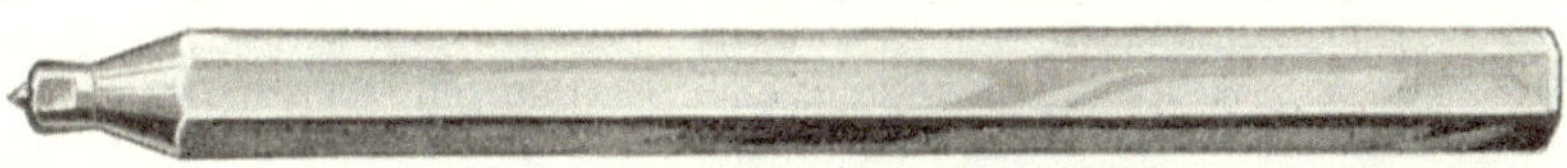

Abb. 99 Nr. 430 sechskant 20 × 200 mm

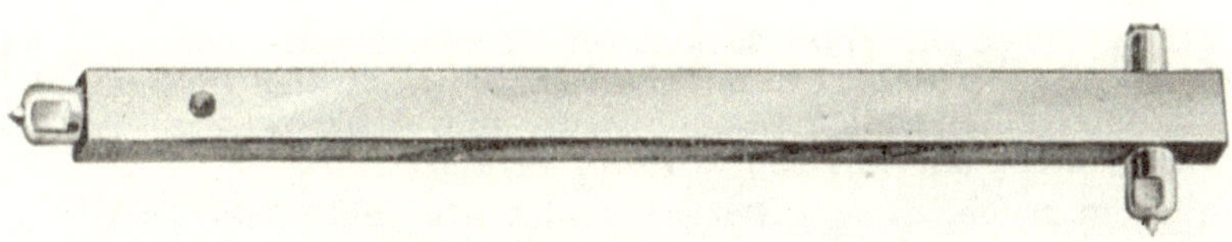

Abb. 100 Nr. 435 vierkant 18 × 200 mm

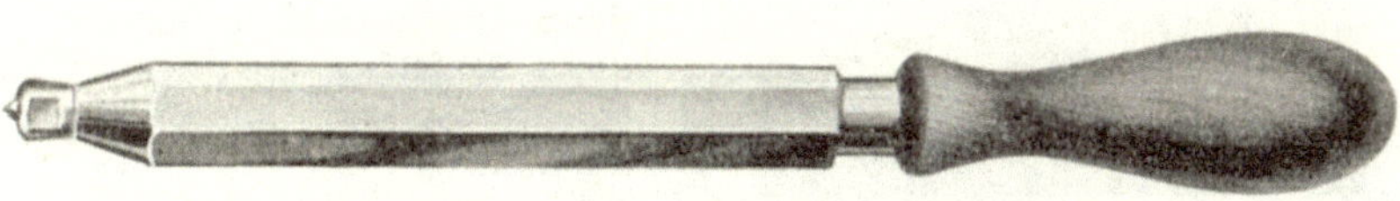

Nr. 445 sechskant 20 × 200 mm, Holzgriff

Abb. 101 Halter

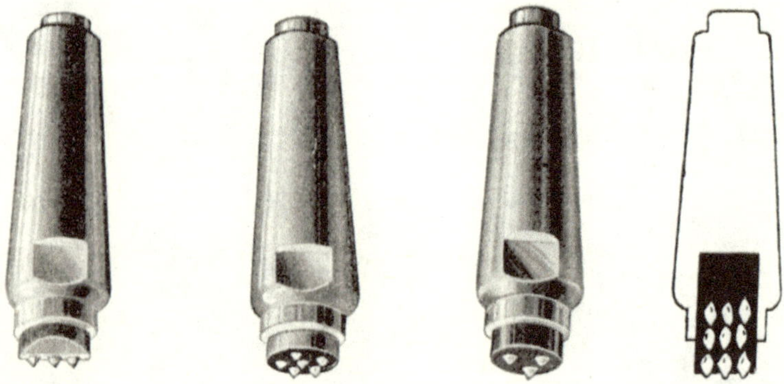

WINTER-IGEL 3
Besatz: 3 Diamanten

WINTER-IGEL 6
Besatz: 6 Diamanten

WINTER-IGEL 9
Besatz: 9 Diamanten

Abb. 102

Wo es nicht auf Genauigkeits-Schliff ankommt, verwendet man diamantfreie Abrichtwerkzeuge, auch wenn damit teilweise ein größerer Schleifscheiben-Verbrauch in Kauf genommen werden muß. Wo es aber darauf ankommt, genaue Schleifarbeit zu leisten, muß ein Diamant verwendet werden. In allen Fällen ist dies erforderlich, wo feine Profile hergestellt werden müssen.

Ein zeitgemäßes Winter-Diamanten-Werkzeug zum Abrichten und Profilieren von Schleifscheiben ist in Abb. 98 dargestellt. Es handelt sich um den Morsekegel 1, der für die in Abb. 99, 100 und 101 gezeigten Halter Nr. 430, 435 und 445 in Frage kommt.

Außer normalen Abrichtdiamanten gibt es Werkzeuge, bei denen mehrere Diamanten gleichzeitig arbeiten, wie z. B. die in den Abb. 102 gezeigten WINTER-Igel. Sie werden an Stelle großer Diamanten verwendet, da sie bei gleichem Diamantgewicht wesentlich billiger als große Diamanten sind. Verwendung finden sie vorzugsweise zum Abrichten von breiten Schleifscheiben oder von Stirnseiten. Die nebeneinander liegenden Diamanten sollen gemeinsam abrichten; sie sind in Hartstoff gebettet und werden ohne Umfassen restlos verbraucht. Verwendung finden die sogenannten Borts. (Abb. 107).

In beiden folgenden Abb. 105 und 106 ist zu ersehen, wie eine kegelige Topfscheibe zum Schleifen spiral genuteter Walzenfräser hinterdreht wird, bzw. wie eine dünnwandige Gummischeibe zum Schärfen von Metall-Kreissägen rundgedreht und mit neuem Profil versehen wird.

Man unterscheidet bei den Borts brasilianische und afrikanische Borts, infolge ihres reichen Vorkommens werden die letzteren am meisten verwendet. Die Auswahl der Diamanten hinsichtlich ihrer Form hängt von dem zu bearbeitenden Schleifscheibenwerkstoff ab, denn grobkörnig, keramisch gebundene Schleifscheiben verlangen beispielsweise ganz andere Arten von Diamanten als gummigebundene Schleifkörper. Genau wie bei den Abrichträdchen, so muß auch bei den Diamanten die Größe im richtigen

Abb. 103 Rutscher

Verhältnis zum Durchmesser und zur Schleifscheibenbreite stehen. Folgende Größen sind zweckmäßig zu verwenden:

200 mm Durchmesser	0,50 bis 0,75 Karat	0,33—0,50 Karat	
300 mm Durchmesser	0,75 bis 1,00 Karat	0,50—0,60 Karat	
400 mm Durchmesser	1,00 bis 1,25 Karat	0,60—0,70 Karat	für WINTER-Diamanten.
500 mm Durchmesser	1,25 bis 1,50 Karat	0,80—1,00 Karat	
600 mm Durchmesser	1,72 bis 3,00 Karat	1,00—1,50 Karat	

Abb. 104 Diamantfreies Abrichtgerät „Atlantik“

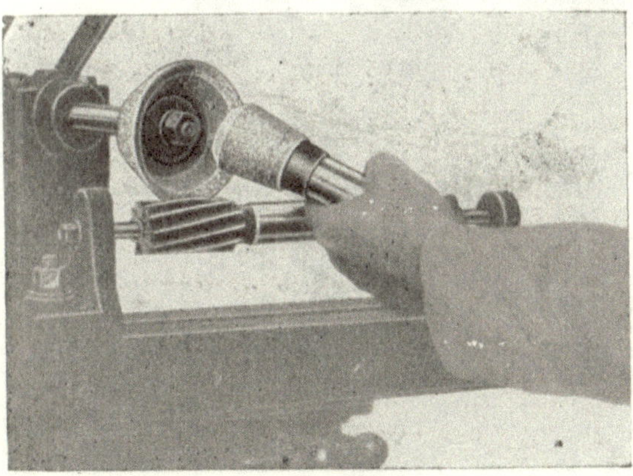

Abb. 105 Rondor-Diamant
Keglige Topfscheibe zum Schleifen spiralgenuteter Walzenfräser wird hinterdreht

Von Bedeutung für die Lebensdauer des Diamanten ist die Faßmethode. Man kann die Diamanten einlöten oder eingießen und einstemmen. Abb. 108 zeigt die richtige und falsche Haltung des Diamanten beim Abrichten. Die mechanisch wirkende Abrichtvorrichtung ist stets zu bevorzugen. Vor allem muß der Halter kräftig und so kurz wie möglich eingespannt sein und der Bolzen fest im Halter sitzen, damit ein erschütterungsfreies Arbeiten gesichert ist. Zweckmäßig wendet man eine kräftige Kühlwasserspülung an, wobei zu bemerken ist, daß durch plötzliches Kühlen während des Abrichtens der Diamant zerspringen kann. Die Arbeitsweise des Diamanten soll schabend und nicht spanabnehmend sein, daher sind leichte Schnitte bis höchstens 0,02 mm Tiefe zu empfehlen. Besonders bei unrunden Schleifkörpern ist darauf zu achten, daß der Diamant keinen Schlag bekommt. Ist der Diamant stumpf geworden und wird durch Drehen des Halters nichts mehr erreicht, so muß eine andere Arbeitskante herausgefaßt werden.

Da heute die diamantfreien Abrichtgeräte den Anforderungen an Oberflächengüte und Maßgenauigkeiten in vielen Fällen gerecht werden, so werden sie in ausgedehntem Umfange verwendet. Die Apparate müssen vor allem so eingespannt sein, daß ein Vibrieren vollkommen ausgeschlossen ist. Die Umfangsgeschwindigkeit beim Abrichten soll möglichst normal sein; jedoch ist bei sehr großem Durchmesser eine Herabsetzung derselben zu empfehlen.

In den Abb. 104, 109, 110 und 111 werden die diamantfreien Abrichtgeräte „Atlantik“, „Degussit“, „Schlatter“ und die Kleinstabrichter „Winter“ 15 und 25 W dargestellt.

In Abb. 112 werden noch drei verschiedene Formen von Abrichträdchen dargestellt.

Abb. 106 Dünnwandige Gummischeibe zum Schärfen von Metallkreissägen wird rundgedreht und mit neuem Profil versehen

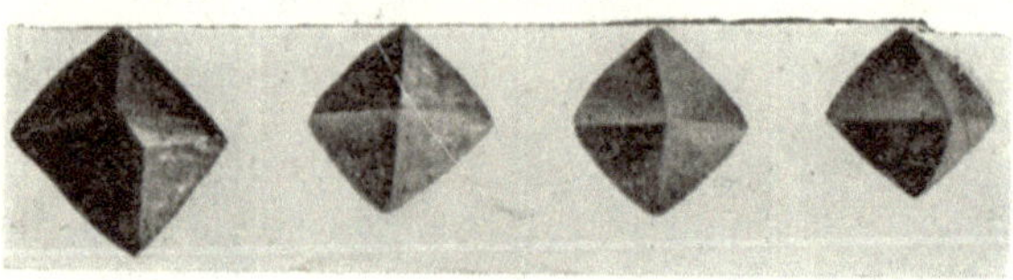

Abb. 107 Borts

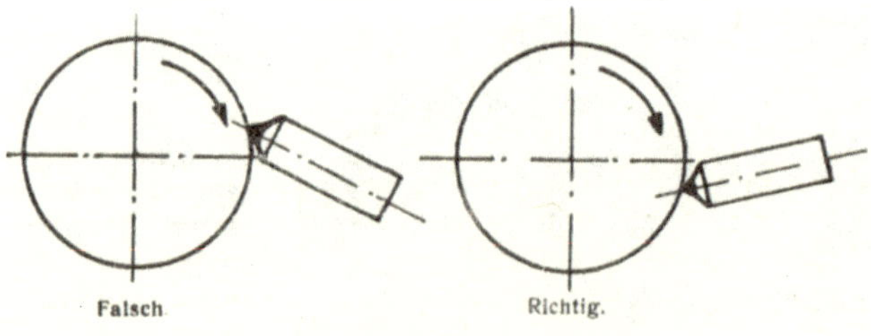

Abb. 108

Abb. 109 Diamantfreies Abrichtgerät „Degussit“

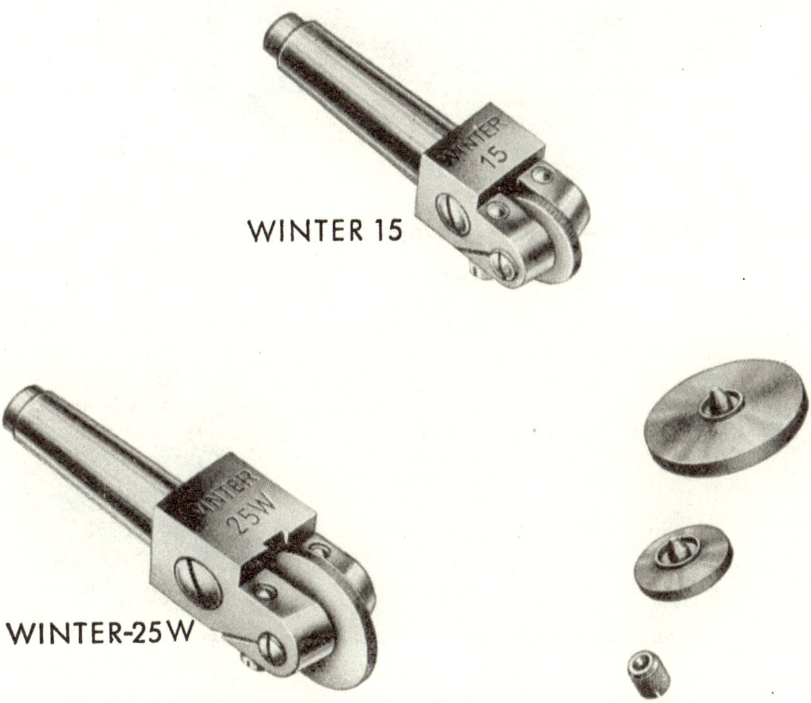

Abb. 110 Winter-Kleinabrichter 15 und 25 W Ersatzrädchen, Ersatzlager

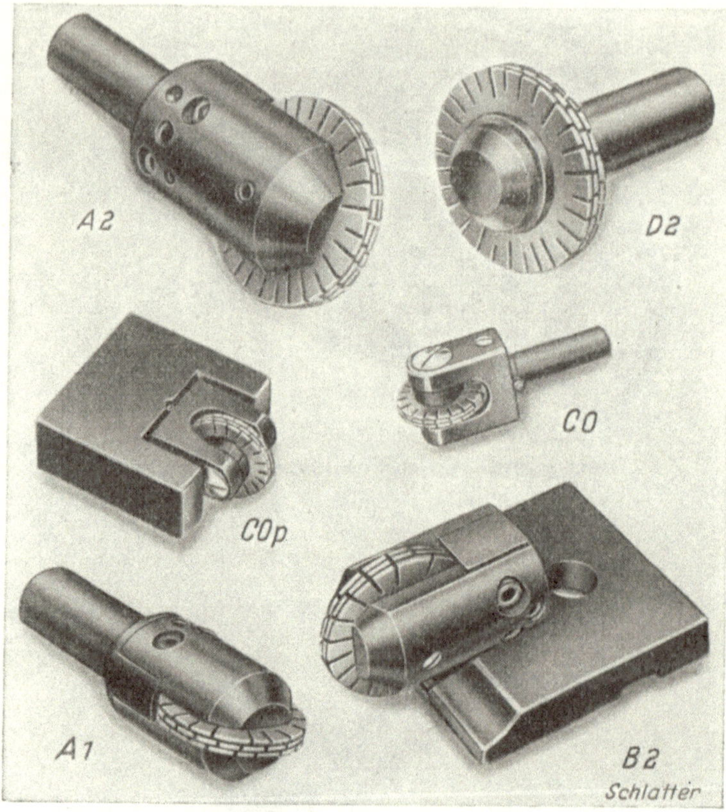

Abb. 111 Diamantfreie Abrichtgeräte, Bauart Schlatter

Abb. 112 Verschiedene Formen von Abrichträdchen

Die Kühlmittel beim Schleifen der Werkzeuge

In der Metallbearbeitung durch Schleifen, insbesondere beim Schleifen der Werkzeuge, werden Kühlmittel in großem Umfange verwendet, um die entstehende Wärme abzuführen und einem Verziehen des Werkstückes durch Erwärmung vorzubeugen, ferner um glatte Oberflächen zu erzielen und die abgehobenen Schleifspäne wegzuspülen. Die neueren Schleifmaschinen sind auch mit Vorrichtungen versehen, die es ermöglichen, das Kühlmittel in einem s t a r k e n Strom f o r t l a u f e n d an die Berührungsstelle zwischen Schleifscheibe und Werkstück zu bringen. Nur eine reichliche Kühlmittel-Zufuhr hat beim Schleifen Zweck; man muß umsomehr kühlen, je größer die Berührungsfläche zwischen Schleifscheibe und Werkstück und je größer die Spanmenge ist. Wenn dies nicht beachtet wird, entstehen Schleifriefen und Schleifrisse; besonders bei hochlegierten Stählen können sich leicht Schleifrisse bilden.

An ein Kühlmittel, das allen Anforderungen entspricht, müssen die folgenden Ansprüche gestellt werden:

1. Es muß eine gute Kühlwirkung aufweisen,
2. die Benetzungsfähigkeit muß eine gute sein,
3. guter Rostschutz,
4. Zeitersparnis infolge hoher Arbeitsgeschwindigkeit,
5. Gewährleistung genauer Arbeit,
6. Schonung der Werkzeuge,
7. es muß große Verdünnungsmöglichkeit aufweisen,
8. es muß Schutz gegen Hautschäden bieten,
9. der Maschinenanstrich darf nicht angegriffen werden,
10. es muß eine große Ergiebigkeit aufweisen.

Das Kühlmittel muß also eine gute Kühlwirkung und eine große Benetzungsfähigkeit aufweisen, auch der Schleifer darf davon nicht belästigt, d. h. beschmutzt werden.

Es ist wohl verständlich, daß derartige Anforderungen nicht von jeder Kühlflüssigkeit erfüllt werden können. Die Wahl des geeigneten Kühlmittels muß daher recht sorgfältig vorgenommen werden.

Man kann nun die Anwendung der Schleifflüssigkeiten in folgende Gruppen einteilen:

1. Trockenschliff;
2. Schleifen mit reinem Wasser;
3. Schleifen mit Wasser mit Zusätzen wie Soda, Kaliumchromat, Natriumbichromat oder hieraus gebildeten Schleifsalzen;
4. Schleifen mit Emulsionen (mit 1 bis 2 % Ölgehalt);
5. Schleifen unter Anwendung von Schleiföl, das aus Mineralöl mit Zusätzen besteht, welche freßverhindernd und die Schmierfähigkeit erhöhend wirken sollen (z. B. Fettstoffe, Schwefelzusätze u. ä.)

Da der Trockenschliff nur verhältnismäßig selten angewandt wird, können wir ihn hier übergehen. Reines Wasser wird heute nur noch teilweise angewandt. Hierbei ist jedoch besondere Sorgfalt auf den anschließenden Rostschutz des Werkstücks und der Schleifmaschine zu verwenden. Auch ist zu beachten, daß der Schleifscheibenverschleiß ziemlich hoch ist.

Heute dürfte der überwiegende Anteil der Schleifarbeiten unter Anwendung von Wasser mit alkalischen Zusätzen und unter Anwendung von Emulsionen durchgeführt werden. Sodawasser hat auch allerlei Nachteile aufzuweisen. Durch Anwendung von Emulsionen erzielt man bessere Schleifleistungen. Ein Zusatz von 1 bis 2 % eines guten Bohröls (z. B. Adroit, Shellöl M 2) zum Wasser, um eine einwandfreie Emulsion und gute Schleifleistung zu erzielen.

Eine bekannte Kühlmittelfirma stellt zum Beispiel drei Gruppen her:

1. die bekannten ADROITE als Konzentrate zur Herstellung der jeweiligen Schleif- und Bohremulsionen durch Zugabe der entsprechenden Mengen Wasser. Die Herstellung ist sehr leicht.
2. Klarlösliche Schleiföle, die ebenfalls als Konzentrate oder als Teilkonzentrate geliefert werden und die in ihrer bisherigen Verdünnung immer klarlösliche Produkte bleiben. Es handelt sich jedoch hier um Öle, deren Emulsionen so transparent sind, daß sie echten Lösungen nahekommen. Diese Öle der Gruppe 2 werden hauptsächlich bei der Bearbeitung in der Feinmechanik (Präzisionsarbeiten) eingesetzt.
3. Transparole, die als reine und echte Lösungen vorliegen und bei weiterer Verdünnung durch den Verbraucher auch solche bleiben.
   Diese letzte Gruppe ist in dem Transparentverfahren ausführlich behandelt worden.

Dazu sei noch ein kritisches Wort gestattet. Vergleichshalber und gruppenmäßig grob ausgedrückt ist die Kühlwirkung bei gleicher Verdünnung am größten bei:

Wasser zirka 100 %
Produkte der Gruppe 3 zirka 80—90 %
Produkte der Gruppe 2 zirka 60—80 %
Produkte der Gruppe 1 zirka 30—80 %
je nach dem Mischungsverhältnis.

Umgekehrt würde diese Tabelle aussehen, wenn die jeweilige Schmierfähigkeit genau so unter die Lupe genommen würde wie die vorher beobachtete Kühlung.

Grundsätzlich kann gesagt werden, daß, wenn auf besonders gute Oberflächen Wert gelegt wird, es empfohlen erscheint, Kühlflüssigkeiten mit guter Schmierfähigkeit zu wählen — also Produkte der Gruppe 1 —, obwohl deren Kühlung niemals an das Wasser herankommt.

Mit der Schmierfähigkeit steigt außerdem die Benetzungsfähigkeit, so daß bei Beachtung dieser Momente und bei Verwendung von Produkten der Grupe 1, evtl. 2, gegenüber den reinen nur Kühlprodukten der Gruppe 3 man folgende üble Erscheinungen beim Schleifen verringert:

a) die Wärmeentwicklung
b) die spez. Abschliffmenge
c) Die Schleifkörperabnutzung
d) die Ausfälle durch ungünstige Oberflächenbeschaffenheit.

Erweist es sich als notwendig, daß mit sehr hohen Verdünnungen gearbeitet wird, z. B. 1 : 100 und darüber, so ist es dem Praktiker bereits bekannt, daß er bei Verdünnungen 1 : 60 bzw. 1 : 80 mit einem geringen Zusatz von Natrium-Nitrit den Rostschutz wesentlich erhöhen kann.

Ehe mit der Betrachtung der verschiedenen Kühlmittel begonnen werden soll, sei nochmals auf die Bedeutung der richtigen Zuführung des Kühlmittels hingewiesen (Abb. 113 und 114). Ist die Zuführung des Kühlmittels ungenü-

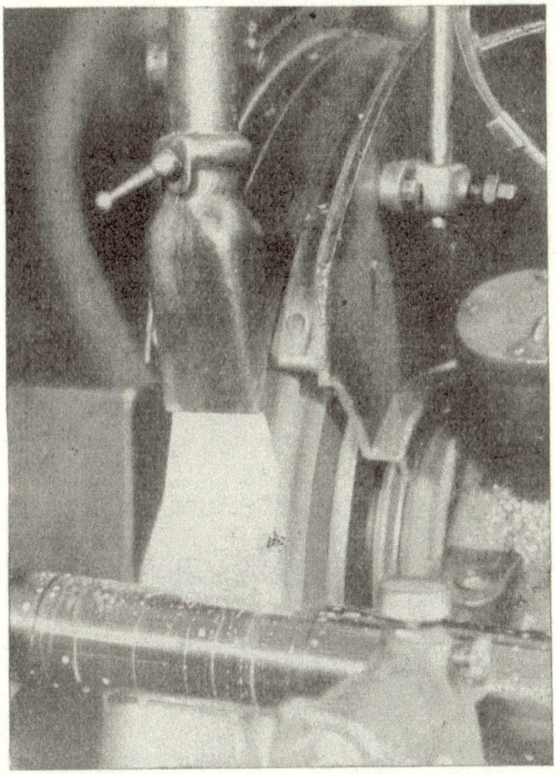

Abb. 113 Richtige Zufuhr des Kühlmittels

gend oder infolge Wahl einer ungeeigneten Schleifscheibe die Schnittfähigkeit gering und der Schleifer dadurch veranlaßt wird, das Werkstück zu stark gegen die Schleifscheibe zu drücken, dann kann leicht eine nachteilige örtliche Erhitzung des Werkzeuges eintreten, wodurch Spannungen hervorgerufen werden. Die entstehende Reibungshitze ist außerordentlich hoch, gewöhnlich viel höher als man glaubt. In der Tat kann sie bis auf etwa 1500° C steigen. Bei einer solchen Temperatur werden beim Werkzeugschleifen nicht nur Spannungen und Schleifrisse entstehen, vielmehr glüht auch die Schneide aus und erhält Brandflecke, wodurch das Werkzeug unbrauchbar wird.

Des Raummangels wegen können hier nur einige wenige Kühlmittel in alphabetischer Reihenfolge behandelt werden.

Adroit, Konzentrat „S“, ist ein Kühlöl in konzentrierter Form mit einem Gesamtölgehalt von etwa 96 %, welches zur Verwendung beim Schleifen,

Bohren, Drehen, Fräsen und Ziehen geeignet ist. Es wird in Verdünnungen mit Wasser im Verhältnis bis 1 : 100 verwendet (bei zuverlässig rostschützender Wirkung auch gegenüber Gußeisen) und zeichnet sich durch die nachstehenden Eigenschaften aus:

1. Es besitzt eine gute Kühlwirkung.
2. Es hat ein hohes Netzvermögen.
3. Es gibt einen guten Rostschutz.
4. Infolge hoher Arbeitsgeschwindigkeit Zeitersparnis.
5. Es schont die Werkzeuge.
6. Es gewährleistet eine genaue Arbeit.
7. Es bietet Schutz gegen Hautschäden.
8. Es greift den Maschinenanstrich nicht an.
9. Es ist geruchlos.

Die Herstellung der Emulsion geschieht wie folgt: Das Faß bzw. die Vorratskanne ist vor Entnahme umzurollen bzw. gut durchzuschütteln oder mit einem Holzstab durchzurühren. Sodann wird die entsprechende Verdünnung durch langsame Zugabe des Wassers in das Konzentrat unter Rühren vorgenommen. Es bildet sich eine absolut stabile, haltbare Emulsion.

Die Emulsion kann auch mit nicht enthärtetem Wasser bis 25° DH angesetzt werden, ohne sich zu entmischen oder aufzurahmen. Sofern es mehr als 25° deutscher Härte aufweist, ist das zur Verdünnung verwendete Wasser vorher zu enthärten. Es kann sowohl kalt wie auch warm angewandt werden. Die Emulsion ist unempfindlich gegen hohe Temperaturen; sie ist in der heutigen Abrichtung sogar kochfest. Ferner ist sie auch unempfindlich gegen tiefe Tem-

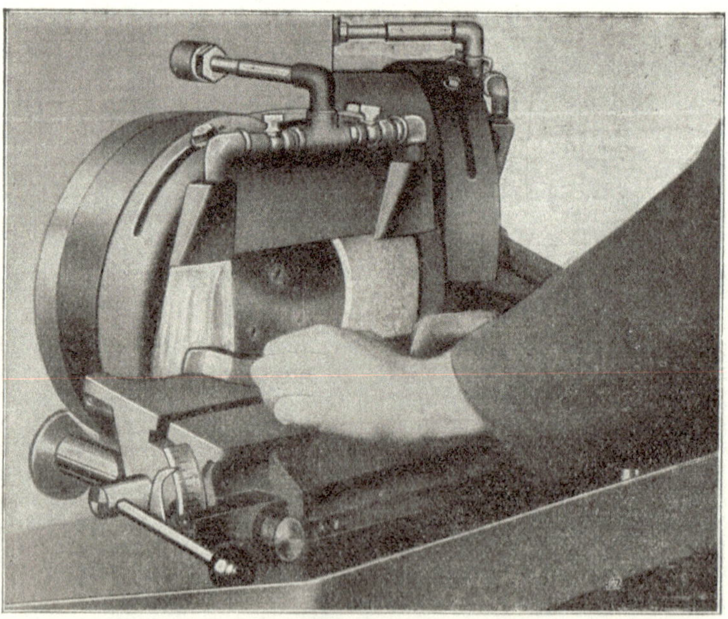

Abb. 114 Bei breiter Tülle der Kühlleitung und starkem Kühlstrom wird das Kühlmittel richtig zugeführt

peraturen und auch bei Temperaturen bis nahe an den Nullpunkt beständig, was bei den neueren Bestrebungen, mit unterkühltem Bohröl zu arbeiten, von größter Wichtigkeit ist.

Adroit besitzt eine erhöhte Netzfähigkeit auch unter hohem Druck, was von Wichtigkeit beim Walzen und Ziehen ist.

Bevor auf Adroitöl umgestellt wird, sind alle Zuleitungen an den Maschinen gründlich von alten Rückständen zu reinigen, damit Verstopfungen vermieden werden. Auch die Rohrleitungen sollen von Zeit zu Zeit immer wieder gereinigt werden.

TRANSPAROL (ges. gesch.) ist ein klarlösliches Konzentrat, welches bei allen Arbeiten eingesetzt wird, bei denen eine Beobachtung des Werkstückes geboten und erforderlich ist (z. B. Präzisionsarbeiten). Bei allen anderen Arbeiten ist Adroit vorzuziehen.

Es ist zu begrüßen, daß ein weiteres Verfahren herausgekommen ist. Das im folgenden beschriebene sogenannte TRANSPARENT-Verfahren geht von der Überlegung aus, zum Schleifen keine der labilen Emulsionen, sondern vielmehr neuartige Lösungen im chemischen Sinne einzusetzen. Lösungen, die keine der bisher allgemein verwendeten Fettsäuren, Emulgatoren, Lösungsmittel usw. enthalten und die daher eine eindeutige Beständigkeit ohne Veränderung oder Abmagerung aufweisen.

Über die zahlreichen Erprobungen der neuen Schleifflüssigkeit kann berichtet werden, daß die vorgesehenen Lösungen von 1 : 100 vom Verbraucher in einfachster Weise hergestellt werden können, wobei es vollkommen gleichgültig ist, ob das Produkt ins Wasser oder umgekehrt gegeben wird; es ist auch belanglos, ob warmes oder kaltes, weiches oder beliebig hartes Wasser verwendet wird. Wertvoll für die Praxis ist insbesondere die Tatsache, daß z. B. Betriebe mit Wasserhärten von 30 und mehr Grad d. H. mühelos einwandfreie Schleifflüssigkeiten herstellen konnten. Auch die für die Bohröle meist verlangte Herstellung eines Konzentrats entfällt.

Unter mikroskopischer Vergrößerung zeigen sich die üblichen Emulsionen als mehr oder weniger grob kolloidal in der Flüssigkeit verteilte Ölpartikelchen, die auf Grund ihrer Labilität eine starke Affinität zum Schleifstaub haben und nach verhältnismäßig kurzer Zeit die gefürchtete Bildung von „Schmand“ herbeiführen, der seinerseits den Prozeß des Verschmierens der Schleifscheiben einleitet und andererseits zu Rostbeanstandungen führt. Demgegenüber weisen sich TRANSPARENT-Lösungen unter dem Mikroskop einwandfrei als vollkommen gleichmäßige Lösungen aus: hieraus erklärt sich auch die Tatsache, daß beim TRANSPARENT-Schleifen die Scheiben offen und griffig bleiben und in der Mehrzahl der überprüften Fälle festgestellt werden konnte, daß die Scheiben weitaus weniger abgerichtet werden mußten.

Als bedeutsamer Fortschritt wird die vollkommen wasserklare Durchsichtigkeit der TRANSPARENT-Lösungen empfunden. Der Schleifer ist jetzt in der Lage, seine Arbeit genau zu verfolgen, kann ohne jede Beeinträchtigung messen und ist zufrieden darüber, daß die Maschine nicht mehr den bisher gewohnten „Schmand“ aufweist. Die Säuberung der Maschine nach Arbeitsschluß ist erheblich einfacher und angenehmer.

Die TRANSPARENT-Lösungen sind physiologisch vollkommen neutral, schäumen nicht, greifen Maschinenfarben nicht an und können mit Ausnahme gummigebundener Scheiben für Schleifscheiben jeglicher Bindungsart verwendet werden; TRANSPARENT-Lösungen sind bactericid und unterliegen keinerlei Fäulnis-Erscheinungen. Bemerkenswert sind die guten korrosionsverhindernden Eigenschaften der Lösungen, die ein Rosten von Maschine und

Arbeitsgut verhindern. Nur besonders empfindliche Gußarten sollten, wenn sie nicht weiter verarbeitet werden, nach dem Schleifen in eine konzentrierte TRANSPARENT-Lösung im Interesse völliger Sicherheit getaucht werden.

Zu beachten ist, daß TRANSPARENT-Lösungen nicht mit anderen Schleifflüssigkeiten zusammengebracht werden dürfen. Die Maschinen sind daher beim Umstellen gut zu reinigen, mit heißem Wasser oder einer TRANSPARENT-Lösung durchzuspülen und von Resten und Rückständen zu befreien.

Schleifsalz DISKOSOL

An die zur Verwendung kommenden Kühlmittel beim Schleifen müssen große Anforderungen gestellt werden. Von einem guten Kühlmittel erwartet man eine Erhöhung der Schleifleistung sowie eine Erhöhung der Standfestigkeit des Schleifwerkzeuges. Ferner muß das Kühlmittel eine wirksame Reinigung der Schleiffläche ermöglichen, die beste Kühlwirkung aufweisen und jede Rostbildung verhüten. Es darf auch keine Fleckenbildung beim Auftrocknen zeigen und keine Reizwirkung auf die Hand ausüben. Weist das Kühlmittel einen angenehmen Geruch und sparsamsten Verbrauch auf, ist es einfach in der Handhabung und hat es eine lange Gebrauchsdauer, so ist dies sehr zu begrüßen.

Es sind nun Schleifflüssigkeiten auf dem Markt, die lediglich einen Zusatz von Soda enthalten; sie haben zwar eine hohe Kühlwirkung, zeigen aber den Nachteil, daß sie beim Auftrocknen Ausscheidungen und Flecken auf den Werkstücken und an der Schleifmaschine bilden und den Maschinenanstrich angreifen. Auch besitzen sie die Neigung, sich zu entmischen und bei längerem Gebrauch unter Bildung von unangenehmen Gerüchen zu faulen und die Haut des Schleifers zu reizen. Hin und wieder ist auch der Mangel vorhanden, daß die Kühlflüssigkeit unter Verwendung von warmem Wasser vorgemischt oder vorgelöst werden muß, wodurch die Handhabung erschwert wird. Um das Rosten der Werkstücke und der Schleifmaschine zu verhindern, ist es bei manchen Schleif- und Kühlflüssigkeiten auch nötig, ein besonderes Rostschutzmittel zuzusetzen.

Alle diese Mängel sind bei dem neu auf den Markt gekommenen Schleifsalz Diskosol nicht vorhanden. Ferner hat es auch den Vorteil, daß es billig ist; denn man braucht nur ein Kilogramm dieses Schleifsalzes, um mit 100 Liter Wasser eine gute Schleifflüssigkeit zu bilden. Die Mischung wird in den Wasserbehälter geschüttet und dann kräftig umgerührt. Infolge seiner leichten Wasserlöslichkeit bildet sich rasch eine durchsichtige, leicht grün gefärbte, wohlriechende Emulsion, welche sofort gebrauchsfertig ist. Ein Vormischen ist nicht nötig. Auch ist die Zugabe von Rostschutzmitteln, Soda, Seifenlösungen oder Schleifölen schädlich. Zu beachten ist, daß der Behälter beim Lagern geschlossen zu halten ist.

Die Behandlung der Schleifscheiben im Betriebe

Es gibt heute kaum einen Betrieb, in dem nicht Schleif- und Polierscheiben Anwendung finden, da das Drehen, Hobeln, Fräsen und Feilen auf bestimmten Gebieten immer mehr durch das Schleifen verdrängt wird.

Um nun die Vorteile, welche die modernen Schleifmittel bieten, voll ausnutzen zu können, ist aus Gründen der Betriebssicherheit eine äußerst sorgfältige Behandlung und Ueberwachung von Schleifscheiben geboten, wobei es gleichgültig ist, in welcher Bindungsart sie hergestellt sind.

Die Hersteller von Schleifscheiben verpacken sie so sorgfältig, daß sogar eine rauhe Behandlung auf dem Transport ihnen kaum Schaden zufügen kann. Das ideale Verpackungsmittel für Schleifscheiben ist Sägemehl. Man verpackt die Schleifscheiben meist in Fässern oder Kisten. Trotzdem kann es noch vorkommen, daß die Schleifscheiben auf dem Beförderungswege noch zu Schaden kommen. Daher sind beim Empfang die Schleifscheiben mit ganz besonderer Sorgfalt auszupacken und stets zu prüfen, ob sie noch bruch- und rißfrei sind. Bei keramischen Schleifscheiben kann diese Prüfung durch die sogenannte Klangprobe vorgenommen werden. Zu diesem Zwecke hängt man die Schleifscheibe freischwebend auf und klopft sie mit einem Holzhammer ab, wobei einwandfreie Schleifscheiben immer einen reinen und hellen Klang ergeben müssen. Schleifscheiben in vegetabilischer Bindung ergeben diesen hellen Klang allerdings nicht; hier ist die Kontrolle auf Rißfreiheit am besten mit der Lupe vorzunehmen. Stellt man nun bei der Prüfung irgendwelche Schäden fest, so ist es am besten, wenn man sie wieder an das Lieferwerk einsendet. Zweckmäßig reinigt man die Schleifscheiben von Sägemehl mittels einer Bürste oder Preßluft.

Auch bei der Beförderung innerhalb des Betriebes sind sie sorgsam vor Stößen und Erschütterungen zu bewahren.

Die Schleifscheiben sind in einem luftigen, trockenen und frostfreien Lagerraum aufzubewahren. Zweckmäßig ist es, die Schleifscheiben in besonders dafür gebauten Gestellen aus Holz oder Eisen hochkantig geordnet zu lagern, und zwar so, daß sie nicht herausrollen können.

Vegetabilisch gebundene Schleifscheiben von geringerer Dicke als 6 mm, wie beispielsweise Trennscheiben, werden am besten auf einer ebenen Unterlage aufbewahrt und sind außerdem noch entsprechend zu beschweren.

Besondere Sorgfalt ist auf das Aufspannen der Schleifscheiben zu legen, damit sie ruhig und schlagfrei laufen. In der Abb. 115 wird die Aufspannung und Befestigung der Schleifscheiben wiedergegeben. Das Aufsetzen der Schleifscheibe auf die Welle ist mit größter Sorgfalt vorzunehmen, weil die Schleifscheibe sofort nach Inbetriebsetzung der Schleifmaschine zerspringen kann, wenn sie mit Gewalt auf die Spindel gepreßt wird; daher muß die Schleifscheibe in der Bohrung genau passen, andererseits darf sie auch nicht zu locker sitzen, weil es sonst zum Bruch des Schleifkörpers oder zur Unbalance kommen kann, worauf die Erzeugung unsauberer Oberflächen in vielen Fällen

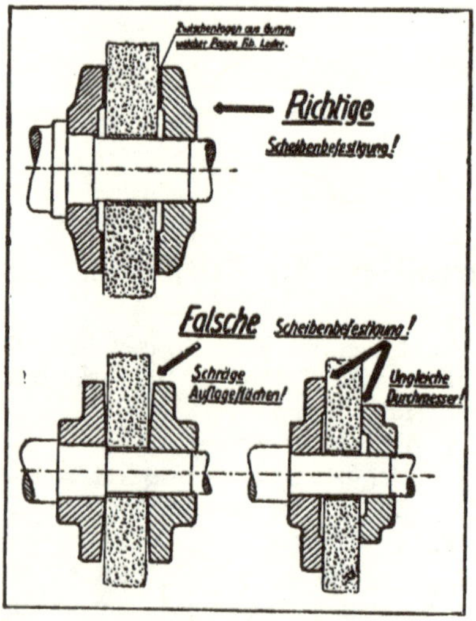

Abb. 115 Richtige und falsche Aufspannung der Schleifscheibe auf der Spindel

zurückzuführen ist. Wird nun eine Bohrung vom Verbraucher nachgearbeitet, d. h. entweder verkleinert oder vergrößert, so muß vor allem die neu eingesetzte Büchse genauestens zentriert sein, weil sonst die Schleifscheibe schlägt. In der Abb. 115 wird neben der falschen auch die richtige Schleifscheibenbefestigung gezeigt. Die Befestigung der Schleifscheibe auf der Spindel erfolgt durch Seitenbakken, die nicht etwa mit der ganzen seitlichen Fläche aufliegen dürfen. Die Seitenbacken sollen nur mit einem äußeren Rand von etwa ⅛ des Backendurchmessers anliegen. Wie aus der Abbildung ersichtlich ist, dürfen keine Seitenbacken mit verschiedenem Durchmesser verwendet werden. Zwischen die Seitenbacken und der Schleifscheibe sind Gummi-, Leder-, Filz-, weiche Papp-Ringe usw. einzulegen. Auch Gummizwischenlagen sind gut geeignet, wobei allerdings die vom Deutschen Schleifscheibenausschuß herausgegebene Gebrauchsanweisung zu beachten ist. Die Abb. 116 zeigt eine mit Gummizwischenlagen aufgespannte Schleifscheibe. Nachstehend wird die Gebrauchsanweisung für derartige Zwischenlagen wiedergegeben:

1. Gummizwischenlagen bestehen aus zähem Weichgummi von 1 mm Stärke und gut haftender Oberfläche (kein Talkum). Sie sind kühl und dunkel aufzubewahren und sollen erst unmittelbar vor ihrer Verwendung aus der Pakkung genommen werden. Gummizwischenlagen, welche älter sind als 3 Jahre — das Herstellungsdatum ist der Verpackung aufgedruckt —, dürfen nicht mehr verwendet werden.

2. Die Seitenflächen der verwendeten geraden Schleifscheiben sollen parallel sein. Aufgeklebtes Papier ist zu entfernen. Die Seitenflächen sind nötigenfalls mit Stahlbürste und heißem Wasser gut zu säubern.

3. Die Seitenbacken müssen so stabil sein, daß sie sich nicht durchbiegen. Ihre Auflageflächen sind zur Erzielung besserer Haftfähigkeit mit Schruppstahl und grobem Vorschub (s = 0,5 bis 1 mm/Umdr.) zu überdrehen.

4. M o n t a g e. Es sollen möglichst nur neue Gummizwischenlagen verwendet werden. Schleifscheibe, Gummizwischenlagen und Seitenbacken sind kräftig zusammenzuspannen. Die Spannkraft muß um so größer sein, je größer Durchmesser und Breite der Schleifscheibe sind.

5. Auszug aus den Unfallverhütungsvorschriften für Metallbearbeitung.

§ 10. (2) Macht die Art der auszuführenden Arbeit das Anbringen von Schutzhauben oder Schutzbügeln unmöglich, sind entweder kegelige Schleifscheiben mit auswechselbaren Seitenbacken oder gerade Scheiben mit geeigneten Gummizwischenlagen zu verwenden. Letzteres ist jedoch nur zulässig bei einer Breite der Scheiben bis zu 40 mm. Bei der Verwendung von Gummizwischenlagen ist die vom Deutschen Schleifscheibenausschuß (§ 14) herausgegebene Gebrauchsanweisung zu befolgen.

§ 11. (4) Bei Schleifscheiben von über 200 mm Durchmesser muß der Durchmesser jeder der beiden Seitenbacken mindestens gleich einem Drittel des

Durchmessers der Scheibe sein. Wo nach § 10, Absatz 2, Schutzhauben fehlen, muß der Durchmesser der beiden Seitenbacken bei Verwendung gerader Scheiben mit Gummizwischenlagen mindestens gleich zwei Drittel des Durchmessers der Scheibe sein.

Ist der seitliche Druck auf eine Schleifscheibe zu stark oder auch der Vorschub und die Beistellung zu groß, so besteht die Gefahr des Zerspringens. Geht das Zerspringen der Schleifscheibe nicht vom Loch aus, so ist dies ein Beweis dafür, daß das Werkstück klemmte oder daß die Schleifscheibe einen Stoß erhielt.

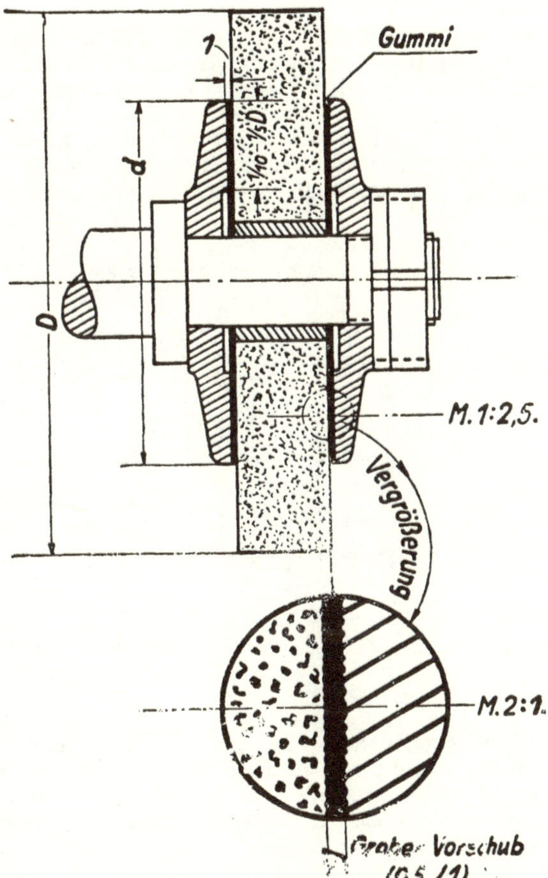

Abb. 116 Eine mit Gummizwischenlage aufgespannte Schleifscheibe

Ein Zerspringen der Schleifscheibe tritt ferner leicht ein, wenn die vorgeschriebene Umfangsgeschwindigkeit überschritten wird, daher fügt jeder Schleifmittelhersteller jeder Schleifscheibe ein Etikett bei, welches die höchst zulässige Umfangsgeschwindigkeit enthält, denn eine Begrenzung der Umfangsgeschwindigkeiten für Schleifscheiben ist nötig, damit die beim Umlauf entstehenden Fliehkräfte kein gefährliches Maß annehmen. Die durch Probelauf geprüften Schleifscheiben im Herstellerwerk sind durch Aufschablonieren eines „P" und auf dem Etikett mit dem Vermerk: „Nach den Richtlinien des Deutschen Schleifscheibenausschusses durch Probelauf geprüft" gekennzeichnet.

Für sämtliche Schleifscheiben, für welche die Umfangsgeschwindigkeiten von 40 bis 80 m/sek. infrage kommen, ist eine Sonderzulassung des Deutschen Schleifscheiben-Ausschusses für den Hersteller erforderlich. Die Verwendung solcher Schleifscheiben ist nur auf Sonderschleifmaschinen, die den Vorschriften des Deutschen Schleifscheibenausschusses entsprechen, zulässig.

Mit unrund gewordenen Schleifscheiben ist unter keinen Umständen weiter zu arbeiten, sie sind mit entsprechenden Abrichtgeräten (siehe Seite 65—74) sachgemäß abzurichten.

Die Abb. 117 zeigt ein Diagramm der Umfangsgeschwindigkeiten von Schleifscheiben in bezug auf die verschiedenen Schleifscheibendurchmesser.

Starr eingespannte Schleifscheiben werden nach einiger Zeit unrund. Will der Schleifer dann noch gute Arbeit leisten, so muß er das Werkstück stark anpressen. Man hat nun Einrichtungen geschaffen, um ein Unrundwerden der Schleifscheiben nach Möglichkeit zu verhindern, und zwar geschieht dies durch die in der Abb. 119 gezeigte patentierte Elastica-Nabe. Bei Verwendung dieser Nabe werden auch die Handgelenke des Schleifers geschont und Ermüdung verhütet. Ein kräftiger Gummiring, der sinnreich zwischen Schleifscheibe und Spindel eingebaut wird, wirkt als starker Puffer. Diese Naben bieten daher erhöhten Unfallschutz. Bei plötzlichen harten Stößen weicht die Schleifscheibe aus, der Stoß wird aufgefangen und die Gefahr des Zerspringens der

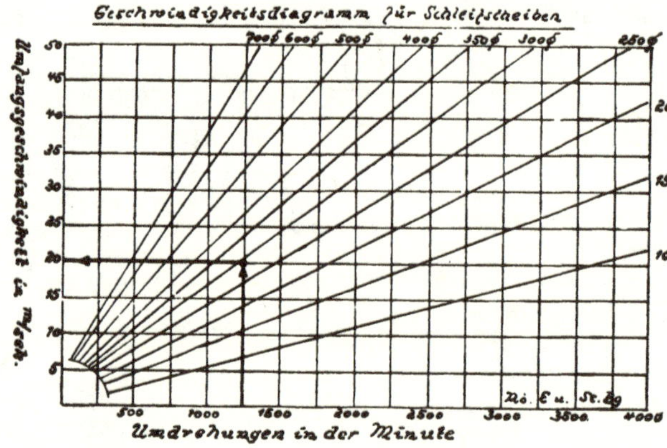

Abb. 117

Schleifscheibe stark verringert. Ferner werden auch die Spindellager geschont. Die Naben, die einbaufertig mit 2 Gummizwischenlagen geliefert werden, lassen sich ohne irgendwelche Abänderungen an der Schleifspindel auf alle Arten von feststehenden und tragbaren Schleifmaschinen, wie auch solche mit biegsamen Wellen verwenden.

Für Präzisionsschliff auf Rund- und Flächenschleifmaschinen, wo höchste Genauigkeit verlangt wird, eignet sich wegen der Nachgiebigkeit des Gummiringes diese Art von Naben allerdings nicht.

Eine der wichtigsten Faktoren bei der sachgemäßen Behandlung von Schleifscheiben ist das Abrichten derselben, denn im Laufe ihrer Verwendung wird die Schleifscheibe stumpf und unrund, und setzt sich mit der Zeit zu, d. h. sie hält sich nicht mehr selbst scharf. Daher muß ein Eingriff von außen her erfolgen, um die stumpfen Schleifkörner aus der Schleifscheibe herauszubrechen, damit sie wieder frei schneidet. Maßgebend für den Erfolg der Abrichtarbeit ist die Wahl des geeigneten Abrichtwerkzeuges. In dem Abschnitt über Abrichten sind sie ausführlich beschrieben.

Ferner gehört zur Pflege der Schleifscheibe die Verwendung der dem zu schleifenden Werkstoff angepaßten Kühlflüssigkeit, die in reichlicher Menge zugeführt werden muß, damit eine zu starke Erwärmung des Werkstückes und der Schleifscheibe vermieden wird.

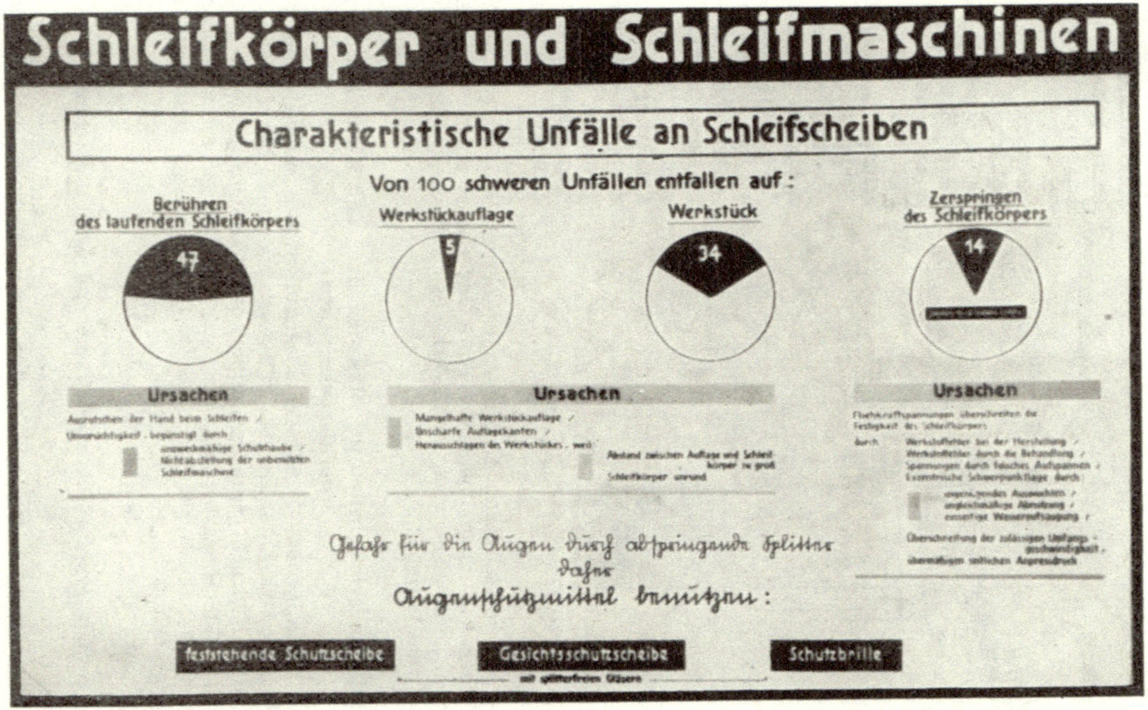
Schleifkörper und Schleifmaschinen
Charakteristische Unfälle an Schleifscheiben
Von 100 schweren Unfällen entfallen auf:
Berühren des laufenden Schleifkörpers
47
Werkstückauflage
5
Werkstück
34
Zerspringen des Schleifkörpers
14
Ursachen
Ausrutschen der Hand beim Schleifen
Ursachen
Mangelhafte Werkstückauflage
Unscharfe Auflagekanten
Abstand zwischen Auflage und Schleifkörper zu groß
Schleifkörper unrund
Ursachen
Gefahr für die Augen durch abspringende Splitter
daher
Augenschutzmittel benutzen:
feststehende Schutzscheibe
Gesichtsschutzscheibe
Schutzbrille
mit splitterfreien Gläsern

Abb. 118

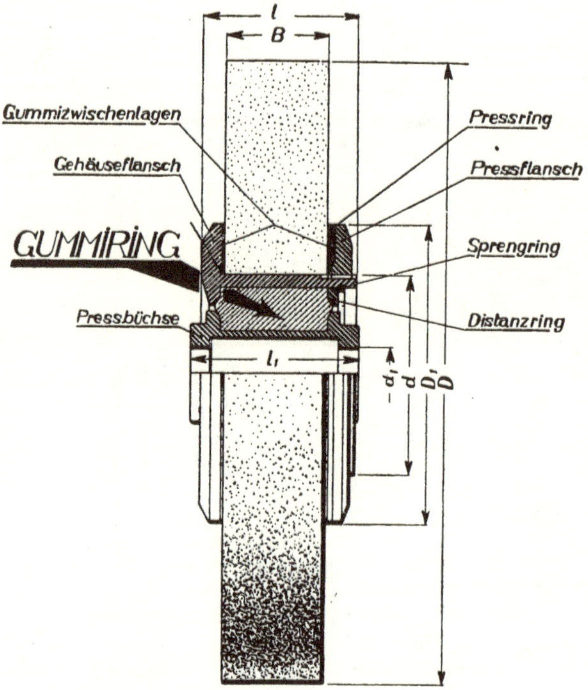

Abb. 119 Schleifscheibenlagerung „Elastica"

Da die Schleifscheibe heute zu den wichtigsten Werkzeugen eines modernen Betriebes gehört, so sei im Interesse jedes einzelnen Verbrauchers gesagt, sich eine Lagerreserve in solchen Schleifscheibensorten zu schaffen, die in seinem Betriebe fortlaufend benötigt werden. In größeren Betrieben ist es sogar angebracht, die Verwaltung eines Schleifscheibenlagers einem Schleif-Fachmann zu übertragen, der gleichzeitig die fachmännische Ergänzung der Lagerbestände vornimmt und im eigenen Werk alle schleiftechnischen Fragen auf Grund seiner Erfahrungen löst. Ferner steht dieser Schleifspezialist beim Einkauf von Schleifmitteln dem Einkäufer beratend zur Seite.

Wie aus den vorstehenden Ausführungen hervorgeht, hat die Behandlung der Schleifscheibe als spanabhebendes Werkzeug ebenso sorgfältig zu erfolgen wie bei jedem anderen hochwertigen Werkzeug, wenn man von ihm eine einwandfreie Arbeit verlangt.

Unfallverhütungsvorschriften der Maschinenbau- und Kleineisenindustrie-Berufsgenossenschaft

Von der Maschinenbau- und Kleineisenindustrie-Berufsgenossenschaft ist eine mit Wirkung vom 1. Januar 1939 gültige Neufassung[1]) des Unterabschnittes

„Schleifkörper (Schmirgelkörper) und Schleifmaschinen"

im Abschnitt 8 „Metallbearbeitungsmaschinen" der Unfallverhütungsvorschriften (Seiten 49—53 der Großausgabe Heft 1 bzw. 43—49 der Kleinausgabe Heft 1a) vorgenommen.

Gültig ab 1. Januar 1939

Schleifkörper (Schmirgelkörper) und Schleifmaschinen

§ 9.

Schleifkörper sind an trockenen Orten aufzubewahren und besonders bei Beförderung sorgsam vor Stößen und Erschütterungen zu bewahren.

---

[1]) Die Fassung gültig ab 1. Januar 1939 ist gegenüber der früheren vom 1. April 1934 gültigen Fassung in den §§ 10, 11, 13 bis 16, 19, 20 und 22 geändert und durch den Beschlußsenat des Reichsversicherungsamts vom 22. Dezember 1938 genehmigt.

§ 10.

(1) Schleifkörper müssen mit starken, gut befestigten Schutzhauben oder nachstellbaren Schutzbügeln aus zähem Stoff[2]) ausgerüstet sein. Das Nachstellen der Schutzbügel muß der Abnutzung des Schleifkörpers entsprechend erfolgen. Ausgenommen von diesen Bestimmungen sind die Messerschleifmaschinen mit selbsttätiger Zuführung und mit einer Umlaufsgeschwindigkeit unter 10 m/sek.

(2) Macht die Art der auszuführenden Arbeit das Anbringen von Schutzhauben oder Schutzbügeln unmöglich, sind entweder konische Schleifscheiben mit auswechselbaren Seitenbacken oder gerade Scheiben mit vom Deutschen Schleifscheibenausschuß (§ 14) anerkannten Gummizwischenlagen zu verwenden. Letzteres ist jedoch nur zulässig bei einer Breite[3]) der Scheiben bis zu 40 mm. Bei der Verwendung von Gummizwischenlagen ist die vom Deutschen Schleifscheibenausschuß herausgegebene Gebrauchsanweisung zu befolgen.

(3) Die Steigung konischer Scheiben muß auf beiden Seiten 1 : 16 betragen.

(4) Schleifscheiben und Schleifringe, die an den Seitenflächen benutzt werden, müssen von einem ausreichend stark bemessenen und in Längsrichtung der Achse verstellbaren Schutzring aus zähem Stoff[4]) umschlossen sein.

(5) Kleinschleifkörper brauchen keine Schutzhauben und Schutzbügel zu haben; die Bestimmung des Abs. 2 gilt für sie nicht. Der Deutsche Schleifscheibenausschuß (§ 14) bestimmt, welche Schleifkörper als Kleinstschleifkörper gelten[4]).

§ 11.

(1) Vor dem Aufspannen sind die Schleifkörper freischwebend einer Klangprobe zu unterziehen; einwandfreie Schleifkörper geben beim leichten Anschlagen einen klaren Klang. Beschädigte Schleifkörper dürfen nicht verwendet werden.

(2) Die Schleifkörper müssen leicht auf Schleifspindel oder Befestigungskörper aufzuschieben sein und mit ihnen zuverlässig verbunden werden.

(3) Schleifkörper sind mit Seitenbacken zu befestigen, wenn nicht die Art der Arbeit oder des Schleifkörpers eine andere Befestigungsart verlangt.

(4) Der Durchmesser jeder der beiden Seitenbacken muß bei Schleifkörpern von über 200 mm Durchmesser mindestens gleich ⅓ des Schleifkörper-Durchmessers sein. Dabei sind die Seitenflächen des Schleifkörpers mindestens zu ⅙ ihrer Höhe von den Seitenbacken zu überdecken[5]).

Die Seitenbacken müssen so ausgespart sein, daß sie nur mit einem Rand von etwa $^1/_{20}$ des Schleifkörper-Durchmessers anliegen. Die gleichzeitige Verwendung von Seitenbacken verschiedenen Durchmessers an einem Schleifkörper ist unzulässig.

(5) Zwischen Seitenbacken und Schleifkörper sind Zwischenlagen aus elastischem Stoff (Gummi, weiche Pappe, Filz, Leder oder dergl.) zu legen.

(6) Wo nach § 10 Abs. 2 Schutzhauben fehlen, muß der Durchmesser jeder der beiden Seitenbacken bei Verwendung konischer Scheiben mindestens gleich der Hälfte und bei Verwendung gerader Scheiben mit vom Deutschen Schleifscheibenausschuß (§ 14) anerkannten Gummizwischenlagen mindestens gleich zwei Dritteln des Durchmessers der Scheibe sein. Die Seitenflächen sind bei

---

2) Gußeisen gilt nicht als zäher Stoff.
3) Siehe die Erläuterung im Anhang.
4) Zur Zeit sind dies Schleifkörper bis zu 40 Millimeter Durchmesser.
5) Siehe die Erläuterung im Anhang.

konischen Scheiben mindestens zu ¼ und bei geraden Scheiben mit Gummizwischenlagen mindestens zu ⅙ ihrer Höhe von den Seitenbacken zu überdecken.

(7) Die Vorschriften des Abs. 1 und 4 gelten nicht für Großschleifkörper. Bei Großschleifkörpern müssen die Seitenflächen von den Seitenbacken um mindestens 50 mm überdeckt (gefaßt) sein. Der Deutsche Schleifscheibenausschuß (§ 14) bestimmt, welche Schleifkörper als Großschleifkörper gelten[6]).

(8) Vor der ersten Benutzung im Betrieb ist jeder Schleifkörper im Beisein einer verantwortlichen Person einem Probelauf von mindestens 5 Minuten Dauer mit der vollen Betriebsgeschwindigkeit zu unterziehen. Dabei ist der Gefahrbereich abzusperren. Erst nach einwandfreiem Verlauf dieser Prüfung darf der Schleifkörper in Benutzung genommen werden.

1. Erläuterung zu den §§ 10 und 11.

Die in §§ 10 und 11 genannten Begriffe, z. B. Breite des Schleifkörpers, Höhe der Seitenfläche, sind in nachstehender Skizze dargestellt.

Schleifkörper mit kleiner Bohrung | Schleifkörper mit großer Bohrung

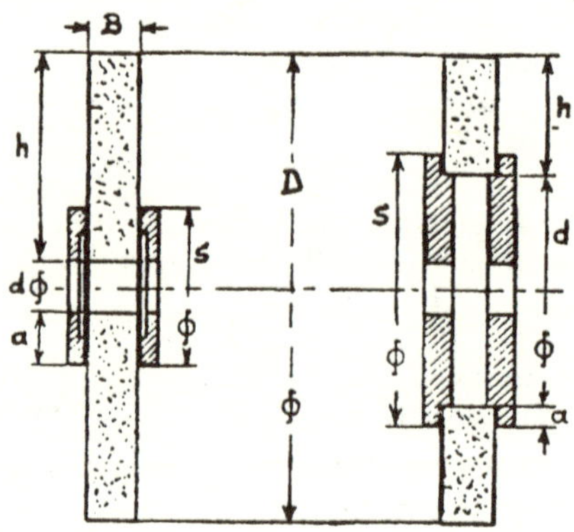

Abb. 120

s gleich oder größer als 1/3 D | a gleich oder größer als 1/6 h
a größer als 1/6 h | s größer als 1/3 D

D = Außendurchmesser des Schleifkörpers,
d = Bohrungsdurchmesser des Schleifkörpers,
B = Breite des Schleifkörpers,
s = Seitenbackendurchmesser,
h = Höhe der Seitenflächen,
a = Ueberdeckung der Seitenflächen.

§ 12.

(1) Die Schleifkörper sind rundlaufend zu erhalten. Das Behauen der Schleifkörper ist verboten. Zum Abrichten unrund gewordener Schleifkörper sind geeignete Werkzeuge bereit zu halten.

(2) Die Wellenenden von Schleifmaschinen sind zu verkleiden, wenn die Enden um mehr als ein Viertel des Wellendurchmessers hervorstehen. Glatte Wellenenden unter 5 cm Länge bedürfen keiner Verkleidung, sind aber abzurunden. Innengewinde sind zu sichern.

[6]) Zur Zeit sind dies Schleifkörper von 100 Millimeter Durchmesser und mehr.

(3) An Schleifmaschinen, bei denen das Arbeitsstück von Hand zugeführt wird, ist möglichst eine verstellbare Auflage anzubringen; sie ist so nachzustellen, daß sie sich stets dicht am Schleifkörper befindet.

(4) Beim Trockenschleifen ist möglichst der Schleifstaub durch geeignete Vorrichtungen abzufangen oder aufzusaugen.

§ 13.

(1) Es dürfen nur Schleifkörper verwendet werden, die die folgenden Angaben[7]) tragen:

1. Hersteller,
2. Art der Bindung,
3. Abmessungen der Scheibe,
4. zulässige Umdrehungszahl des neuen Schleifkörpers.

(2) Außerdem müssen mineralisch gebundene Schleifkörper mit einem dauerhaften weißen Farbstreifen versehen sein, der sich über den ganzen Durchmesser erstreckt.

§ 14.

Die zulässigen Umfangsgeschwindigkeiten sowie die mit der Zulassung verbundenen Bedingungen werden von einem Ausschuß (dem Deutschen Schleifscheibenausschuß) bestimmt, der sich aus neun Mitgliedern zusammensetzt. Sechs Mitglieder, darunter den Vorsitzenden und einen Vertreter der Versicherten, stellen die Eisen- und Stahl-Berufsgenossenschaften; zwei Mitglieder entsendet der Bundesarbeitsminister, ein Mitglied das Bundesversicherungsamt.

§ 15.

Die Beschlüsse des Deutschen Schleifscheibenausschusses werden im Bundesarbeitsblatt, in den „Amtlichen Nachrichten für Bundesversicherung" und in der Zeitschrift „Die Berufsgenossenschaft" veröffentlicht[8]).

§ 16.

Die vom Deutschen Schleifscheibenausschuß festgesetzten allgemeinen Höchstumfangsgeschwindigkeiten können überschritten werden, wenn es vom Deutschen Schleifscheibenausschuß besonders zugelassen wird. In solchen Fällen muß der Schleifkörper einen vom Deutschen Schleifscheibenausschuß in Wortlaut und Form festgesetzten Vermerk[9]) tragen, in dem die zulässige Höchstumfangsgeschwindigkeit angegeben ist.

§ 17.

(1) Schleifmaschinen für erhöhte Umfangsgeschwindigkeiten (§ 16) müssen nach Aufstellung und Bauart (Lagerung der Schleifspindel) für die zugelassene Geschwindigkeit geeignet sein und, soweit der Deutsche Schleifscheibenausschuß nichts anderes bestimmt, folgenden Anforderungen entsprechen:

1. Sie müssen besonders gut ausgebildete Schutzhauben aus zähem Werkstoff haben. Schutzbügel genügen nicht.
2. Bei Ständer-Schleifmaschinen müssen die Schutzhauben nachstellbar sein.
3. Frei tragbare Handschleifmaschinen müssen konische Schleifscheiben mit entsprechend geformten Seitenbacken haben, außerdem Schutz-

---

7) Siehe die Beschlüsse des Deutschen Ausschusses für Staubschutzgeräte.

8) Siehe die vom Deutschen Schleifscheibenausschuß beschlossenen Richtlinien für die Kennzeichnung von Schleifkörpern.

9) Die zur Zeit geltenden allgemeinen Höchstumfangsgeschwindigkeiten sind im Anhang abgedruckt.

hauben, die mindestens die Hälfte des Schleifscheibenumfanges umfassen.

4. Bei Abstech-Schleifmaschinen (Trennmaschinen) muß die Schutzhaube verhindern, daß beim Zerspringen der Trennscheibe Bruchstücke herausfliegen, als Werkstoff der Schutzhaube kann auch Gußeisen verwendet werden.

5. Pendel-Schleifmaschinen dürfen nach beiden Seiten nicht mehr als 45° aus der Vertikalen schwenkbar sein.

(2) Soweit der Deutsche Schleifscheibenausschuß Abweichendes bestimmt hat, muß die Schleifscheibe einen entsprechenden Vermerk tragen.

§ 18.

Die Bestimmungen über Gewährung von Ausnahmen (vergl. die Übergangs- und Ausführungsbestimmungen, Abschnitt 37) finden auf die §§ 14 bis 17 keine Anwendung.

Natur-Schleifsteine.

§ 19.

(1) Die Umfangsgeschwindigkeit der Schleifsteine darf 12 m/sek. nicht überschreiten.

(2) In Ausnahmefällen, in denen die Art der Arbeit es erfordert, dürfen die Schleifscheiben mit einer höheren Umfangsgeschwindigkeit bis zu 15 m/sek. betrieben werden.

(3) Schleifsteine mit einer Umfangsgeschwindigkeit über 4 m/sek. dürfen nur mit Druckscheiben auf der Welle befestigt werden. Die Druckscheiben müssen mit Schraubenmuttern angezogen werden.

(4) Zwischen Druckscheiben und Stein sind elastische Zwischenlagen einzulegen.

(5) Die Schleiffläche ist glatt und rundlaufend zu erhalten. Zum Abrunden der Steine dürfen nur die dazu bestimmten Werkzeuge benutzt werden. Schleifsteine sind möglichst nur dann abzudrehen, wenn sich in dem Raum keine anderen Belegschaftsmitglieder aufhalten. Beim Abdrehen sind Staubschutzgeräte[10]) zu benutzen.

§ 20.

Naturschleifsteine sind nach Möglichkeit durch künstliche Schleifkörper zu ersetzen.

§ 21.

An Schleifsteinen muß die Vorlage, auf die das zu schleifende Arbeitsstück aufgelegt wird, verstellbar sein und beim Schleifen von Hand dicht an den Stein herangebracht werden.

§ 22.

Schleifsteine von mehr als 1 m Durchmesser (Großschleifsteine), mit Ausnahme von Schwertsteinen, müssen starke Schutzvorrichtungen aus zähem Stoff (kein Gußeisen) haben, die bei einem Zerspringen der Steine die Bruchstücke sicher auffangen.

§ 23.

Es ist dafür zu sorgen, daß Schleifsteine während des Stillstandes nicht im Wasser stehen und bei Frostwetter nicht gefrieren. Neue Steine sind gegen Feuchtigkeit und Nässe geschützt aufzubewahren.

§ 24.

Die Grube von Großschleifsteinen ist der Abnutzung des Steines entsprechend abzudecken.

---

10) Siehe die Beschlüsse des Deutschen Ausschusses für Staubschutzgeräte

Allgemeine Höchstumfangsgeschwindigkeiten für künstlich gebundene Schleifkörper

Der Deutsche Schleifscheibenausschuß hat mit Wirkung ab 1. Januar 1939 für künstlich gebundene Schleifkörper folgende allgemeinen Höchstumfanggeschwindigkeiten festgesetzt:

A. Schleifkörper bis 150 mm Durchmesser und alle Schleifkörper über 150 mm Durchmesser mit Probelauf im Herstellerwerk nach den Richtlinien des Deutschen Schleifscheibenausschusses[11])

Bindung	Schleifart	Schleifkörper-Arten	
		Gerade und wenig ausgesparte Scheiben[12]) konische Scheiben nach DIN 190	Schleifkörper anderer Art[13])
		Höchstumfangsgeschwindigkeit in m/s	
mineralisch	Handschliff	15	15
	Maschinenschliff	25	20
Silikat, keramisch, vegetabil., auch Gummi und Kunstharz	Handschliff	30	25
	Maschinenschliff	35	30

B. Schleifkörper über 150 mm Durchmesser ohne Probelauf im Herstellerwerk nach den Richtlinien des Deutschen Schleifscheibenausschusses[14]):

Bindung	Schleifart	Schleifkörper-Arten	
		Gerade und wenig ausgesparte Scheiben[15]), konische Scheiben nach DIN 190	Schleifkörper anderer Art[16])
		Höchstumfangsgeschwindigkeit in m/s	
mineralisch	Handschliff	15	12
	Maschinenschliff	20	15
Silikat, keramisch, vegetabil., auch Gummi und Kunstharz	Handschliff	25	20
	Maschinenschliff	30	25

11) Nach den Richtlinien des Deutschen Schleifscheibenausschusses durch Probelauf geprüfte Schleifkörper tragen ein aufschabloniertes (P) und auf dem Aufklebezettel (Etikett) den Vermerk: „Nach den Richtlinien des DSA durch Probelauf geprüft."

12) Wenig ausgesparte Scheiben sind Schleifkörper, bei denen die Stärke des Bodens oder des Steges mindestens $^1/_3$ der Gesamtbreite beträgt.

13) Z. B. DIN-Formen, D, DD, E, H, Schleiftöpfe, tief ausgesparte Schleifkörper, Einzelschleifkörper auf gemeinsamer Tragscheibe; auch dünnwandige Schleifkörper, bei denen der Bohrungsdurchmesser gleich oder größer als $^2/_3$ des Außendurchmessers ist und die Wandstärke $\frac{\text{Außendurchmesser-Innendurchmesser}}{2}$ weniger als 30 Millimeter beträgt.

14), 15), 16) siehe 11), 12) und 13)

C. Groß-Schleifkörper in mineralischer Bindung mit einem Durchmesser von 1 000 mm und mehr:

Höchstumfangsgeschwindigkeit bei Hand- und Maschinenschliff: 15 m/sek.

Zusammenstellung der höchstzulässigen Umdrehungszahlen von Schleifkörpern in Abhängigkeit vom Außendurchmesser und von der Umfangsgeschwindigkeit

Durchmesser der Schleifkörper	**Höchstzulässige Umdrehungszahl in der Minute** bei einer sekundlichen Umlaufgeschwindigkeit von								
	12 m	15 m	20 m	25 m	30 m	35 m	45 m	60 m	80 m
30	7644	9555	12740	15925	19110	22295	28665	38200	51000
50	4586	5733	7644	9555	11466	13377	17199	22900	30500
75	3058	3822	5096	6370	7644	8918	11466	15300	20400
100	2293	2866	3822	4777	5733	6688	8599	11460	15280
125	1835	2293	3057	3822	4586	5351	6879	9150	12200
150	1529	1911	2548	3185	3822	4459	5733	7650	10170
175	1310	1638	2184	2730	3276	3822	4914	6550	8750
200	1147	1433	1911	2389	2866	3344	4299	5730	7650
225	1019	1274	1699	2123	2548	2972	3822	5100	6800
250	917	1146	1529	1911	2293	2675	3440	4600	6130
300	764	955	1274	1592	1911	2229	2866	3820	5100
350	655	819	1092	1365	1638	1911	2457	3280	4370
400	573	716	955	1194	1433	1672	2150	2860	3810
450	510	637	849	1061	1274	1486	1911	2540	3390
500	459	573	764	955	1146	1338	1720	2290	3050
550	417	521	695	868	1042	1216	1563	2090	2780
600	382	478	637	796	955	1115	1433	1910	2550
700	328	409	546	682	819	955	1228	1640	
800	287	358	478	597	716	836	1075	1430	
900	255	318	424	531	637	743	955	1270	
1000	229	286	382	478	573	669	860	1145	
1100	208	260	347	434	521	608	782		
1200	191	239	318	398	478	557	716		
1500	153	191	255	318	382	446	573		
1800	127	159	212	265	318	371	478		
2000	115	143	191	239	286	334	430		
2100	109	136	182	227	273	318	409		
2200	104	130	174	217	260	304	390		
2300	100	125	166	208	249	291	374		
2400	96	119	159	199	239	278	358		

Die verschiedenen Arten des Schleifens

Rundschliff.

Allgemein versteht man unter Rundschliff die Erzeugung rundlaufender Umflächen mittels Schleifmaschinen (Rundschleifmaschinen), diese Umflächen sind bis zu hohen Graden fein und genau. Gegenüber dem Schlichten mit einem Stahlwerkzeug, ist das Schleifen durch schnellere, genauere und gleichmäßigere Arbeit überlegen.

Die Rundschleifmaschinen müssen vor allem sehr widerstandsfähig gebaut sein, denn nur ein erschütterungsfreies Schleifen erzeugt saubere Oberflächen. Die einzelnen Bauarten von Rundschleifmaschinen sind folgende:

1. Die Schleifscheibe ist ortsfest, das Werkstück macht eine Längsbewegung (Vorschubbewegung).
2. Das Werkstück ist ortsfest und die Schleifscheibe wird im Längsgang bewegt. (Zustellung erfolgt wie unter 1.) Die zweite Bauart wird für schwere Werkstücke bevorzugt, während man die erste Bauart allgemein bei kurzen und mittleren Werkstücken vorzieht.
3. Die Schleifscheibe geht mit voller Zustellung auf genaues Maß einmal hin und her bei fest eingestellter Schleifscheibe. Man kann noch einige Gänge zum Ausschleifen folgen lassen. Dieses Verfahren führt man nur bei glatten Werkstücken mit geringer Länge durch.
4. Einstechschleifen: Man sticht mit einer verhältnismäßig breiten Schleifscheibe direkt auf volle Tiefe, versetzt alsdann etwas weniger als Schleifscheibenbreite und sticht wieder auf volle Tiefe und setzt das Verfahren fortlaufend fort. Zum Schluß schleift man mit einem Hin- und Hergang mittels feinem Schlichtspan auf genaues Maß.
5. Formschleifen: Man bearbeitet die Schleiffläche mit der ganzen Breite der Schleifscheibe auf einmal. Hierbei führt die Schleifscheibe nur eine Bewegung in der Zustellungsrichtung aus.
6. Spitzenlose Schleifmaschinen: Beim spitzenlosen Schleifen stehen sich zwei Schleifkörper (meist eine keramisch gebundene Schleifscheibe, welche die eigentliche Schleifarbeit leistet und eine gummigebundene Scheibe, die den Transport regelt) mit verschieden großer Umfangsgeschwindigkeit mit der Peripherie einander gegenüber. Das Werkstück ruht auf einer Unterlage

Abb. 121 Rundschleifen

ohne Einspannung (spitzenlos) zwischen den beiden Schleifkörpern und wird durch die Transport- und Vorschub-Scheibe selbsttätig vorgeschoben. Die sogenannte Vorschubscheibe ist zur Schleifscheibe geneigt. Bei diesem spitzenlosen Schleifen kann natürlich auch im Einstechverfahren geschliffen werden, dann liegen beide Schleifkörper in einer Ebene. Das spitzenlose Schleifen eignet sich hauptsächlich bei der Massenherstellung und es sind mit demselben sehr hohe Leistungen zu erreichen.

Als Schleifscheiben kommen beim Rundschliff meist normale Flachschleifscheiben, die genau ausgewuchtet sein müssen, zur Anwendung.

Die Körnung derselben richtet sich nach dem Vorschub und der Feinheit des zu erzielenden Schliffes. Allgemein verwendet man keramisch gebundene Schleifkörper von mittlerer Härte.

Die Umfangsgeschwindigkeit beim Rundschleifen beträgt 28 bis 35 m/sek. Für die Werkstückgeschwindigkeit kann ein Richtwert von 12 m/min. angegeben werden.

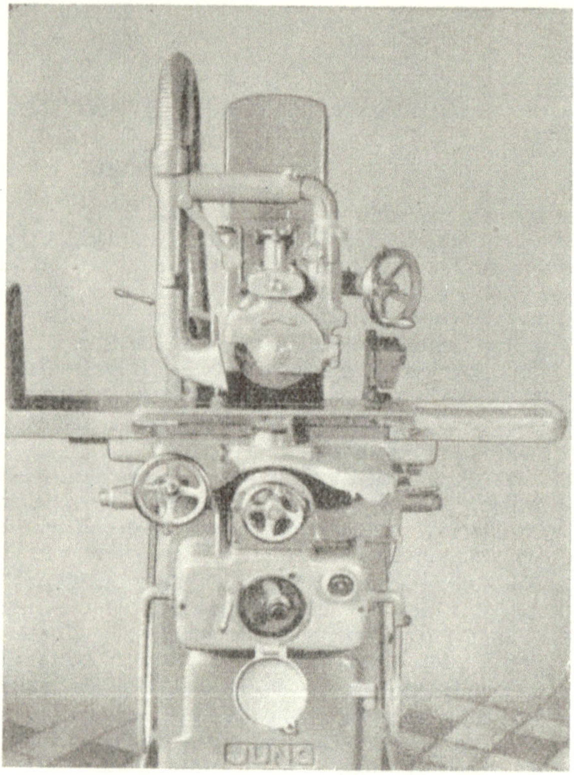

Abb. 122 Flächenschleifmaschine

Flächenschliff.

Anstelle von Hobeln, Fräsen und Schaben kann man den Flächenschliff zweckmäßig anwenden. Man versteht unter Flächenschliff die Erzeugung ebener Flächen mittels einer Schleifmaschine (Flächenschleifmaschine), die bis zu hohen Graden fein und genau arbeitet.

Es gibt folgende Bauarten von Flächenschleifmaschinen:

1. Die Schleifwelle ist senkrecht angeordnet,
2. Die Schleifwelle ist waagerecht angeordnet.

Beide Bauarten werden mit hin- und hergehendem Arbeitstisch, mit kreisendem Arbeitstisch oder ohne Arbeitstisch ausgeführt. Für flache, dünnwandige und schwer zu spannende Werkstücke zieht man Flächenschleifmaschinen mit senkrechter Schleifwelle vor. Für schmale und lange Werkstücke wählt man zweckmäßig Flächenschleifmaschinen mit hin- und hergehendem Arbeitstisch und für kurze und gedrungene Werkstücke wählt man Flächenschleifmaschinen mit kreisendem Arbeitstisch. Für die Massenanfertigung gleichbleibender Teile eignet sich ebenfalls die Flächenschleifmaschine mit kreisendem Arbeitstisch. Für Sonderzwecke und leichte Schleifarbeiten wählt man derartige Maschinen ohne Arbeitstisch.

Abb. 123 Flächenschleifmaschine mit Flachscheibe

Da der Flächenschliff noch empfindlicher als der Rundschliff ist, so muß die richtige Schleifscheibe dem jeweiligen Verwendungszweck entsprechend angepaßt werden. Zum Flächenschleifen benutzt man allgemein ziemlich weiche Schleifscheiben, da der Berührungsbogen zwischen Schleifscheibe und Werkstück bei diesem Schleifverfahren meist sehr groß ist.

Die Umfangsgeschwindigkeiten beim Flächenschliff betragen zweckmäßig 18 bis 25 m/sek.

Die Werkstückgeschwindigkeit ist abhängig von:

1. Breite der Schleifscheibe,
2. der Berührungsfläche zwischen Schleifscheibe und Werkstück;
3. der Schnittiefe,
4. dem gewünschten Feinheitsgrad der fertigen Fläche.

Abb. 124 Flächenschleifmaschine mit Segmentscheibe

Innenschleifen

An Stelle des Ausbohrens und Reibens mittels Reibahlen wendet man das Innenschleifen zweckmäßig an. Besonders große Bedeutung hat das Innenschleifen bei Zylindern, man schleift sie meist vor und in einem besonderen Arbeitsgang fertig; vor allem vollzieht sich das Einlaufen geschliffener Zylinder schneller.

Für Bohrungen bis zu 150 mm Durchmesser wird ein Schleifscheiben-Durchmesser von 0,6 bis 0,9 mal Loch-Durchmesser angewandt. Normalerweise schleift man Bohrungen unter 6 mm Durchmesser nicht. Die sehr kleinen Schleifscheiben lassen auf Innenschleifmaschinen nur eine Umfangsgeschwindigkeit von 8 bis 12 m/sek. zu, wogegen bei größeren Durchmessern bis zu 30 m/sek. erreicht werden. Einen Ausgleich bei den kleineren Geschwindigkeiten kann man durch Verwendung weicherer Schleifscheiben schaffen. Am wirtschaftlichsten ist es, genau vorzubohren bzw. vorzureiben, als zu starke Zugaben für das Schleifen stehen zu lassen.

Beim Innenschleifen ist vor allem eine möglichst kurze und starke Spindel zu verwenden.

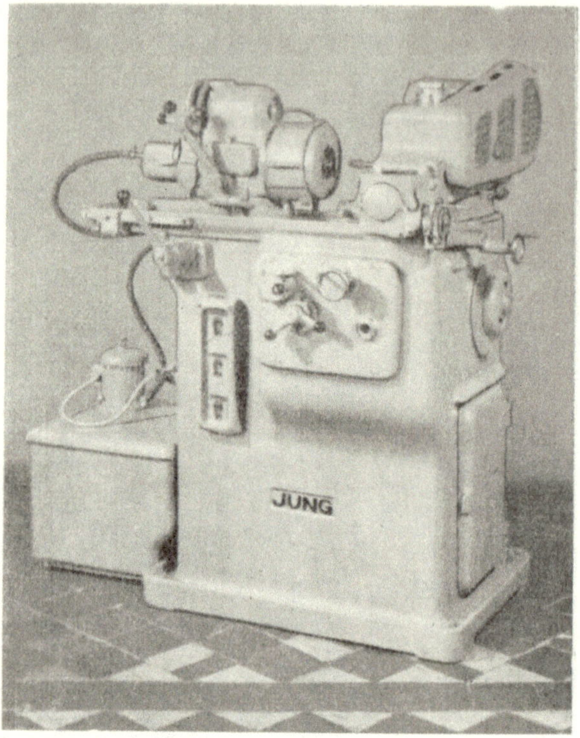

Abb. 125 Innenschleifmaschine

Fehler beim Schleifen und ihre Ursachen

Es kann kein Zweifel darüber bestehen, daß das menschliche Denken allgemein darauf eingestellt ist, für eine Wirkung eine Ursache zwar immer zu suchen, aber solche Ursachen als Erklärung zu bevorzugen, die unmittelbar-anschaulich, räumlich und zeitlich, mit der beobachteten Wirkung verknüpft sind. Auch ist das Gedächtnis der meisten Menschen für Folgen auf lange Sicht unzuverlässig. Sofern also Arbeitsfehler erst einige Zeit nach ihrem Auftreten von einer Überwachungsstelle gefunden werden, die räumlich vom Arbeitsplatz getrennt, die Güteprüfung nicht sozusagen unter dem Auge des Arbeiters vornehmen kann, muß ihre berechtigte Kritik an Überzeugungskraft gegenüber dem Arbeiter erheblich einbüßen. Der Schleifer, insbesondere der Werkzeugschleifer, muß sich selbst überwachen! Hierfür spricht, natürlich in den technisch möglichen Grenzen, die natürliche Empfindlichkeit eines jeden Menschen mit gesundem Selbst- und Könnens-Bewußtsein (und nur solche Menschen können wirklich tüchtige Facharbeiter werden) gegenüber fremder Kritik an seiner Leistung. Es ist psychologisch von grundverschiedener Wirkung, ob ein Fehler vom Schleifer selbst gefunden und nach bestem Können oder mit Einhilfe abgestellt, oder ob das Fehlergebnis an anderer Stelle ermittelt und ihm zurechtweisend mitgeteilt wird.

Die nachfolgenden Ausführungen über Fehler beim Schleifen und ihre Ursachen sollen nun dazu dienen, daß der Werkzeugschleifer die gemachten Fehler erkennen und für ihre Abhilfe sorgen kann.

Die Schleiftechnik ist noch nicht so weit, daß sie für die einzelnen Schleifverfahren genau gültige Angaben machen kann, um ein fehlerfreies Schleifen zu gewährleisten.

In erster Linie gehören zu einem fehlerfreien Schleifen die richtige Auswahl des Schleifverfahrens, die Maschinenart und die Beschaffenheit derselben, sowie die jeweils dem Schleifvorgang angepaßten Schleifscheibenzusammensetzungen und die dazu gehörenden Meßeinrichtungen.

An häufig vorkommenden Schleiffehlern sind zu nennen:

Schleifrisse, Rattermarken, Brandflecke, Härteverminderung der Schleifflächen, besonders an Schneiden; ferner fehlerhafte Form und ungenaue Maße der Werkstücke, wie sie durch unsachgemäßes Schleifen verursacht werden.

Schleifrisse entstehen in erster Linie durch die Hitzeeinwirkung beim Härten und nachher beim Schleifen. Durch diese hohen Temperaturunterschiede werden derart hohe Spannungen erzeugt, daß die Schleifrisse entstehen. Die Ursache kann sein:

1. eine zu hart oder zu fein gewählte Schleifscheibe,
2. eine zu hohe Arbeitsgeschwindigkeit,
3. ein zu hoher Druck des Werkstückes gegen die Schleifscheibe,
4. beim Naßschleifen, wenn die zu hoch erhitzten Stahlteile von der Kühlflüssigkeit abgeschreckt werden.

Allgemein liegen Schleifrisse senkrecht zum Schleifstrich, dagegen liegen sie bei größeren Flächen ohne besondere Anordnung verstreut.

Brandflecke haben im allgemeinen dieselben Schleiffehler zur Ursache wie die Schleifrisse; sie treten infolge zu starker Erhitzung des Werkstückes auf. Vor allem müssen die Brandflecke bei gehärtetem Stahl vermieden werden, weil sonst ein Erweichen des Werkstoffes eintritt. Äußerlich kann man sie zwar durch Überschleifen beseitigen, aber damit ist die Erweichung des Werkstoffes nicht behoben. Die Ursachen von Brandflecken sind meist:

1. zu großer Anpreßdruck,
2. zu großer Tiefenvorschub,
3. der Schleifkörper hat sich zugesetzt,
4. mangelhafte Kühlung.

Rattermarken sind in den meisten Fällen auf eine ungenügende Starrheit der Schleifmaschine zurückzuführen und werden meist durch Schwingungen verursacht. Weitere Ursachen zur Bildung von Rattermarken sind: zu harte oder zugesetzte Schleifscheiben, eine schlechte Schleifspindellagerung, zu große Werkstückgeschwindigkeit, schlechte Lagerung der Werkstückspindel oder der Reitstockpinole, schlechte oder zu kleine Zentrierlöcher, unrunde Schleifscheiben, die Schleifscheibe sitzt nicht fest auf dem Flansch oder bei langen Werkstücken sind zu wenig Setzböcke verwendet worden.

Die Härteverminderung ist in den meisten Fällen auf dieselben Schleiffehler zurückzuführen wie die Brandflecke. Diese beiden Schleiffehler treten auch gerne zusammen auf.

Zugesetzte und verschmierte Schleifscheiben sind vielfach auf eine zu große Spantiefe zurückzuführen. Die Spantiefe soll etwa betragen:

beim Schruppen 0,02 bis 0,06 mm,
beim Schlichten 0,005 bis 0,01 mm.

Bei Gußeisen wird zweckmäßig im Gegensatz zu Stahl mit großen Schnitttiefen und kleinen Vorschuben gearbeitet. Der Vorschub des Werkstückes soll pro Umdrehung betragen:

beim Schruppen ⅔ bis ⅘ Schleifscheibenbreite,
beim Schlichten ½ bis ⅔ Schleifscheibenbreite.

Vor allem ist auch der Aufnahme der Schleifscheibe größte Beachtung zu schenken. Das Auswuchten ist zur Erzielung guter Oberflächenbeschaffenheiten unerläßlich. Selbstverständlich muß der Schleifkörper stets griffig sein, daher müssen die Abrichtgeräte sachgemäß angewandt werden. Auch das Kühlmittel soll nicht nur die Rolle der Kühlung übernehmen, sondern auch die Schleifscheibe griffig halten und den Schleifstaub niederschlagen.

Eine Schleifscheibe, die frühzeitig stumpf wird und glänzt, ist entweder zu hart oder zu fein, auch kann die Werkstückgeschwindigkeit zu klein sein.

Es ist unbedingt erforderlich, bei allen Schleifscheiben das Verhältnis zwischen Schleifscheibengeschwindigkeit und Werkstückgeschwindigkeit zu beachten, da sonst ein fehlerfreies Schleifen unmöglich ist. Die Werkstückgeschwindigkeiten sind zu wählen:

für Schruppen 10 bis 15 m/min.
für Schlichten 6 bis 18 m/min.

Die Umfangsgeschwindigkeit wählt man zweckmäßig wie folgt:

für Fächenschliff 20 bis 25 m/sek.,
für Rundschliff 28 bis 35 m/sek.,
für Innenschliff 15 bis 25 m/sek.,

Unrunde Schleifscheiben sind ein Zeichen dafür, daß sie zu weich sind, man kann in diesem Falle die Umfangsgeschwindigkeit erhöhen oder eine härtere Schleifscheibe verwenden; eine weitere Möglichkeit ist die Herabsetzung der Werkstückgeschwindigkeit. Vor allem begünstigt auch die Werkstückgeschwindigkeit die Güte des Schliffes; ist sie gering, so wird ein feiner Schliff erzielt; ist sie zu groß, so wird der Schleifscheibenverschleiß beschleunigt.

Es ist ratsam, die Spindellagerung von Zeit zu Zeit zu überprüfen und je nach Befund entsprechend nachzuarbeiten oder nachzustellen.

Schleifscheiben, die das Profil nicht halten, sind in der Regel zu weich und zu grobkörnig und sind durch härtere bzw. feinkörnigere Schleifkörper zu ersetzen.

Abschließend kann gesagt werden, daß ein einwandfreies und fehlerfreies Schleifen nur dann möglich ist, wenn eine dem jeweiligen Verwendungszweck abgestimmte Schleifscheibe zur Anwendung kommt.

Etwas über die fachgerechte Auswahl der Werkzeuge

Um eine wirtschaftliche und erfolgreiche Fertigung hochwertiger Erzeugnisse durchzuführen, ist neben neuzeitlichen Maschinen und erfahrenen Facharbeitern die fachgerechte Auswahl der zur Verwendung kommenden Werkzeuge erstes Gebot, denn die hochwertigste Maschine mit größter Genauigkeit ist nutzlos, wenn die zur Anwendung kommenden Werkzeuge nicht zweckentsprechend sind. Daher ist eine planmäßige Werkzeugbewirtschaftung unerläßlich. Folgende Faktoren sind bei der Auswahl von Werkzeugen zu beachten:

1. Die richtige fachgerechte Auswahl eines Hochleistungswerkzeuges ist zweckentsprechend nach Werkstoff und Bauform zu treffen.
2. Es ist auf eine fachgerechte Handhabung und Aufbewahrung der Werkzeuge besonders zu achten.
3. Die Werkzeuge sind laufend sorgfältig zu überprüfen und instandzuhalten.
4. Das Werkzeuglager ist laufend zu ergänzen.

Die zu bearbeitenden Werkstoffe sind in ihren Zusammensetzungen und Eigenschaften meist grundverschieden, wodurch die Bearbeitungsanforderungen ebenfalls verschieden sein müssen, denen sich die Werkzeuge anzupassen haben. Dies geschieht am zweckmäßigsten an Hand gemachter Erfahrungen, denn es ist erforderlich, daß für die Bearbeitung der verschiedenen Werkstoffe jeweils ein aus geeignetem Werkzeugbaustoff bestehendes Werkzeug zur Anwendung gelangt.

So können beispielsweise Bohrarbeiten bei Werkstoffen bis etwa 70 kg/mm² noch mit Werkzeugstahlbohrern gebohrt werden, während bei den Arbeiten des allgemeinen Maschinenbaues, auch bei der Massenanfertigung, wo mit hohen Schnittgeschwindigkeiten und Vorschüben gearbeitet wird, man zweckmäßig Schnellstahlbohrer verwendet. Außerdem hat man noch Hochleistungsbohrer für höchste Leistungen für legierte Baustähle, Hartguß und andere schwer bearbeitbare Werkstoffe entwickelt.

Bei Stählen mit Festigkeit von über 140 kg/mm², Hartmanganstählen, Steinen usw. verwendet man Hartmetallbohrer.

Auch bei den Fräsern ist die Werkstoffwahl ebenfalls von größter Bedeutung. So kommt Werkzeugstahl nur für Einzelfräserarbeiten leichtbearbeitbarer Stoffe, wie weichem Gußeisen, unlegierten Stählen und Messing, in Frage. Für Dauerbeanspruchung auf legierte und unlegierten Baustählen, Gußeisen bis etwa 180 Brinell, Leichtmetall und Bronze wählt man zweckmäßig Schnellstähle, während Fräserwerkzeuge mit Hartmetallschneiden in erster Linie für Messerköpfe, hochlegierte Manganstähle und in Sonderfällen, wie bei der Bearbeitung von Preß- und Isolierstoffen verwendet werden.

Die Auswahl von Schnellstählen ist ebenfalls sorgfältig vorzunehmen. Allgemein kommt man in den meisten Betrieben mit wenigen Schnellstahlsorten aus, und zwar wählt man für Schrupparbeiten einen kobalthaltigen Hochleistungsstahl. Für Schlichtarbeiten genügt meist ein 5prozentiger V-Stahl, während man mit einem Spitzenleistungsstahl ohne Kobalt und für allgemeine Werkzeuge zweckmäßig einen weniger hochlegierten normalen Schnellstahl verwendet.

Neben der günstigsten Bauform der Werkzeuge sind die richtigen Schnittwinkel unbedingt einzuhalten, die auf Grund langer Erfahrungen für die verschiedenen Werkstoffe jeweils zu berücksichtigen sind, sie sind nicht zuletzt auch noch vom Baustoff des Werkzeuges abhängig. So sind beispielsweise die Spitzenwinkel der verschiedenen Sonderbohrer stets dem zu bohrenden Material anzupassen. Für Eisen und Stahl betragen die Spitzenwinkel bei Bohrern 118 °; für Aluminium 140 °; für Kupfer mit Zentrumspitze und für Messing 130 °; für Elektron 100 °; für Marmor 80 °; für Hartgummi 30 °.

Beim Drehstahl dagegen sind es die Schnittwinkel, die sich in Freiwinkel, Keilwinkel und Spanwinkel unterscheiden; denn falsche Winkel verursachen einen schnellen Verschleiß der Schneiden.

Die günstigsten Schnittwinkel bei Stählen sind:

F = Freiwinkel; K = Keilwinkel; S = Spanwinkel.

Hartguß-, Messing-, Bronze-Arten F = 6 °; K = 84 °; S = 0 °.

Stahl und Stahlguß über 70 kg/mm² Zugfestigkeit, hartes Gußeisen von Kugeldruckhärte H 200 kg/mm², Rotguß, Bronze und Messing F = 8 °; K = 74 °; S = 8 °.

Stahl und Stahlguß von 50—70 kg/mm² Zugfestigkeit, Gußeisen, Kugeldruckhärte H = 200 kg/mm² und darunter, weiches Messing F = 8 °; K = 68 °; S = 14 °.

Stahl und Stahlguß von 34—50 kg/mm² Zugfestigkeit, Leichtmetalle, wie Silumin, Elektron F = 8 °; K = 62 °; S = 20 °.

Zähne und weiche Bronzen, weichste Stahlsorten F = 8 °; K = 55 °; S = 27 °.

Die anderen Leichtmetalle und sämtliche Weichmetalle F = 10 °; K = 40 °; S = 40 °.

Überall kommt man allerdings mit dieser Tabelle nicht zurecht, so nicht bei Nitrierstählen, rostfreien Stählen, Chrom-Nickel-Stählen usw. In diesen Fällen muß man Form und Werkstoff des Werkzeuges von Fall zu Fall dem zu bearbeitenden Baustahl anpassen.

Ist nun das Werkzeug nach Bauform und Werkstoff richtig ausgewählt, so muß es natürlich auch den richtigen Arbeitsbedingungen unterliegen. Das Werkstück muß beispielsweise richtig eingespannt werden. Die Geschwindigkeiten sind enstprechend dem zu bearbeitenden Werkstoff zu wählen. Ein Drehstahl ist z. B. möglichst nahe kurz einzuspannen und die Schneide des Stahles ist auf Spitzenhöhe einzustellen. Bei Fräsern dagegen verwende man einen möglichst starken Fräserdorn, damit ein Durchbiegen und das Auftreten von Rattern vermieden wird. So könnte man noch viele Beispiele anführen, die zu berücksichtigen sind. Diese wenigen Hinweise lassen klar erkennen, welche Faktoren bei der fachgerechten Auswahl von Werkzeugen zu beachten sind; denn der Verbrauch an Werkzeugen bildet einen beträchtlichen Teil der Gemeinkosten jedes Betriebes. Vor allem ist der Werteverlust, den Volkswirtschaft und Betrieb durch Materialvergeudung erleiden, doppelt groß, wenn viel Arbeit an solchem Werkzeugmaterial aufgewendet worden ist.

Die Schleiffunkenprobe

Um Stahl- oder Metallsorten auseinander zu halten, von denen eine nähere Zusammensetzung nicht bekannt ist, hat in letzter Zeit die Schleiffunkenprobe an Bedeutung gewonnen, da sie ein billiges und einfaches Hilfsmittel hierfür ist. Anwendung findet die Schleiffunkenprobe meist da, wo Werkstoffverwechslungen vorliegen. Es ist selbstverständlich, daß diese Funkenprobe natürlich nicht die chemische Bestimmung der Beimengungen im Stahl ersetzen

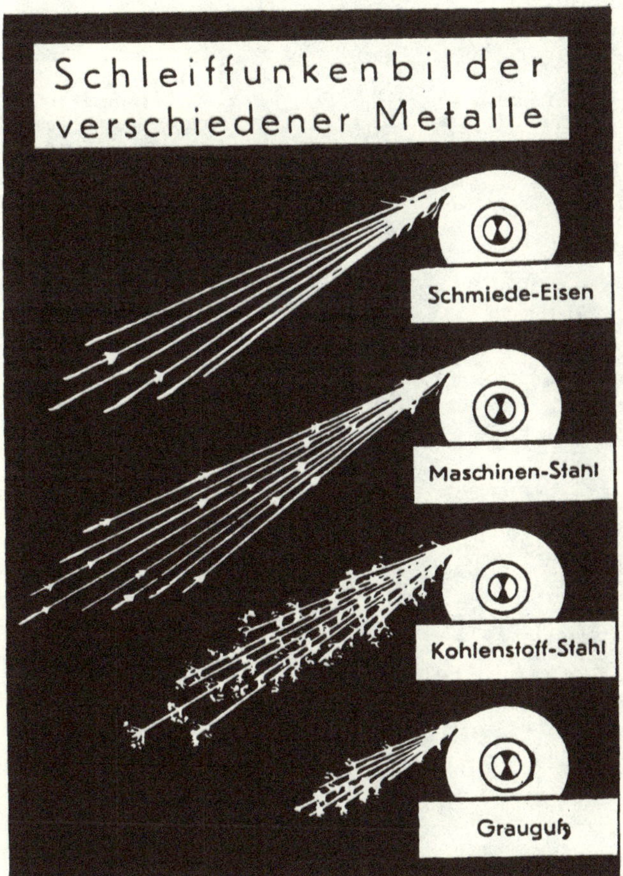

Abb. 126

kann, denn es ist nur teilweise möglich, annähernde Zusammensetzungen des zu prüfenden Materials festzustellen.

Will man diese Schleiffunkenprobe mit Erfolg durchführen, so ist Voraussetzung, sich zunächst mit den in den Abbildungen dargestellten Funkenbildern vertraut zu machen und sich dieselben genauestens einzuprägen. Um nun praktische Vergleiche der einzelnen Funkenbilder untereinander durchführen zu können, müssen sämtliche Versuche unter genau denselben Bedingungen durchgeführt werden.

Eine griffige, ziemlich poröse Schleifscheibe, die vor allem sauber abgerichtet sein muß, kommt für einen solchen Versuch allein in Frage. Die Körnung derselben soll sich in den Grenzen von Korn 20 bis Korn 36 bewegen. Als Umfangsgeschwindigkeit wähle man zweckmäßig eine solche von 25 bis 30 m/sek. Es ist selbstverständlich, daß der Druck des zu prüfenden Werkstoffes gegen

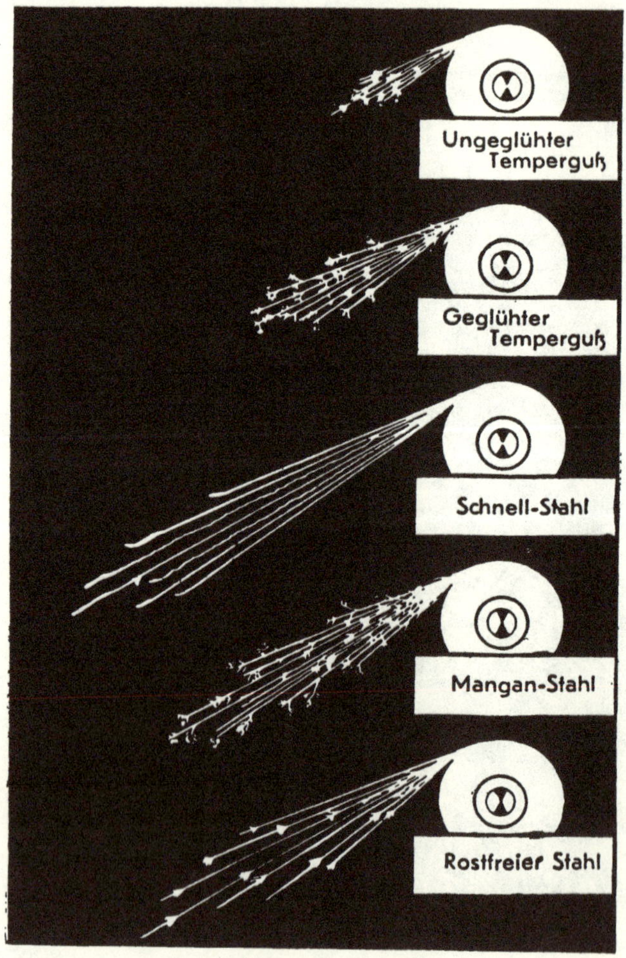

Abb. 127

den Schleifkörper bei allen Versuchen möglichst gleich zu halten ist; denn der Schleifdruck hat einen sehr großen Einfluß auf die jeweilige Länge der Funkengarben. An Unterscheidungsmerkmalen der Schleiffunkenbilder sind zu nennen:

1. die Farbe,
2. die Dichte,
3. die Länge der Funkenbahn.

Sehr schwer zu unterscheiden sind die Funkenbilder von Stellit, Nickel und Hartmetall, da alle drei Materialien nur sehr wenige kurze Strahlen aufweisen. Die Strahlen von Stellit sind kurz und grade und diejenigen von Nickel etwas wellenförmig.

Die Farben der Funken von Stellit, Hartmetall, Nickel, Grauguß und Temperguß liegen zwischen orange und ziegelrot. Die Funkengarben von Kupfer, Messing und Aluminium sind vollkommen farblos. Alle Stahlsorten, die mit

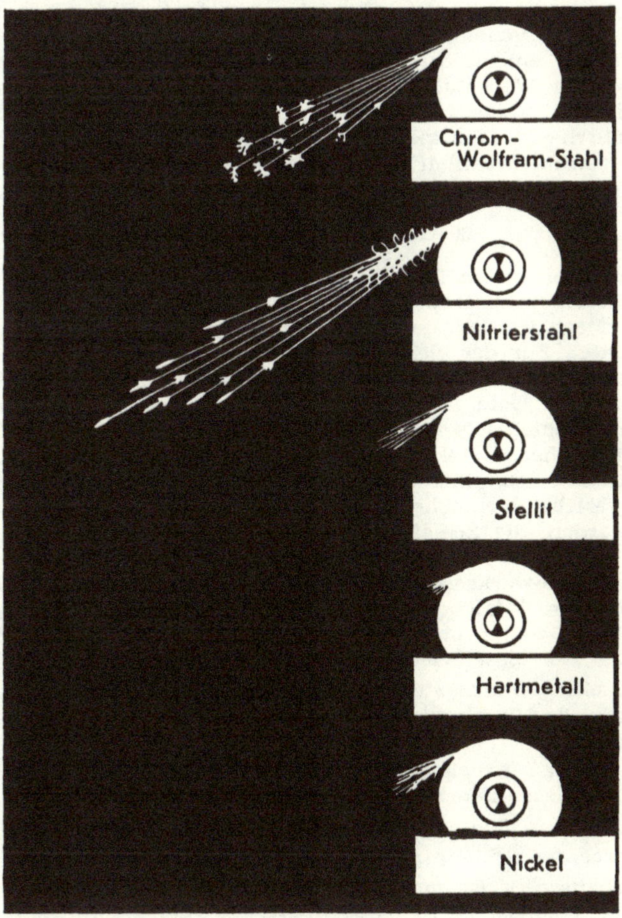

Abb. 128

Kohlenstoff, Mangan und Silizium legiert sind, ergeben hellgelbe, strohfarbige Funkenbilder. Eine sehr große weiße bis strohgelbe Funkengarbe mit einer geringen Anzahl von gegabelten Spritzern hat Maschinenstahl. Kohlenstoffstahl hat eine von sehr vielen fein sich wiederholenden Spritzern weiße Funkengarbe. Mangan- und Kohlenstoffstahl unterscheiden sich durch die Dichte ihres Strahlenbündels, wobei Manganstahl das dichteste Strahlenbündel aufzuweisen hat. Schmiedeeisen und Maschinenstahl haben ebenfalls eine dichte Funkengarbe, dasselbe ist bei geglühtem und ungeglühtem Temperguß der Fall. Bei diesen Materialien muß man die Funkenbilder gut kennen, um sie unterscheiden zu können. Annähernd gleich lange Funkenbahnen haben Maschinenstahl und Schnellstahl. Der erstere ist nur durch die gegabelten Spritzer gegenüber den geraden von Schnellstahl zu unterscheiden. Hier sieht man die Wichtigkeit des gleichbleibenden Druckes, da sonst die einzelnen Funkengarben nur sehr schlecht voneinander zu unterscheiden sind. Eine wichtige Rolle spielen die jeweiligen Beleuchtungsverhältnisse, weil manche Farben, wie beispielsweise rot und orange, allgemein schwer voneinander zu unterscheiden sind.

Rafael Wycislo (Essen) hat ein Patent angemeldet, welches es ermöglicht, die Funkenarten besser voneinander unterscheiden zu können. Hierbei werden die Poren mit einer chemischen Verbindung gefüllt. Durch die Reibung zwischen Schleifscheibe und Werkstück werden auch Teile dieses Chemikals erwärmt, wobei sich ein Gas bildet, das mit den bis zur Weißglut erhitzten Stahlteilchen reagiert, wodurch ein sehr klares Funkenbild sichtbar und somit das Unterscheiden der einzelnen Schleiffunkenbilder wesentlich erleichtert wird.

20 Gebote für den Schleifer

Beim Bearbeiten in der Metallindustrie bilden sich häufig mit der Zeit gewisse Arbeitsverfahren heraus, die aus dem inneren Instinkt des Arbeiters in Erfahrung geboren werden, besonders dann, wenn er Tag für Tag die gleiche Arbeit verrichtet. Für den Schleifer ist z. B. dieses Gefühl für die Nähe des Toleranzmaßes, für die richtige Schleifscheibe, für genügende Kühlwasserzufuhr unerläßlich. Geht ihm dieses Gefühl ab, so ist er als Schleifer ungeeignet. Natürlich spielt wie überall die Maschine eine wichtige Rolle. Sie muß also eine entsprechende Behandlung erfahren. Die Seele der ganzen Schleifmaschine sind ihre Lagerungen, und wie bei keiner anderen Maschine ist die Gefahr für dieselbe so naheliegend wie bei ihr. Der Schleifer muß also stets angehalten werden, die Schleifmaschine in bestem Zustand zu halten. Auch das genaue und verantwortungsvolle Messen ist sehr wichtig. Es stehen heute die modernsten Meßwerkzeuge für diesen Zweck zur Verfügung. Man hat nun in einer Reihe von Betrieben sogleich mit der Arbeitsordnung dem Schleifer eine Anzahl von Geboten übergeben, mit dem Hinweis, sich unbedingt danach zu richten. Ein Teil dieser Gebote werden nachstehend wiedergegeben:

1. Die Schleifmaschinen stets peinlich sauber zu halten, denn eine schlecht gereinigte und schlecht geschmierte Maschine verursacht Aerger und Unkosten.
2. Treten an den Arbeitsstücken oder an der Schleifmaschine Übelstände auf, so ist dieses sofort dem Vorgesetzten zu melden.
3. Die Schleifmaschine soll stabil sein und Schutzhauben besitzen.
4. Das Lager der Schleifmaschine ist stets in Ordnung zu halten.
5. Das Arbeitsstück ist vor dem Messen abzukühlen, keineswegs ist das laufende Arbeitsstück zu messen, weil dies den Lehren und Meßgeräten schadet.

6. Auf Riemen- und Steinschutz ist stets zu achten, auch darauf, daß bei kleiner werdender Schleifscheibe der Schutz nachgestellt werden muß.
7. Es muß immer genügend Kühlwasser verwendet werden, damit auf den Arbeitsstücken keine Brandflecken entstehen.
8. Für jede Schleifarbeit ist die am besten geeignete Schleifscheibe zu verwenden.
9. Vor der Montierung ist die Schleifscheibe leicht abzuklopfen und festzustellen, ob dieselbe auf dem Transport beschädigt wurde.
10. Die Schleifscheibe darf man nicht auf die Welle zwingen. Die Spannfutter dürfen nicht zu fest angezogen werden.
11. Die Auflage muß möglichst nahe an die Schleifscheibe angestellt werden.
12. Die Schleifscheiben müssen vor Schlägen und Stößen bewahrt werden.
13. Die Schleifscheibe muß stets zentrisch gehalten werden (rechtzeitig abrichten).
14. Auch beim Innenschleifen ist zu beachten, daß die Schleifscheibenspindel in der gleichen Höhe wie die Werkstückachse liegt.
15. Die Schleifmaschine muß vor dem Rundschleifen auf zylindrischen Schliff eingestellt werden. Es ist nicht zulässig, dies erst am Arbeitsstück auszuprobieren.
16. Um wirtschaftlich zu arbeiten, ist es erforderlich, daß die richtige Umfangsgeschwindigkeit für die Schleifscheibe gewählt wird.
17. Beim Einspannen des Werkstückes ist Rücksicht auf die Wärmeausdehnung zu nehmen, z. B. beim Schleifen zwischen den Spitzen auf der Rundschleifmaschine und beim Planschleifen.
18. Zur Vermeidung von Augenverletzungen sind stets Schutzbrillen zu benutzen.
19. Jede Schleifscheibe ist genau auszuwuchten, da von der Genauigkeit der Auswuchtung der zu erzielende Feinheitsgrad des Schliffes abhängt.
20. Man achte auch darauf, daß auch das Werkstück die richtige Umlaufsgeschwindigkeit besitzt.

Liste häufiger Schleifarbeiten und dafür passender Schleifscheiben-Zusammensetzungen:[1]

Korund = aus Elektrokorund hergestellte Schleifscheiben.
Sil. Karb. = aus Silizium-Karbid hergestellte Schleifscheiben.
ker. = Keramische Bindung.
Silikat = Silikat-Bindung.

Werkstoff bzw. Werkstück	Art des Schleifens	Schleifmittel	Art der Bindung	Körnung	Härte
Beil, Weichstahl	Schruppen der Schneide	Korund	ker.	20—30	R
Beil	Schruppen der Seitenflächen	Korund	ker.	30—36	S
Blechscherenmesser	Schärfen	Korund	ker.	24—30	H—I
Bandsägen	Schärfen	Korund	ker.	46—70	L—N
Dreh- und Hobelstähle	von Hand,				
	kleine	Korund	ker.	50—80	K—M
	mittlere	Korund	ker.	46—50	K—N
	große	Korund	ker.	24—40	L—O
	im Support				
	mit Schleifkopf	Korund	ker.	16—36	K—N
	Profilstähle	Korund	ker.	70—100	M—O
Dreh- und Hobelstähle **Hartmetall**	**Vorschliff:**				
	gerade Schleifscheibe	Sil. Karb., grün	ker.	50—60	Jot—K
	Topfschleifscheibe	Sil. Karb., grün	ker.	46—60	Jot—K
	Fertigschliff:				
	gerade Schleifscheibe und Topfschleifscheibe	Sil. Karb., grün	ker.	80—100	Jot
	Feinstschliff:	Sil. Karb., grün	ker.	220—280	I
Feilen	Flächenschliff	Korund	ker.	30—46	N—O
Fräser	Schärfen				
	Topfschleifscheibe	Korund	ker.	46—80	Jot—L
	gerade Schleifscheibe	Korund	ker.	46—80	Jot—M
Fräser große	maschinell schärfen	Korund	ker.	46—50	Jot—K
Fräser kleine	maschinell schärfen	Korund	ker.	60—80	K—M
Fräser für Holzbearbeitung	Schärfen	Korund	ker.	40—50	Jot—K
Fräser, feingezahnte SS-Stahl	Schärfen	Korund	ker.	80—120	Jot—K

[1] Die Körnungs- und Härtebezeichnungen entsprechen der Norton-Skala.

Werkstoff bzw. Werkstück	Art des Schleifens	Schleif-mittel	Art der Bindung	Körnung	Härte
Schlitzfräser	Schärfen	Korund	ker.	80—150	N—O
Fräser Hartmetall	Vorschliff Topfschleifscheibe	Sil. Karb., grün	ker.	46—50	K
	Nachschliff	Sil. Karb., grün	ker.	60—80	Jot
	Fertigschliff	Sil. Karb., grün	ker.	90—120	Jot
Furniermesser	Schärfen	Korund	Silikat	36—46	I—Jot
Gewindebohrer	Hinterschliff	Korund	ker.	60—80	I—Jot
	Rundschliff	Korund	ker.	50—60	M—N
	Nutenschliff	Korund	ker.	46—60	L—M
Gewinde	Gewindegänge schleifen	Korund	ker.	80—600	H—Q
Gewindestrehler	Flächenschliff	Korund	ker.	46—50	Jot—K
Hämmer	Rückenschleifen	Korund	ker.	20—24	P—Q
Hobeleisen	Handschliff	Korund	ker. u. Silikat	46—60	N—O
Hobeleisen	selbsttätig	Korund	ker. u. Silikat	46—60	Jot—K
Holzbearbeitungs-werkzeuge	Schärfen	Korund	ker	46—60	K—P
Lehren Kaliberbolzen	Rundschliff	Korund	ker.	60—80	Jot—K
Kreuzmesser	Schärfen	Korund	Silikat	46—80	L—M
Maschinenmesser	Schärfen	Korund	ker.	36—46	I—Jot
Messer aller Art	Handschliff	Korund	Silikat	46—80	K—N
	selbsttätig	Korund	Silikat	60—120	I—K
Metallsägen	Schärfen	Korund	ker.	46—50	K—L
Messerköpfe	SS-Stahl mit Topfschleifscheibe	Korund	ker.	46—60	I—K

Werkstoff bzw. Werkstück	Art des Schleifens	Schleifmittel	Art der Bindung	Körnung	Härte
Messerköpfe Hartmetallschneiden	Vorschleifen	Sil. Karb., grün	ker.	46—60	I—Jot
	Nachschleifen	Sil. Karb., grün	ker.	80—120	H—I
Meißel	Schärfen	Korund	ker.	46—50	M—N
Meißel	Kantenschliff	Korund	ker.	50—60	M—O
Rachenlehren	Vorschleifen	Korund	ker.	46—60	Jot—K
	Nachschliff	Korund	ker.	80—120	H—K
Räumnadeln	Schärfen	Korund	ker.	50—60	Jot—K
	Flächenschliff	Korund	ker.	36—46	H—I
Reibahlen	Hinterschliff	Korund	ker.	50—60	Jot—K
	Nutenschliff	Korund	ker.	50—60	K—L
	Rundschliff	Korund	ker.	60	N—O
Sägen	Planschliff	Korund	ker.	36—46	H—K
Kreissägen	Schärfen	Korund	ker.	46—60	M—O
Scherenblätter	Schärfen	Korund	ker.	30—60	Jot—M
Scheren	Schärfen von Hand	Korund	ker.	80—120	M—N
Spiralbohrer	Anspitzen von Hand	Korund	ker.	50—60	M—N
	maschinell	Korund	ker.	46—50	L—M
	Rundschliff	Korund	ker.	46—70	M—O
	Nutenschliff	Korund	ker.	50—60	P—O
Stanzmesser	Schärfen von Hand	Korund	ker.	24—36	M—O
Mähmaschinenmesser	Schärfen	Korund	ker.	60—80	M—O
Werkzeuge allgemein	Schärfen von Hand mit großer Schleifscheibe	Korund	ker.	24—36	M—O
	mit kleiner Schleifscheibe	Korund	ker.	36—60	L—O

Das Schleifen der Werkzeuge

Der Arbeitsvorgang des Werkzeugschleifens wird mit der Schleifscheibe vorgenommen, die solange Späne von sehr großer Feinheit von dem Werkzeug abnimmt, bis die Schneide desselben scharf gemacht worden ist. Das Arbeitsstück wird in der Mehrzahl der Fälle gegen die Schleifscheibe gedrückt, und zwar erhält beim Flächenschleifen das Arbeitsstück gewöhnlich einen geradlinig ausgeführten Vorschub, beim Rundschleifen hingegen dreht sich das Werkstück im entgegengesetzten Umlaufssinn, wie die Schleifscheibe. Dabei führt meist das Arbeitsstück den Vorschub aus.

Sämtliche Schneidwerkzeuge, die heute durchweg aus hochwertigen Stählen hergestellt sind, können nur dann ihren Zweck erfüllen, wenn sie sachgemäß instandgehalten werden; denn die Haltbarkeit eines Werkzeuges, wie z. B. eines Fräsers oder Bohrers, ist von einem sachgemäßen Schleifen abhängig. Auch die Güte der mit einem solchen Werkzeug verrichteten Arbeit wird von dem Zustand des Werkzeuges stark beeinflußt. Voraussetzung für einwandfreies Schleifen ist natürlich, daß dem Schleifer neben einer guten Maschine auch hochwertige Schleifscheiben zur Verfügung stehen, die dem jeweiligen Werkstoff angepaßt sind, d. h. in Form und Zusammensetzung.

Für die Werkzeugschleifscheiben hat der Verein Deutscher Schleifmittelwerke die nachstehenden in den DIN-Normen 181—185 enthaltenen Formen A—H festgelegt:

DIN-Schleifscheiben für hinterdrehte und spitzgezahnte Fräser

DINORM 181

Form A

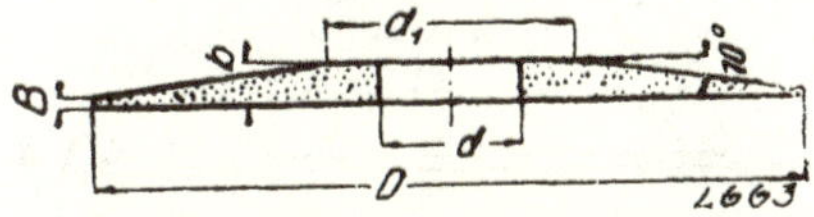

Beispiel für die Bezeichnung einer Schleifscheibe Form A mit 100 mm Außendurchmesser:

Schleifscheibe A 100 DIN 181

Maße in mm

Abgekürzte Bezeichnung	D	B	b	d	d1
A 75	75	1	5	13	30
A 100	100	1,5	6	20	50
A 125	125	2	7	20	68
A 150	150	2	8	20	82
A 175	175	3	10	20	95
A 200	200	3	12	20	98
A 250	250	3	14	32	125

Form B

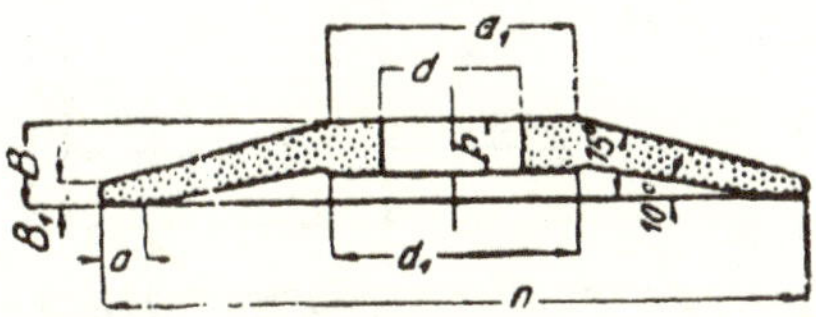

Beispiel für die Bezeichnung einer Schleifscheibe Form B mit 125 mm Außendurchmesser:

Schleifscheibe B 125 DIN 181

Maße in mm

Abgekürzte Bezeichnung	D	B	B1	a	b	d	d1
B 75	75	8	2	4	6	13	28
B 100	100	12	3	6	8	20	35
B 125	125	14	3	6	9	20	40
B 150	150	15	3	7	10	20	50
B 175	175	18	3	8	11	20	60
B 200	200	19	3	10	12	20	70
B 250	250	21	3	12	14	32	100

Schleifscheiben für Fräser und Reibahlen
DINORM 182

Form C

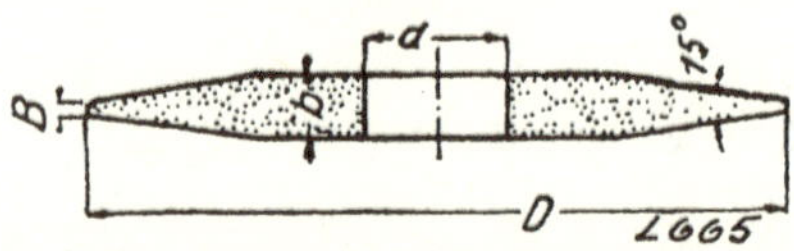

für hinterdrehte spiralgenutete Fräser

Beispiel für die Bezeichnung einer Form C mit 125 mm Außendurchmesser Schleifscheibe

Schleifscheibe C 125 DIN 182

Maße in mm

Abgekürzte Bezeichnung	D	B	b	d
C 75	75	2	8	13
C 100	100	2	9	20
C 125	125	2	10	20
C 150	150	2	12	20
C 175	175	3	14	20
C 200	200	3	16	20
C 250	250	4	19	32

Form D

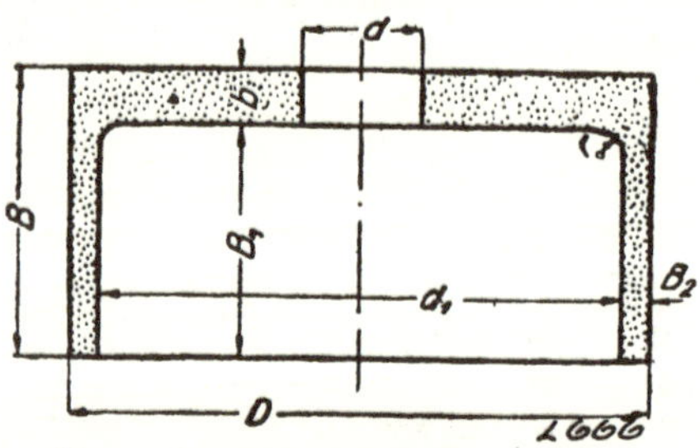

für spitzgezahnte Fräser und für Reibahlen

Beispiel für die Bezeichnung einer Schleifscheibe Form D mit 150 mm Außendurchmesser:

Schleifscheibe D 150 DIN 182

Maße in mm

Abgekürzte Bezeichnung	D	B	B1	B2	d1	b	d	r
D 40	40	25	20	3	34	5	13	3
D 50	50	30	24	3	44	6	13	3
D 75	75	40	32	4	67	8	20	4
D 100	100	50	40	5	90	10	20	4
D 125	125	60	48	7,5	110	12	20	5
D 150	150	80	64	10	130	16	20	5

Form D D

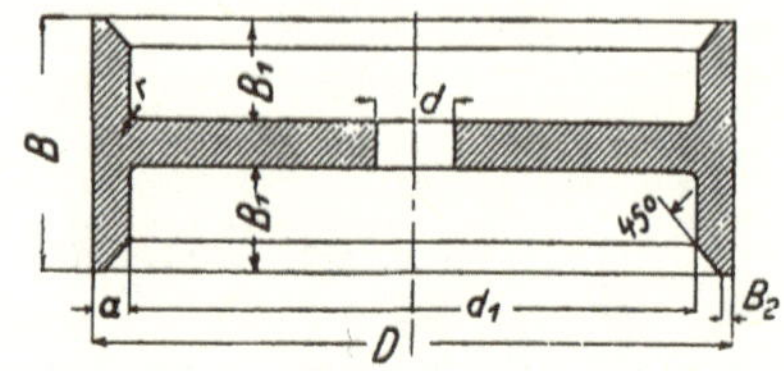

Beispiel für die Bezeichnung einer Schleifscheibe Form DD mit 100 mm Außendurchmesser:

Schleifscheibe DD 100 DIN 182

Maße in mm

Abgekürzte Bezeichnung	D	B	B1	B2	d1	a	b	d	r
DD 100	100	40	16	1,5	88	6	8	13	4

Schleifscheiben für Vorrichtungen und Lehren

DINORM 183

Form E

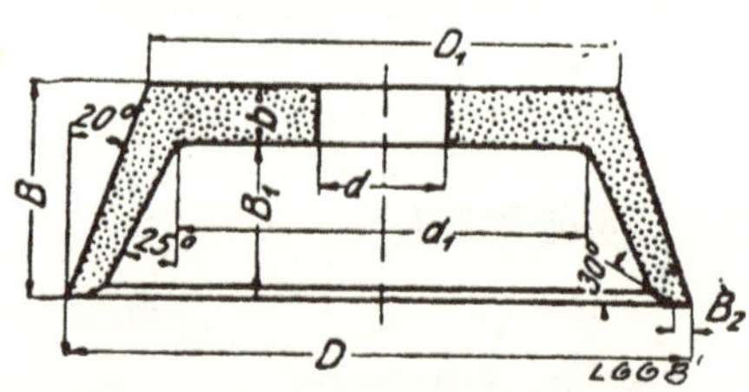

Beispiel für die Bezeichnung einer Schleifscheibe Form E mit 125 mm Außendurchmesser:

Schleifscheibe E 125 DIN 183

Maße in mm

Abgekürzte Bezeichnung	D	B	B1	B2	D1	b	d	d1
E 75	75	30	22	2	53	8	20	45
E 100	100	35	25	3	75	10	20	65
E 125	125	45	33	3	92	12	20	80
E 150	150	50	38	3	114	12	20	100

Form F
(bei 6 mm Breite)

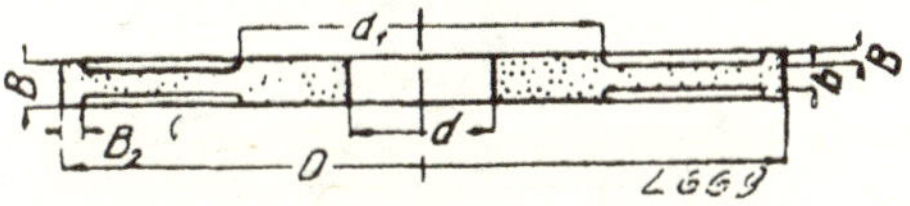

Form F
(bei 10—25 mm Breite)

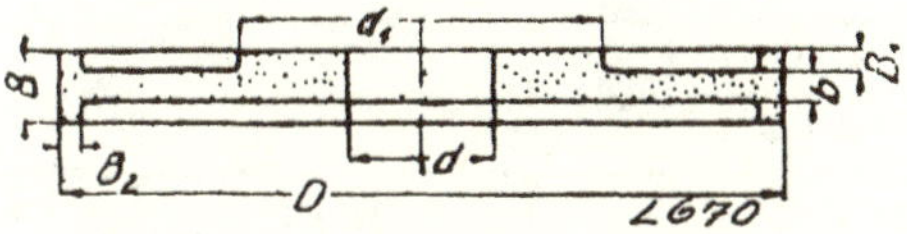

Beispiel für die Bezeichnung einer Schleifscheibe
Form F mit 150 mm Außendurchmesser und 10 mm Breite:

Schleifscheibe F 150×10 DIN 183
Maße in mm

Abgekürzte Bezeichnung	D	B	B1	B2	b	d	d1
F 100x 6	100	6	1,5	3	3	2	50
F 100x10	100	10	3	3	4	20	50
F 150x 6	150	6	1,5	3	3	20	70
F 150x10	150	10	3	3	4	20	70
F 150x15	150	15	4,5	3	6	20	50
F 175x20	175	20	6	4	8	20	50
F 175x25	175	25	7,5	6	10	20	50

Schleifscheiben für Spiralbohrer
DINORM 184

Form G
Hinterschleifscheiben

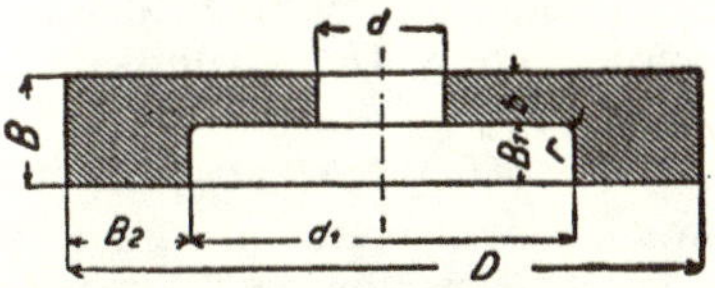

Beispiel für die Bezeichnung einer Schleifscheibe
Form G mit 200 mm Außendurchmesser:

Schleifscheibe G 200 DIN 184
Maße in mm

Abgekürzte Bezeichnung	D	B	B1	B2	b	d	d1	r
G 150	150	30	20	35	10	20	80	5
G 175	175	30	20	42,5	10	32	90	5
G 200	200	35	20	40	15	40	120	5
G 225	225	40	25	45	15	40	135	6
G 250	250	40	25	50	15	40	150	6
G 300	300	50	30	60	20	40	180	6

Form G a
Anspitzscheiben

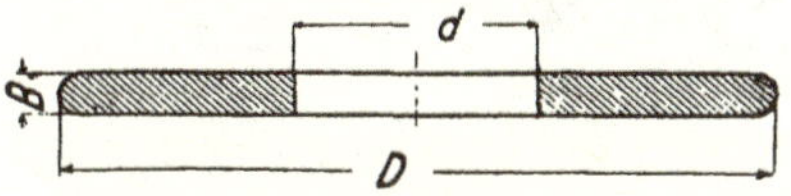

Beispiel für die Bezeichnung einer Schleifscheibe
Form Ga mit 150 mm Außendurchmesser:

Schleifscheibe Ga 150 DIN 184
Maße in mm

Abgekürzte Bezeichnung	D	B	d
G a 100	100	6	32
G a 150	150	8	40
G a 200	200	10	40

Schleifscheiben für Drehstähle und Holzbearbeitungsfräser
DINORM 185

Formen H
für Drehstähle

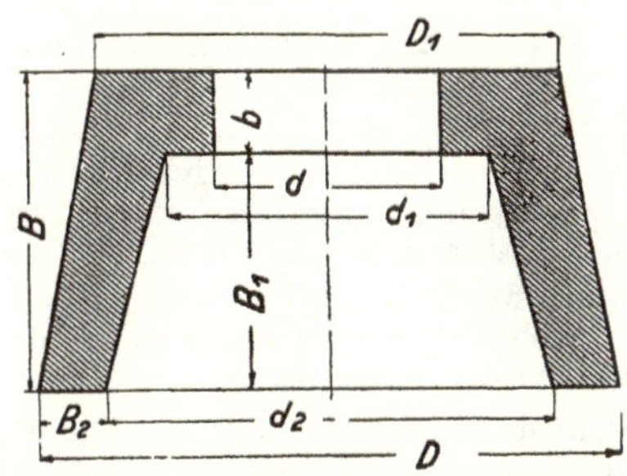

Beispiel für die Bezeichnung einer Schleifscheibe
Form H mit 180 mm Außendurchmesser:

Schleifscheibe H 180 DIN 185
Maße in mm

Abgekürzte Bezeichnung	D	B	B1	B2	D1	b	d	d1	d2
H 180	180	55	40	22,5	120	15	32	90	135
H 250	250	140	102	30	200	38	100	140	190
H 300	300	150	110	35	250	40	140	184	230
H 350	350	165	125	40	300	40	160	210	280
H 400	400	175	135	45	350	40	175	235	310

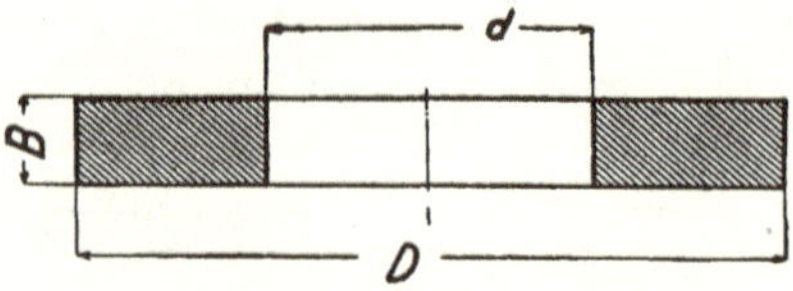

Maße in mm

Abgekürzte Bezeichnung	D	B	d
H 500	500	65	229
H 600	600	65	229

DIN 185 H 175, H 200

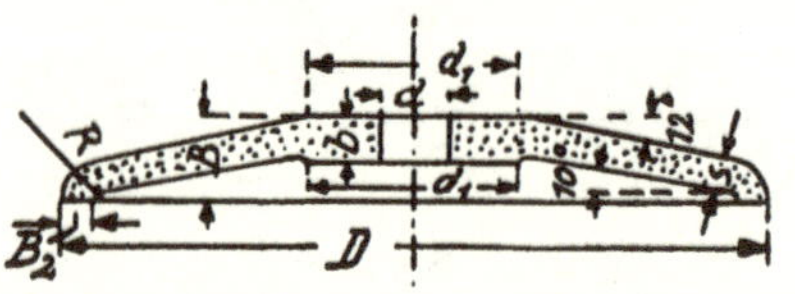

Für Holzbearbeitungsfräser

Abgekürzte bezeichnung d. V. D. S.	D	B	B_2	R	b	d	d_1	s
H 175	175	22	10	10	12	20	50	8
H 200	200	22	10	10	12	20	60	8

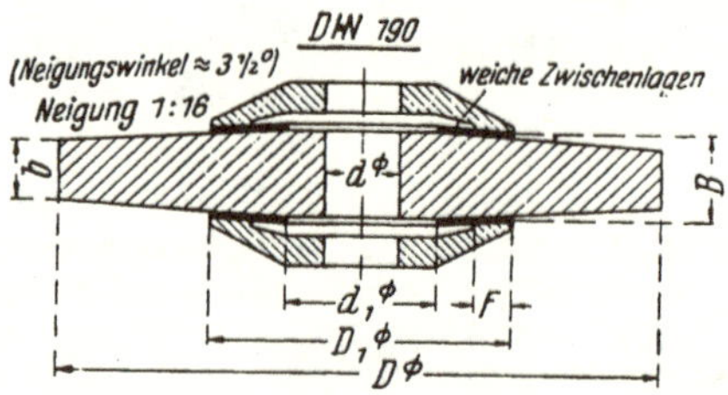

Eine Werkzeugschleifscheibe muß frei und kühl schneiden, dies setzt voraus, daß außer dem Schleifrohstoff auch das Bindematerial dem zu schleifenden Werkstoff angepaßt ist, denn normalerweise darf die Bindung die einzelnen Schleifkörner erst dann freigeben, wenn deren Schneidfähigkeit vollkommen ausgenutzt ist. Durch diesen Vorgang kommen laufend neue Schleifkörner (Schneidspitzen) zum Angriff, wodurch die Schleifscheibe sich selbst scharf erhält. Besonders ist darauf zu achten, daß die Schleifscheiben in derselben gleichmäßigen Qualität nachgeliefert werden, da sonst der beste Schleifer den vorstehenden Anforderungen nicht gerecht werden kann. Der Grundsatz beim Werkzeugschleifen ist:

Lieber öfter und dann wenig abschleifen, statt einmal viel abschleifen.

Werkzeuge, wie beispielsweise Bohrer und Fräser, werden schnell vollkommen zerstört, wenn sie im stumpfen Zustand weiter benutzt werden, dagegen wird ihre Lebensdauer bedeutend erhöht, wenn man sie öfter sachgemäß nachschleift. Große Verluste an Material und Arbeitszeit verursacht in jedem Falle ein unsachgemäßes Schleifen dieser hochwertigen Werkzeuge. Nicht selten ist die Wiederbeschaffung eines durch falsches Schleifen unbrauchbar gewordenen Werkzeuges kostspieliger als die Löhne vieler Arbeitsstunden für das Nachschärfen einschließlich der Schleifscheibenkosten; daher ist es ratsam, diese hochwertigen Werkzeuge nur von erfahrenen Schleifern nachschleifen zu lassen. Häufiges Nachschleifen hat den Vorteil, an Material und Schleifzeit zu sparen; außerdem wird die Lebensdauer der Werkzeuge erhöht und die Gefahr des Verbrennens durch zu starken Span auf ein Mindestmaß herabgesetzt. Bei Benutzung feinkörniger Schleifscheiben ist darauf zu achten, daß die Schnittiefe nicht zu groß wird. Zweckmäßig lasse man die Schleifscheiben stets gegen die Schneide des Werkzeuges laufen, weil dann infolge günstigerer Wärmeableitung viel eher ein Ausglühen der Schneiden vermieden werden kann.

Allgemein nimmt man zum Schleifen von Schnellstahl-Werkzeugen Schleifkörper in keramischer Bindung; für Trockenschliff verwendet man zum Schleifen von scharfen Schneiden zweckmäßig Schleifscheiben in Silikat-Bindung, da derartige Schleifkörper in ihrer Schleifwirkung dem Sandstein gleichen und weniger zum Brennen neigen. Ob nun Naß- oder Trockenschliff anzuwenden ist, hängt von den jeweiligen örtlichen Verhältnissen ab. Wird naß geschliffen, so soll die Kühlmittelzufuhr in reichlicher Menge erfolgen, und zwar ist der Kühlwasserstrahl am besten gleich der Schleifscheibenbreite zu halten; denn bei ungenügender Kühlung kann man kein günstiges Arbeitsergebnis erzielen, da bei teilweiser Abkühlung sich das Werkzeug örtlich zusammenzieht und die Folge ist, daß schädliche Schleifrisse und Sprünge entstehen. Beim Trockenschliff von Werkzeugen ist die Umfangsgeschwindigkeit geringer zu wählen als bei Naßschliff. Die Beobachtung des Werkstückes ist bei Trockenschliff bedeutend leichter; besonders darauf zu achten ist, daß die Werkzeuge beim Schleifen nicht mehr als handwarm werden.

Nachstehend einige praktische Beispiele über das sachgemäße Schleifen verschiedener Werkzeuge.

Abb. 129 Schleifen eines Modulfräsers mit einer Alundum - Schleifscheibe in 3846-Jot 5 B.

Abb. 130 Schleifen von Messerköpfen mit einer konischen Topfscheibe aus Alundum in 3846-K 5 B. In der Regel werden die Messerköpfe auf einer modernen Messerkopfschleifmaschine geschliffen.

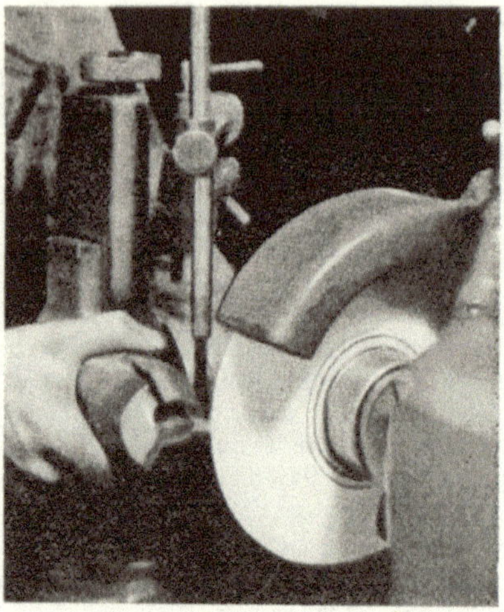

Abb. 131 Schleifen eines Versenkbohrers mit einer Tellerscheibe in 3846-K 5 B.

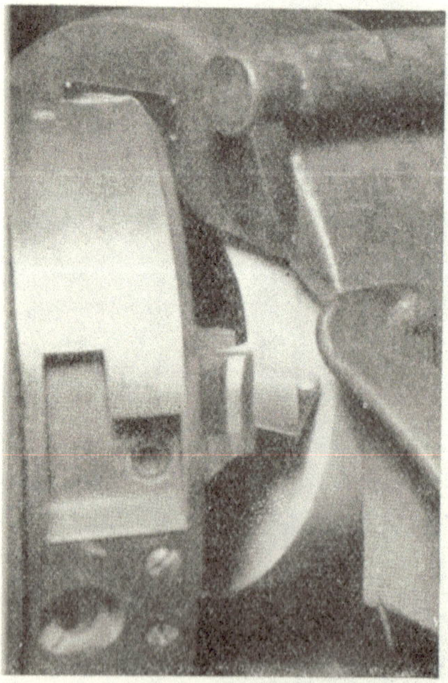

Abb. 132 Schärfen eines Spiralbohrers mit einer Alundum-Schleifscheibe in 3846-L 5 B.

Abb. 133 Schleifen von Räumnadeln mit einer tellerförmig. Alundumscheibe.

Die Werkzeugschleifmaschinen werden in zwei Gruppen eingeteilt, in der einen wird das zu schleifende Werkstück von Hand zugeführt und in der anderen in eine Vorrichtung eingespannt.

Für die Zuführung von Hand dient die einfache Werkzeugschleifmaschine. Sie besteht aus einer Schleifscheibe, die auf einer horizontalen Welle zwischen den Lagern gehalten oder oft auch fliegend gelagert wird. Eine Schutzhaube umfaßt diese Schleifscheibe und läßt sie nur an der Arbeitsstelle frei.

Durch die Hand des Schleifers werden die zu schleifenden Werkzeuge mit ihrer Schneide gegen die Schleifscheibe gedrückt. Sie liegen dabei auf einer verstellbaren Unterlage. Die Kühlung des Werkstückes spielt beim Schleifen eine sehr wichtige Rolle. Das Kühlmittel wird mittels einer Kühlmittelpumpe der Schleifstelle zugeführt. In einem Schlammkasten wird das abfließende Kühlmittel wieder gesammelt und gereinigt. Dieser Kasten muß von Zeit zu Zeit gereinigt werden.

Genauigkeits-Werkzeuge, bei denen es auf besonders genaue Einhaltung der Schneidenform ankommt, und bei denen alle Zähne gleichmäßigen Anschliff erhalten müssen, werden in der 2. Art von Werkzeugschleifmaschinen bearbeitet. Sie werden nicht mit der Hand gehalten, sondern in die schon erwähnte Vorrichtung eingespannt. Das Anstellen der zu schleifenden Werkzeuge geschieht nicht von Hand, sondern mittels eines Supportes. Die Schleifscheiben zum Zwecke des Scharfschleifens der Werkzeuge sind in den verschiedensten

Abb. 134 Das Schleifen einer Reibahle

Formen ausgestaltet, damit man an die Flächen der Werkzeuge, die geschliffen werden sollen, genügend dicht herankommen kann. Ehe das Werkzeug scharf geschliffen wird, ist es bei gewissen Werkzeugformen, z. B. bei den Reibahlen, notwendig, sie vorher rund zu schleifen. Hierzu bedient man sich der Rundschleifmaschinen.

Es muß abschließend noch erwähnt werden, daß bei allen Fertigungsvorgängen das Werkzeug der am stärksten beanspruchte Teil der Werkzeugmaschine ist, was aus der einfachen Gegenüberstellung der Lebensdauer von Maschine und Werkzeug hervorgeht.

In vielen Betrieben wird leider dieser hohen Beanspruchung in der Behandlung der Werkzeuge nicht genug Rechnung getragen.

Das richtige und zweckmäßige Schleifen der Werkzeuge ist nicht nur für den Großbetrieb, sondern auch für den Kleinbetrieb längst nicht mehr eine Frage von untergeordneter Bedeutung.

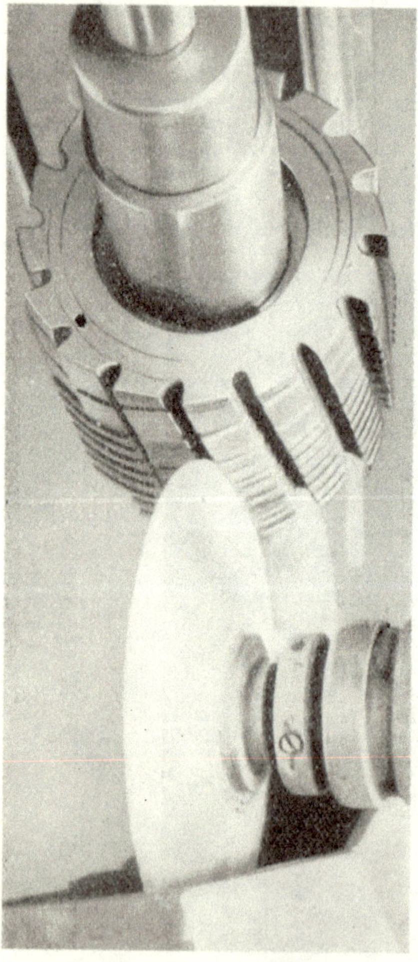

Abb. 135 Schleifen eines Abwälzfräsers aus Schnellstahl mit einer Alundum-Schleifscheibe in 3846-K 5 B oder 3860-Jot 5 B.

Abb. 136 Flächenschleifen eines Formwerkzeuges aus Schnellstahl mit einer Alundumscheibe 3846-H 8 B.

Ein sorgfältig geschliffener Abwälzfräser ist erforderlich, um genau gefräste Zahnräder herzustellen. In erster Linie ist auf die richtige Führung und genaues Profil von gleichmäßig eingeschnittenen Nuten und genauen Hinterschliff des Fräsers zu achten. Bei dem im Bilde Abb. 135 dargestellten Schleifvorgang wird eine Alundumschleifscheibe in einer Sonderbindung, der sogenannten Norton-B-Bindung, verwendet und zwar 3846 - K5B oder 3860 Jot 5B.

Der Arbeitsvorgang in Abb. 136 stellt das Flächenschleifen eines Formwerkzeuges aus Schnellstahl mit einer Alundumschleifscheibe 3846 - H8B dar.

Für keramisch gebundene Werkzeugschleifscheiben hat die Deutsche Norton G. m. b. H. eine Sonderbindung, die sogenannte „B-Bindung" geschaffen. Diese Bindung wurde entwickelt, um gewisse Merkmale auszuschalten, die in den sonst gebräuchlichen, keramisch gebundenen Werkzeugschleifscheiben unerwünscht sind. Vor allem ergibt die B-Bindung eine Schleifscheibe von gleichbleibender Zusammensetzung. Schleifkörper in dieser Bindung nutzen sich gleichmäßig ab, bleiben dauernd scharf und können infolgedessen kühl und frei schleifen.

Abb. 137 Universal-Werkzeugschleifmaschine mit doppeltschwenkbarem Schleifspindelkopf

Die in Abb. 137 dargestellte Universal-Werkzeugschleifmaschine SW 2 mit doppeltschwenkbarem Schleifspindelkopf der Firma Ludw. Loewe & Co., A.-G., dient zur Herstellung und Instandsetzung von Fräsern, Messerköpfen, Reibahlen, Senkern, Gewindebohrern, Gewindestrehlen, Spiralbohrern, Bohrstangenmessern und anderen Schneidwerkzeugen.

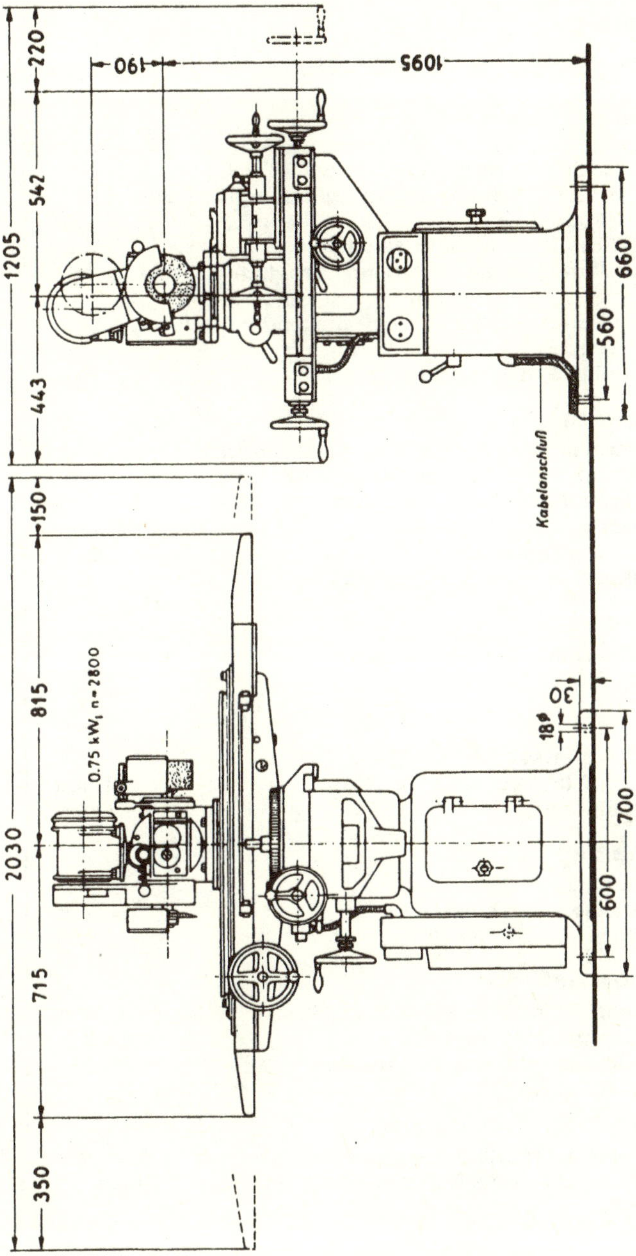

1205
220
542
443
190
1095
660
560
Kabelanschluß
2030
150
815
715
350
0.75 kW, n=2800
18∅
30
700
600

Abb. 138

Die Hauptabmessungen dieser Werkzeugschleifmaschine (Abb. 137) sind wie folgt:

Arbeitsbereich		
Zwischen den Spitzen von Teilkopf und Reitstock		
Spitzenhöhe	mm	115
Spitzenentfernung	mm	500
Schleiflänge	mm	500
Größter Schleifdurchmesser über dem Tisch	mm	225
Größter Schleifdurchmesser mit Zwischenplatte (Sonderausstattung) bis	mm	350
Größter Schleifscheibendurchmesser	mm	175
Größtes Werkstückgewicht beim Arbeiten zwischen den Spitzen	kg	25
Größtes Werkstückgewicht bei fliegender Aufspannung	kg	15
Aufspannfläche des Tisches	mm	850×110
Einstellbereich		
Längsbewegung des Tisches zwischen den Anschlägen	mm	500
Querbewegung des Tisches (Kreuzschlitten)	mm	215
Höhenverstellung der Schleifspindel über Mitte Werkstück	mm	200
unter Mitte Werkstück	mm	20
Schwenkbarkeit der Schleifspindel horizontal		360°
vertikal		±15°
Schwenkbarkeit des Aufspannprismas nach jeder Seite		45°
Kegel		
auf der Schleifspindel		1 : 6
im Teilkopf (auswechselbare Hülse)	Morse	3 u. 4
im Reitstock	Morse	2
Schleifscheiben		
Umdrehungen in der Minute	ca.	3400 u. 5000
Tellerscheibe, Durchmesser	mm	150
Topfscheibe, Durchmesser	mm	125
Elektrischer Antrieb		
Drehstrom-Fußmotor, Form B 3 (220/380 V, 50 H.)	U/min	2800
Leistungsaufnahme etwa	kW	0,75
zweistufige Scheibe auf Motorwelle		
Keilriemenabmessung:		6×10×710 Innenlänge

Die nachstehend im Bilde dargestellten Arbeitsbeispiele zeigen, daß schon mit dem Normalzubehör eine Reihe verschiedenartiger Schneidwerkzeuge geschliffen werden kann.

Abb. 139 Hinterschleifen der Schneiden einer konischen Reibahle

Abb. 140 Hinterschleifen der Stirnzähne eines Messerkopfes

Abb. 141 Hinterschleifen der Umfangzähne eines Messerkopfes

Abb. 142 Hinterschleifen der Zähne eines Scheibenfräsers
(bei großer Spiralsteigung mit Spezialzunge)

Abb. 143 Hinterschleifen der schrägen Zähne eines Winkelstirnfräsers

Abb. 144 Hinterschleifen der Stirnzähne eines Schaftfräsers

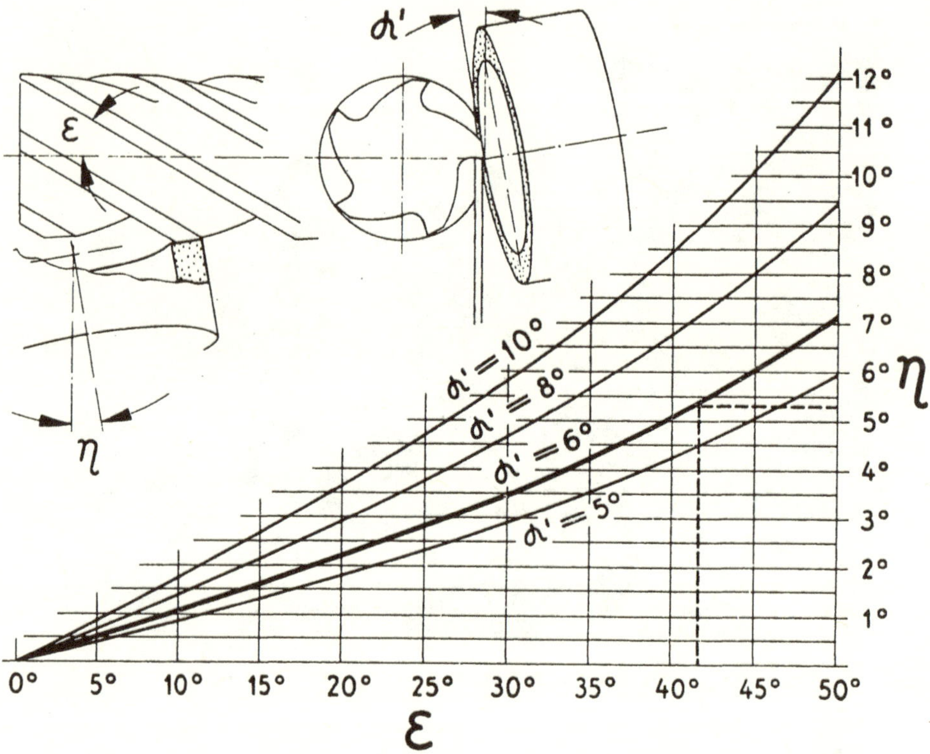

Abb. 145

Das Schleifen wird durch den schwenkbaren Schleifspindelkopf und den ebenfalls schwenkbaren Zungenhalter der Universal-Werkzeugschleifmaschine SW 2 NS wesentlich vereinfacht. Man kann die Schleifscheibe in jede erforderliche Lage bringen; der Hinterschliffwinkel am Werkstück kann schnell und genau eingestellt werden. Ein Tieferstellen der Führungszunge erübrigt sich. Der Schleifscheibenverbrauch ist gering, da dieses Einstellverfahren ein Schleifen mit der gesamten Breite des Topfscheibenrandes ermöglicht. Da, wie das folgende Arbeitsbeispiel zeigt, die Zunge nach Skala eingestellt wird, wird das bisher erforderliche Anpassen der Führungszunge an die Spiralsteigung der Werkstücke überflüssig.

B e i s p i e l :

Es ist ein spiralverzahnter Fräser zu schleifen: Spiralverzahnung e = 42 °, Hinterschliffwinkel a' = 6 °.

1. Schleifscheibe rechtwinklig zur Spindelachse abziehen.
2. Einschwenken der Skala auf 6 ° (siehe Bild 146a) — Hinterschliffwinkel a' ist gegeben —

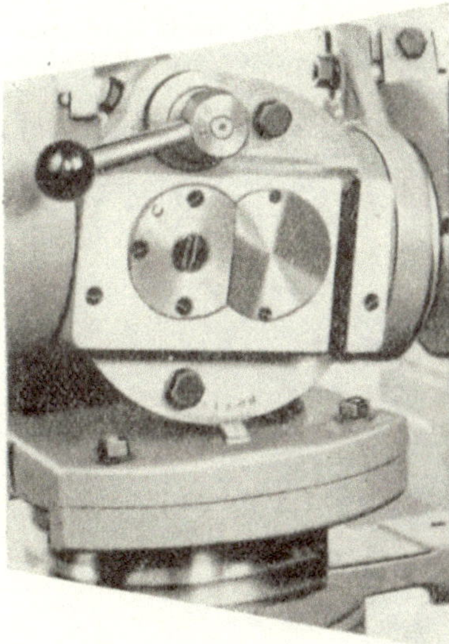

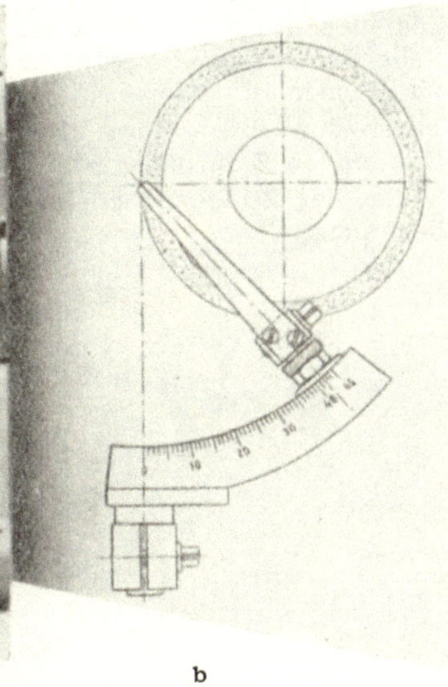

a

b

c

d

Abb. 146

3. Zungeneinstellung auf 42° (siehe Bild 146b) Spiralsteigungswinkel e ist gegeben bzw. vom zu schleifenden Werkzeug abzunehmen —
4. Einstellen des Schleifspindelkopfes auf 5° 20' nach Kurvenzeichnung (siehe Bild 146c) — vergleiche Schnittpunkt der Winkel a' und e = Winkel n in Bild 145 —
5. Fräser auf einem Dorn zwischen Spitzen aufnehmen und den zu schleifenden Zahn gegen die Zunge legen (siehe Bild 146d)

Nach Prüfen der Zungenhöheneinstellung auf Mitte Spitze kann nun das Schleifen beginnen.

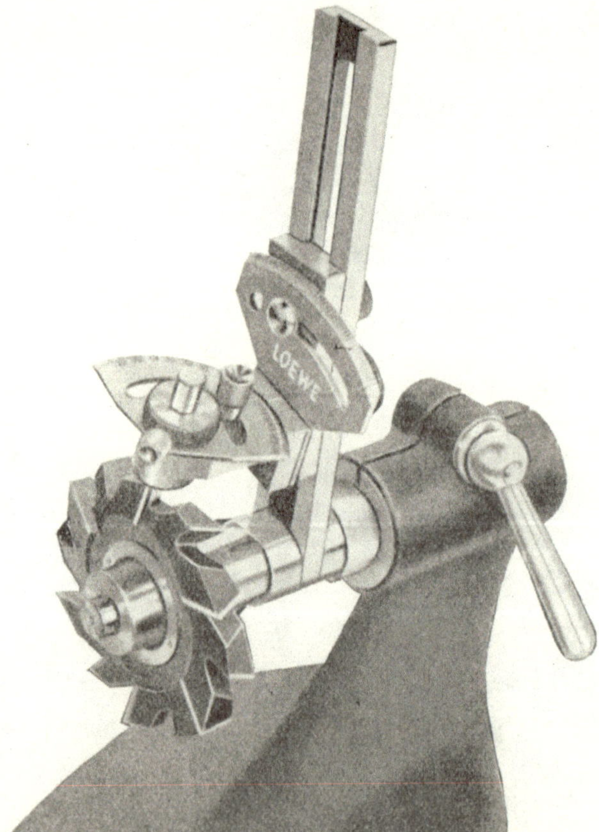

Abb. 147 Loewe-Universal-Fräserlehre Muf

Die in Abb. 147 gezeigte Loewe-Universal-Fräserlehre Muf ist ein Meßwerkzeug, das für die Fräserei, Schleiferei und Revision unentbehrlich ist. Es wird gebraucht zum Prüfen von Fräsern mit Bohrungen von 13 bis 50 mm und Durchmessern von 40 bis 225 mm. Mit dem Gerät wird die vorgeschriebene Werkstattausführung des Spanwinkels (Brustwinkel), des Steigungswinkels der Spirale und des Hinterschliffwinkels (Freiwinkel) geprüft.

Abb. 148 Sondereinrichtung zum Schleifen von Spanbrechernuten

Um den Arbeitsbereich der Schleifmaschine Modell DHS zu erweitern, wurde die in Abb. 148 dargestellte Sondereinrichtung zum Schleifen von Spanbrechernuten, Modell DHS 4, geschaffen, und zwar als Zusatzeinrichtung. Sie ist gegenüber der Läppschleifeinrichtung angebracht und wird durch den gleichen polumschaltbaren Motor von 0,3 PS (n = 1400—2800) angetrieben. Eine Diamant-Schleifscheibe von 100 mm Durchmesser und 4—6 mm Breite dient zum Schleifen. Diese Vorrichtung, die Stähle bis 45 mm Höhe spannt, ist nach Skalen für alle erforderlichen Winkel und Schleiftiefen einstellbar. Durch Spannklauen werden die Stähle auf dem Arbeitstisch festgespannt und mittels eines auf Kugellager laufenden Schlittens von Hand unter der Schleifscheibe vorbeigeführt. Nach jedem Schleifhub erfolgt die Zustellung von Hand oder durch ein Klinkenrad selbsttätig, und zwar ist bei letzterem nach erfolgter Einstellung nur die Hubbewegung mit dem Werkstückschlitten erforderlich.

Das Schleifen von Hochleistungs-Schnellstählen

Unter den „Hochleistungs-Schnellstählen" gibt es einige, die sich außerordentlich schlecht bearbeiten lassen. Sie können metallurgisch als hochvanadinlegierte, hochkohlenstoffhaltige „Schnellarbeitsstähle" klassiert werden, und zwar enthalten sie mehr Kohlenstoff und bis zu 5 % Vanadium im Vergleich zu 0,3 bis 1 % Vanadium der üblichen Schnellstähle. Ihr Anwendungsgebiet umfaßt Werkzeuge wie Fräser, Abwälzfräser, Zahnradstoßmesser, Reibahlen, Spiralbohrer und Metallkreissägen. Hervorzuheben sind als markante Vertreter dieser Stahlarten die Klassen EV 4 (1,25 % C, 4,25 % Cr, 0,85 % Mo, 3,75 % V, 12 % W) und EV 4 Co (1,35 % C, 4,75 % Co, 4,25 % Cr, 0,85 % Mo, 3,75 % V, 12 % W). Diese Stähle setzen dem Eindringen des Schleifkorns einen außerordentlichen Widerstand entgegen, was auf die ungewöhnliche Härte zurückzuführen ist. Durch ihre große Zähigkeit wird auch die Abriebbeständigkeit erhöht.

Da aus der Industrie Klagen über Schwierigkeiten beim Schleifen solcher Werkzeuge kamen, sah sich die Deutsche Norton-Gesellschaft m. b. H. veranlaßt, eine Laboruntersuchung durchzuführen, um eine Grundlage für die Auswahl geeigneter Schleifscheiben-Zusammensetzungen und die Entwicklung wirt-

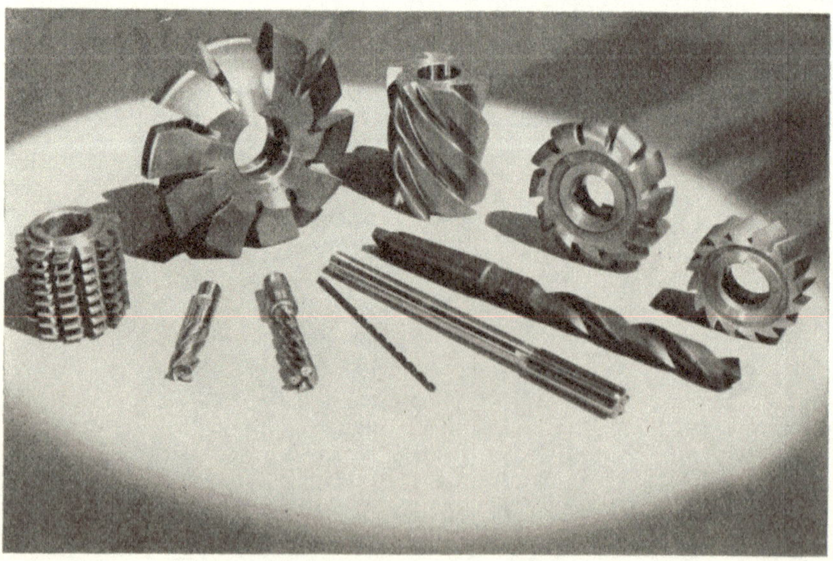

Abb. 149 Eine Auswahl von HSS-Werkzeugen

schaftlicher Arbeitsverfahren zu finden. Über die Ergebnisse dieser Untersuchung berichtete diese Firma in „Schliff und Scheibe" u. a. wie folgt:

Es zeigte sich, daß die Vanadinteilchen innerhalb des Stahlgefüges doppelt so hart waren wie die Eisencarbidteilchen in normalen Werkzeugstählen. Die Härtewerte der Vanadinpartikel lagen im Durchschnitt sogar noch über denen von Korund. Es wäre mithin zu folgern, daß nur Siliziumkarbid für das Schleifen in Betracht käme. Diese Annahme wäre tatsächlich richtig, wenn die Werkzeuge ausschließlich aus Vanadinkarbid bestehen würden. Jedoch kommt Vanadinkarbid nur in Form weit verteilter mikroskopisch kleiner Teilchen in einer Bindungsmasse vor, die sich wiederum gut mit Korund bearbeiten läßt. Diese Auffassung wurde durch die Praxis bestätigt. Diese hochlegierten Schnellstähle lassen sich im allgemeinen besser mit Edelkorund als mit Siliziumkarbid bearbeiten. Sie verspanen weniger, verbrauchen sich schneller und haben außerdem einen beachtlichen Kraftbedarf. Auch Diamantscheiben sind ungeeignet, da die Zähigkeit des Stahls einen schnelleren Verschleiß infolge frühzeitigen Ausbrechens der Diamantkörner herbeiführt. Am besten hat sich unter den erprobten Norton-Schleifmitteln der Edelkorund 38-Alundum bewährt.

Es wurden von der genannten Firma auch Versuche zur Feststellung der „Verschleißbarkeit" durchgeführt, da ja einige Schnellarbeitsstähle schlechter zu schleifen sind als andere. Diesen Begriff könnte man als die relative Leichtigkeit, mit der sich der Werkstoff durch Angriff von Schleifscheiben verspanen läßt, näher umreißen. Natürlich umfaßt er nicht die Empfindlichkeit des Werkstoffes gegenüber Rissebildung oder Verbrennen. Die Versuche ergaben, daß die Schleifbarkeit sich mit dem Gehalt an Vanadium ändert, d. h. je höher die Legierung, desto größer der Schleifwiderstand, was wiederum gleichbedeutend sein dürfte mit hoher Verschleißfestigkeit des Werkzeugs. Eine wesentlich stärkere Abnutzung der Schleifscheibe ist unvermeidlich. Mit einem 3—4mal höheren Scheibenverbrauch als beim Schleifen gewöhnlicher Schnellstähle, wie die der Klasse E18Co10, ist zu rechnen. Um möglichst niedrige

Abb. 150 Schärfen eines HSS-Scheibenfräsers

Toleranzen in bezug auf Maß- und Formgenauigkeit einhalten zu können, empfiehlt sich die Verwendung einer möglichst großen Schleifscheibe als Ausgleich für den hohen Abnutzungsgrad.

Während der Versuche ergab sich eine überraschende Verbesserung in der Scheibenleistung beim Schleifen der Stähle mit 3½ % und mehr Vanadium nach Herabsetzung der Umfangsgeschwindigkeit von 25 auf 15 m/sek. Die für diese Schleifarbeit vorgesehene, an sich schon sehr weiche Scheibe für v = 25 m/sek. zeigte eine anscheinend noch kühlere Schneidwirkung bei v = 15 m/sek. Der Kraftbedarf fiel um fast 50 %, während der Abnutzungsgrad nur geringfügig zunahm. Infolge der geringeren Drehzahl ist es tatsächlich möglich,

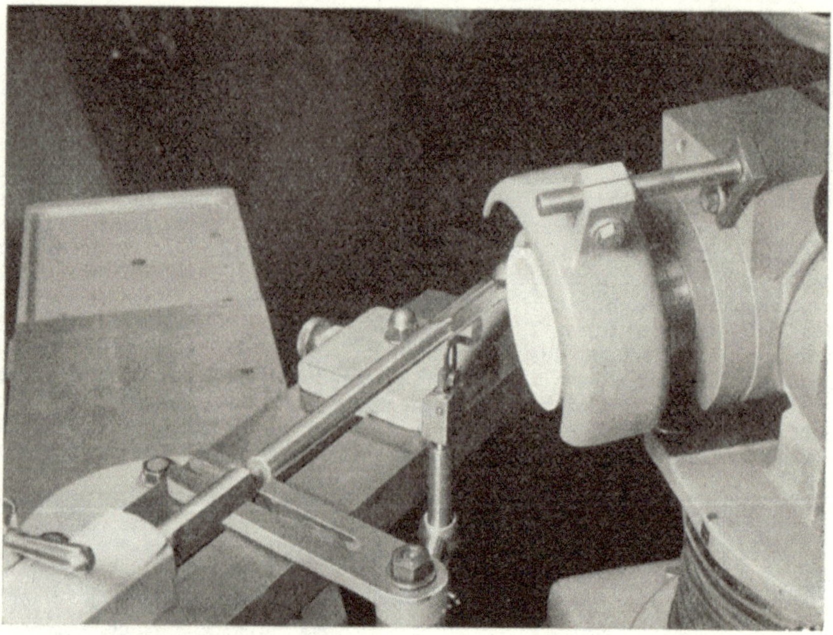

Abb. 151 Schleifen der Fase einer Reibahle aus HSS-Stahl

eine wesentlich härtere Scheibe mit entsprechend geringerem Verschleiß einzusetzen, ohne daß ein Verbrennen des Werkstückes stattfindet. Auf Grund dieser Versuche wird empfohlen, einmal zu versuchen, die Drehzahl der Schleifspindel herabzusetzen, soweit es die Maschine zuläßt. Die Verbesserung der Schleifwirkung trifft sowohl für Flächen- und Rundschliff als auch für einige Formschleifarbeiten zu. Die unten aufgeführten Zusammensetzungen werden für die Bearbeitung von Hochleistungs-Schnellstählen der Klassen EV 4 und EV 4 Co unter normalen Schleifbedingungen in Vorschlag gebracht.

Sollten sich mangelhafte Schleifergebnisse zeigen, so ist die Ursache vielleicht weniger in der Schleifscheibe als vielmehr im Zustand der Maschine oder im Arbeitsverfahren zu suchen. Besonders ist eine feste Aufnahme des Werkstückes notwendig. Bei Rundschliff werden Setzstöcke in vielen Fällen unerläßlich sein. Die Körnerlöcher müssen größer als normal vorgesehen sein. Feste Einspannung ist unbedingt erforderlich, um ein wirksames Eindringen des Schleifkorns zu ermöglichen und um zu verhindern, daß das Werkstück von der Schleifscheibe weggedrückt wird. Im Gegensatz zu der Bearbeitung gewöhnlicher Schnellstähle ist eine stärkere Zustellung von etwa 0,0125 mm bis 0,05 mm ratsam. Der Fertigschliff soll bei geringer Zustellung mit einer frisch abgezogenen Scheibe in einem Hub durchgeführt werden.

Vorschläge:

1.	Flächenschliff, trocken, gerade Scheiben	38A461 — F12 VBEP
	Zylinder, Töpfe	38A461 — E12 VBEP
2.	Rundschliff, trocken	38 A 60 — J 5 VBE
3.	Spiralbohrer (6—25 mm) Schärfen auf May-, Oliver-	38 A 70 — I 12 VBEP
	oder ähnlichen Maschinen	38 A 60 — J 8 VBE
4.	Reibahlen, Schärfen	38 A 50 — F12 VBEP
5.	Abwälzfräser, Schärfen, Klingelnberg-Maschine . . .	38 A 50 — I 8 VBE
6.	Fräser, Schärfen, B 200—B 250	

Abb. 152 Schärfen eines HSS-Abwälzfräsers auf einer Sondermaschine

Wenn mit niedrigeren Schleifspindel-Drehzahlen gearbeitet wird, so würde für das Arbeiten bei einer Umfangsgeschwindigkeit von 15 m/sek. folgende Zusammensetzungen zu empfehlen sein:

1.	Flächenschliff, trocken, gerade Scheiben	38 A 60 — L 8 VBE
	Töpfe, Zylinder	38 A 46 — L 8 VBE
2.	Rundschliff, trocken . . . . ,	38 A 60 — M 8 VBE
3.	Spiralbohrer (6—25 mm), Schärfen auf May-, Oliver-	38 A 60 — M 5 VBE
	oder ähnlichen Maschinen	38 A 60 — L 8 VBE
4.	Reibahlen, Schärfen	38 A 60 — K 5 VBE
5.	Abwälzfräser, Schärfen, Klingelnberg-Maschine . . .	38 A 50 — K 8 VBE
6.	Fräser, Schärfen B 200—B 250	

Allgemeine Empfehlungen für das Schleifen von HSS-Stahl

1. Die Schleifmaschine muß vollkommen vibrationsfrei laufen und in bestem Zustand sein.
2. Das Werkstück ist starr einzuspannen und beim Rundschleifen durch eine ausreichende Zahl von Setzstöcken abzustützen.
3. Zum Ausgleich für die stärkere Scheibenabnutzung ist eine möglichst große Schleifscheibe zu wählen. Also nicht mit einer 150-mm-Durchmesser-Scheibe schleifen, wenn eine 200-mm-Durchmesser-Scheibe aufgespannt werden kann. Die niedrige Umfangsgeschwindigkeit soll nicht durch Wahl einer kleineren Scheibe, sondern durch Reduzierung der Drehzahl erreicht werden. Um die Griffigkeit zu verbessern, ist der Härtegrad der Schleifscheibe für das Arbeiten bei normaler Drehzahl um 1 bis 2 Grade niedriger zu wählen als für gewöhnliche Schnellstähle. Für das Schleifen bei v = 15 m/sek. bleibt man zweckmäßig bei der bisher gebrauchten Zusammensetzung.
4. Zum Abrichten und Aufrauhen sind nur scharfe, konische Diamanten zu verwenden.
5. Gute Schleifergebnisse sind auf wirtschaftliche Weise mit Edelkorund-Schleifscheiben, Marke 38 Alundum in BE-Bindung, zum Teil auch mit hochporösen 38 Alundum-Scheiben in BE-Bindung zu erzielen. Crystolon-Scheiben kommen nur in Ausnahmefällen in Betracht, vielleicht nur für den Fertigschliff.
6. Beim Vorschleifen stärker als sonst üblich zustellen (0,0125—0,05 mm pro Hub), beim Fertigschleifen nur mit frisch aufgerauhter Scheibe arbeiten und nur einmal leicht ansetzen. Mehrmaliges leichtes Nachschleifen vermeiden.

Das Schleifen von Messerköpfen

Um einwandfreie Fräsarbeiten ausführen zu können, sind gut geschliffene Messer- und Fräsköpfe unentbehrlich. Werden die Messer- und Fräsköpfe richtig geschliffen, so ist ihre Leistung eine sehr hohe und übertrifft diejenige aller anderen Bearbeitungsverfahren. Ein schlechter Schliff hat zur Folge, daß von der Vielzahl der Messer eines Kopfes nur einige zum Schnitt kommen, und die Leistung entspricht dann bei weitem nicht der erreichbaren, wie auch die Genauigkeit und Sauberkeit der gefrästen Fläche zu wünschen übrig läßt. Ganz besonders auffällig hat sich dies nach Einführung der Hartmetalle gezeigt. In ganz besonderem Maße hängt die Leistung von Messerköpfen mit Hartmetallmessern von dem richtigen Schliff der Werkzeuge ab. Die Leistungsunterschiede sind, je nachdem geeignete oder unzulängliche Schleifmaschinen verwendet werden, ganz außerordentlich groß, wie auch die Kosten der Instandhaltung der Werkzeuge sehr verschieden sind.

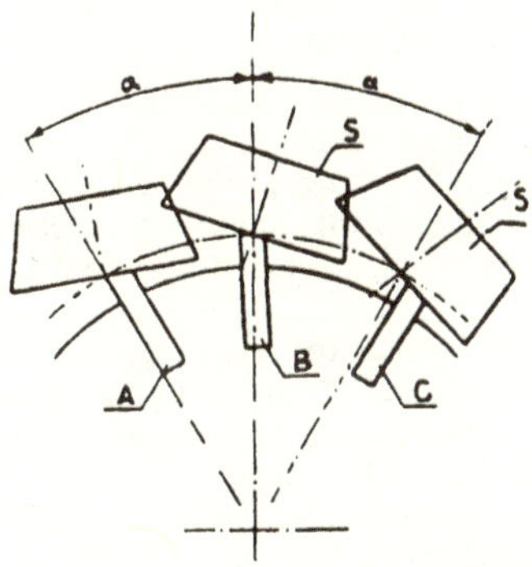

Abb. 153 Reines Teilverfahren (Fräser unrund geschliffen)

In Abb. 153 wird das Schleifen eines Messerkopfes mit ungenauer Teilung bzw. Messerdicke nach dem Teilverfahren gezeigt. Die Teilung muß immer gleich dem Winkel a sein. Dieses Schleifverfahren ist aber unzweckmäßig, denn die Schleifscheibe würde in den Stellungen S das Messer B zu lang, und das Messer C zu kurz schleifen, was zur Folge hat, daß der Fräser unrund geschliffen wird.

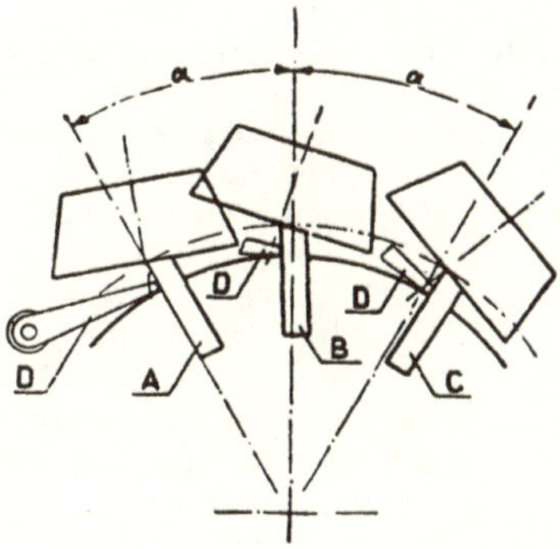

Abb. 154 Anschlagverfahren (Fräser genau rund laufend)

Die Abb. 154 zeigt das Schleifen eines Messerkopfes mit ungenauer Teilung bzw. Messerdicke nach dem Anschlagverfahren. In diesem Falle wird das Messer während des Schleifvorganges gegen einen Anschlag gepreßt. Das hat den Vorteil gegenüber dem Teilverfahren, daß trotz ungleicher Teilung sämtliche Messer auf gleiche Höhe geschliffen werden. Der Fräser läuft genau rund, vorausgesetzt, daß der Anschlag bei rechts- als auch bei linksschneidenden Fräsern an der Schneidbrust des zu schleifenden Messers zur Anlage kommt.

In den Abb. 155 und 156 wird die falsche und richtige Form von Messerköpfen für Planfräsungen gezeigt. Die Form des Messerkopfes nach der Abb. 3 ist unrationell, wenn mit dem Messerkopf nur plan gefräst werden soll. Ist das Spiralschleifen am Umfang hier an sich schon überflüssig, so bedeutet auch der gerade Schliff der langen Schneidkante b einen großen Material- und Zeitverlust. Die richtige Form hat in diesem Falle der Fräskopf Abb. 156, da hier nur soviel Fläche geschliffen wird (b_1), als für die Arbeit notwendig ist. Das Spiralschleifen der Umfangschneiden eines Messerkopfes ist nur dann erforderlich, wenn mit diesen — außer mit den Stirnschneiden — genau plan gefräst werden soll. In allen anderen Fällen aber genügt der gerade Schliff, welcher gestattet, den Fräser mit ruhendem, unbeweglichem Anschlag, d. h. also ohne Drehbewegung während des Schleifvorganges zu bearbeiten, vollkommen. In diesem, dem normalen Falle, sind kürzere Einstellzeiten und höhere Schaltgeschwindigkeiten zu erzielen als beim Spiralschleifen, was letzten Endes für die Wirtschaftlichkeit der Maschine von ausschlaggebender Bedeutung ist.

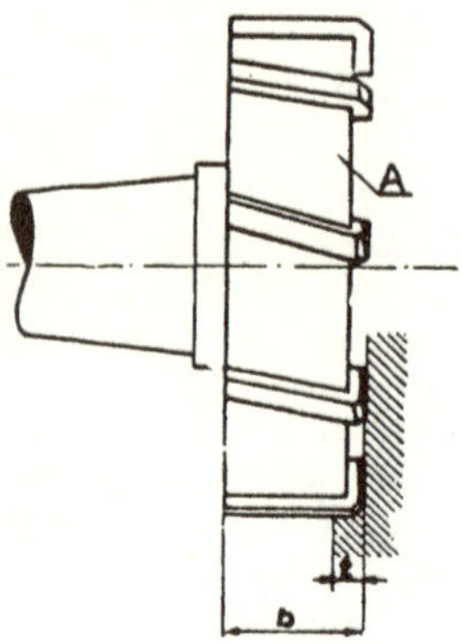

Abb. 155 Falsche Form eines Messerkopfes für Planfräsungen

Für die volle Ausnutzung der Fräs- und Messerköpfe und die Erzielung hoher Leistungen und genauer Arbeit ist Voraussetzung, daß alle Messer an der Zerspanungsarbeit teilnehmen; dies ist aber nur dann möglich, wenn die Schneidkanten aller Messer genau plan- und rundlaufen. Es ist aber unmöglich, diese Forderung durch Einzelschliff und Ausrichten der Messer im Kopf nach Lehre zu erfüllen, vielmehr ist es unbedingt notwendig, daß die Messer im eingespannten Zustand im Kopf selbst geschliffen werden. Einwandfreien Schliff unabhängig vom guten Willen, von der Geschicklichkeit und Zuverlässigkeit des Arbeiters zu erzielen und den Lohnaufwand dabei denkbar gering zu halten, ist ferner auch erwünscht.

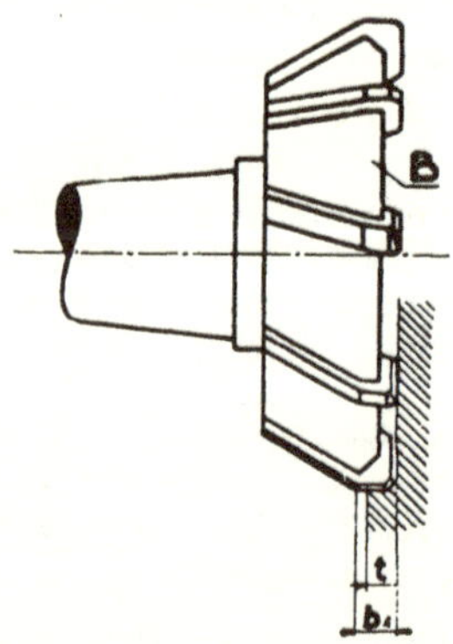

Abb. 156 Richtige Form eines Messerkopfes für Planfräsungen

Der in der Abb. 157 gezeigte Messerkopfschleifautomat der Firma Collet und Engelhard, Offenbach, zeichnet sich durch völlig selbsttätiges Schleifen aus, da er nach dem Einrichten keine Bedienung erfordert. Er eignet sich besonders zum selbsttätigen Schleifen sämtlicher gebräuchlicher, rechts- oder linksschneidender Fräser und Messerköpfe an der Stirnseite, am Umfang und an den Abschrägungen. Der Automat arbeitet nach dem Anschlagverfahren ohne Teilscheiben, wobei das zu schleifende Messer während des Schliffes gegen einen Anschlag gepreßt wird. Von großer Bedeutung ist, daß sämtliche Messer, wenn ungleich stark oder auch bei ungleichen Teilungen, gleich hoch abgeschliffen werden, der Fräser genau rund läuft.

Der Vorschub wird bei der neu durchgebildeten Art der Beistellung je Umlauf in so viele gleiche Einzelbeistellungen unterteilt, wie der zu schleifende

Fräser Messer trägt. Gemäß der Größe der zu schleifenden Messerflächen bzw. der Art des Werkstoffes sind die Vorschübe leicht einzustellen und abzulesen. Der Übergang vom Grobschliff über den Feinschliff zum Polieren erfolgt selbsttätig, desgleichen die Abschaltung des Vorschubes nach dem Erreichen

Abb. 157 Messerkopfschleifautomat

der gewollten Schleiftiefe. Teilung und Schleifhub können auch während des Laufes geregelt werden. Schneiden- und Hinterschliffwinkel werden an Hand von Skalen eingestellt.

Mittels eines im Spindelkopf befindlichen Wendegetriebes ist die Drehrichtung für rechts- oder linksschneidende Fräser zu ändern. Das Getriebe für die Schleifbewegung läuft im Ölbad. Die Anpassung der Schaltgeschwindigkeit an die Messerzahl und Fräsergröße erlaubt ein Zweiganggetriebe.

Die Schleifschlitten- und die Schaltbewegung werden durch Schwinghebel betätigt. Die Schaltbewegung ist auch so möglich, daß ein oder mehrere Zähne jeweils übersprungen werden, wie es bei Fräsern mit Kreuzzähnen oder Spanbrechernuten erforderlich sein kann. Der Automat ist mit einem Schleifkopf für 1850 und 2850 U/min. ausgestattet. Für das Schleifen von Werkzeugen aus Schnellstahl und Hartmetall, sowie das Läppen derselben, werden Topfscheiben und gerade Schleifscheiben nach DIN 69 149 Form D, E oder G mit den Durchmessern von 125, 150 und 200 mm verwendet.

Entsprechend der vorhandenen Schleifspindeldrehzahlen und der gewählten Scheibendurchmesser stehen Schleifgeschwindigkeiten von 12 — 15 — 18 — 22 und 30 ms. zur Verfügung.

Die Maschine wurde mit einer Kühlvorrichtung für Naßschliff versehen. Außerdem besitzt sie eine Spiralschleifvorrichtung für Walzenfräser und eine neue Vorrichtung (DBP) zum Schleifen von Dreh- und Hobelstählen. Der Schleif-Durchmesser der Maschine beträgt 100 bis 700 mm, und die größte zu schlei-

Abb. 160 Schleifen an den Abschrägungen

Abb 161 Schleifen der Schneidbrust

fende Messerlänge 120 mm. Die Leistung des Schleifmotors beträgt 1,6 PS und die des Antriebmotors 1,5 PS.

In der Abb. 158 wird das Schleifen eines Messerkopfes an der Stirnseite und in Abb. 159 das Schleifen eines solchen am Umfang gezeigt. Die Abb. 160 veranschaulicht das Schleifen an den Abschrägungen der Messer eines Messerkopfes, während die Abb. 161 das Schleifen der Schneidbrust an Messerköpfen zeigt.

Wie aus den vorstehenden Ausführungen hervorgeht, bietet der Automatenschliff gegenüber dem Handschliff volle Gewähr für größtmögliche Genauigkeit, vollendeten Rundlauf und höchste Schneidfähigkeit.

Vor allem beträgt die Standzeit der beim Automatenschliff geschliffenen Werkzeuge ein Vielfaches dessen, was bei Handschliff erreicht werden kann.

Durch die Schnelligkeit des Arbeitsvorganges spart der Automatenschliff Lohn und Material, ebenso durch die Schonung der Schneiden wie durch die Leistungssteigerung der Fräsmaschinen. Diese Momente treten ganz besonders bei Werkzeugen, die mit Hartmetall bestückt sind, in Erscheinung.

Für den Schliff von Messerköpfen aller Art und Größen kommen je nach den besonderen Erfordernissen sowohl Topfscheiben als auch gerade Scheiben zur Verwendung. In Abb. 159 wird ein Messerkopf mit eingesetzten Messern mittels einer Norton-Topfscheibe (3846—K5BE) geschliffen.

Abb. 162 Das Schleifen eines Messerkopfes mit eingesetzten Messern mittels einer Norton-Topfscheibe

Wie bei allen Schneidwerkzeugen, so gilt auch beim Messerkopf: nur ein sachgemäß geschliffener Messerkopf kann gute Arbeit liefern, d. h. sauberste Fräsflächen bei kürzesten Laufzeiten.

Halbselbsttätige Messerkopf-Schleifmaschine

Die im Bilde dargestellte halbselbsttätige Messerkopf-Schleifmaschine, Bauart May, Modell M 800, hat besondere Vorteile aufzuweisen, die in der Anordnung der Einspannung in der Lage des Messerkopfes und in der Kombination der Bewegung der einzelnen Maschinenelemente zu finden sind. Bei dieser Maschine ist zur Neutralisierung des zuweilen sehr ansehnlichen Eigengewichts die Werkzeugachse vertikal angeordnet; hierdurch wird jede einseitige Gewichtsbelastung und die sich daraus zwangsläufig ergebenden Ungenauigkeiten im Rundlauf ausgeschaltet. Die Schleifspindeln sind in ihrer Lage und Richtung allseitig verstellbar, und die Bewegungen von Werkzeug und Werkzeugmaschine sind so aufeinander abgestimmt und so vielseitig, daß alle vorkommenden Schliffe schnell und einwandfrei durchgeführt werden können.

Messerköpfe der verschiedensten Bauarten im Bereich von etwa 150 bis 850 mm Durchmesser können mit dieser Maschine geschliffen werden. Schleifdorne werden benutzt, soweit es sich um Messerköpfe mit einer Bohrung handelt. Messerköpfe mit Einspannschaft aus einem Stück werden in entsprechende Aufnahmebüchsen eingesetzt. Da die Schleifspindel auf alle Lagen der Schneidkanten einstellbar ist, ist die Form der Messer, wie Flachmesser, Vierkantmesser, Sonderausführungen, von untergeordneter Bedeutung. Sowohl Messer aus Schnellstahl als auch solche mit Hartmetall-Bestückung können ge-

Abb. 163 Messerkopf-Schleifmaschine Modell M 800

schliffen werden; die Einrichtungen sind so gewählt, daß Messerköpfe mit allen Messerzahlen von 6 bis 60 geschliffen werden können.

Die Zustellbewegungen erfolgen von Hand, die selbsttätigen Bewegungen durch eingebaute Elektromotore über mechanische oder hydraulische Getriebe.

Um ohne Umspannung und Umpolung sowohl für rechts- als auch für linksschneidende Messerköpfe die richtige Drehrichtung zu haben, ist die Maschine mit je einem rechts- und linkslaufenden Schleifkopf ausgerüstet. Mit ihrem Futter werden die Schleifscheiben unmittelbar auf die Ankerwelle des Motors aufgesetzt, die in Genauigkeits-Kugellagern mit einer Rundlaufgenauigkeit von 0,002 mm läuft. Um gerade Schneidkanten am Messer und um eine gleichmäßige Schleifscheiben-Abnutzung zu erreichen, können die Schleifköpfe in eine oszillierende Bewegung in Achsrichtung versetzt werden. In zwei einstellbaren Geschwindigkeits-Größen erfolgt der Antrieb unmittelbar vom Schleifmotor über ein mechanisches Getriebe; man kann aber diese Bewegung auch wahlweise ganz ausschalten.

Abb. 163a Vorschleifen der Freifläche am Anschnitt

Beide Schleifköpfe lassen sich gleichzeitig über ein Schneckengetriebe um 360° drehen, so daß jeder gewünschte Winkel von der Stirnseite bis zum Umfang des Messerkopfes eingestellt werden kann.

Der Ausleger, in dem sich die beiden Schleifköpfe in vorbeschriebener Weise drehen, ist um seine horizontale Achse ebenfalls über ein Schneckengetriebe um 360° drehbar angeordnet.

Was nun den Messerkopf anbetrifft, so müssen ihm zwei verschiedenartige Bewegungen erteilt werden können, und zwar eine Rundlauf- und eine Teilbewegung. Von einem eingebauten Elektromotor wird der Rundlauf über ein mechanisches Getriebe erzielt und ist über eine Keilriemen-Stufenscheibe je nach Durchmesser des Messerkopfes in drei Drehzahlen einstellbar.

Die Teilbewegung ist beim Scharfschliff erforderlich und muß der Anzahl der Messer entsprechend eingestellt werden. Die Teilung erfolgt jedoch nicht zwangsläufig nach der Zahl der Messer, vielmehr wird jedesmal die Spanfläche als Bezugskante zugrundegelegt. Die dem Messerkopf erteilte Vorwärtsbewegung

Abb. 163b Anschliff der Fase an der Spanfläche

ist größer als die Teilung von Messer zu Messer; der Messerkopf wird anschließend über ein Kupplungsgetriebe soweit zurückgedreht, bis die Spanfläche an eine einstellbare Auflagestütze anschlägt. Hierdurch wird mit Sicherheit erreicht, daß alle Schneidkanten in einer Rotationsebene liegen.

In Abb. 163a wird das Vorschleifen der Freifläche am Anschnitt gezeigt.

Zwei Zahnradpumpen, die von einem Elektromotor angetrieben werden und das Öl aus einem im Maschinenbett untergebrachten Ölbehälter entnehmen, sind für die hydraulischen Bewegungen eingebaut.

Die Maschine ist so eingerichtet, daß alle Schneidkanten und Schneidflächen in einer Aufspannung des Messerkopfes geschliffen werden können.

Zum Scharfschleifen der Freiflächen wird für den Messerkopf die Teilbewegung entsprechend seiner Messerzahl eingeschaltet. Je nach Zustand der Schneide oder je nach Art des Schliffes, wie Vor-, Fertig-, Fein- oder Feinstschliff, kann die Schleifscheibe 2-, 3-, 4- oder 8mal ihre oszillierende Hubbewegung zwischen jedem Teilvorgang durchführen. Dies hat den Vorzug großer Zeiteinsparung, weil die Zeit zum Teilen auf ½ bis ⅛ verringert wird. Diamantabrichter können zum Ausgleich der natürlichen Abnutzung der Schleifscheibe einstellbar angebracht werden, die beim Rücklauf des Bettschlittens durch mechanische Nachstellung des Schleifkopfes die Schleifscheibe selbsttätig abziehen. Ebenso sind zur Prüfung von Rundlauf- und Taumelfehlern geeignete Meßeinrichtungen vorgesehen. Auch läßt sich ein besonderes Radius-Schleifgerät aufbauen, wenn die Schneidecken mit Radien versehen werden sollen.

Der Messerkopf ist mit seinem Schleifdorn zwischen zwei stillstehende Körnerspitzen gelagert, wovon die das Gewicht des Messerkopfes tragende, untere, mit Hartmetall bestückt ist.

Was die Hauptabmessungen der Maschine anbetrifft, so beträgt die größte Länge, Breite und Höhe etwa 2700, 1350 und 1850 mm, der kleinste Durchmesser des zu schleifenden Messerkopfes 100 mm und der größte Durchmesser 850 mm. Die kleinste Messerzahl beträgt 6 und die größte Messerzahl 60.

Das Schleifen von Maschinenmessern

Es ist eine bekannte Tatsache, daß Maschinenmesser nicht beim Schneiden verdorben werden, sondern durch unsachgemäßes Nachschleifen. Aus diesem Grunde ist es erforderlich, daß nicht nur naß, sondern auch stets ausreichend kühl geschliffen wird. Es muß dafür gesorgt werden, daß jede Erhitzung des

Abb. 164 Hobelmesser-Schleifmaschine Bauart G 1

Werkstücks vollkommen ausgeschaltet wird. Auf Grund dieser Erkenntnis und auf Grund praktischer Erfahrung hat die neuzeitliche Schleiftechnik Flächen- und Messer-Schleifmaschinen geschaffen, bei deren Verwendung keine verdorbenen Messer mehr anfallen, also die Folgeerscheinungen zu starker Erhitzung wie Brandstellen, Schleifrisse und Verwerfungen nicht mehr auftreten.

Abb. 165 Typ G 1 - Ausführung für Flach- und Hohlschliff, Schleifwagen hochgeklappt

Die in Abb. 164 und 165 gezeigten Bauarten stellen den Typ G 1 in Ausführung für Flach- und Hohlschliff dar, der eine patentierte Kreislaufkühlung für Fasenschliff aufweist. Diese Bauart ist für Hobelmesser, leichte Papierschneidmesser, Leisten, Schaber u. ä. bestimmt. Das Schleifbett ist gut versteift auf einem bzw. zwei Ständern, die gleichzeitig als Werkzeugschrank ausgebildet sind. Der Schleiftisch ist diagonal verrippt und bei größter Länge mehrfach abgetragen. Er besitzt gefräste V-Nuten. Die Winkeleinstellung des Schleiftisches erfolgt nach Skala.

Der in Abb. 166 dargestellte elektrisch-magnetische Tisch hat eine Aufspannungsfläche, die 125 Millimeter breit ist. Schleifwinkel nach Skala verstellbar. Der Schleifwagen läuft auf 4 nadelgelagerten, gehärteten und geschliffenen Rollen und Bolzen. Sein Gewicht ist so groß, daß ein Abheben durch den Schleifdruck nicht erfolgt. Der Schleifmotor hat eine Stärke von 2,5 PS, er macht 3000 U/m. Der Fahrmotor, ein normaler Flanschmotor, macht ebenfalls 3000 U/m. Der Schleifweg ist für jede Länge einstellbar. Die Umsteuerung des Schleifweges erfolgt durch ein Wendegetriebe mit Nullstellung. Verwendung findet eine Topfscheibe von 150 Millimeter Durchmesser mal 80 Millimeter für Naßschliff.

Die Aufspannung erfolgt sehr bequem bei waagerecht gestelltem Schleiftisch, außerhalb der Kühlflüssigkeit, also trocken, mittels Spannlaschen und Schrauben oder elektromagnetisch. Als Sondervorrichtung ist eine Einstellvorrichtung für Satzschleifen von Messern auf gleiche Breite vorhanden.

In Abb. 168 ist die Göckel-Messer- und Flächenschleifmaschine, Bauart G 2, dargestellt, und in Abb. 169 wird die Messer- und Flächenschleifmaschine,

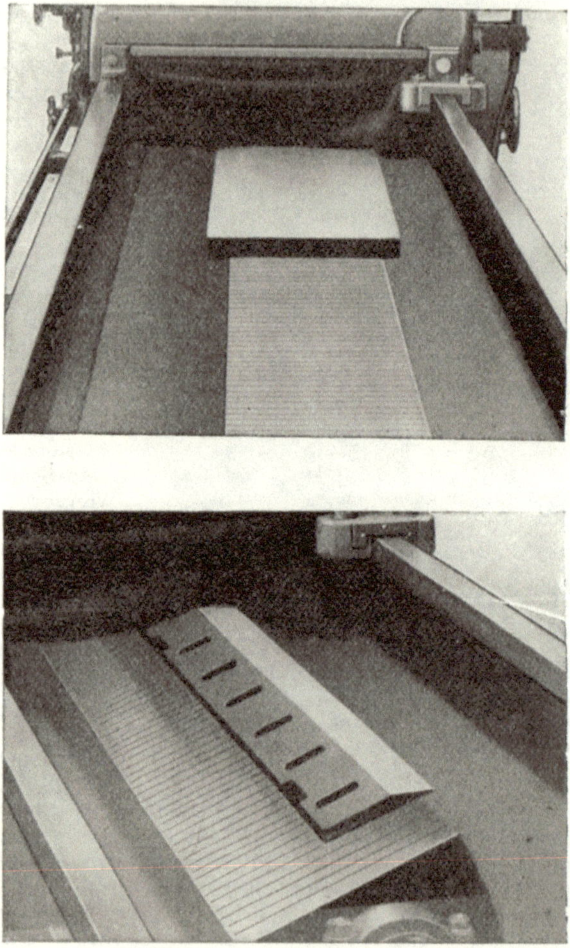

Abb. 166 El.-magn. Spanntisch
Tisch 360 ° drehbar

Abb. 167 Laschenspannung G 1 bis G 4, aufgesetzte el.-magn. Platte G 3 u. G 4

Abb. 168 Messer- und Flächenschleifmaschine, Bauart G 2

Abb. 169 Messer- und Flächenschleifmaschine, Bauart G 3

Bauart G 3, für Maschinenmesser aller Art, Platten und Flächen gezeigt. Abb. 170 zeigt einen Querschnitt durch die Maschine. Kühlwasserzuführung durch Hohlwelle mit Pumpe. Führungsbahnen oberhalb der Schleifebene.

Abb. 170 Schematische Darstellung:
1. Laufbahnen, 2. Schleifebene, 3. Kühlwasser

Die Kühlung erfolgt bei dem Schleiftisch durch Kühlflüssigkeit, Schleifzone durch Kühlflüssigkeitszufuhr im Umlauf durch patentierte Zentrifugal-Kreislaufkühlung. Flach- und Hohlschliff durch Schwenken des Motors möglich.

Die Vorteile dieses Schleifsystems sind u. a. die folgenden:

Schleif- und Bewegungsebene in gleicher Richtung,

daher höchste Genauigkeit, auch bei stärkster Beanspruchung.

Beide Führungsbahnen liegen über der Schleifebene,

daher kein Verschleiß durch Schleifstaub oder Schlamm.

Dauernd starke Kühlung von Schleifstelle und Spanntisch,

daher kein Verbrennen oder Verziehen von Werkstück und Tisch.

Keine Belästigung durch Kühlwasser oder Spritzwasser,

daher größte Sauberkeit für Raum und Schonung der Bedienung.

Gehärtete und geschliffene Laufbahnen, Rollen usw.,

daher Leichtlauf des Wagens und Erhaltung der Genauigkeit.

Sichtbares Schleifen, trockenes, einfaches Spannen.

Flach- und Hohlschliff durch Schwenken des Motors.

Jeder Schleifwinkel nach großer Skala fein einstellbar.

Die genannten neuzeitlichen Schleifmaschinen für Flächen- und Maschinenmesser jeder Art finden Verwendung für die gesamte Papier- und Zellstoffindustrie zum Schleifen von Plan- und Querschneidemesser, Karton-, Hack- und Schälmesser, Schaber, Leisten, Schienen usw.;

in der Holzbearbeitung werden sie verwendet für Furnier- und Rundschälmesser, Druckleisten, Holzscherenmesser, Hobelmesser;

in der Metallbearbeitungsindustrie für Tafel-, Kurbel- und Schlagscherenmesser, Leisten, Schienen usw.;

in der chemischen Industrie für Gummi-, Celluloid-, Eternit-, Asbest-, Kunststoff-, Abstreich-Messer usw.

Fernerhin werden auch diese Maschinen zum Schleifen von Tabakschneidemesser, Lederspaltmesser, Schärfmesser, Tuchscherenmesser usw. zweckmäßig verwendet.

Eine Rundmesser-Schleifmaschine, Bauart „Göckel", wird in Abb. 171 gezeigt. Sie ist für das Schleifen von Kreis-, Zirkel- und Tellermesser aller Art und für jeden Schleifwinkel geeignet. Die Ausführung R 2 (Abb. 172) ist freistehend, mit Ständer. Die Ausführung R 2 P (Abb. 173) ebenfalls freistehend, mit Ständer und selbsttätiger Kühlwasserförderung. Auf dem Kreuzsupport sitzt der um 360° drehbare Messerträger. Ruhigster Lauf und dadurch sauberstes Schleifen ist gewährleistet durch eine stark dimensionierte Schleifwelle, welche durch Keilriemen angetrieben wird. Bei den genannten zwei Ausführungen ist der aus Stahlblech geschweißte Ständer als Werkzeugschrank ausgebildet. Der Kreuzsupport hat sauber geschabte Führungen und einstellbare Druckleisten. Die Führung und Spindel werden vor Schleifstaub und Spritzwasser durch leicht abnehmbare Schutzbleche geschützt.

Der Schleifmotor von 1 PS, mit etwa 2900 U/m weist eine Sonderlagerung mit stets spielfreiem Lauf auf. Die verstellbare Schutzhaube genügt für einen größten Scheibendurchmesser von 175 Millimeter. Über ein gekapseltes Vorgelege mit eingebauter Rutschkupplung (Links- und Rechtslauf) erfolgt der Messerantrieb durch einen normalen Flanschmotor. Jeder Motor ist für sich abstellbar.

Der größte Schleifdurchmesser beträgt normal 300 Millimeter. Die Maschine wird aber auch für einen größeren Schleifdurchmesser hergestellt. Das leicht auswechselbare Messer sitzt auf einem Dorn mit konischem Schaft, der sich in der hohlgebohrten Spindel festsetzt. Die Spindel hat Sonderlager. Jeder Winkel läßt sich nach großer Skala genau einstellen, da der Messerträger um 360° drehbar ist.

Es lassen sich alle Schleifeffekte erzielen, da die zweckmäßige Anordnung die Verwendung von Topfschleifscheiben und geraden Schleifscheiben ermöglicht.

Abb. 171 Rundmesser-Schleifmaschine Bauart R 2

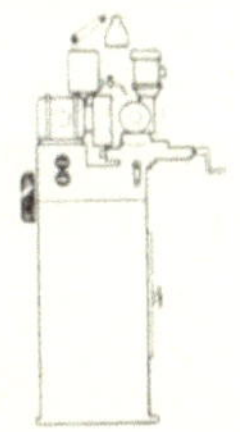

Abb. 173 Ausführung R 2 P (Göckel) freistehend mit Ständer und selbsttätiger Kühlwasserförderung.

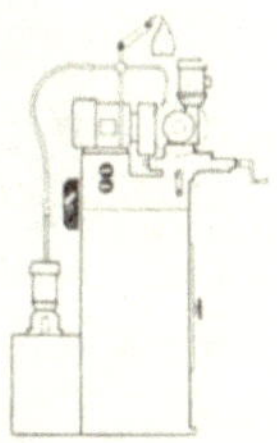

Abb. 172 Ausführung R 2 (Göckel) freistehend mit Ständer.

Messer-Schleifeinrichtung

In Abb. 174 wird eine Schleifeinrichtung dargestellt, mit der das Nachschleifen der Bohrermesser vorteilhaft erfolgen kann. Ein besonderer Stahlhalter gestattet das Schleifen der vorgeschriebenen Schnittwinkel.

Abb. 174 Schleifeinrichtung zum Nachschleifen von Bohrermessern

Die selbsttätige, hydraulische Maschinenmesser-Schleif-Maschine, Bauart Sian

Die in Abb. 175 dargestellte selbsttätige hydraulische Maschinenmesser-Schleifmaschine mit stufenlos regelbarer Tischgeschwindigkeit, Bauart Sian, die für das Scharfschleifen von Maschinenmessern aller Art, wie Hobelmesser, Schälmesser, Hackmesser, Holzwollemesser, Papiermesser, Scherenmesser, Leder-Spaltmesser, Abstreifmesser und Schaberklingen, Kurvenmesser usw. bestimmt ist, wurde unter Berücksichtigung von Erfahrungswerten entwickelt, die in mehr als 25 Jahren beim Bau von Schleifmaschinen gesammelt wurden.

Das Maschinenbett dieser Klingelnberg-Schleifmaschine zeigt durch starke Querverrippung verbundene Wangen, große Breite und breite Führungsbahnen. Die Starrheit wurde dadurch noch wesentlich erhöht, daß die Wassermulde am Bett angegossen ist. Der Schlitten läuft in eingebauten Sonder-Pendelrollenlagern auf genau geschliffenen Flachbahnen. Hervorzuheben ist, daß durch die rollende, also keine gleitende Hin- und Herbewegung des Schlittens, ein minimaler Verschleiß der Führungsbahnen erzielt wird. Gegenüber einer eingebauten Laufrolle erhöht sich die lineare Auflage um etwa das Zwanzigfache durch die Auflage dieser Vielzahl von Rollen (Nadeln). Dadurch wird die Lebensdauer der Maschine ganz wesentlich beeinflußt. 4 bis 8 Rollenlager sind

Abb. 175 Selbsttätige hydraulische Maschinenmesser-Schleifmaschine mit stufenlos regelbarer Tischgeschwindigkeit, Modell AUS 10 H

je nach Schleiflänge eingebaut. Man kann den Schlitten an jeder beliebigen Stelle stillsetzen, ohne den Motor ausschalten zu müssen. Der Lauf des Schlittens kann durch verstellbare Anschläge entsprechend der Messerlänge begrenzt werden.

Das Flüssigkeitsgetriebe besteht aus einer Flüssigkeitspumpe zur Erzeugung des Druckflüssigkeitsstromes und einem Flüssigkeitsmotor zur Umsetzung der Druckenergie in mechanische Arbeit. Der Flüssigkeitspumpe schließt sich die Schaltdose an, in der die Vorsteuerung eingebaut ist und von der aus das Drucköl unmittelbar zur Kolbenstange gefördert wird, welche die Tischbewegung bewirkt.

Das Messer liegt in der Schleifstellung mit der zu schleifenden Wate nach oben; es kann vom Bedienungsmann ständig beobachtet werden. Der Aufspannbalken ist so ausgebildet, daß sowohl Waten (Fasen) als auch die seitlichen Flächen geschliffen werden können.

Das Aufspannen des Messers erfolgt allgemein mittels Spanneisen. Es können je nach Art der zu schleifenden Messer Sonderspannvorrichtungen oder Magnetplatten gewählt werden. Spannschienen oder Spannklappen sind zum Spannen von dünnen Messern oder Schaberklingen zu empfehlen. Sollen größere Mengen gleichartiger Messer mit wenig Zeitverlust geschliffen werden, dann sind Schnellspannvorrichtungen besonders nützlich. Die Spannzeiten können in Verbindung mit Ausrichtvorrichtungen auf wenige Sekunden vermindert werden, so daß damit die Leistung der Maschine erheblich gesteigert wird.

Bei der Normalausführung erfolgt das Schwenken des Messerbalkens mittels Schnecke und Schneckenrad. Eine Schnellschwenkvorrichtung kann zusätzlich eingebaut werden. Nach dem Lösen des Knebels links an der Mitnehmer-Trommel wird der Messerbalken durch die Schwenkkurbel, mit welcher auch Schnecke und Schneckenrad betätigt wird, in die waagerechte Ebene gebracht (siehe Abb. 175). Die Schwenkvorrichtung ist leicht zu bedienen, da der Drehpunkt des Messerbalkens in seinem Schwerpunkt liegt. Das Einstellen des gewünschten Watenwinkels wird durch eine ablesbare Skala erleichtert. Bei einem eingestellten Winkel kann immer bis zum Anschlag zurückgeschwenkt werden.

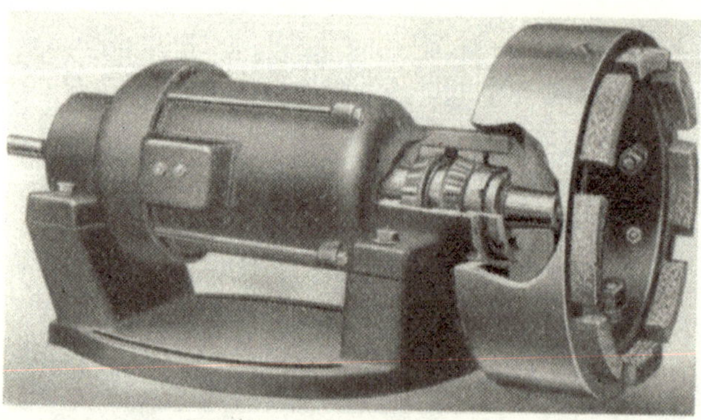

Abb. 176 Der Motor- und Segmentkopf der Maschine

In Abb. 176 wird der Motorschleifkopf gezeigt; er hat eine kräftige, axial einwandfrei gelagerte Spindel, die vorn auf nachstellbaren Kugelrollenlagern und hinten auf einem Hochschulterlager gelagert ist. Damit die Spindel immer spielfrei läuft, können die Kegelrollenlager nach Bedarf nachgestellt werden. Man vermeidet dadurch ungenauen, welligen Schliff. Je nach gewünschter Leistung kann als Schleifkopf ein geschlossener Schleifring, eingegipst in einen gußeisernen Aufnahmeflansch, oder ein leichter bzw. schwerer Segmentkopf verwandt werden. Neben größerer Leistung haben Segmentköpfe den Vorzug intensiver Kühlung. Angetrieben wird der Schleifkopf durch einen Sonder-Einbaumotor, vollständig gekapselt mit Außenmantelkühlung. Die Motorspindel ist als Schleifspindel ausgebildet.

Ein kaltgebundener Schleifring wird als Schleifscheibe verwendet; werden Segmentköpfe verwendet, so sind kaltgebundene Segmente vorgesehen. Für sauberen, gratfreien Schliff von Maschinenmessern sind diese Schleifmittel besonders entwickelt worden. Sie haben den Vorteil, daß sie nicht schmieren, deshalb bleibt der Schleifdruck normal und die gefürchteten kleinen Haarrisse,

Abb. 177 Der auf einer Drehplatte gelagerte Schleifkopf für Hohlschliff

Abb. 178 Die richtige Zuführung des Kühlmittels auf die Schleifscheibe

Abb. 179 Schnellschwenkvorrichtung des Messerbalkens

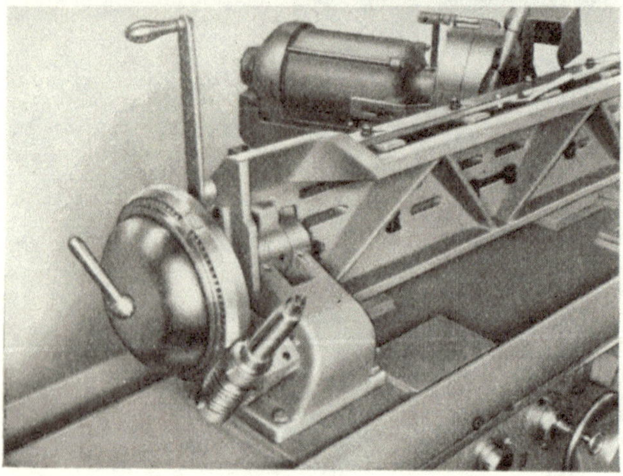

Abb. 180 Schnellschwenkvorrichtung des Messerbalkens

welche sich infolge übermäßiger Erhitzung oder zu starken Schleifdruckes bilden und zum Ausbröckeln der Schneiden führen, werden vermieden.

In Normalausführung werden die „Sian"-Schleifmaschinen für Flachschliff gebaut, sie können aber auch mit einer Hohlschliffeinrichtung versehen werden. In diesem Falle wird der Schleifkopf auf einer Drehplatte gelagert und nach ablesbarer Skala geschwenkt, so daß ein beliebig leichter oder starker Hohlschliff gewählt werden kann (Abb. 177).

Beim Schleifen höher legierter Stähle, wie sie bei Maschinenmesser Verwendung finden, ist die Wasserkühlung von großer Wichtigkeit. Ein kräftiger Strahl des Kühlmittels, wie dies aus Abb. 178 ersichtlich, muß auf die Schleifstelle gerichtet werden. Dadurch wird sowohl der Schleifschlamm weggespült, so daß sich der Stein nicht zusetzen kann, als auch eine sehr gute Kühlung an der Stelle erzielt, die dem Angriff des Schleifkopfes ausgesetzt ist. Nachdem sich die Schleifspäne und der Schleifschlamm im Wasserbehälter abgesetzt haben, wird das Kühlwasser durch eine Kühlmittelpumpe der Schleifstelle wieder zugeführt.

Was die Bedienung der Maschine anbetrifft, so befinden sich alle Bedienungshebel vor der Maschine und sind so angeordnet, daß sie bequem erreicht werden können. Unter genauer Beobachtung des Schleifprozesses kann die Regulierung des Vorschubs, die Ein- und Ausschaltung des Messerschlittens, das An- und Abstellen des Steines vorgenommen werden.

Erwähnt sei noch, daß die Maschinen in verschiedenen Baugrößen hergestellt werden.

Scharfschleifmaschine für die Messer der Zwillingsfräsmaschine für Geradzahn-Kegelräder

Mit der Entwicklung der Zwillingsfräsmaschine für Geradzahn-Kegelräder entstanden auch vollkommen neue Aufgaben für das Scharfschleifen der Messer, welche in dieser Maschine in zwei großen Messerköpfen sitzen, die beim Ver-

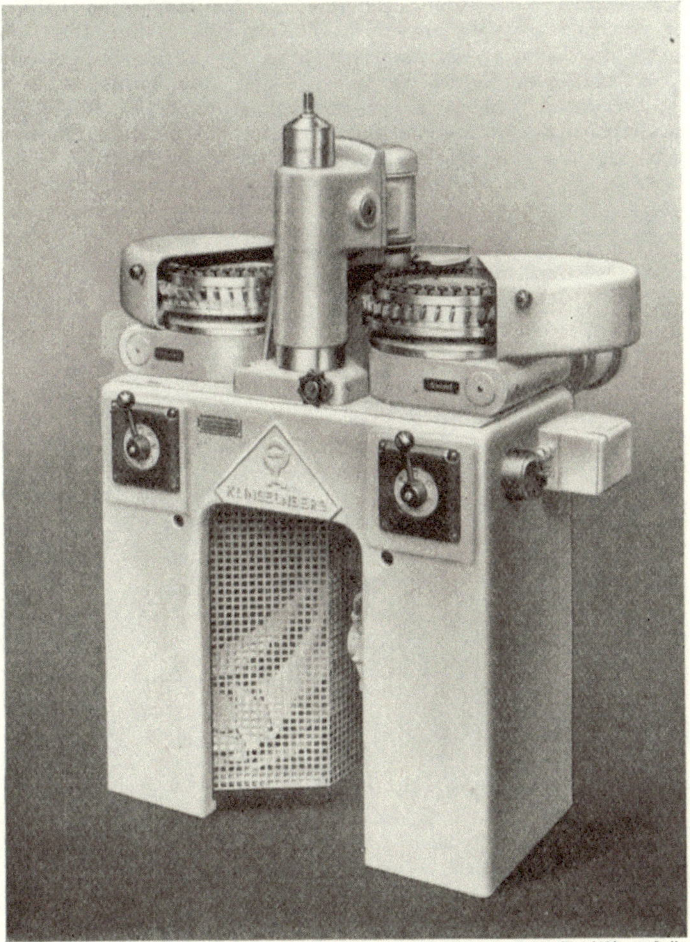

Abb. 181 Scharfschleifmaschine für die Messer der Zwillingsfräsmaschine für Geradzahn-Kegelräder

zahnen kammartig ineinandergreifen und von denen der eine die Rechtsflanken, der andere die Linksflanken des Werkrades gleichzeitig bearbeitet.

Die Messer werden aus ihren Köpfen entfernt geschliffen. Um Rundlauffehler zu vermeiden, müssen von allen Messern jeweilig gleich große Beträge abgeschliffen werden. Ferner müssen natürlich alle Winkel genau eingehalten werden. Auch muß das Scharfschleifen schnell und ohne zu hohe fachliche Anforderungen erfolgen.

Die Lösung besteht zunächst in einer Aufnahmevorrichtung für die Messer, in der sie strahlenförmig auf einen Kreis angeordnet sind. In jede gute Rundschleifmaschine kann diese Aufnahme eingesetzt werden. Sie besteht ferner in der Schaffung einer kleinen Sondermaschine (Abb. 181). In zwei Rundspannköpfen, wie sie auch auf der Rundschleifmaschine benutzt werden, werden die Messer von zwei einander zugeordneten Messerköpfen aufgenommen. Die beiden Aufnahmen liegen mit senkrechter Achse nebeneinander auf der Tischfläche der Maschine. Von einem kleinen Elektromotor wird jede Aufnahme unabhängig von der anderen angetrieben. Zwischen beiden liegt der Schleifkopf. Er kann von Hand wahlweise nach links oder rechts in eine durch Rasten gesicherte Stellung geschwenkt werden, in der eine Topfscheibe zuerst die Spanflächen der einen und dann der anderen Aufnahme scharfschleift. Diese Arbeitsweise darf als sehr zeitsparend bezeichnet werden, außerdem ist aber auch Gewähr gegeben, daß alle Messer genau gleich bleiben.

Das Schleifen der Fräser

Fräser sind Werkzeuge aus Guß- oder Schnellstahl, welche rund sind und Schneidzähne bestimmter Form haben. Sie werden unterschieden:

1. nach der Art der Schneide ihrer Zähne,
2. nach der Art ihrer Befestigung,
3. nach ihrer Form.

Nach der Zahnform unterscheidet man hinterdrehte Fräser (Abb. 182 und 183) und gefräste Fräser (Abb. 184—187). Abb. 188 zeigt einen Messerkopf, der seiner Wirkung nach ebenfalls ein Walzenstirnfräser ist. Der Messerkopf hat statt der ins volle Material gefrästen Zähne eingesetzte Messer. Er wird in größeren Abmessungen ausgeführt und dient daher auch zur Bearbeitung von großen Flächen. Man kann die Zähne des hinterdrehten Fräsers nachschleifen, ohne daß man ihre Form verändert. Wie in Abb. 189 zu ersehen, ist dies möglich gemacht, daß die Ebene der Zahnbrust des hinterdrehten Fräsers stets, mithin auch nach jedesmaligem Nachschleifen, durch den Mittelpunkt des Fräsers geht. Alle Winkel (Abb. 189) zwischen dieser Schneidfläche und der nach rückwärts abfallenden Rückenfläche des Schneidezahnes bleiben beim Nachschleifen unverändert dieselben. Beim Nachschleifen erhält die Schnittfläche jedes Zahnes gleiches Profil. Alle Fassonfräser werden daher als hinterdrehte Fräser angefertigt. (Tabelle 5).

Die Abb. 190 zeigt das Schleifen hinterfräster Scheibenfräser mit radialen und schrägen Schneiden, während die Abb. 191 das Schleifen hinterdrehter Scheibenfräser zeigt.

Abb. 182 Scheibenförmiger Fräser

Abb. 183 Rundungsfräser für Halbkreisprofile DIN 855

Abb. 184 Scheibenförmiger Schlitzfräser, DIN 850

Abb. 185 Walzenfräser, DIN 841

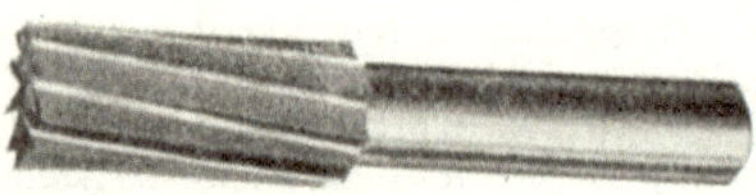

Abb. 186

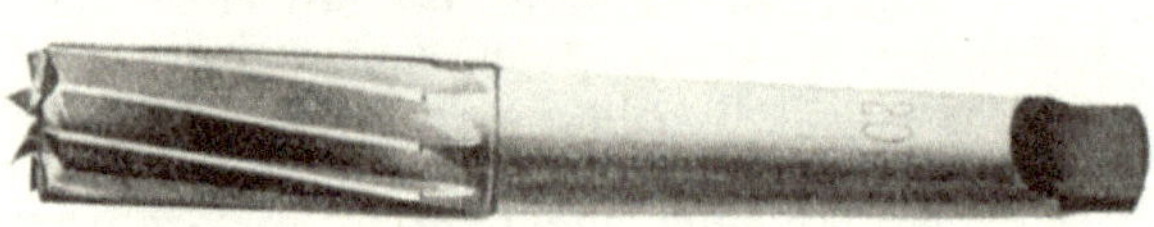

Abb. 187 Finger- oder Schaftfräser, DIN 845

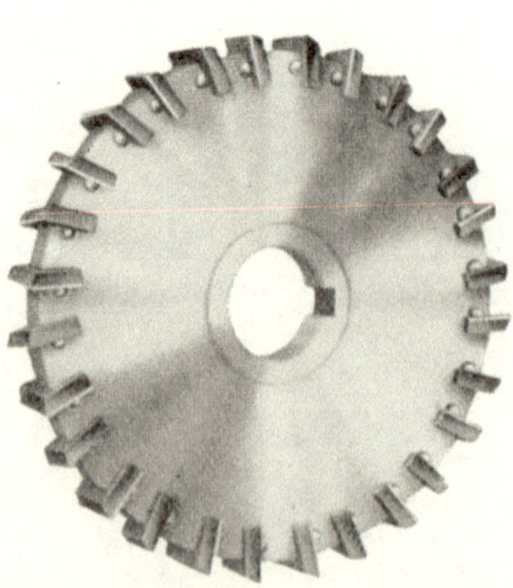

Abb. 188 Scheibenfräser mit eingesetzten Messern

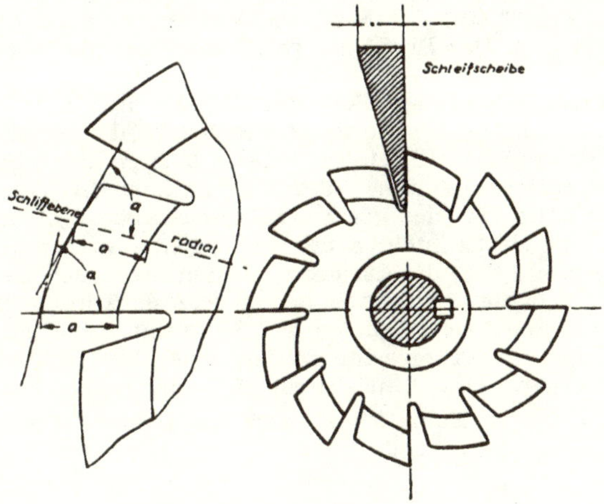

Abb. 9

Abb. 189

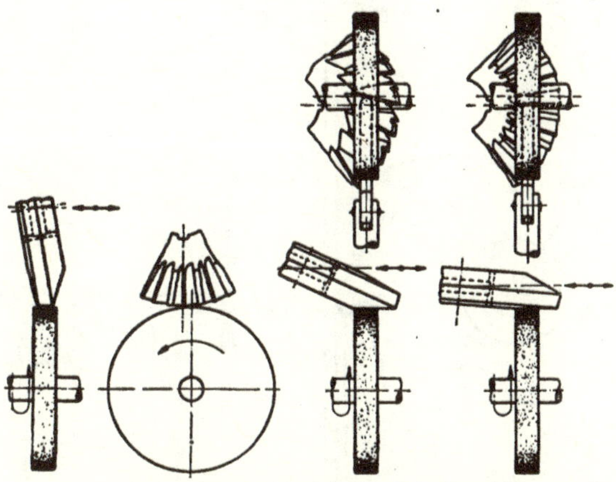

Abb. 190 Schleifen hinterfräster Scheibenfräser mit radialen und schrägen Schneiden.

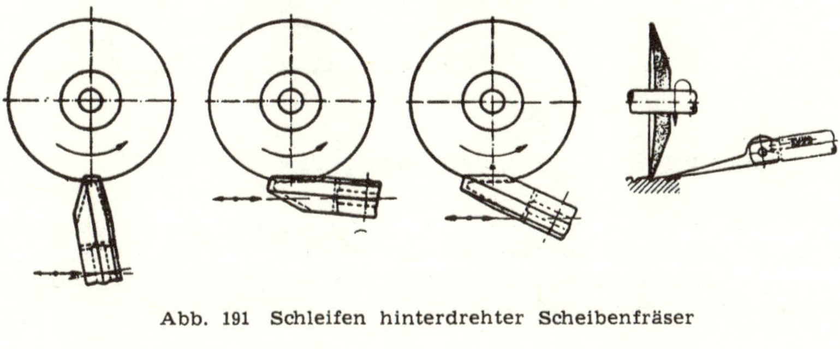

Abb. 191 Schleifen hinterdrehter Scheibenfräser

Was nun die gefrästen Fräser (Abb. 184—187) anbetrifft, so wird das Profil des Fräserzahnes hinter der Schneidfläche kleiner, es wird der Umfang des Zahnprofiles geschliffen. Das Profil der gefrästen Fräser ändert sich also durch das Schleifen.

Allgemein werden die Freiwinkel der Fräser auf der Werkzeugschleifmaschine angeschliffen, wobei sich die Größe des Winkels nach dem Vorschub und der Werkstoffestigkeit richtet. In Tabelle 5 sind die Richtwerte für die Schneidwinkel an spitzverzahnten Fräsern aufgeführt. In jedem Falle ist die Topfschleifscheibe (Abb. 192) der geraden Schleifscheibe wegen des Hohlschliffes vorzuziehen. Um ein Nachschneiden der Topfscheibe auszuschließen, wird sie um ca. 2° schräg gestellt. Es ist darauf zu achten, daß auch bei kleinen Topfscheiben sehr leicht hohle Freiflächen bei zu starker Schrägstellung auftreten können. Stellt man den Freiwinkel an der Schleifmaschine ein, so muß meist die Zahnauflage und die Fräserachse mittels einer Einstell-Lehre auf gleiche Höhe gebracht werden. Das Einstellmaß H kann nach Tabelle 6 ermittelt werden ($H = \frac{D}{2} \cdot \sin a$). Zum Schluß wird die Zahnauflage um das Maß H (Abb. 192) nach unten verschoben.

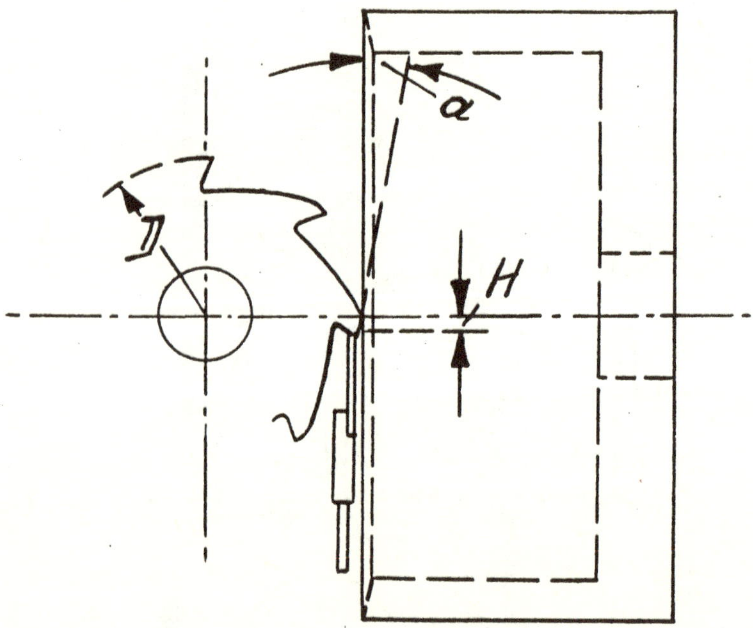

Abb. 192 Anschleifen des Freiwinkels mit einer Topfscheibe

Wie die Abb. 193 zeigt, muß bei Spanwinkeln über 0° die Schleifscheibe um den Betrag x verschoben werden. $x = r \cdot \sin y$. Wie die Abbildung zeigt, erfolgt die Spanzustellung in der Pfeilrichtung. Die Werte bis 8° Spanwinkel sind der Tabelle 6 zu entnehmen.

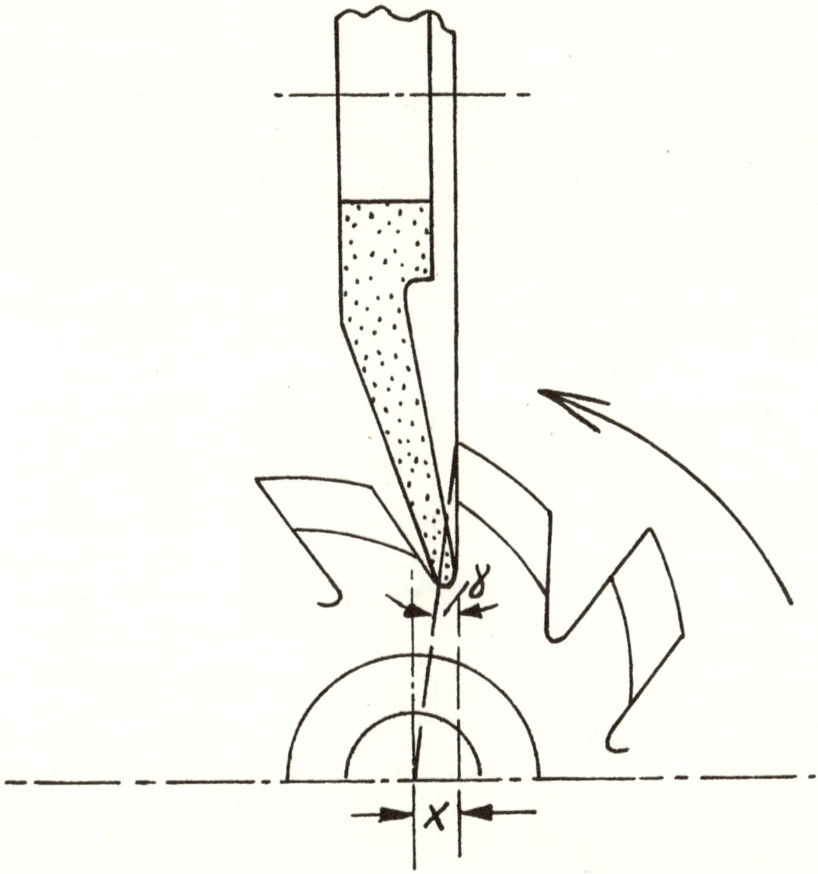

Abb. 193 Schleifen mit der Tellerschleifscheibe
X Maß der seitlichen Verschiebung

Tabelle 5

Richtwerte für die Schneidwinkel an spitzverzahnten Fräsern

Werkstoffe		Stahl 40 . . , 70 kg/mm²	Stahl 70 . . . 100 kg/mm²	Zähharter Stahl üb. 100 kg/mm²	Gußeisen bis 200 kg/mm° Brinellhärte	Messing Rotguß	Bronze	Aluminium und Alt-Legierungen	Geschichtete Kunstharz-Preßstoffe
Walzenfräser	Spanwinkel γ^0	15 . . . 20	10 . . . 15	5 . . . 8	8 . . . 12	15 . . . 20	10 . . . 15	25 . . . 30	20 . . . 25
	Freiwinkel α^0	5 . . . 8	5 . . 7	5 . . . 6	5 . . . 6	5 . . . 7	5 . . . 7	8 . . . 12	15 . . . 20
Walzenstirnfräser	Spanwinkel γ^0	10 . . 15	10 . . . 12	5 . . 7	8 . . . 10	12 . . . 15	10 . . . 15	20 . . . 25	20 . . . 25
	Freiwinkel α^0	5 . . 8	5 . . . 7	5 . . . 6	5 . . . 6	5 . . 7	5 . . . 7	8 . . . 12	15 . . . 20
Scheibenfräser	Spanwinkel γ^0	12 . . . 15	10 . . . 12	6 . . . 8	10 . 12	10 . . . 15	12 . . . 15	25 . . . 30	20 . . . 25
	Freiwinkel α^0	5 . . . 8	5 . . . 7	5 . . 6	5 . . . 6	5 . . . 7	5 . . . 7	8 . . . 12	15 . . . 20
Schaftfräser	Spanwinkel γ^0	10 . . . 15	8 . . . 12	5 . . . 8	8 . . . 10	10 . . . 12	8 . . . 10	20 . . . 25	
	Freiwinkel α^0	5 . . . 8	5 . . . 7	5 . . . 6	5 . . . 6	5 . . . 7	5 . . . 7	8 . . . 12	

* Loewe-Notizen.

Tabelle 6. **Werte für die Zungeneinstellung beim Schleifen gerader und spiralverzahnter Schneidwerkzeuge**[1])
Die unter den Winkeln α stehenden kleineren Winkel sind die Freiwinkel in der Stirnebene.

Durchmesser D	δ = 0°						δ = 5°						δ = 9°						δ = 10°					
	α =						α =						α =						α =					
	3°	4°	5°	6°	7°	8°	3°	4°	5°	6°	7°	8°	3°	4°	5°	6°	7°	8°	3°	4°	5°	6°	7°	8°
	3°	4°	5°	6°	7°	8°	2° 59'	3° 59'	4° 57'	5° 58'	6° 58'	7° 58'	2° 58'	3° 57'	4° 55'	5° 56'	6° 55'	7° 54'	2° 57'	3° 56'	4° 56'	5° 55'	6° 53'	7° 52'
mm	H = mm						H = mm						H = mm						H = mm					
10	0.26	0.35	0.44	0.52	0.61	0.70	0.26	0.35	0.43	0.52	0.61	0.69	0.26	0.34	0.43	0.52	0.60	0.69	0.26	0.34	0.43	0.52	0.60	0.69
12	0.31	0.42	0.52	0.63	0.73	0.83	0.31	0.42	0.52	0.62	0.73	0.83	0.31	0.41	0.52	0.62	0.72	0.82	0.31	0.41	0.52	0.62	0.72	0.82
14	0.37	0.49	0.61	0.73	0.85	0.97	0.36	0.49	0.61	0.73	0.85	0.97	0.36	0.48	0.60	0.73	0.84	0.96	0.36	0.48	0.60	0.72	0.84	0.96
16	0.42	0.56	0.70	0.84	0.97	1.11	0.42	0.56	0.70	0.83	0.97	1.11	0.41	0.55	0.69	0.83	0.96	1.10	0.41	0.55	0.69	0.82	0.96	1.10
18	0.47	0.63	0.78	0.94	1.10	1.25	0.47	0.62	0.78	0.94	1.09	1.25	0.47	0.62	0.77	0.93	1.08	1.24	0.46	0.62	0.77	0.93	1.08	1.23
20	0.52	0.70	0.87	1.05	1.22	1.39	0.52	0.69	0.87	1.04	1.21	1.39	0.52	0.69	0.86	1.03	1.20	1.37	0.51	0.69	0.86	1.03	1.20	1.37
23	0.60	0.80	1.00	1.20	1.40	1.60	0.60	0.80	1.00	1.20	1.39	1.59	0.60	0.79	0.99	1.19	1.38	1.58	0.59	0.79	0.99	1.19	1.38	1.58
26	0.68	0.91	1.13	1.36	1.58	1.81	0.68	0.90	1.13	1.35	1.58	1.80	0.67	0.90	1.12	1.34	1.57	1.79	0.67	0.89	1.12	1.34	1.56	1.78
30	0.79	1.05	1.31	1.75	1.83	2.09	0.78	1.04	1.30	1.56	1.82	2.08	0.78	1.03	1.29	1.55	1.81	2.06	0.77	1.03	1.29	1.55	1.80	2.06
35	0.92	1.22	1.53	1.83	2.13	2.44	0.91	1.21	1.52	1.82	2.12	2.43	0.91	1.21	1.50	1.81	2.11	2.41	0.90	1.20	1.50	1.80	2.10	2.40
40	1.05	1.40	1.74	2.09	2.44	2.78	1.04	1.39	1.74	2.08	2.43	2.77	1.04	1.38	1.72	2.07	2.41	2.75	1.03	1.37	1.72	2.06	2.40	2.74
45	1.18	1.57	1.96	2.35	2.74	3.13	1.17	1.56	1.96	2.34	2.73	3.12	1.17	1.55	1.93	2.33	2.71	3.09	1.16	1.54	1.93	2.32	2.70	3.09
50	1.31	1.74	2.18	2.61	3.05	3.47	1.30	1.73	2.17	2.60	3.03	3.47	1.30	1.72	2.15	2.59	3.01	3.43	1.29	1.71	2.15	2.58	2.99	3.43
55	1.44	1.92	2.40	2.87	3.35	3.82	1.43	1.91	2.39	2.86	3.34	3.81	1.42	1.90	2.36	2.84	3.31	3.78	1.42	1.89	2.36	2.83	3.29	3.78
60	1.57	2.09	2.61	3.14	3.66	4.17	1.56	2.08	2.61	3.12	3.64	4.16	1.55	2.07	2.58	3.10	3.61	4.12	1.54	2.06	2.58	3.09	3.59	4.11
65	1.70	2.27	2.83	3.40	3.96	4.52	1.69	2.26	2.82	3.38	3.94	4.50	1.68	2.24	2.79	3.36	3.91	4.46	1.67	2.23	2.79	3.35	3.89	4.45
70	1.83	2.44	3.05	3.66	4.27	4.87	1.82	2.43	3.04	3.64	4.25	4.85	1.81	2.41	3.01	3.62	4.21	4.81	1.80	2.40	3.01	3.61	4.19	4.80
75	1.96	2.62	3.27	3.92	4.57	5.22	1.95	2.60	3.26	3.90	4.55	5.19	1.94	2.58	3.22	3.88	4.52	5.15	1.93	2.57	3.22	3.86	4.49	5.14
80	2.09	2.79	3.49	4.18	4.87	5.56	2.08	2.78	3.48	4.16	4.85	5.54	2.07	2.75	3.44	4.14	4.82	5.50	2.06	2.74	3.44	4.12	4.79	5.48
85	2.22	2.97	3.70	4.44	5.18	5.91	2.21	2.95	3.69	4.42	5.16	5.89	2.20	2.93	3.65	4.39	5.12	5.84	2.19	2.92	3.65	4.37	5.09	5.83
90	2.36	3.14	3.92	4.70	5.48	6.26	2.34	3.12	3.91	4.68	5.46	6.23	2.33	3.10	3.87	4.65	5.42	6.18	2.31	3.09	3.87	4.63	5.39	6.17
95	2.49	3.31	4.14	4.97	5.79	6.60	2.47	3.30	4.13	4.94	5.76	6.57	2.46	3.27	4.08	4.91	5.72	6.52	2.44	3.26	4.08	4.89	5.69	6.51
100	2.62	3.49	4.36	5.23	6.09	6.96	2.60	3.47	4.35	5.20	6.07	6.92	2.59	3.44	4.30	5.17	6.02	6.87	2.57	3.43	4.30	5.15	5.99	6.85
110	2.88	3.84	4.79	5.75	6.70	7.65	2.86	3.82	4.78	5.72	6.67	7.62	2.85	3.79	4.73	5.69	6.62	7.55	2.83	3.77	4.73	5.67	6.59	7.54
120	3.14	4.19	5.23	6.27	7.31	8.34	3.12	4.16	5.21	6.23	7.28	8.31	3.11	4.13	5.16	6.20	7.23	8.24	3.08	4.11	5.16	6.18	7.19	8.29
130	3.40	4.53	5.67	6.79	7.92	9.04	3.38	4.51	5.65	6.75	7.88	9.01	3.37	4.48	5.59	6.72	7.83	8.93	3.34	4.46	5.59	6.70	7.79	8.91
140	3.66	4.88	6.10	7.32	8.53	9.73	3.64	4.86	6.08	7.28	8.49	9.70	3.63	4.82	6.02	7.24	8.43	9.62	3.60	4.80	6.02	7.22	8.39	9.60
150	3.93	5.23	6.54	7.84	9.14	10.43	3.90	5.21	6.52	7.80	9.10	10.40	3.88	5.17	6.45	7.75	9.03	10.31	3.86	5.14	6.45	7.73	8.99	10.29
160	4.19	5.58	6.97	8.36	9.75	11.13	4.16	5.55	6.95	8.32	9.71	11.09	4.14	5.51	6.88	8.27	9.63	11.00	4.12	5.48	6.88	8.25	9.59	10.97
170	4.45	5.93	7.41	8.89	10.36	11.82	4.42	5.90	7.38	8.84	10.32	11.78	4.40	5.85	7.31	8.78	10.24	11.68	4.37	5.82	7.31	8.76	10.19	11.65
180	4.71	6.28	7.84	9.41	10.97	12.52	4.68	6.25	7.82	9.36	10.92	12.47	4.66	6.20	7.74	9.30	10.84	12.37	4.63	6.17	7.74	9.27	10.79	12.34
190	4.97	6.63	8.28	9.93	11.58	13.22	4.94	6.59	8.25	9.88	11.53	13.17	4.92	6.54	8.16	9.82	11.44	13.06	4.89	6.51	8.16	9.79	11.38	13.03
200	5.23	6.98	8.72	10.45	12.19	13.92	5.20	6.94	8.69	10.40	12.13	13.86	5.17	6.89	8.60	10.34	12.04	13.74	5.15	6.86	8.60	10.31	11.98	13.72
210	5.50	7.32	9.15	10.98	12.80	14.61	5.46	7.29	9.12	10.92	12.74	14.56	5.43	7.23	9.03	10.85	12.64	14.43	5.41	7.20	9.03	10.82	12.58	14.40
220	5.76	7.67	9.59	11.50	13.41	15.30	5.72	7.64	9.56	11.43	13.35	15.25	5.69	7.58	9.46	11.37	13.24	15.12	5.67	7.54	9.46	11.34	13.18	15.09
230	6.02	8.02	10.02	12.02	14.02	16.00	5.98	7.98	9.99	11.95	13.95	15.94	5.95	7.92	9.88	11.89	13.85	15.81	5.92	7.88	9.88	11.85	13.78	15.77

[1]) Aus: Loewe-Notizen 1939 S. 60/61

Tabelle 6 (Fortsetzung)

Durchmesser D	δ = 12°						δ = 15°					
	α = 3°	4°	5°	6°	7°	8°	α = 3°	4°	5°	6°	7°	8°
	2°56'	3°55'	4°53'	5°52'	6°51'	7°50'	2°54'	3°52'	4°50'	5°48'	6°46'	7°44'
mm	H = mm						H = mm					
10	0.26	0.34	0.43	0.51	0.60	0.68	0.25	0.34	0.42	0.51	0.59	0.67
12	0.31	0.41	0.51	0.61	0.72	0.82	0.30	0.40	0.51	0.61	0.71	0.81
14	0.36	0.48	0.60	0.71	0.83	0.95	0.35	0.47	0.59	0.71	0.82	0.94
16	0.41	0.55	0.68	0.82	0.95	1.09	0.40	0.54	0.67	0.81	0.94	1.08
18	0.46	0.61	0.77	0.92	1.07	1.23	0.45	0.61	0.76	0.91	1.06	1.21
20	0.51	0.68	0.85	1.02	1.19	1.36	0.51	0.67	0.84	1.01	1.18	1.35
23	0.59	0.79	0.98	1.18	1.37	1.57	0.58	0.78	0.97	1.16	1.36	1.55
26	0.67	0.89	1.11	1.33	1.55	1.77	0.66	0.88	1.10	1.31	1.53	1.75
30	0.77	1.03	1.28	1.53	1.79	2.04	0.76	1.01	1.26	1.52	1.77	2.02
35	0.90	1.20	1.49	1.79	2.09	2.39	0.89	1.18	1.47	1.77	2.06	2.35
40	1.02	1.37	1.70	2.04	2.39	2.73	1.01	1.35	1.69	2.02	2.36	2.69
45	1.15	1.54	1.91	2.30	2.68	3.07	1.14	1.52	1.89	2.28	2.65	3.02
50	1.28	1.71	2.13	2.55	2.98	3.41	1.26	1.69	2.11	2.53	2.95	3.36
55	1.41	1.88	2.34	2.81	3.28	3.75	1.39	1.85	2.32	2.78	3.24	3.70
60	1.54	2.05	2.55	3.06	3.58	4.09	1.52	2.02	2.53	3.03	3.53	4.03
65	1.66	2.22	2.76	3.32	3.88	4.43	1.64	2.19	2.74	3.28	3.83	4.37
70	1.79	2.39	2.98	3.57	4.17	4.77	1.77	2.36	2.95	3.53	4.12	4.71
75	1.92	2.56	3.19	3.83	4.47	5.11	1.90	2.53	3.16	3.79	4.42	5.05
80	2.05	2.73	3.40	4.08	4.77	5.45	2.02	2.70	3.37	4.04	4.71	5.38
85	2.18	2.91	3.61	4.33	5.07	5.79	2.15	2.87	3.58	4.29	5.01	5.72
90	2.30	3.08	3.83	4.59	5.37	6.13	2.27	3.04	3.79	4.55	5.30	6.05
95	2.43	3.25	4.04	4.85	5.67	6.47	2.40	3.20	4.00	4.80	5.59	6.39
100	2.56	3.42	4.25	5.11	5.96	6.81	2.53	3.37	4.21	5.05	5.89	6.73
110	2.82	3.76	4.68	5.62	6.56	7.49	2.78	3.71	4.63	5.56	6.48	7.40
120	3.07	4.10	5.10	6.13	7.15	8.17	3.03	4.05	5.06	6.06	7.07	8.07
130	3.33	4.44	5.53	6.64	7.75	8.86	3.29	4.38	5.48	6.57	7.66	8.74
140	3.58	4.78	5.96	7.15	8.35	9.54	3.54	4.72	5.90	7.07	8.25	9.42
150	3.83	5.12	6.39	7.66	8.95	10.22	3.79	5.06	6.32	7.58	8.84	10.09
160	4.09	5.46	6.81	8.17	9.54	10.90	4.04	5.39	6.74	8.08	9.43	10.77
170	4.35	5.80	7.24	8.68	10.14	11.58	4.30	5.73	7.16	8.59	10.02	11.44
180	4.60	6.15	7.66	9.19	10.78	12.27	4.55	6.07	7.58	9.09	10.61	12.11
190	4.86	6.49	8.08	9.70	11.33	12.95	4.81	6.40	8.00	9.60	11.20	12.79
200	5.12	6.83	8.51	10.22	11.87	13.63	5.06	6.74	8.43	10.11	11.78	13.46
210	5.37	7.17	8.94	10.73	12.52	14.31	5.31	7.08	8.85	10.61	12.37	14.13
220	5.63	7.51	9.36	11.24	13.12	14.99	5.57	7.42	9.27	11.11	12.96	14.80
230	5.88	7.86	9.78	11.75	13.72	15.67	5.82	7.76	9.69	11.62	13.55	15.47

Durchmesser D	δ = 20°						δ = 25°					
	α = 3°	4°	5°	6°	7°	8°	α = 3°	4°	5°	6°	7°	8°
	2°49'	3°46'	4°42'	5°38'	6°35'	7°31'	2°44'	3°38'	4°32'	5°27'	6°20'	7°15'
mm	H = mm						H = mm					
10	0.25	0.33	0.41	0.49	0.57	0.65	0.24	0.32	0.40	0.47	0.55	0.63
12	0.30	0.39	0.49	0.59	0.69	0.78	0.29	0.38	0.47	0.57	0.66	0.76
14	0.34	0.46	0.57	0.69	0.80	0.92	0.33	0.44	0.55	0.66	0.77	0.88
16	0.39	0.53	0.65	0.78	0.92	1.05	0.38	0.51	0.63	0.76	0.88	1.01
18	0.44	0.59	0.74	0.88	1.03	1.18	0.43	0.57	0.71	0.85	0.99	1.14
20	0.49	0.66	0.82	0.98	1.15	1.31	0.48	0.63	0.79	0.95	1.10	1.26
23	0.56	0.76	0.94	1.13	1.32	1.50	0.55	0.73	0.91	1.09	1.27	1.45
26	0.64	0.85	1.07	1.28	1.49	1.70	0.62	0.82	1.03	1.23	1.43	1.64
30	0.74	0.99	1.23	1.47	1.72	1.96	0.71	0.95	1.19	1.42	1.66	1.89
35	0.86	1.15	1.43	1.72	2.01	2.29	0.83	1.11	1.38	1.66	1.93	2.21
40	0.98	1.31	1.64	1.96	2.29	2.62	0.95	1.27	1.58	1.90	2.21	2.52
45	1.10	1.48	1.84	2.20	2.58	2.94	1.07	1.43	1.78	2.13	2.48	2.84
50	1.23	1.64	2.05	2.45	2.87	3.27	1.19	1.58	1.98	2.37	2.76	3.15
55	1.35	1.81	2.25	2.70	3.15	3.60	1.31	1.74	2.17	2.61	3.04	3.47
60	1.47	1.97	2.46	2.94	3.44	3.92	1.43	1.90	2.37	2.85	3.31	3.79
65	1.59	2.14	2.66	3.19	3.73	4.25	1.55	2.06	2.57	3.09	3.58	4.10
70	1.72	2.30	2.87	3.43	4.02	4.58	1.67	2.22	2.77	3.32	3.86	4.42
75	1.84	2.46	3.07	3.68	4.30	4.90	1.79	2.38	2.96	3.56	4.14	4.73
80	1.96	2.63	3.28	3.93	4.58	5.23	1.91	2.54	3.16	3.80	4.42	5.05
85	2.09	2.79	3.48	4.17	4.87	5.56	2.03	2.69	3.36	4.03	4.69	5.36
90	2.21	2.96	3.69	4.42	5.16	5.88	2.15	2.85	3.56	4.27	4.96	5.68
95	2.33	3.12	3.89	4.66	5.44	6.21	2.26	3.01	3.75	4.51	5.24	5.99
100	2.46	3.28	4.09	4.91	5.73	6.54	2.38	3.17	3.95	4.75	5.52	6.31
110	2.70	3.61	4.51	5.40	6.30	7.19	2.62	3.49	4.34	5.22	6.07	6.94
120	2.94	3.94	4.92	5.88	6.88	7.85	2.86	3.80	4.74	5.69	6.62	7.57
130	3.19	4.27	5.33	6.38	7.45	8.50	3.10	4.12	5.13	6.17	7.17	8.20
140	3.44	4.60	5.74	6.87	8.02	9.16	3.34	4.44	5.53	6.65	7.27	8.83
150	3.68	4.93	6.14	7.36	8.60	9.81	3.57	4.75	5.93	7.12	8.27	9.46
160	3.94	5.25	6.55	7.85	9.17	10.47	3.82	5.07	6.32	7.60	8.83	10.10
170	4.18	5.58	6.97	8.34	9.75	11.12	4.05	5.39	6.72	8.07	9.38	10.73
180	4.42	5.92	7.37	8.83	10.33	11.77	4.29	5.71	7.11	8.55	9.93	11.36
190	4.67	6.24	7.78	9.32	10.90	12.43	4.53	6.02	7.51	9.02	10.48	11.99
200	4.91	6.57	8.19	9.82	11.46	13.08	4.77	6.34	7.90	9.50	11.03	12.62
210	5.15	6.90	8.60	10.31	12.04	13.74	5.00	6.65	8.30	9.97	11.58	13.25
220	5.40	7.23	9.02	10.80	12.61	14.39	5.24	6.97	8.69	10.45	12.13	13.88
230	5.64	7.56	9.42	11.29	13.18	15.04	5.48	7.29	9.09	10.93	12.69	14.51

Tabelle 6 (Fortsetzung)

Durchmesser D	δ = 30°						δ = 35°						δ = 40°						δ = 45°					
	α =						α =						α =						α =					
	3°	4°	5°	6°	7°	8°	3°	4°	5°	6°	7°	8°	3°	4°	5°	6°	7°	8°	3°	4°	5°	6°	7°	8°
	2° 36'	3° 28'	4° 20'	5° 12'	6° 4'	6° 56'	2° 28'	3° 17'	4° 6'	4° 55'	5° 45'	6° 34'	2° 18'	3° 4'	3° 50'	4° 36'	5° 22'	6° 9'	2° 7'	2° 50'	3° 32'	4° 51'	4° 58'	5° 40'
mm	H = mm						H = mm						H = mm						H = mm					
10	0.23	0.30	0.38	0.45	0.53	0.60	0.21	0.29	0.36	0.43	0.50	0.57	0.20	0.27	0.33	0.40	0.47	0.53	0.18	0.25	0.31	0.37	0.43	0.49
12	0.27	0.36	0.45	0.54	0.63	0.72	0.26	0.34	0.43	0.51	0.60	0.69	0.24	0.32	0.40	0.48	0.56	0.64	0.22	0.30	0.37	0.44	0.52	0.59
14	0.32	0.47	0.53	0.63	0.74	0.84	0.31	0.40	0.50	0.60	0.70	0.80	0.28	0.37	0.47	0.56	0.65	0.75	0.26	0.35	0.43	0.52	0.61	0.69
16	0.36	0.48	0.60	0.72	0.85	0.97	0.34	0.46	0.57	0.68	0.80	0.91	0.32	0.43	0.54	0.64	0.75	0.86	0.29	0.40	0.49	0.59	0.69	0.79
18	0.41	0.54	0.68	0.82	0.95	1.09	0.39	0.52	0.64	0.77	0.90	1.03	0.36	0.48	0.60	0.72	0.84	0.96	0.33	0.44	0.55	0.67	0.78	0.89
20	0.45	0.60	0.75	0.91	1.06	1.21	0.43	0.57	0.71	0.86	1.00	1.14	0.40	0.53	0.67	0.80	0.94	1.07	0.37	0.49	0.62	0.74	0.87	0.99
23	0.52	0.69	0.87	1.04	1.22	1.30	0.49	0.66	0.82	0.99	1.15	1.32	0.46	0.61	0.77	0.92	1.08	1.23	0.42	0.56	0.71	0.85	1.00	1.14
26	0.59	0.79	0.98	1.18	1.37	1.57	0.56	0.74	0.93	1.11	1.30	1.49	0.52	0.70	0.87	1.04	1.22	1.39	0.48	0.64	0.80	0.96	1.13	1.28
30	0.68	0.91	1.13	1.36	1.59	1.81	0.64	0.86	1.07	1.29	1.50	1.72	0.60	0.80	1.00	1.20	1.40	1.61	0.55	0.74	0.92	1.11	1.30	1.48
35	0.79	1.06	1.32	1.59	1.85	2.11	0.75	1.00	1.25	1.50	1.75	2.00	0.70	0.94	1.17	1.40	1.64	1.87	0.65	0.86	1.08	1.30	1.52	1.73
40	0.91	1.21	1.51	1.81	2.11	2.41	0.86	1.15	1.43	1.79	2.00	2.29	0.80	1.07	1.34	1.60	1.87	2.14	0.74	0.99	1.23	1.48	1.73	1.97
45	1.02	1.36	1.70	2.04	2.38	2.72	0.97	1.29	1.61	1.93	2.25	2.57	0.90	1.20	1.50	1.80	2.10	2.41	0.83	1.11	1.38	1.67	1.95	2.22
50	1.13	1.51	1.89	2.26	2.64	3.02	1.08	1.43	1.79	2.14	2.50	2.86	1.00	1.34	1.67	2.00	2.34	2.68	0.92	1.24	1.54	1.85	2.16	2.47
55	1.25	1.66	2.08	2.49	2.91	3.32	1.18	1.57	1.97	2.36	2.76	3.14	1.10	1.47	1.84	2.21	2.57	2.94	1.02	1.36	1.69	2.04	2.38	2.71
60	1.36	1.81	2.27	2.72	3.17	3.62	1.29	1.72	2.15	2.57	3.01	3.43	1.20	1.61	2.01	2.41	2.81	3.21	1.11	1.48	1.85	2.22	2.60	2.96
65	1.47	1.96	2.46	2.94	3.44	3.92	1.40	1.86	2.33	2.78	3.26	3.72	1.30	1.74	2.17	2.61	3.04	3.48	1.20	1.61	2.00	2.41	2.81	3.21
70	1.59	2.12	2.64	3.17	3.70	4.22	1.51	2.01	2.51	3.00	3.51	4.00	1.40	1.87	2.34	2.81	3.27	3.75	1.29	1.73	2.15	2.59	3.03	3.45
75	1.70	2.27	2.83	3.40	3.96	4.53	1.61	2.15	2.68	3.21	3.76	4.29	1.50	2.00	2.51	3.01	3.51	4.02	1.38	1.85	2.31	2.78	3.24	3.70
80	1.81	2.42	3.02	3.63	4.23	4.83	1.72	2.29	2.86	3.43	4.01	4.58	1.61	2.14	2.67	3.21	3.74	4.28	1.48	1.98	2.46	2.97	3.46	3.95
85	1.93	2.57	3.21	3.85	4.49	5.13	1.83	2.43	3.04	3.64	4.26	4.86	1.71	2.27	2.84	3.41	3.97	4.55	1.57	2.10	2.62	3.15	3.68	4.19
90	2.04	2.72	3.40	4.08	4.76	5.43	1.94	2.58	3.22	3.85	4.51	5.15	1.81	2.41	3.01	3.61	4.21	4.82	1.66	2.22	2.77	3.33	3.89	4.44
95	2.15	2.87	3.59	4.31	5.02	5.73	2.04	2.72	3.39	4.07	4.76	5.43	1.91	2.54	3.18	3.81	4.44	5.09	1.75	2.35	2.92	3.52	4.11	4.69
100	2.27	3.02	3.78	4.53	5.28	6.04	2.15	2.86	3.57	4.28	5.01	5.72	2.01	2.67	3.34	4.01	4.67	5.35	1.85	2.47	3.08	3.71	4.33	4.93
110	2.50	3.33	4.15	4.98	5.82	6.64	2.37	3.15	3.93	4.71	5.51	6.29	2.21	2.94	3.68	4.41	5.14	5.88	2.03	2.72	3.39	4.08	4.76	5.43
120	2.73	3.63	4.53	5.43	6.34	7.24	2.58	3.43	4.29	5.14	6.01	6.86	2.41	3.21	4.02	4.81	5.61	6.42	2.21	2.97	3.69	4.45	5.19	5.92
130	2.95	3.93	4.91	5.89	6.87	7.85	2.80	3.72	4.65	5.57	6.51	7.43	2.61	3.48	4.35	5.21	6.08	6.96	2.40	3.21	4.00	4.82	5.63	6.42
140	3.18	4.23	5.29	6.34	7.40	8.45	3.10	4.01	5.00	6.00	7.01	8.01	2.81	3.74	4.68	5.61	6.55	7.50	2.58	3.46	4.31	5.19	6.06	6.91
150	3.41	4.53	5.66	6.80	7.93	9.05	3.23	4.29	5.36	6.43	7.51	8.58	3.01	4.01	5.02	6.01	7.02	8.03	2.77	3.71	4.61	5.56	6.49	7.40
160	3.63	4.83	6.04	7.25	8.46	9.65	3.44	4.58	5.72	6.85	8.02	9.15	3.21	4.28	5.35	6.42	7.48	8.57	2.95	3.95	4.92	5.93	6.93	7.90
170	3.86	5.14	6.42	7.70	8.99	10.26	3.66	4.87	6.08	7.28	8.52	9.72	3.41	4.54	5.68	6.82	7.95	9.10	3.14	4.20	5.23	6.30	7.36	8.30
180	4.08	5.44	6.80	8.15	9.52	10.86	3.87	5.16	6.43	7.71	9.02	10.29	3.61	4.82	6.02	7.22	8.42	9.63	3.32	4.45	5.54	6.67	7.79	8.88
190	4.31	5.74	7.18	8.61	10.04	11.47	4.08	5.44	6.79	8.14	9.52	10.88	3.81	5.08	6.35	7.62	8.89	10.17	3.51	4.69	5.85	7.04	8.22	9.38
200	4.54	6.05	7.56	9.06	10.57	12.07	4.30	5.73	7.15	8.57	10.02	11.44	4.01	5.35	6.68	8.02	9.35	10.71	3.69	4.94	6.16	7.41	8.66	9.87
210	4.77	6.35	7.93	9.51	11.10	12.67	4.52	6.01	7.51	9.00	10.52	12.01	4.21	5.62	7.02	8.42	9.82	11.25	3.87	5.19	6.46	7.78	9.09	10.37
220	4.99	6.65	8.31	9.97	11.63	13.28	4.73	6.30	7.87	9.43	11.02	12.58	4.41	5.89	7.35	8.82	10.20	11.78	4.06	5.43	6.77	8.15	9.52	10.86
230	5.22	6.95	8.69	10.42	12.15	13.88	4.95	6.58	8.22	9.86	11.52	13.15	4.61	6.15	7.69	9.22	10.76	12.32	4.25	5.68	7.08	8.52	9.96	11.35

Tabelle 6 (Fortsetzung)

Durchmesser D	δ = 48° α = 3°	4°	5°	6°	7°	8°	δ = 50° α = 3°	4°	5°	6°	7°	8°
	2°	2° 41'	3° 21'	4° 1'	4° 42'	5° 22'	1° 56'	2° 34'	3° 13'	3° 52'	4° 31'	5° 10'
mm	H = mm						H = mm					
10	0.17	0.23	0.29	0.35	0.41	0.47	0.17	0.22	0.28	0.34	0.39	0.45
12	0.21	0.28	0.35	0.42	0.49	0.56	0.20	0.27	0.34	0.40	0.47	0.54
14	0.24	0.33	0.41	0.49	0.57	0.65	0.23	0.31	0.39	0.47	0.55	0.63
16	0.28	0.37	0.47	0.56	0.65	0.75	0.27	0.36	0.45	0.54	0.63	0.72
18	0.31	0.42	0.53	0.63	0.74	0.84	0.30	0.40	0.50	0.61	0.71	0.81
20	0.35	0.47	0.58	0.70	0.82	0.94	0.34	0.45	0.56	0.67	0.79	0.90
23	0.40	0.54	0.67	0.81	0.94	1.08	0.39	0.52	0.64	0.78	0.91	1.04
26	0.45	0.61	0.76	0.91	1.07	1.22	0.44	0.58	0.73	0.88	1.02	1.17
30	0.52	0.70	0.88	1.05	1.23	1.40	0.51	0.67	0.84	1.01	1.18	1.35
35	0.61	0.82	1.02	1.23	1.43	1.64	0.59	0.78	0.98	1.18	1.38	1.58
40	0.70	0.94	1.17	1.40	1.64	1.87	0.67	0.90	1.12	1.35	1.58	1.80
45	0.78	1.05	1.32	1.58	1.84	2.10	0.76	1.01	1.26	1.52	1.77	2.03
50	0.87	1.17	1.46	1.75	2.05	2.34	0.84	1.12	1.40	1.69	1.97	2.25
55	0.96	1.29	1.61	1.93	2.25	2.57	0.93	1.23	1.54	1.86	2.17	2.48
60	1.05	1.40	1.75	2.10	2.46	2.81	1.01	1.34	1.68	2.03	2.36	2.70
65	1.13	1.52	1.90	2.28	2.66	3.04	1.10	1.46	1.82	2.19	2.56	2.93
70	1.22	1.64	2.05	2.45	2.87	3.27	1.18	1.57	1.96	2.36	2.76	3.15
75	1.31	1.76	2.19	2.63	3.07	3.51	1.26	1.68	2.10	2.53	2.95	3.38
80	1.40	1.87	2.34	2.80	3.28	3.74	1.35	1.79	2.24	2.70	3.15	3.60
85	1.48	1.99	2.49	2.98	3.48	3.97	1.43	1.90	2.38	2.87	3.35	3.83
90	1.57	2.11	2.63	3.15	3.69	4.21	1.52	2.02	2.52	3.04	3.54	4.05
95	1.66	2.23	2.78	3.33	3.89	4.44	1.60	2.13	2.66	3.20	3.74	4.28
100	1.74	2.34	2.92	3.50	4.10	4.68	1.69	2.24	2.80	3.37	3.94	4.50
110	1.92	2.57	3.22	3.85	4.51	5.14	1.85	2.46	3.08	3.71	4.33	4.95
120	2.09	2.81	3.51	4.20	4.92	5.61	2.02	2.69	3.36	4.05	4.73	5.40
130	2.27	3.04	3.80	4.55	5.33	6.08	2.19	2.91	3.65	4.38	5.12	5.85
140	2.44	3.28	4.09	4.90	5.74	6.55	2.36	3.14	3.93	4.72	5.52	6.30
150	2.62	3.51	4.38	5.25	6.14	7.02	2.53	3.36	4.20	5.06	5.91	6.75
160	2.79	3.75	4.68	5.60	6.55	7.48	2.70	3.58	4.48	5.40	6.30	7.20
170	2.97	3.98	4.97	5.95	6.96	7.95	2.87	3.81	4.77	5.73	6.69	7.65
180	3.14	4.21	5.26	6.30	7.37	8.42	3.03	4.03	5.04	6.07	7.09	8.10
190	3.32	4.45	5.55	6.65	7.78	8.89	3.20	4.25	5.32	6.41	7.48	8.55
200	3.49	4.68	5.84	7.00	8.19	9.35	3.37	4.48	5.61	6.74	7.87	9.00
210	3.66	4.92	6.13	7.35	8.60	9.82	3.54	4.70	5.88	7.08	8.27	9.46
220	3.84	5.15	6.43	7.70	9.01	10.29	3.71	4.92	6.17	7.42	8.66	9.91
230	4.02	5.39	6.72	8.06	9.42	10.76	3.88	5.15	6.45	7.75	9.06	10.36

Durchmesser D	δ = 55° α = 3°	4°	5°	6°	7°	8°	δ = 60° α = 3°	4°	5°	6°	7°	8°
	1° 43'	2° 18'	2° 53'	2° 27'	4° 2'	4° 36'	1° 30'	2°	2° 30'	3°	3° 31'	4° 1'
mm	H = mm						H = mm					
10	0.15	0.20	0.25	0.30	0.35	0.40	0.13	0.17	0.22	0.26	0.31	0.35
12	0.18	0.24	0.30	0.36	0.42	0.48	0.16	0.21	0.26	0.31	0.37	0.42
14	0.21	0.28	0.35	0.42	0.49	0.56	0.18	0.24	0.30	0.37	0.43	0.49
16	0.24	0.32	0.40	0.48	0.56	0.64	0.21	0.28	0.35	0.42	0.49	0.56
18	0.27	0.36	0.45	0.54	0.63	0.72	0.24	0.31	0.39	0.47	0.55	0.63
20	0.30	0.40	0.50	0.60	0.70	0.80	0.26	0.35	0.44	0.52	0.61	0.70
23	0.34	0.46	0.58	0.69	0.81	0.92	0.30	0.40	0.50	0.60	0.70	0.81
26	0.39	0.52	0.65	0.78	0.91	1.04	0.34	0.45	0.57	0.68	0.80	0.91
30	0.45	0.60	0.75	0.90	1.05	1.21	0.39	0.52	0.65	0.79	0.92	1.05
35	0.52	0.70	0.88	1.05	1.23	1.41	0.46	0.61	0.76	0.92	1.07	1.23
40	0.60	0.80	1.01	1.20	1.41	1.61	0.52	0.70	0.87	1.05	1.23	1.40
45	0.67	0.90	1.13	1.35	1.58	1.81	0.59	0.78	0.98	1.18	1.38	1.58
50	0.75	1.00	1.26	1.50	1.76	2.01	0.65	0.87	1.09	1.31	1.53	1.75
55	0.82	1.10	1.38	1.65	1.93	2.21	0.72	0.96	1.20	1.44	1.69	1.93
60	0.90	1.20	1.51	1.81	2.11	2.41	0.78	1.05	1.31	1.57	1.84	2.10
65	0.97	1.30	1.63	1.96	2.28	2.61	0.85	1.13	1.42	1.70	1.99	2.28
70	1.05	1.40	1.76	2.11	2.46	2.81	0.92	1.22	1.53	1.83	2.15	2.45
75	1.12	1.50	1.89	2.26	2.64	3.01	0.98	1.31	1.64	1.96	2.30	2.63
80	1.20	1.60	2.01	2.41	2.81	3.21	1.05	1.40	1.74	2.08	2.45	2.80
85	1.27	1.70	2.14	2.56	2.99	3.41	1.11	1.48	1.85	2.22	2.61	2.98
90	1.35	1.80	2.26	2.71	3.16	3.61	1.18	1.57	1.96	2.36	2.76	3.15
95	1.42	1.91	2.39	2.86	3.34	3.81	1.24	1.66	2.07	2.49	2.91	3.33
100	1.50	2.01	2.51	3.01	3.51	4.01	1.31	1.74	2.18	2.62	3.07	3.50
110	1.65	2.21	2.77	3.31	3.87	4.41	1.44	1.92	2.40	2.88	3.37	3.85
120	1.80	2.41	3.02	3.61	4.22	4.81	1.57	2.09	2.61	3.14	3.68	4.20
130	1.95	2.61	3.27	3.91	4.57	5.21	1.70	2.27	2.83	3.40	3.99	4.55
140	2.10	2.81	3.52	4.21	4.92	5.61	1.83	2.44	3.05	3.66	4.29	4.90
150	2.25	3.01	3.77	4.51	5.27	6.01	1.96	2.62	3.27	3.93	4.60	5.25
160	2.40	3.21	4.02	4.81	5.62	6.42	2.10	2.79	3.49	4.19	4.91	5.60
170	2.55	3.41	4.28	5.11	5.97	6.82	2.23	2.97	3.70	4.45	5.21	5.95
180	2.70	3.61	4.53	5.42	6.33	7.22	2.36	3.14	3.92	4.71	5.52	6.30
190	2.85	3.81	4.78	5.72	6.68	7.62	2.49	3.32	4.14	4.97	5.82	6.65
200	3.00	4.01	5.03	6.02	7.03	8.02	2.62	3.49	4.36	5.23	6.18	7.00
210	3.15	4.21	5.28	6.32	7.39	8.42	2.75	3.66	4.58	5.50	6.44	7.35
220	3.50	4.41	5.53	6.62	7.74	8.82	2.88	3.84	4.80	5.76	6.75	7.70
230	3.45	4.61	5.78	6.92	8.07	9.22	3.01	4.02	5.02	6.02	7.05	8.06

Tabelle 7. Seitliche Verschiebung X der Fräserachse nach Abb. 193 (bis 8° Spanwinkel können die Werte der Tabelle 6 entnommen werden*)

Fräser	Spanwinkel				
⌀ mm	10°	12°	15°	20°	25°
20	1,7	2,1	2,6	3,4	4,2
25	2,2	2,6	3,2	4,3	5,3
30	2,6	3,1	3,9	5,1	6,3
35	3,0	3,6	4,5	6,0	7,4
40	3,5	4,2	5,2	6,8	8,5
45	3,9	4,7	5,8	7,7	9,5
50	4,3	5,2	6,5	8,6	10,6
55	4,8	5,7	7,1	9,4	11,6
60	5,2	6,2	7,8	10,3	12,7
65	5,6	6,8	8,4	11,1	13,7
70	6,1	7,3	9,1	12,0	14,8
75	6,5	7,8	9,7	12,8	15,9
80	6,9	8,3	10,4	13,7	16,9
85	7,4	8,8	11,0	14,5	18,0
90	7,8	9,4	11,6	15,4	19,0
95	8,2	9,9	12,3	16,2	20,1
100	8,7	10,4	12,9	17,1	21,1
105	9,1	10,9	13,6	18,0	22,2
110	9,6	11,4	14,2	18,8	23,2
115	10,0	12,0	14,9	19,7	24,3
120	10,4	12,5	15,5	20,5	25,4
125	10,9	13,0	16,2	21,4	26,4
130	11,3	13,5	16,8	22,2	27,5
135	11,7	14,0	17,5	23,1	28,5
140	12,2	14,6	18,1	23,9	29,6

* Loewe-Notizen

Man unterscheidet der Form nach Scheibenfräser, Schlitzfräser, Winkelfräser, Walzenfräser, Stirnfräser, Finger- oder Schaftfräser und den Messerkopf.

Man darf den Fräser nie stumpf werden lassen und zwar soll höchstens eine Abnutzung von 0,2 Millimeter stattfinden, da einmaliges starkes Stumpfwerdenlassen hier mehr abnutzt als öfteres Schleifen. Es dürfen die Fräser nur auf der selbsttätigen Werkzeugschleifmaschine geschliffen werden.

In Abb. 194 sind die verschiedenen Formen und Arten von Walzenfräsern zu sehen. Meist bedient man sich der hinterdrehten Walzenfräser (Abb. 195) und da, wo ein geräuschloser Gang der Getriebe genaueste Gleichförmigkeit der Drehung oder feiner Passung gefordert wird, wählt man den hinterschliffenen Walzenfräser, wie er in Abb. 196 dargestellt ist. Abb. 197 zeigt Fräser mit hinterschliffenen Zähnen. Bei dieser Art von Fräsern, die verhältnismäßig tiefe Nuten haben, bereitet die Kühlung oft Schwierigkeiten, und zwar schleift man sie vielfach trocken, wobei bei ungleichmäßiger Kühlung die schädlichen Schleifrisse entstehen, wie sie in Abb. 198 zu sehen sind. Diese Schleifrisse vertiefen sich nach und nach beim Beanspruchen des Werkzeuges und haben nicht selten den Bruch desselben zur Folge.

Zu den hinterschliffenen Fräsern gehören die einfachen Formfräser, die Schneckenfräser und die Maßreibahlen. Sie werden durch Schleifen der Brustfläche geschärft und zeichnen sich dadurch aus, daß ihre Fräserzähne ein bestimmtes Profil haben.

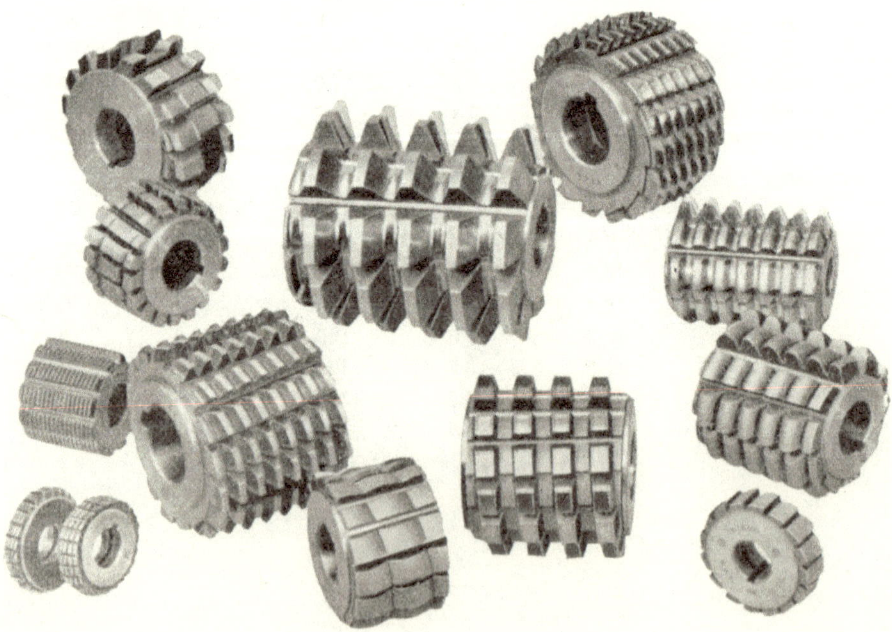

Abb. 194 Wälzfräser mit Bohrung (Werkfoto Pfauter)

Zu den hinterfrästen Fräsern gehören Schaftfräser, Walzenfräser, Messerköpfe, konische Reibahlen usw. Bei diesen Werkzeugen geschieht das Schärfen durch Nachschleifen der Facette.

Einfache Formfräser schleift man zweckmäßig mit den Schleifscheiben DIN 181, Form A und B, und DIN 182, Form C. Es darf natürlich nicht mit der flachen Seite der Schleifscheibe geschliffen werden, da sonst durch den

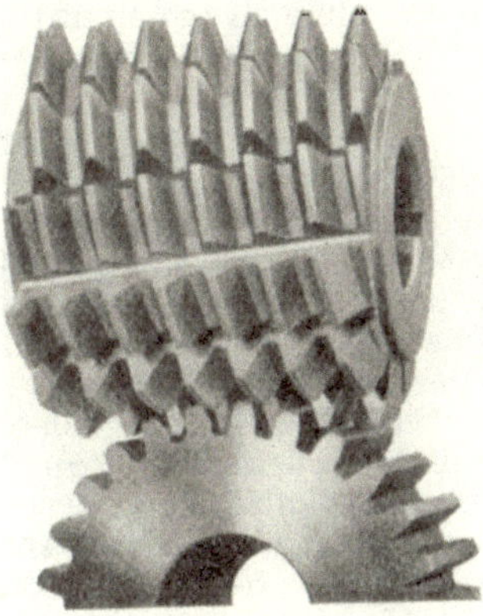

Abb. 195 Hinterdrehter Wälzfräser

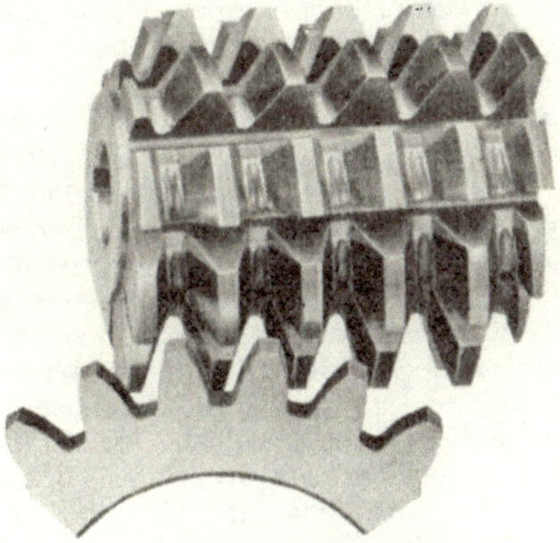

Abb. 196 Hinterschliffener Wälzfräser Modul 8

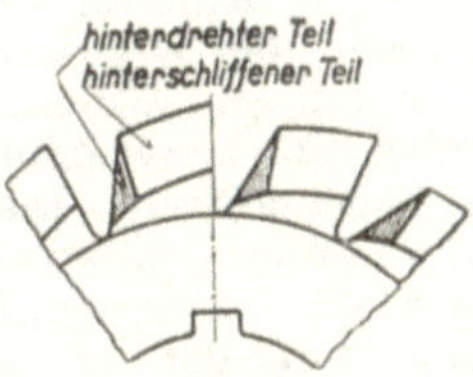

Abb. 197 Fräser mit hinterschliffenen Zähnen

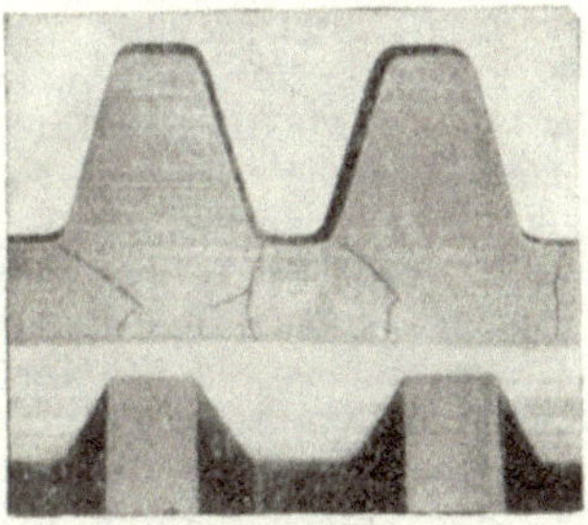

Abb. 198 Schleifrisse am Wälzfräser.

(Werkfotos Pfauter)

großen Berührungsbogen zwischen Schleifscheibe und Werkstück eine zu große Erhitzung eintritt, wogegen bei der Kegelform nur eine Linienberührung mit geringer Wärmeentwicklung stattfindet. Daher verwendet man zum Schärfen von Fräsern auch Schleifkörper mit nur geringem Härtegrad, mit welchen eine freie Schnittwirkung erzielt und einem Ausglühen der Schnittfläche vorgebeugt wird. Die Zustellung der Schleifscheibe darf deshalb auch nicht zu groß gewählt werden, da nur leichte Schnitte in Frage kommen. Allgemein soll auch hier die Schleifscheibe gegen die Schneidkante laufen, damit man eine scharfe Schneidkante erhält, die frei von Grat und Brandflecken ist. Dies ist besonders wichtig beim Schleifen von Werkzeugen mit aufgelöteten Hartmetallschneiden, denn die Schneidkante bricht bei dieser Art von Werkzeugen aus, wenn sich die Schleifscheibe in Richtung der Schneide dreht, statt sich gegen dieselbe zu bewegen. Es ist ratsam, nach jeder Beistellung der Schleifscheibe alle Zähne zu schleifen und nicht Zahn für Zahn fertig zu schleifen, um einer zu starken Erhitzung vorzubeugen. Zweckmäßig arbeitet man mit einer Umfangsgeschwindigkeit von 20 bis 30 m/sek. Bei großen Schnittiefen und komplizierten Schliffen ist natürlich eine entsprechend geringe Umfangsgeschwindigkeit zu nehmen. Die Leistung ist um so größer, je größer die Umlaufzahl ist, aber beim Schleifen von Schnellstahl sind die Grenzen nicht so groß, weil das dichte Material sehr leicht die Schleifscheibe zusetzt und dann die Folge ist, daß die Schleifkörper über das Werkstück hinweggleiten ohne zu schleifen und somit durch die entstehende hohe Reibungswärme die Werkzeugschneide ausglühen.

Bei einem Fräser, der nicht zu stark abgenutzt ist, genügt allgemein ein zweimaliges Durchschleifen. Bei darauffolgendem Fertigschliff soll man im Durchschnitt nicht mehr als 0,05 Millimeter abnehmen. Zum Schleifen von hinterfrästen Fräsern kann man gerade Schleifscheiben und auch Topfschleifscheiben benutzen. Bei der geraden Schleifscheibe schleift man am Umfang der Schleifscheibe. Diese Scheibenart hat allerdings den Nachteil, daß der Zahn spitz wird und dadurch erheblich an Stabilität verliert; das wirkt sich um so mehr aus, je kleiner der Schleifkörper ist. Ein weiterer Nachteil dieser Scheibenart ist, daß die Umfangsgeschwindigkeit mit abnehmendem Schleifscheibendurchmesser sinkt. Der Schliff mit der geraden Schleifscheibe ist auch nicht so sauber als mit der Topfschleifscheibe, was besonders bei älteren Maschinen ins Gewicht fällt. Am gebräuchlichsten ist daher die Topfschleifscheibe nach DIN 182, Form D; bei diesem Schleiftopf ist vor allem auch die Umfangsgeschwindigkeit gleichbleibend. Bei Topf- oder Teller-Schleifscheiben wird mit dem Rande des Schleifkörpers geschliffen. Auch Schnellstahl- und Stellit-Fräser mit normaler Verzahnung oder mit eingesetzten Zähnen werden ebenfalls in den meisten Fällen mit Topf- bzw. Teller-Schleifscheiben geschliffen. In solchen Fällen, wo die Schleifscheibe von der Schneidkante wegläuft, ist es unbedingt erforderlich, vor Gebrauch das betreffende Werkzeug abzuziehen. Bei Fräsern mit eingesetzten Zähnen muß der Schleifer vor allen Dingen darauf achten, daß der Fräserzahn fest gegen die Werkzeugstütze gehalten wird, da er sonst in die Schleifscheibe schlägt. An Schleifkörpern kommen keramisch gebundene Elektrokorund-Scheiben zur Anwendung und zwar Körnung 46 bis 80, Härte Jot bis L (nach der Norton-Skala). Durch die sehr verschiedenen Arbeitsverfahren und Maschinen sind diese weiten Grenzen bedingt. Entsprechend der Art des zu schleifenden Stahles kommen Schleifkörper aus verschiedenen Elektrokorunden zur Anwendung, die sich lediglich durch einen mehr oder weniger hohen Tonerdegehalt unterscheiden.

Für hartmetallbestückte Werkzeuge kommen natürlich Sonderschleifscheiben aus grünem Siliziumkarbid in Betracht.

Einen weiteren Einfluß auf die Schleifscheibenhärte hat die Umfangsgeschwindigkeit und der Zustand der Schleifmaschine. Meist wird trocken geschliffen und wo ein Naßschliff in Frage kommt, ist für die Zuführung eines sehr kräftigen Kühlwasserstrahles Sorge zu tragen, der möglichst so breit wie die Schleifscheibe sein soll. Auch bei den Reibahlen unterscheidet man zwei Arten, nämlich konische Reibahlen und Maßreibahlen. Zu der Gruppe der hinterfrästen Fräser gehören die konischen Reibahlen, an denen die Facetten geschärft werden, da es bei ihnen auf einen genauen Durchmesser nicht ankommt. Dagegen müssen die Maßreibahlen ihren genauen Durchmesser behalten und werden daher, genau wie Formfräser, an der Brust geschärft. Das Schärfen ist durch die schmale zylindrische Fase aber nur bedingt möglich (0,2 mm), denn wenn diese Fasenbreite abgeschliffen ist, so bleibt nichts anderes übrig, als ein Nacharbeiten auf einen kleineren Durchmesser, wie es auch bei den stark abgenutzten hinterfrästen Fräsern angewandt wird. Zum Hinterschleifen von Reibahlen wendet man zweckmäßig Topfschleifscheiben, Körnung 46 bis 50, Härte K bis L (nach der Norton-Skala), an.

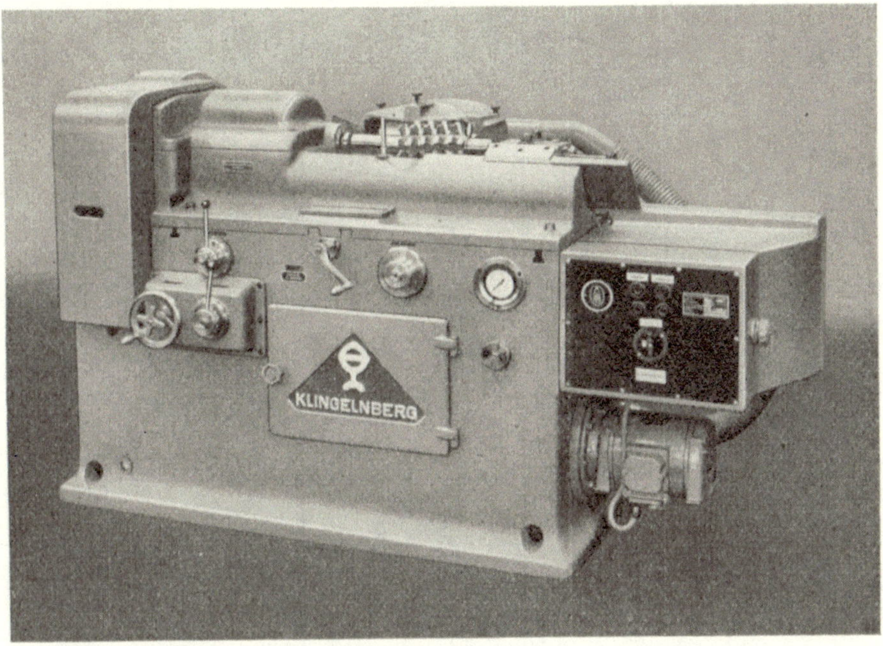

Abb. 199 Gesamtansicht der hydraulischen Werkzeugschleifmaschine Modell GW 30

Eine selbsttätige hydraulische Werkzeug-Schleifmaschine zeigt die Abb. 199, sie ist ein Erzeugnis der Firma W. Ferdinand Klingelnberg Söhne, Remscheid, Bauart GW 30. Diese Maschine eignet sich besonders zum Scharfschleifen von zylindrischen, gerade und spiralgenuteten Werkzeugen mit Links- und Rechtsspirale, insbesondere für Stirn- und Schneckenrad-Wälzfräser, Profilwalzenfräser usw. Wird Zahnunterteilung gewünscht, so ist die Maschine darauf besonders einzustellen. Diese Maschine kann unter Benutzung der Zusatzeinrichtung Z. G. K. 20 auch zum Schleifen von Klingelnberg-Kegelrad-Wälzfräsern verwendet werden.

Die Laufeigenschaften von Zahnrädern werden durch das Scharfschleifen des Wälzfräsers stark beeinflußt. Voraussetzung hierfür ist die Zahnbrust-Stellung. Die Abb. 200 zeigt z. B. die richtige Stellung der Zahnbrust des Fräsers. Sie muß genau radial zur Fräsermitte liegen. Dies wirkt sich am Fräserzahn so aus, daß die Fräserzähne trapezförmiges Zahnstangenprofil (Abb. 201) zeigen. Sie sind also symmetrisch, und der Flankenwinkel entspricht genau dem Soll-Wert (beispielsweise 18 Grad). Für das Zahnrad (Abb. 202) dagegen hat die richtige Stellung der Zahnbrust des Fräsers folgende Wirkung: Das Zahnprofil der mit einem solchen Fräser abgewälzten Zahnräder entspricht der genauen korrekten Evolvente auf beiden Zahnflanken.

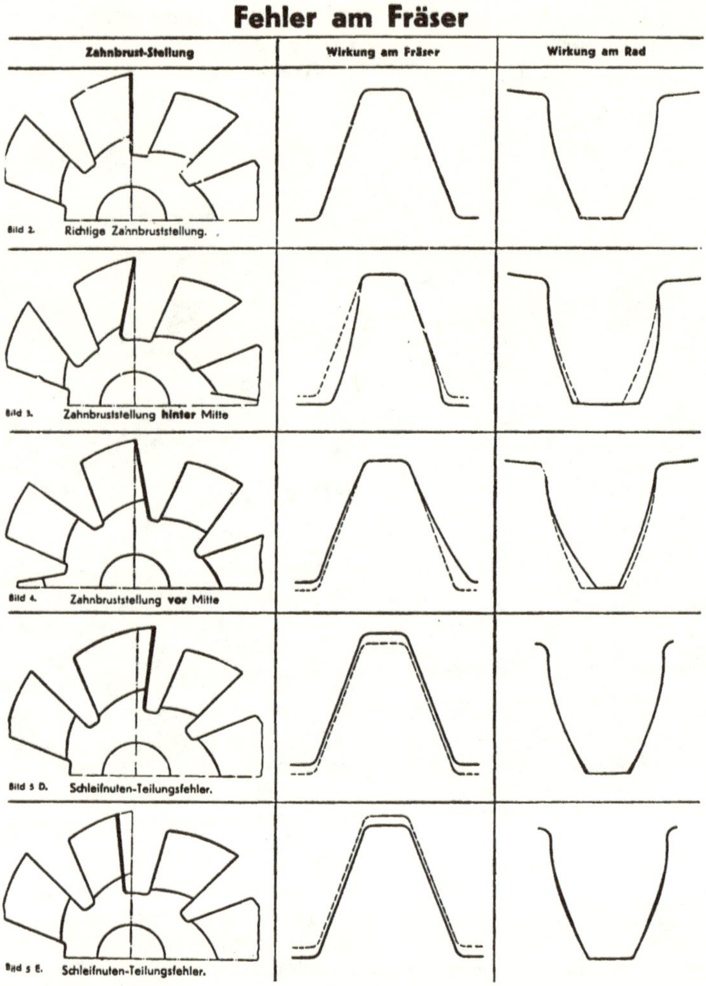

Abb. 200 Abb. 201 Abb. 202

Interessant ist der folgende Vorgang: Ein zweigängiger Wälzfräser Modul 4 verzahnte zunächst einwandfrei. Nach längerem Gebrauch wurden die Räder aber immer fehlerhafter und zuletzt geradezu unbrauchbar. Der beanstandete Fräser wurde nachgemessen (Abb. 203 zeigt einen Auszug aus dem betr. Prüfbericht). Der Fräser wies ganz erhebliche Zahnstärkenfehler, Rundlauffehler und Spanflächen-Teilfehler auf. Hierauf wurde er nur einwandfrei scharfgeschliffen. In Abb. 204 ist das Ergebnis der daran anschließenden zweiten Prüfung durch die dick ausgezogenen Prüfkurven angezeigt. Durch das Scharfschleifen wurden alle größeren Fehler beseitigt mit dem Erfolg: Der Fräser arbeitete wieder zur vollen Zufriedenheit.

Folgende Fehler sind hauptsächlich am Zahnrad auf falsche Zahnbruststellung des Fräsers zurückzuführen:

1. verdorbene Evolventenprofile,
2. Veränderung der Eingriffswinkel (unsymmetrische Zähne),
3. Oberflächen-Unebenheiten.

Weiter muß man noch mit Teilungsfehlern und Exzentrizität der Zahnräder rechnen. Hieraus ist zu schließen, daß bei der Zahnraderzeugung mittels Wälzfräsers die Genauigkeit der Werkzeugherstellung und Unterhaltung von ausschlaggebender Bedeutung ist. Besonders sei das allgemein vernachlässigte Scharfschleifen hervorgehoben, welches äußerst wichtig und mitbestimmend für die guten Laufeigenschaften der gefrästen Zahnräder ist.

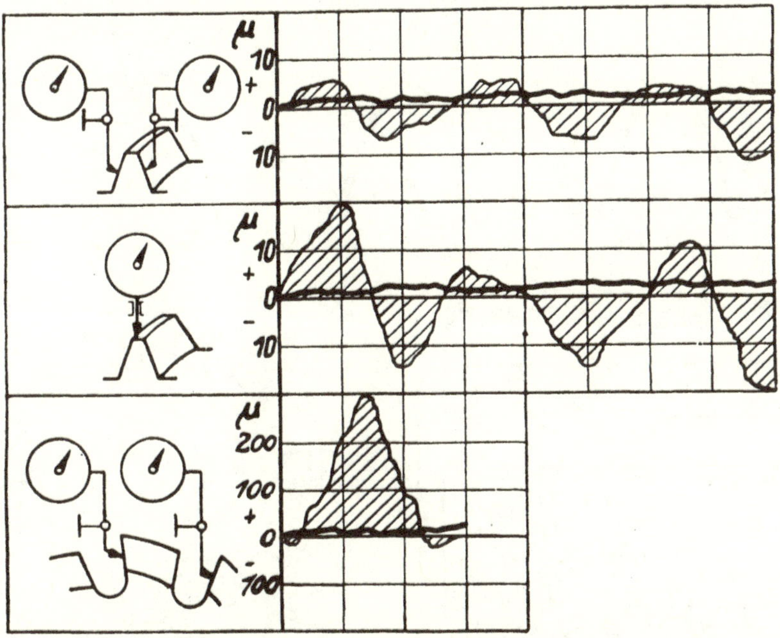

Abb. 203 Auszug aus einem Prüfbericht über die Kontrolle eines halbverbrauchten zweigängigen Wälzfräsers (Modell)
Schraffierte Flächen: vor dem einwandfreien Scharfschleifen

Fehlerhafte Räder sind freilich nicht immer auf Fehler beim Scharfschleifen der Fräser zurückzuführen. Beim Einspannen der Fräser in die Verzahnmaschine schleichen sich oft auch Fehler ein. Die Fräser müssen einwandfrei rund laufen. In Abb. 204 und Abb. 205 sind schädliche Auswirkungen von Rundlauffehlern zusammengestellt.

Bei der Bauart der Maschine GW 30 wurde vor allem davon ausgegangen, das Arbeiten der Maschine möglichst unabhängig von der Aufmerksamkeit und Geschicklichkeit des Schleifers zu machen. Ein besonderes Merkmal der Maschine ist, wie die Abb. 206 zeigt, daß die Schleifkante des Schleifkörpers bei

Klingelnberg GW 30 Abb. 4 und 5

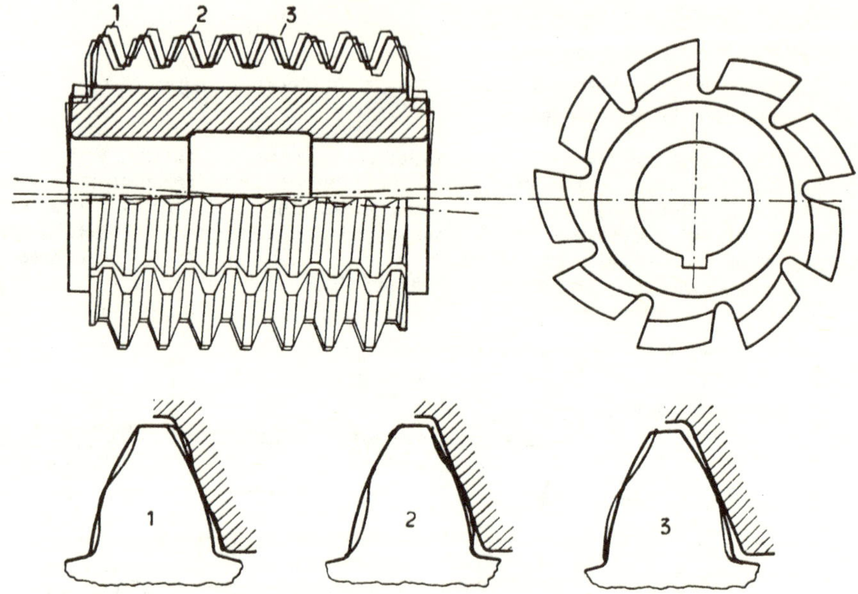

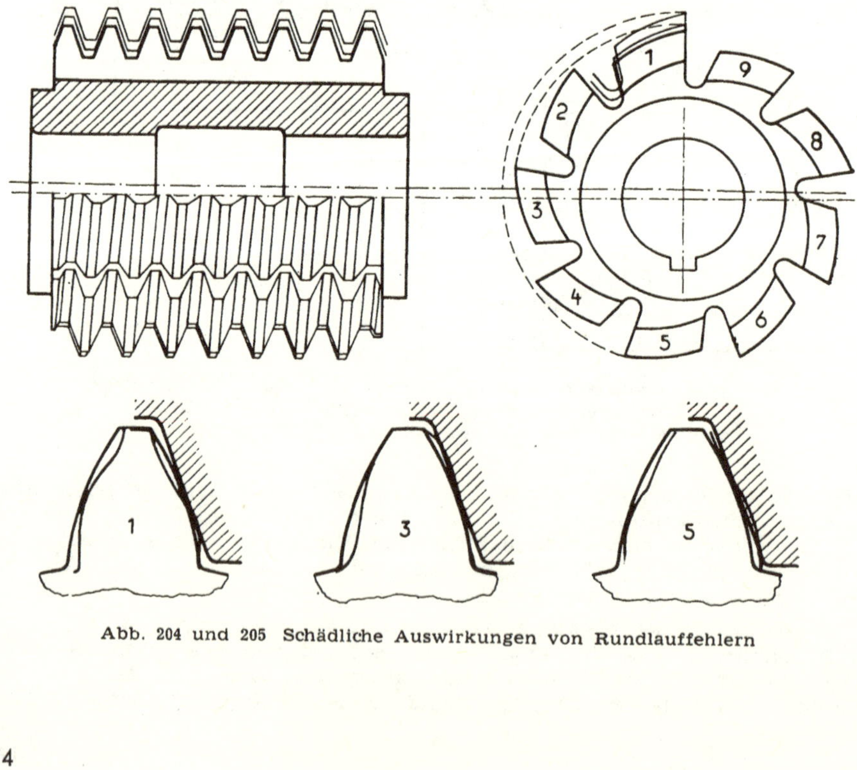

Abb. 204 und 205 Schädliche Auswirkungen von Rundlauffehlern allen Fräsern zwangsläufig durch die Fräsermitte geht, daher gibt es eine Schleifbrust vor oder hinter der Mitte nicht, wobei es ganz gleichgültig ist, ob der zu schleifende Fräser einen kleinen oder großen Durchmesser hat. Um Teilfehlertoleranzen zu vermeiden, wurden alle beweglichen Elemente zwischen Fräser und Teilscheibe, die irgend einen Einfluß auf die Teilgenauigkeit haben könnten (wie z. B. Zahnräder- und Differential-Getriebe), vermieden. Wie die Abb. 206 zeigt, sitzt die Teilscheibe fest auf derselben Spindel, auf welcher

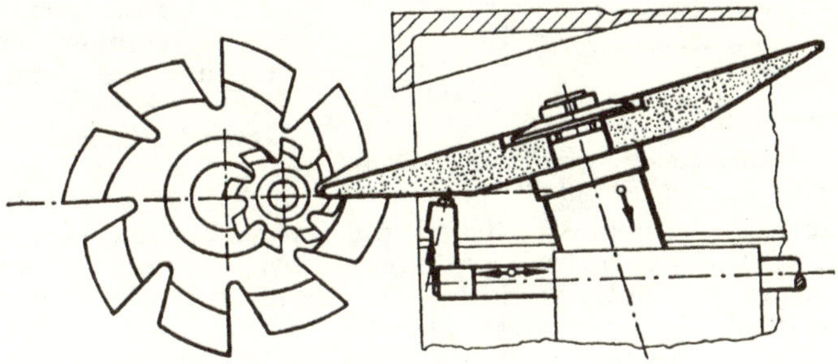

Abb. 206 Die wirksame Mantellinie geht bei jeder Spiralwinkel-Einstellung zwangsläufig durch die Fräsermitte

der Fräser gesteckt ist. Hervorzuheben ist noch, daß der zu schleifende Fräser feststeht, die Schleifscheibe wird also mit direkt angetriebenem Motor auf breiter Führungsbahn hydraulisch hin und her durch den sich um die Spirale drehenden Fräser geführt. Durch dieses Prinzip des ortsfesten Fräsers werden vor allen Dingen die Ungenauigkeiten, die durch die Vibration der schwingenden Massen verursacht werden, soweit wie eben möglich ausgeschaltet.

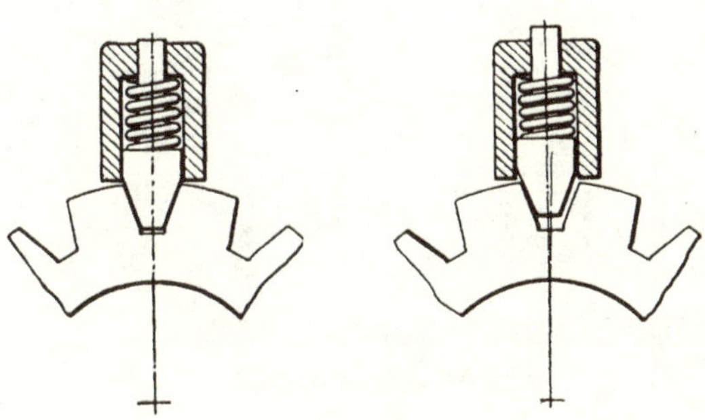

Abb. 207 Ungünstige konische, zweiflankige Rasteneinschnitte.

Links: So soll die Klinke sperren.
Rechts: Oft entstehen Teilfehler, weil sie nur so sperrt.

Die Teilscheiben werden sehr groß gewählt, gehärtet und in den Flanken geschliffen. Die Flanken erhielten eine Form, die es möglich machte, ihnen eine erheblich höhere Teilgenauigkeit zu geben (Toleranz $\pm$ 0,0025 mm), als das bei den Teilscheiben der Scharfschleifmaschinen sonst üblich ist. Sie erhielten nur einseitige, parallel zum Radius verlaufende Anlageflächen, ebenso wie die Klinke selbst (siehe Abb. 208). Ein Versetzen der Teilscheibe, wie es bei konischen Rastformen mit zwei Anlageflächen, Abb. 207, eintreten kann, wird durch diese Formgebung vermieden.

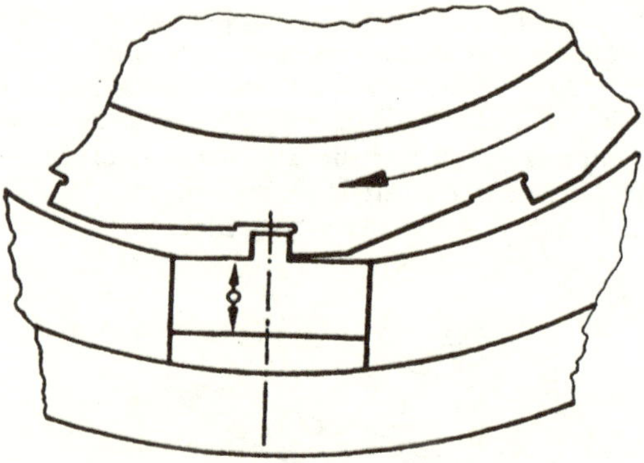

Abb. 208 Hydraulisch gedrehte Teilscheibe mit sägenförmig einseitigen Rasteneinschnitten

Die Maschine, Bauart GW 30, arbeitet wie folgt:

Der in der Abb. 209 dargestellte Fräser bleibt ortsfest. Mit Hilfe der Skala 3 wird die Schleifscheibe 2 in den gewünschten Steigungswinkel geschwenkt. Der Motor 4 treibt die Schleifscheibe an und dieselbe wird in Richtung 5 durch die Schleifnuten des Fräsers hin- und herbewegt, und zwar wird diese Bewegung von der Gewindespindel 7 abgeleitet und über die Schneckenräder 8 und 12 auf die Zahnstangen 13 übertragen, die mit dem Schleifsupport 6 fest verbunden ist. Der Fräser 1 wird dabei mit Hilfe der hydraulisch hin- und herbewegten Gewindespindel 7 über Schneckenräder 8, Kegelgetriebe 9, Wechselräder 10 und Fräserspindel 11 entsprechend der Schleifnutenspirale gedreht.

Die beiden Hauptbewegungen sind:

1. Die Hin- und Herbewegung der Schleifscheibe,
2. Das selbsttätige Weiterschalten des Fräsers nach jedem vollendeten Hin- und Hergang der Schleifscheibe.

Diese beiden Bewegungen werden von 2 Ölströmen 14 und 15 bewirkt. Die Ströme werden von der Zentralölpumpe 18 gespeist. Für den Spielausgleich sorgt ein dritter Ölstrom 16.

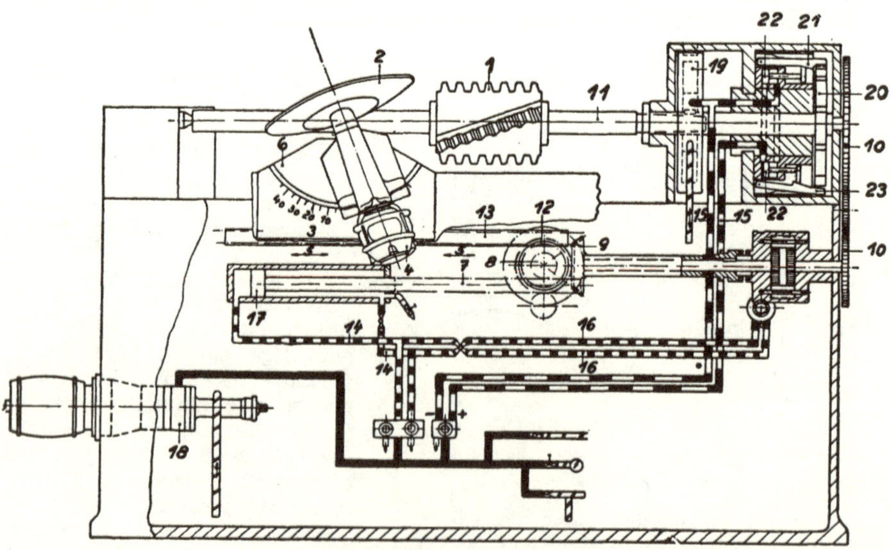

Abb. 209 Schema der Hydraulik

Ausführung I

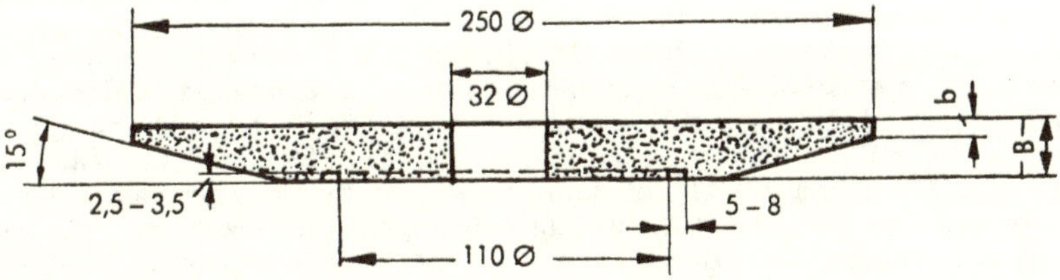

Ausführung II

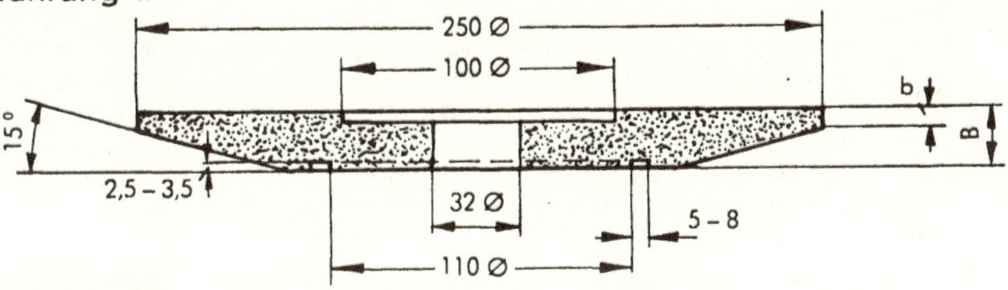

Ausführung III

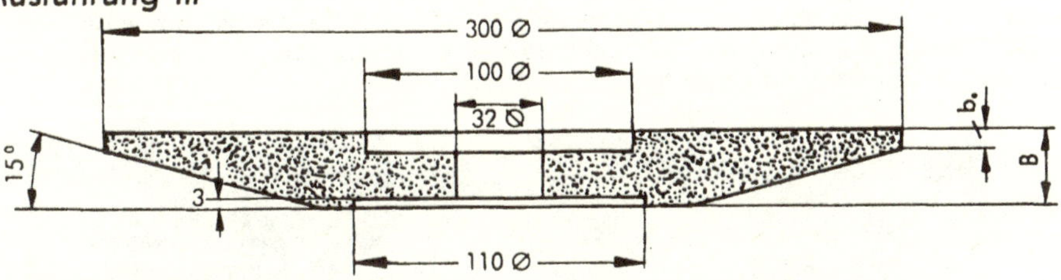

Ausführung	Abmessungen B	b	Bindung	Körnung	Härte	Schleiftiefe in mm bis	Verwendungsbereich
I	14	3	keramisch	60	H-1	30	Werkzeuge mit schmaler Schleifnute z. B. Wälzfräser Modul 1-4 *)
	14	3	keramisch	46	H-1	30	Werkzeuge mit breiter Schleifnute z. B. Wälzfräser Modul 3-10 *)
	17	5	keramisch	46	H-1	45	Werkzeuge mit Schleifnuten ähnlich Wälzfräser Modul 6-17
II	20	5	keramisch	46	H-1	55	Werkzeuge mit Schleifnuten ähnlich Wälzfräser Modul 8 und größer
III	28	6	keramisch	46	H-1	85	

*) Auch verwendbar für das Scharfschleifen von Kegelradwälzfräsern mit ZGK 30

Abb. 210 Form der Schleifscheiben

Mittels des Kolbens 17 wird durch den Ölstrom 14 die Schleifscheibe 2 hin- und herbewegt. Mit Hilfe eines Ölmotors 19 versucht der Ölstrom 15 die Teilscheibe 20 und damit den auf der gleichen Spindel 11 sitzenden Fräser 1 immer in der gleichen Richtung weiterzudrehen, wird aber daran durch die Klinke 21 gehindert. Durch Umschaltung des Ölstromes 15 werden, wenn die Schleifscheibe nach Beendigung ihrer Schleifarbeit aus einer Fräsernute herausgetreten ist, die Kolben 22 nach der anderen Seite bewegt und dadurch die Klinke 21 für einen Augenblick aus der Rast der Teilscheibe herausgezogen, während die Klinke 23 sich kurz gegen die Rast legt und ein Überspringen verhindert. Die Klinke 21 gleitet dann, von einer Feder gegen den gekrümmten Rücken des soeben verlassenen sägenförmigen Rastenzahnes gedrückt, die Teilscheibe entlang, die durch den Ölmotor 19 weitergedreht wird, bis die nächstfolgende Rast der Teilscheibe 20 gegen die Klinke 21 stößt.

Die Behauptung, daß sich im Schraubenwälzverfahren oft keine hinreichend ruhig arbeitenden Zahnräder erzielen lassen, sind nicht gerechtfertigt, wenn vor allen Dingen dafür gesorgt wird, daß die Maschine und die Einstellung genau sind, und wenn wirklich genaue Wälzfräser benutzt werden, denn die Praxis bestätigt immer wieder, daß die meisten auf die Maschine genommenen Wälzfräser nicht so genau sind, daß von ihnen geräuschlose Räder erwartet werden dürfen. Grundvoraussetzung ist die Richtigkeit der Flankenprofile und die richtige Lage der Zahnbrust.

Was nun die zur Verwendung gelangende Schleifscheibe anbetrifft, so sei bemerkt, daß keramisch gebundene einseitige Kegelscheiben verwendet werden, und zwar gebraucht man für eine Schleiftiefe von 60 bis 85 mm eine Scheibe von 300 mm Durchmesser, für geringe Schleiftiefen eine Scheibe von 250 mm. Aus Abb. 210 sind Einzelheiten zu ersehen.

Abb. 211 Wälzritzgerät Modell WR 30 zum Abrichten der Schleifscheiben für starke Spiralsteigungen

Das Abrichten der Schleifscheiben geschieht in der Regel mittels eines durch Kurbeldrehung radial hin- und herbewegten Diamanten, der in seiner Höhe verstellbar, je nachdem, ob eine radiale oder eine untermittige Lage der Spanfläche erreicht werden soll. Ein auf das Schleifkopfgehäuse aufschraubbarer, mit einer Strichteilung versehener Winkel dient zu seiner Einstellung. So erzeugt der Diamant in kinematischer Umkehrung der Bewegungen eine Abrichtung der Schleifebene, wie in jedem Sonderfall zum richtigen Scharfschliff erforderlich. In Abb. 211 wird das Wälzritzgerät Modell WR 30 zum Abrichten der Schleifscheiben für starke Spiralsteigungen dargestellt.

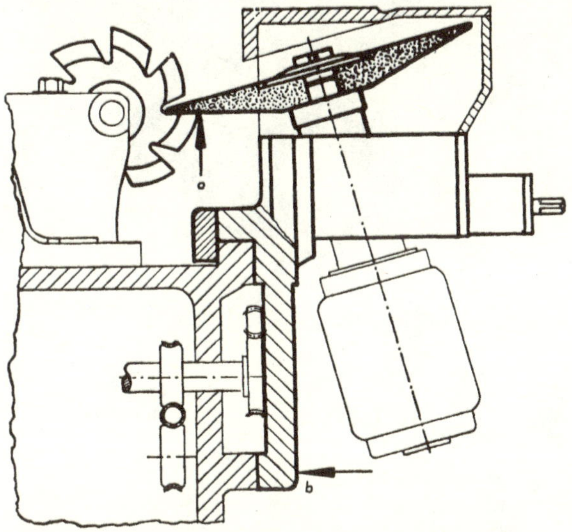

Abb. 212 Querschnitt durch den Schleifkopfschlitten. Infolge der Hebelwirkung wird der Schleifdruck a von der Führungsbahn aufgefangen, mithin auch bei starker Inanspruchnahme praktisch kaum eine Abnutzung

Der Schleifkopfschlitten ist senkrecht am Maschinenbett aufgehängt, so daß eine äußerst günstige Kräfteverteilung erreicht wird. Abb. 212 zeigt einen Querschnitt durch den Schleifkopfschlitten. Der Schleifdruck a wird infolge der Hebelwirkung stark verkleinert bei b von der Führungsbahn aufgefangen. Mithin erfolgt auch bei starker Inanspruchnahme praktisch kaum eine Abnutzung.

Der in Abb. 213 dargestellte Spanflächenprüfer Modell SP 1 (DRGM) für Modell 1—8 dient zur Ermittlung des radialen Spanwinkels und des Spiralwinkels und besteht aus einem Grundkörper mit prismenförmiger Auflagefläche und zwei Skalenplatten mit Zeigern zum Ablesen der vorhandenen Winkel. Die Abbildung zeigt den Spanflächenprüfer, eingerichtet zum Ablesen des Spanwinkels. Er wird mit seinem Prisma auf den Fräserdorn, notfalls auf den Fräserschaft, aufgesetzt, der Zeiger in einer Spannute gesenkt und an eine Spanfläche gelegt. Der Spanwinkel kann dann unmittelbar abgelesen werden. Hervorzuheben ist, daß keine Umrechnungstafeln und Tabellen erforderlich sind. Rechts ist die Skala für die Spanfläche durch eine Skala für den Spiralwinkel ersetzt. Die Handhabung, die grundsätzlich die gleiche ist, ist aus der Abbildung ohne weiteres zu erkennen. Die Messung, die einfach ist, kann auf der Maschine ebensogut durchgeführt werden wie im Prüfraum.

In Abb. 214 wird der Teilungsprüfer Modell TP 1 (DRGM) für Modell 1—8 dargestellt. Wälzfräser mit Teilungsfehlern ergeben schlechte Verzahnungen und einen hohen Werkzeugverschleiß. Mit diesem einfachen Gerät ist eine Teilungsprüfung ohne Zeitverlust möglich. In der Abbildung wird der Aufbau des Gerätes gezeigt. Bei der Messung ruht es mit zwei verstellbaren Füßchen auf einer Zahnreihe des Fräsers, während sein mit der linken Hand erfaßter Teil abwärtsgeschwenkt wird, bis dieser Teil den Fräserumfang berührt. Dabei legt sich eine Tastkuppe gegen die Spanfläche einer Nachbarzahnreihe

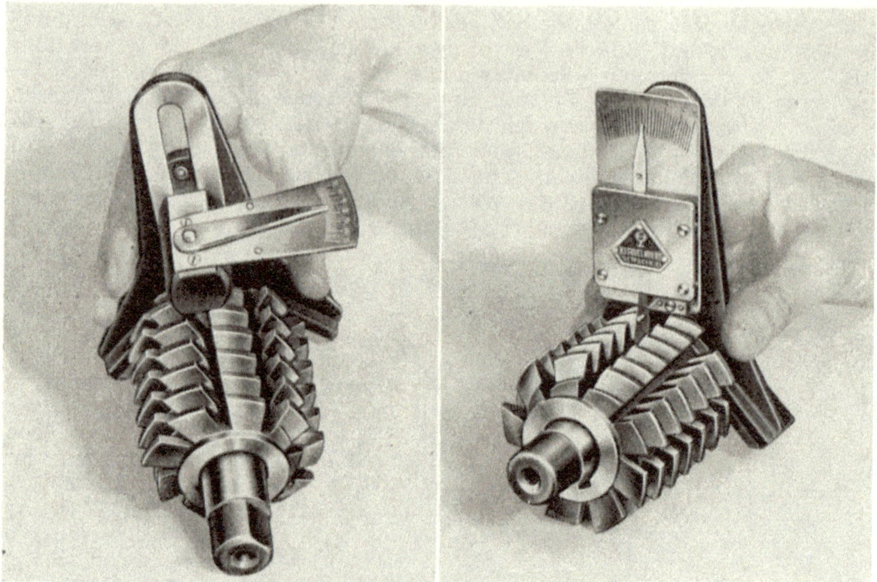

Abb. 213
Spanflächenprüfer,
Modell SP 1

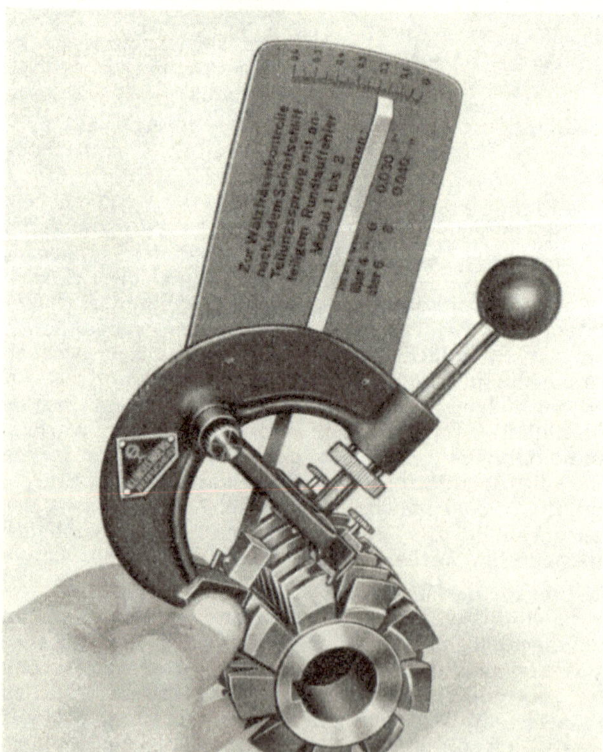

Abb. 214
Teilungsprüfer,
Modell TP 1

an und bringt den Zeiger in Anzeigestellung. Der Skalenwert beträgt $^1/_{100}$ mm. Zum Aufschreiben der Ablesung bleibt die rechte Hand frei. Aufgeschrieben werden die Unterschiede der Teilungen, der sogenannte Teilungssprung.

Der Verwendungsbereich der Maschine ist wie folgt:

Größter Durchlaufweg	etwa 500 mm
Größter Schleifweg	etwa 400 mm
Größter zulässiger Durchmesser des Arbeitsstückes	300 mm
Größte Spanflächentiefe	85 mm
Falls Spiralnuten	
größte Spiralsteigung	750 Zoll
kleinste Spiralsteigung	15 Zoll
Größter Durchmesser der Schleifscheibe	300 mm
Größter Durchmesser der Normalschleifscheibe	250 mm
Querbewegung des Spannkopfes	120 mm
Umdrehungszahl der Schleifspindel	etwa 1500

Es gibt vielfach Fräser, in welche der Stempel „Oft schleifen" eingeschlagen ist. In jedem Betrieb sollte dies besonders beachtet werden, denn unter den Werkzeugen, deren Wirtschaftlichkeit in erster Linie durch die Art des Schleifens bedingt wird, stehen die Fräser mit an erster Stelle. Ungenügend nachgeschliffene oder auch zu spät geschliffene Fräser können beim nächsten Schnitt schon vollkommen unbrauchbar werden, wogegen durch ein sachgemäßes Nachschleifen der Fräser erst zur vollen Ausnutzung kommt. Grundbedingung hierfür ist ein rechtzeitiges Schärfen, wobei zu beachten ist, daß eindeutige Abstumpfungserscheinungen, wie wir sie vom Spiralbohrer und Drehstahl her kennen, nicht auftreten.

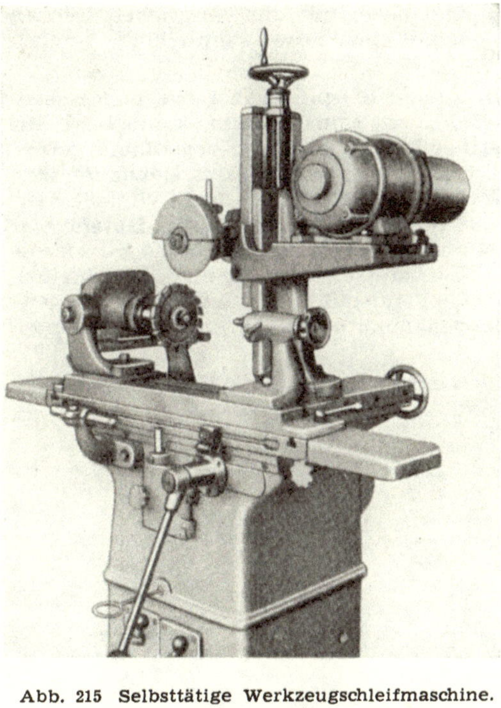

Abb. 215 Selbsttätige Werkzeugschleifmaschine. Bauart AWS II

Wie wir also sehen, ist der richtige Fräserschliff Voraussetzung für die unbedingt erforderliche Genauigkeit und Sauberkeit der Werkstücke.

Bisher fehlte es noch immer an einer geeigneten Werkzeug-Schleifmaschine zum Schleifen von kleinen Werkzeugen, die eine selbsttätige Arbeitsweise aufzeigt, welche sonst nur schwere und teuere Werkzeugschleifmaschinen aufweisen. Nach Möglichkeit sollte die Verwendung der Maschine so einfach sein, daß auch Nichtfachkräfte Verwendung finden könnten. Bei der im Bilde dargestellten selbsttätigen Werkzeugschleifmaschine Bauart AWS II (Abb. 215) der Firma Schreyer, Nürnberg-W., trifft dies zu. Ein kräftiger Unterbau schaltet Erschütterungen oder Schwingungen von vonherein aus. Von ausschlaggebender Bedeutung sind aber die sehr lang- und breittragend gewählten Schwalbenschwanzführungen des Maschinentisches, wie auch die der beiden Supporte. Hervorzuheben ist auch die stets spielfreie Einstellmöglichkeit dieser Maschine, welche durch eine besondere Gestaltung der Spindelmutter ermöglicht wird.

Durch eine Kulisse wird die selbsttätige Bewegung des Maschinentisches bewirkt. Durch eine zweistufige Scheibe kann man die Geschwindigkeit der Tischbewegung regeln. Die Länge der Tischbewegung beträgt 150 Millimeter und kann durch Verstellen des Hubs begrenzt werden. Fräser usw. bis zu einer Breite von 100 Millimeter lassen sich bei Verwendung der selbsttätigen Schaltvorrichtung schleifen. Es besteht auch die Möglichkeit, die selbsttätige Tischbewegung stillzusetzen und dann die Bewegung unter Benützung der Zahnstange und des Ritzels mit der Hand vorzunehmen, so daß man besondere Schleifarbeiten bis zu einer Länge von 350 Millimeter vornehmen kann. Die Schleifspindel läuft in Kugellagern, und hier ist besonders eine neuartige Lagerung, die sich selbsttätig spielfrei einstellt, hervorzuheben. Es erübrigt sich also ein Nachstellen mit Gewinderingen, und damit wird ein Verklemmen der Lager vermieden. Der Teilapparat ist universell verstellbar und mit Gradeinteilung versehen. Die selbsttätige Schaltvorrichtung gestattet eine Teilung von 8 aufwärts; bei geringeren Teilungen muß die Schaltung von Hand vorgenommen werden. Ein gleichmäßiger Zahnabstand ist durch die Verwendung von Teilscheiben gewährleistet, z. B. können Kreissägen mit ausgebrochenen Zähnen vollkommen rund geschliffen und wieder mit einer neuen Zahnteilung versehen werden.

Durch ein endloses Textilband wird die Schleifspindel in Bewegung gesetzt. Das Stillsetzen der Tischbewegung wird durch eine Kupplung ermöglicht. Mit dieser praktischen kleinen Werkzeugmaschine lassen sich vorteilhaft gerade genutete Fräser und Kreissägen bis 200 Millimeter Durchmesser, Gewindefräser, Schlitzfräser, Lückenfräser, Schaftfräser, Scheibenfräser und Winkelfräser, Prismenfräser, Nutenfräser mit gefrästen Zähnen, Walzenfräser, Nutenfräser mit hinterdrehten Zähnen, Walzenstirnfräser, Winkelstirnfräser, Zahnformfräser und Gewindebacken für selbstöffnende Gewindeschneidköpfe, schleifen. Weiterhin kann man mit Universal-Teilapparat mit Indexteilung und Zangenspannung Gewindebohrer, Senker, Kanonenbohrer, Reibahlen mit geraden Nuten usw. schleifen.

In den Abb. 216 bis 222 sind Schleifvorgänge, die mit der Schleifmaschine Bauart AWS II ausgeführt werden können, dargestellt.

Abb. 216 Schleifen eines Winkelfräsers

Abb. 217 Schleifen eines Nutenfräsers

Abb. 218 Schleifen eines Scheibenfräsers

Abb. 219 Schleifen eines Walzenstirnfräsers

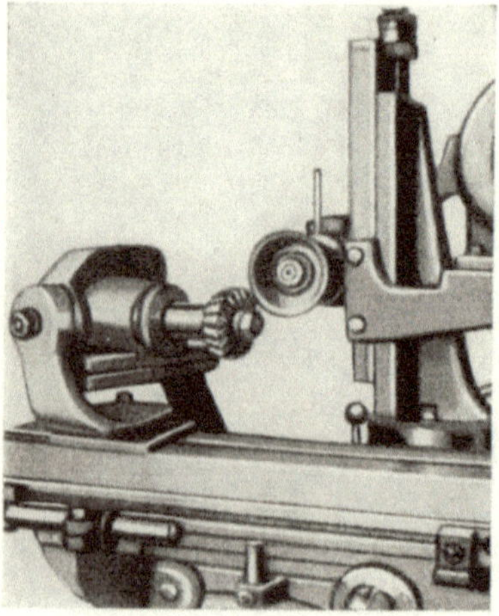

Abb. 220 Schleifen eines Winkelstirnfräsers

Abb. 221 Schleifen eines Schaftfräsers

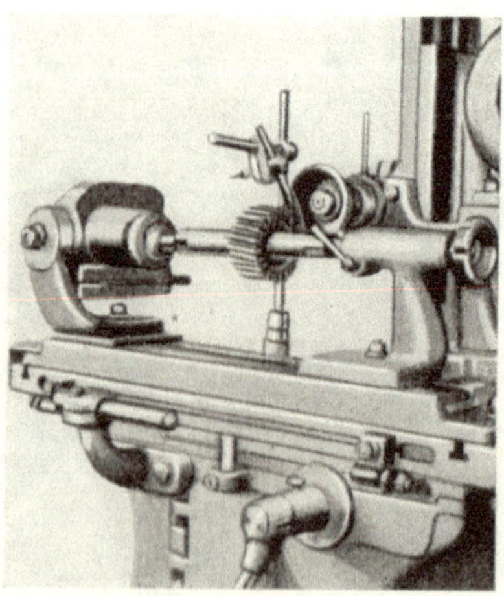

Abb. 222 Schleifen eines Walzenfräsers

Die Universal-Werkzeugschleifmaschine „VARIA"

In Abb. 223 ist eine neue Schleifmaschine dargestellt, die von der Maschinenfabrik Ernst Thielenhaus, Wuppertal-Barmen, für universale Schleifaufgaben entwickelt worden ist. Die Vorteile dieser VARIA-Universal-Schleifmaschine sind begründet in den Merkmalen der Konstruktion. Entgegen der allgemein üblichen Bauart, wird das zu schleifende Werkzeug nach Einrichten in Stellung und Winkelgrad nicht mehr bewegt. Transport und Vorschub werden vom Schleifkopf ausgeführt. Damit wird ein Höchstmaß an Genauigkeit, verbunden mit einfachster Einstellung und Handhabung, erzielt.

Die allseitige Verstellbarkeit der einzelnen Elemente dieser Maschinentype sowie die stufenlose Regelung der Schleifgeschwindigkeit geben den VARIA-Maschinen einen fast unbegrenzten Arbeitsbereich und machen sie auch für schwierigste Schleifaufgaben bei Innen- und Außen-Räumwerkzeugen und Vorrichtungsteilen vielseitig verwendbar.

Wie aus Abb. 224 ersichtlich, lassen sich auch Doppel-Winkelfräser in einer Aufspannung schleifen. Lediglich der Teilkopf muß auf die verschiedenen Winkellagen eingestellt werden. Auch Walzenstirnfräser (Abb. 225) lassen sich allseitig schnell und einfach schleifen, ebenso alle Werkzeuge mit Stirnzähnen, wie Schaftfräser, Kopfsenker usw.

Abb. 223 Varia-Universal-Schleifmaschine für universale Schleifaufgaben

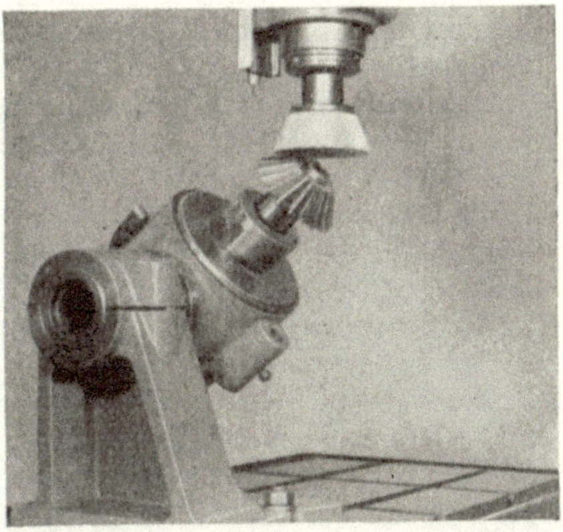

Abb. 224 Das Schleifen eines Doppelwinkelfräsers in einer Aufspannung

Abb. 225 Das Schleifen eines Walzenstirnfräsers mit der „Varia“-Schleifmaschine

Abb. 226 Neigbarer Tisch der „Varia“-Schleifmaschine

Alle vier Schleifvorgänge an Messerköpfen bis 400 mm Durchmesser sind in einer einzigen Aufspannung möglich. Die Schleifspindel ist vom Werkzeug unabhängig auch axial verstellbar. Hierdurch und mit der angebauten Abziehvorrichtung ist die Abnutzung der Schleifscheibe völlig auszugleichen und damit höchste Genauigkeit und gleiche Schneidleistung aller Messer zu erzielen.

Zum Normalzubehör der VARIA gehört ein neigbarer Tisch, der sich für alle Arten von konischen Werkzeugen schnell und genau einrichten läßt (Abb. 226).

Neben dem Werkzeugschliff dient diese Maschine auch zum Innen-, Rund- und Flächenschleifen und zum Schärfen von Maschinenmessern. Ferner ist sie vielseitig zu verwenden für die täglich zunehmenden und vielfältigen Schleifarbeiten im Vorrichtungs- und Gerätebau.

Die technischen Daten der VARIA-Werkzeugschleifmaschine sind wie folgt:

Leistung und Drehzahl des Hauptmotors	0,75 PS/2800 U/m
Leistung und Drehzahl des Spindelstockmotors	0,33 PS/1450 U/m
Leistung und Drehzahl des Pumpenmotors in der Naßschleifeinrichtung	0,15 PS/2800 U/m
Schleifspindel-Drehzahl, stufenlos regelbar von	2000 — 6000 U/m
Axiale Verstellbarkeit der Schleifspindel (Zum Abziehen der Schleifscheibe)	25 mm
Größte Spitzenweite des neigbaren Tisches	400 mm
Spannfläche des neigbaren Tisches	650 × 90 mm
Größte Spitzenhöhe	110 mm
Größte Spitzenweite bei Rundschleifeinrichtung	500 mm
Größte Spitzenhöhe bei Rundschleifeinrichtung	100 mm
Einstellweg auf dem Universal-Grundtisch	250 mm
Verstellbarkeit des neigbaren Tisches	45° nach jed. Seite
Schleifkopf schwenkbar um	360°
Kleinster Abstand zwischen Schleifscheibe und Universal-Grundtisch	125 mm
Größter Abstand zwischen Schleifscheibe und Universal-Grundtisch	425 mm
Größter Weg des Schleifkopfes	300 mm

Die Scharf-Schleifmaschine, Bauart W S 1, für Holz- und Metallwerkzeuge

Schon lange war in den Betrieben das Bedürfnis nach einer selbsttätigen Schleifmaschine zum Scharfschleifen der Werkzeuge vorhanden, die den Vorteil geringer Anschaffungskosten mit dem ihrer vielseitigen Anwendbarkeit vereinigt. Für solche Betriebe, für die die Unterhaltung einer kostspieligen automatischen Maschine unwirtschaftlich sein würde, ist eine neue Bauart auf den Markt gekommen, und zwar die Scharf-Schleifmaschine, Bauart WS 1, wie sie in Abb. 227 dargestellt ist und für Holz- und Metallwerkzeuge in Frage kommt. Mit Vorteil kann man sie auch neben den selbsttätigen Scharf-Schleifmaschinen verwenden, um für die verschiedensten Sonderfräser jederzeit eine in jeder Beziehung zuverlässig arbeitende Schärf-Maschine einsatzbereit zu haben. Unter Einsatz von geringen Mitteln ist es nun Holz- und Metallverarbeitungsbetrieben und Reparaturwerkstätten möglich, für eine einwandfreie Unterhaltung ihrer Werkzeuge zu sorgen.

Abb. 227 Seitenansicht der Maschine mit dem Handhebelvorschub

In den nachfolgenden Abbildungen ist der Aufbau und die Wirkungsweise dieser Schärfmaschine anschaulich dargestellt. Es handelt sich bei dieser Maschine um eine Tischmaschine. Hervorzuheben ist an ihr die leichte Verstellbarkeit der Schleifscheibe. Durch ein einfaches Schwenken der Motortragplatte um die Achse einer Spindel, die zur axialen Feineinstellung der Scheibe dient, erfolgt die in weiten Grenzen mögliche Höhenverstellung. Zur axialen Grobeinstellung verschiebt man die Motorplatte auf der Lagerachse. Mit der linken Hand hält man während des Schleifens das auf einem verschiebbaren Träger befestigte Werkzeug, während man es mit der rechten Hand mit Hilfe eines Kugelknopfhebels hin- und herbewegt.

Für die Holzindustrie: für Holzfräser bis zu 180 mm Durchmesser,
für die Metallindustrie: für Werkzeuge bis 100 mm Durchmesser.

Der größte Schleifweg beträgt 100 mm und die größte Spitzenentfernung am Spitzenlagerbock 200 mm, während der größte Schwenkwinkel am Spitzenlagerbock 10° beträgt.

Für die Schleifscheiben für Holzfräser kommt ein Durchmesser von 200 mm in Betracht, während der Durchmesser für die Schleifscheiben für Metallfräser 80—120 mm beträgt. Der Durchmesser der Schleifspindel beträgt 20 mm und die Grundfläche 450×550 mm.

Abb. 228 Scharfschleifen eines Holzfräsers
Die Teilschaltklinke für Holzfräser ist auf der rechten Bildseite

Abb. 229 Schleifen eines kegligen Scheibenfräsers

Abb. 230 Schleifen der Stirnfasen eines Scheibennutenfräsers

Abb. 231 Schärfen eines hinterdrehten Profilfräsers zwischen Spitzen

Abb. 232 Schärfen der Stirnfasen einer Reibahle

Abb. 233 Schärfen eines Walzenfräsers mit Schrägverzahnung

Abb. 234 Schärfen eines Nutenfräsers mit Kreuzverzahnung

Abb. 235 Schleifen eines Gewindebohrers mit Hilfe des Spitzenlagerbockes

Die Maschine wird in drei Ausführungen gebaut, und zwar Ho für die Holzindustrie, Me für die Metallindustrie und HM für die Holz- und Metallindustrie. Die erste Ausführung ist mit angebautem Motor 0,5 kW, n = rd 1500 U/min und Schalter. Es gehören weiter dazu 1 Teilschaltklinke mit Feineinstellung, 1 Anschlagarm mit Maßstab zur axialen Einstellung der Schleifscheibe auf den entsprechenden Unterschnittwinkel, 1 Aufnahmedorn wahlweise für Bohrungen von 12—60 mm, 1 Aufnahme für die Schleifscheibe und eine Werkzeug-Schleifscheibe Form H 200 mm, alte DIN 185.

Die zweite Ausführung ist mit angebautem Motor 0,5 kW, n = rd 3000 U/min, und Schalter; es gehören dazu 1 Teilschaltklinke Type TS für Werkzeuge, die an der Spanfläche scharf geschliffen werden, 1 Teilschaltklinke Type TU mit federnder Zunge für Werkzeuge, die am Umfang scharf geschliffen werden, 1 Spitzenlagerbock zur Aufnahme des Werkzeuges oder des Werkzeugdorns zwischen Spitzen, 1 Halter für Teilschaltklinke TS oder TU, 1 Aufnahme für Schleifscheiben, 1 Schleifscheibe, wahlweise 80—120 mm Durchmesser.

Die dritte Ausführung HM hat angebauten, polumschaltbaren Motor 0,5 kW, n = rd. 1500 und 3000 U/min, und Schalter einschl. Zubehör wie die anderen beiden Ausführungen.

Das Schleifen der Spiralbohrer

Bevor Martignioni in Düsseldorf den ersten gebrauchsfähigen Spiralbohrer entwickelte und herausbrachte, war der aus Vierkant-, Flach- oder Rundstahl hergestellte an beiden Seiten mit scharfkantigen Schneiden und vorn mit einer nach rückwärts verjüngten Spitze versehene geschmiedete „Spitzbohrer“ in Gebrauch. Da dieser Bohrer aus dem Bohrstahl der industriellen Frühzeit und dem einstigen Drillbohrer hervorgegangen war, hatte er auch derer beiden Mängel aufzuweisen. Der Spitzbohrer war ausreichend für die damals einfachen und groben Arbeiten auf Bohrknarren, Brustleiern, Hand- und Schmiedebohr-Maschinen, bei denen es auf Genauigkeiten nicht besonders ankommt. Als sich der Maschinenbau aber immer mehr und mehr entwickelte, wurde es notwendig, genaue Löcher zu bohren, was mit den Spitzbohrern nicht ging. Nun benutzte man dafür zunächst eine Abwandlung von ihm, und zwar den aus Rundstahl hergestellten und zur Hälfte flachgefrästen sogenannten „Kanonenbohrer“, den man vor allem in den Gewehr-, Geschütz- und Munitionsfabriken benutzte. Daher rührt denn auch die Bezeichnung „Kanonenbohrer“.

Diese Werkzeuge wiesen aber den Nachteil auf, daß man mit ihnen nicht ins volle Material bohren konnte, es war zunächst nötig, um zu bohren, ein Loch mit dem Dreh- oder Bohrstahl vorzubohren, um dem Bohrer im Material Ansatz und Halt zu geben. Da die Bohrspäne größtenteils im Bohrloch bleiben, gefährdeten sie dadurch die Bohrgenauigkeit. Man mußte den Bohrer öfters aus dem Loch vorziehen, um die Bohrspäne aus demselben zu entfernen und um die beim Bohren hochbeanspruchten Bohrschneiden durch Einbringen von Öl zu kühlen und zu schmieren. Dies war also eine recht umständliche und zeitraubende Tätigkeit, und die Anforderungen, die an die Genauigkeit der Bohrungen gestellt werden mußten, konnten keineswegs erfüllt werden.

Dem schon erwähnten Martignioni gelang die konstruktive Verbesserung dadurch, daß er die beim Spitzbohrer gerade geführte Schneide in Spiralform verlaufen ließ; durch eine günstige Drallrichtung dieser Spirale sorgte er auch für einen guten Späneabfluß. Weiterhin stellte er dann auch durch Versuche

Abb. 236 Spiralbohrer mit Morsekegel DIN 345

Abb. 237 Spiralsenker

den geeigneten Winkel der Bohrerspitze, welcher das Bohren ins Volle ermöglichte, fest. Im großen und ganzen ist die von Martignioni gefundene Form des Spiralbohrers bis heute auch unverändert geblieben.

Das Bohren ist ein Schneidvorgang, der genaue, scharfe und freischneidende Werkzeuge sowie zweckentsprechende Maschinen erfordert. Der Spiralbohrer ist in der mechanischen Werkstätte eines der am häufigsten gebrauchten Werkzeuge. Es ist mithin verständlich, daß der Verbrauch an Spiralbohrern sehr groß ist, und die Tatsache, daß Spiralbohrer sehr empfindlich sind und häufig durch ungeeignete Behandlung verdorben werden, steigert den Verbrauch noch erheblich.

Der Spiralbohrer ist sozusagen ein Genauigkeits-Werkzeug, das eine sachgemäße Behandlung und gute, genau arbeitende Maschinen voraussetzt. Trotz seiner ausgedehnten Verwendung in allen Betrieben kommt es noch öfters vor, daß die Grundbedingung seiner Bauart und damit seine Verwendungsfähigkeit nicht richtig erkannt und deshalb der Spiralbohrer nicht richtig ausgenutzt wird. Er arbeitet aber nur dann sachgemäß und zuverlässig und hat eine lange Lebensdauer, wenn er fachgerecht behandelt wird. Ein falsch geschärfter Spiralbohrer wird frühzeitig stumpf oder zerstört; er leistet nur ganz unvollkommene Bohrarbeit.

Muß der Spiralbohrer nach der natürlichen Stumpfung wieder instandgesetzt werden, d. h. neu geschliffen werden (Abb. 238), so muß diese Wiederherstellung der Schärfe nach den hierfür geltenden Regeln bezüglich des Hinterschliffs des Spitzenwinkels und gegebenenfalls des Anspitzens erfolgen. Es ist eine altbekannte Tatsache, daß ein Spiralbohrer nur nach langjähriger Übung aus freier Hand nachgeschliffen werden kann, aber auch dann noch nicht absolut genau ist. Man ist deshalb in den fortschrittlichen Betrieben, in denen häufig Spiralbohrer nachgeschliffen werden müssen, schon lange dazu übergegangen, eine Spiralbohrer-Schleifmaschine, die den Bohrer richtig schleift, zu verwenden.

In Abb. 239 ist die Spiralbohrer-Schleifauflage, Bauart Weissker, die an vorhandene Schleifmaschinen angebracht wird, dargestellt. Sie gewährleistet

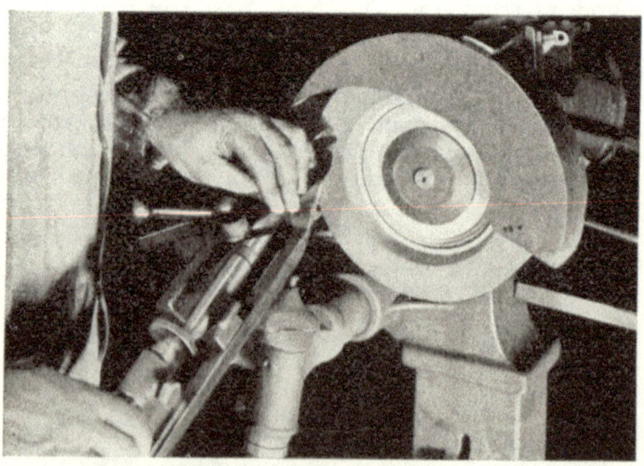

Abb. 238 Das Nachschleifen eines Spiralbohrers mittels einer Schleifauflage

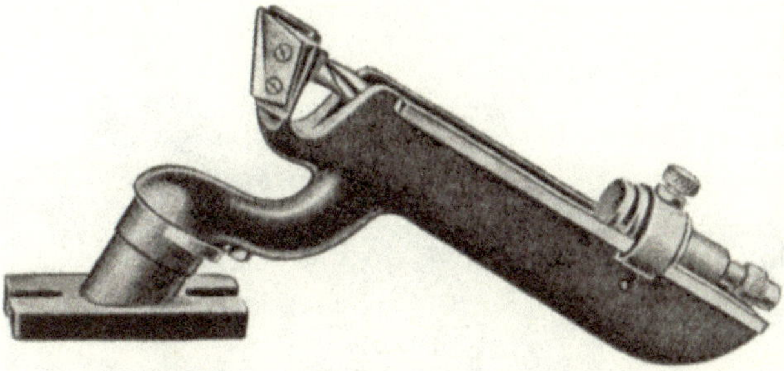

Abb. 239 Selbststellende Spiralbohrer-Auflage

einen einwandfreien Hinterschliff, richtige Schleifwinkel und einen sauberen Schliff. Die Handhabung ist einfach und schnell und es ist kein Verstellen bei wechselnder Bohrerstärke erforderlich. Der Spiralbohrer wird in den Weissker-Halter eingelegt und mit der Schneidlippe gegen das Anschlagblech gedreht, dann erteilt er sich bei der Schwenkbewegung des Halters selbststellend den richtigen Schleifkreis und den richtigen Hinterschliff.

An der Spitze des Bohrerkopfes muß der Hinterschliff am größten sein und der Peripherie hin gleichmäßig abnehmen, weil bei dem bestimmten Vorschub der Maschine die einzelnen Punkte der Schneidkante — entsprechend dem jeweiligen Durchmesser, auf dem sie liegen — verschieden lange Wege bei der Umdrehung durchlaufen.

An der Spitze des Bohrers liegt der größte Schleifkreis und der größte Hinterschliff. Der Schleifwinkel beginnt mit etwa 5° und wächst nach der Spitze des Bohrers zu auf etwa 18° an. Der Spitzenwinkel beträgt 116°.

Um wirtschaftlich zu bohren, ist es unbedingt erforderlich, genau gleichmäßig liegende Schneiden und einen dem Werkstoff entsprechenden Hinterschliffwinkel an den Spiralbohrer zu schleifen.

Abb. 240 Spiralbohrer- und Senkerschleifmaschine Bauart 75 III

Auf der in Abb. 240 dargestellten May-Spiralbohrer- und Senkerschleifmaschine DRP, Bauart 75 III der Firma Rohde & Dörrenberg können sowohl Spiralbohrer als auch 3- und 4-Lippensenker im Durchmesserbereich von 10 bis 75 Millimeter mit Spitzenwinkel von etwa 80 bis 160° genau geschliffen werden. Ferner kann man auch den bekannten Sonderschliff, der sich zum Bohren von Gußeisen als sehr zweckmäßig erwiesen hat, ohne weitere Vorrichtung anschleifen.

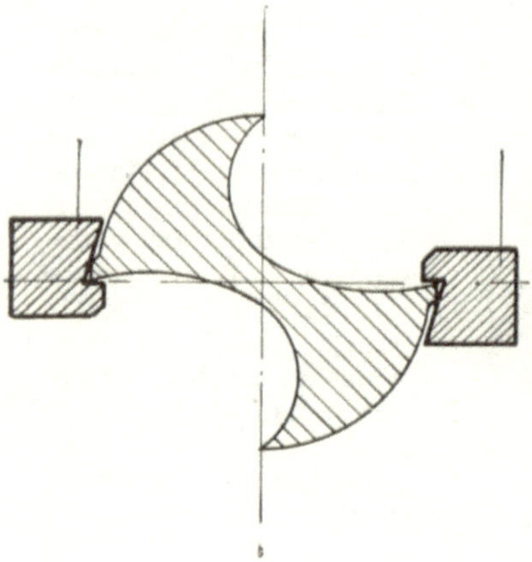

Abb. 241 Das Einspannen eines Bohrers

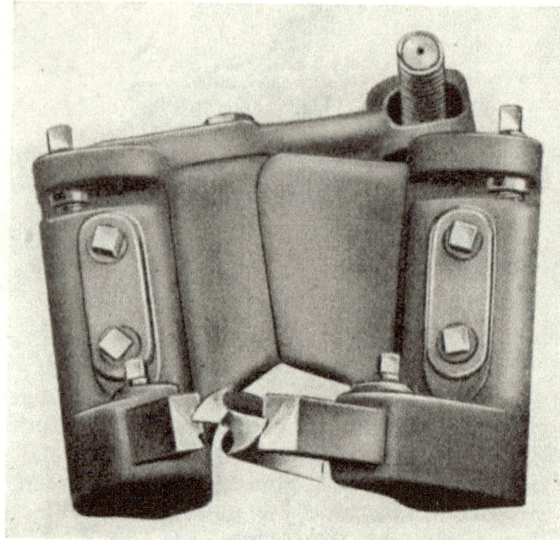

Abb. 242 Lage der Spiralbohrerfasen in den Spannkerben der Spannbacken

Abb. 243 Einstellvorrichtung

Diese Maschine arbeitet nach dem heute als allein richtig erkannten Verfahren des Umspannens, d. h. jede Schneide des Werkzeuges wird besonders eingespannt und für sich fertiggeschliffen. Gegenüber dem Verfahren des Umlaufens hat dieses den Vorteil größerer Genauigkeit, was beim Schleifen von Spiralbohrern und Senkern in erster Linie maßgebend ist. Aus der Abb. 205 ist die Lage eines in der Maschine eingespannten Spiralbohrers und die Spannelemente des schwenkbaren Spannkopfes zu sehen. Die Spannbacken sind einzeln nach einer Skala einstellbar, und es können auf der Maschine außer Spiralbohrer in normaler Ausführung auch solche mit großem oder kleinem Drallwinkel eingespannt und richtig geschliffen werden. Für linksschneidende Bohrer in den genannten Abmessungen kann eine Zusatzeinrichtung angebracht werden.

Der Hinterschliff oder Freiwinkel der Bohrer muß der Zerspanbarkeit des Werkstoffes jeweils angepaßt werden. Mit einer besonderen Einstellvorrichtung kann der jeweils gewünschte Freiwinkel nach einer Skala eingestellt werden, wie aus Abb. 243 zu ersehen ist. Damals ist die Möglichkeit gegeben, allen in der Praxis auftretenden Wünschen gerecht zu werden.

Die Antriebsleistung der Maschine beträgt etwa 2,2 kW. Auf einer schwingend angebrachten Sockelplatte des Ständers ist der Antriebsmotor untergebracht und spannt mit seinem Gewicht den Antriebsriemen zur Schleifspindel, diese läuft in Quer- und Wechselkugellagern mit 2250 U/min. Die Lager sind gegen Schleifstaub geschützt, da sie in einem geschlossenen Gehäuse liegen.

Die Maschine selbst arbeitet im Naßschleifverfahren unter Verwendung von Sodawasser.

Die Schleifscheibe ist mit ihrer Aufnahme in einer schwalbenschwanzförmigen Ausdrehung mit Schwefel vergossen, so daß sie sich bis auf das äußerste Maß ausnutzen läßt.

Eine weitere Spiralbohrer-Spitzenschleifmaschine, und zwar die Bauart BP 2 der Firma Stock wird in Abb. 244 dargestellt. Sie eignet sich zum Schleifen von Bohrern und Senkern von 10—75 mm Durchmesser mit einem Spitzenwinkel von 90—140°. Die Maschine wird mit Gleich- bzw. Drehstrommotoren ausgerüstet, und zwar bei Drehstrom mit Spannungen von 125, 220, 380 und 500 Volt bei 50 Perioden und bei Gleichstrom für 110, 220, 400 Volt. Die Zufuhr des Kühlwassers zur Schleifscheibe erfolgt durch eine Schleuderpumpe.

Die Schutzhaube kann entsprechend der Abnutzung der Schleifscheibe nachgestellt werden und dadurch werden bei Zubruchgehen des Schleifkörpers Unglücksfälle vermieden.

Abb. 244 Spiralbohrer-Spitzenschleifmaschine, Bauart BP 2

Abb. 245 Richtige und falsche Querschneiden

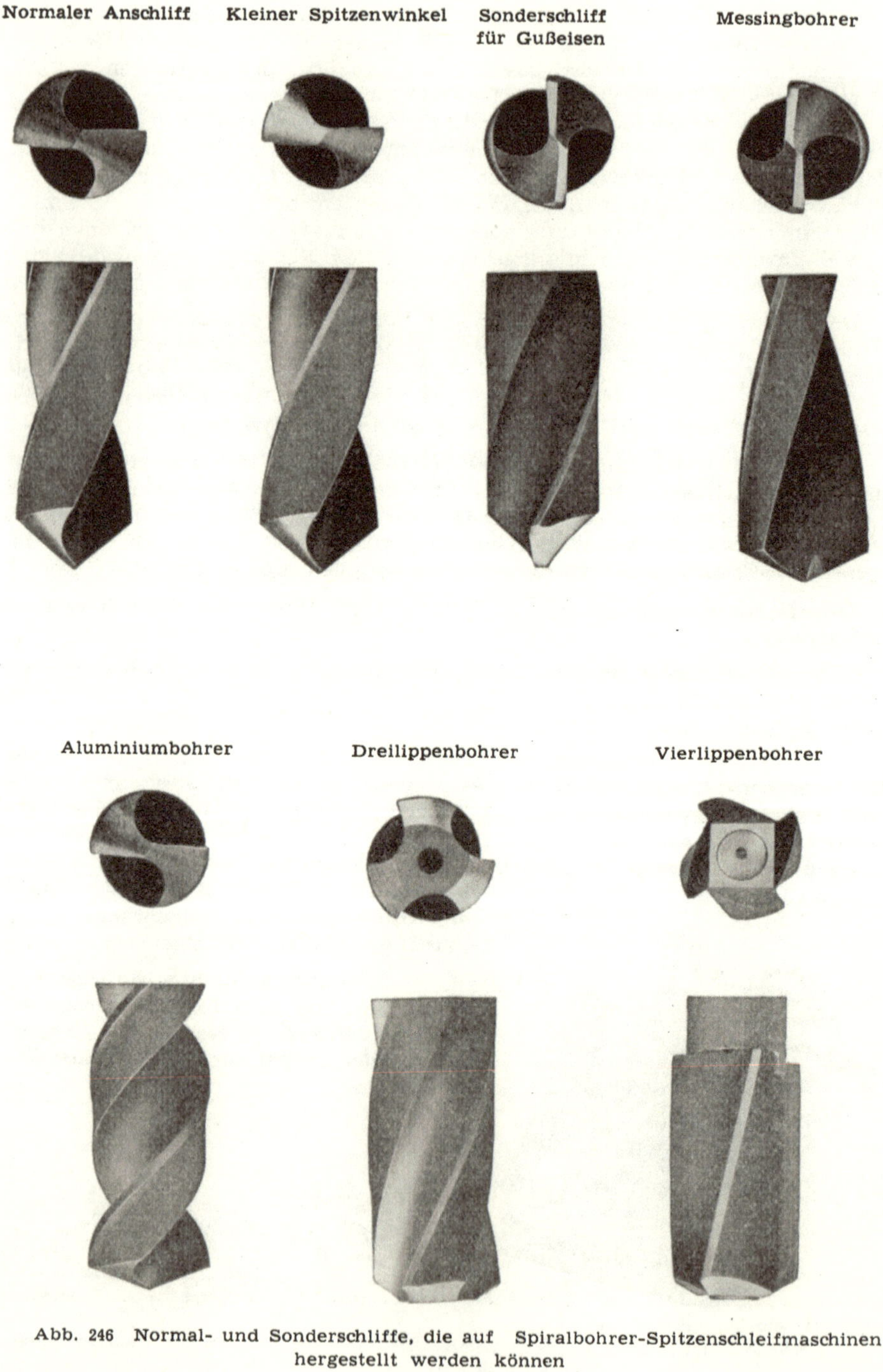

Abb. 246 Normal- und Sonderschliffe, die auf Spiralbohrer-Spitzenschleifmaschinen hergestellt werden können

Für Stahlbearbeitung muß die Querschneide zu den Hauptschneiden unter einem Winkel von 55° liegen. In der Abb. 245 und 246 werden beispielsweise richtige und falsche Querschneiden wiedergegeben. Die Einstellmaße sind nur Richtwerte und sind von dem Drall des Bohrers abhängig. Wird der Querschneidenwinkel größer als 55°, so muß der Bohrer weiter aus den Backen herausgespannt werden, hingegen muß er bei kleinerem Querschneidenwinkel kürzer eingespannt werden.

Alle Spitzenwinkel in dem Bereich von 90—140° müssen nach Skala eingestellt werden. Die Spannbacken sind auswechselbar angeordnet und auf verschiebbare Spannbackenhalter befestigt. Die Backen werden mittels einer Vierkantschraube an der seitlichen Einstellschraube gegeneinander verschoben. Der Bohrer wird also in seiner Achse gedreht und man erzielt auf diese Weise eine Änderung des Hinterschliffes.

Der Kraftbedarf der Maschine beträgt 2,2 kW. Die Drehzahl der Schleifscheibe ist 2200 U/min. Die Schleifscheibe hat die Abmessung von 200x70x140 mm.

Abb. 247 Spiralbohrer-Anspitzauflage

In Abb. 247 wird eine Spiralbohrer-Anspitzauflage der AEG dargestellt.

Beim Schleifen von Spiralbohrern bleibt zwischen den beiden außenliegenden Schneidlippen eine stumpfe Schneide stehen. Durch die Stärke des massiven Bohrerkerns wird die Breite dieser Schneide bedingt. Diese wiederum kann ein bestimmtes Maß nicht unterschreiten, ohne daß die Gefahr des Aufreißens des Bohrers von der Spitze aus entsteht. Um die Biegungsbeanspruchung aufzunehmen, die durch ungleichmäßigen Schneidwiderstand an den beiden Lippen oder durch ungenaue Bohrerführung auftreten, muß der Kern außerdem sogar noch nach hinten stärker werden. Daher wird der Abstand der Schneidlippen durch Abnutzung und Nachschleifen der Spiralbohrer noch größer.

Bei den in üblicher Weise angespitzten Bohrern muß der mittelste Teil der Bohrungen durch Druck und Reibung der stumpfen Schneide abgebröckelt oder abgerieben werden. Besonders bei größeren Bohrerdurchmessern sind dazu erhebliche achsiale Drücke und Antriebsleistungen erforderlich. Hierdurch wird die Maschine, der Bohrer und die Aufspannung stark in Anspruch genommen. Als ideale Lösung ist anzustreben, auch das Innere der Bohrungen in Form von flachen Spänen abzuheben. Dazu muß die Verbindungslinie der äußeren Schneidlippen nochmals als Zweischneider ausgebildet sein.

Eine Handschleifmaschine kann man zu diesem Schleifen der Spiralbohrer kaum benutzen, weil sie ein zu schlankes Anspitzen ergeben würde, da die Ungleichmäßigkeiten der Handführung keine scharfkantigen Schleifscheiben, sondern nur abgerundete Schleifscheiben zulassen. Durch die schlanke Anspitzung wird die Bohrerspitze derart geschwächt, daß sie schon bei geringen Stößen oder harten Stellen im Werkstoff keilförmig ausspringt. Der ganze Bohrer wird mithin leicht auseinandergesprengt. Die Bohrspäne können sich nicht bei der mit der Handschleifmaschine erzielten Schneidkante aufrollen, sondern nur zerbröckeln. Hierdurch wird eine Mehrleistung an Arbeit notwendig. Auch bleibt bei Verwendung der Handschleifmaschine immer noch ein Teil der Bohrermitte ungeschärft. Alle diese Gründe haben zu der Herstellung von besonderen Spitzen-Schärfmaschinen geführt.

Eine praktische Spiralbohrer-Schleifeinrichtung ist in Abb. 244 dargestellt.

Zusammenfassend kann gesagt werden, daß genau wie bei den übrigen Schneidwerkzeugen, es falsche Sparsamkeit ist, stumpfe Spiralbohrer zu benutzen. Allgemein schleift man Spiralbohrer am wirtschaftlichsten auf Spezial-Schleifmaschinen; allerdings kann man Bohrer unter ½ Zoll Durchmesser auch von Hand vorteilhaft nachschleifen. Spiralbohrer aus Schnellstahl kann man sowohl trocken als auch naß schleifen. Beim Schleifen von Spiralbohrern ist besonders darauf zu achten, daß die beiden Schneidlippen die gleiche Länge haben und in dem gleichen Winkel zur Bohrerachse liegen. Vor allem müssen auch die Schneidkanten so gerade wie möglich gehalten werden. Stehen die Schneidlippen in verschiedenen Winkeln zur Achse, so ist die Spitze des Bohrers zwangsläufig aus der Mitte und die Folge ist eine zu große Bohrung, daher ist ein einwandfreies Arbeiten mit ihm nicht möglich, da er von dem zu bohrenden Werkstoff seitlich nicht mehr genug gestützt wird. Der Hinterschliff an der Schneidfase ist wohl beim Schleifen von Spiralbohrern das wichtigste, denn ein ungenügender Hinterschliff ist ebenfalls die Ursache einer schlechten Bohrerführung. Ein schlecht hinterschliffener Bohrer kann unmöglich hohen Beanspruchungen standhalten. Spitzt man einen Spiralbohrer an, so schleift man unterhalb der Spitze zwei kurze Hohlkehlen ein, wodurch die Bohrerlippen an den Schneidkanten verkürzt werden.

Der für die Bohrleistung erforderliche Achsialdruck verringert sich, wenn die Schneiden der beiden Bohrerlippen bis zu einem Drittel durch Anspitzen verkürzt werden. Allgemein erzielt man dann eine wesentlich bessere Bohrerwirkung und man benutzt dann zweckmäßig eine mit rundem Profil versehene Schleifscheibe. Zu empfehlen sind für das Schleifen von Spiralbohrern Elektrokorundschleifscheiben in Korn 46—60, Härte K—M (nach Norton Skala).

Spiralbohrer, die kurz geworden sind, können immer noch durch entsprechenden Anschliff als Versenk- oder Zentrum-Bohrer Verwendung finden, wie beispielsweise zum Versenken von Schrauben mit schrägem oder geradem Kopf.

Bei schlechtem Spitzenanschliff schneidet der Bohrer einseitig, in diesem Falle muß man den Schliff berichtigen.

Ist ein Bohrer unzweckmäßig geschliffen, so wird er schnell stumpf und die Folge ist ein sehr unsauberes Bohrloch. Dasselbe tritt auch ein, wenn der Bohrer nicht richtig gekühlt wird. Es ist ein geeignetes Kühlmittel zu nehmen, welches in genügender Menge zugeführt wird und der Bohrer ist sachgemäß nachzuschleifen.

Stumpfe Schneidkanten von Spiralbohrern sind häufig die Ursache von einem Bruch des Bohrers.

Beim Bruch des Kegellappens am Spiralbohrer dreht man den Konus nach und wenn er zu hart ist, schleift man ihn zweckmäßig auf einer Rundschleifmaschine nach.

In den meisten Fällen kommt die falsche Behandlung eines Spiralbohrers durch unsachgemäßen Anschliff zum Ausdruck. Vielfach wird der Fehler gemacht, daß man die Schneiden zu stark hinterschleift, in dem Glauben, daß ein solcher Bohrer besonders frei schneidet und schnell arbeitet. Die zu stark hinterschliffenen Schneiden neigen zum Einhaken, und die Folge ist, daß der Bohrer abbricht.

Ist der Hinterschliff eines Spiralbohrers zu klein, so drückt der Bohrer zu stark auf den Werkstoff und man kann ihn dann nur mit einem starken Vorschub zum Schneiden bringen. Die Folge ist eine zu große Erwärmung, die Schneiden laufen meist blau an und glühen aus. Vielfach zerbricht hier der Bohrer schon durch den zu hohen Druck. Um nun beim Nachschliff den richtigen Anschliff zu erzielen, ist es ratsam, sich einer Maschine zu bedienen, die den richtigen zweckentsprechenden Spiralbohrerschliff gewährleistet.

Um Höchstleistungen mit einem Spiralbohrer zu erreichen, ist es also erforderlich, daß er einen einwandfreien Schliff besitzt. Durch sachgemäßes Schleifen werden die Standzeit und die Lebensdauer erheblich vergrößert und die Bruchgefahr wird auf ein Mindestmaß herabgesetzt.

Wenn es irgend angängig, sollte grundsätzlich eine Sonderschleifmaschine für Spiralbohrer angeschafft werden, da das Freihandschleifen große Erfahrung und Geschicklichkeit voraussetzt; denn die meisten Spiralbohrer werden durch Verschleifen der Schneidkante und der Bohrspitze unbrauchbar.

In solchen Fällen, wo das Freihandschleifen nicht zu umgehen ist, müssen die Schneiden nach Form, Lage und Winkel mit Lehren nachgeprüft werden; wobei ganz besonders auf die richtige Lage des Schneidenschnittpunktes zur Bohrerachse und die Höhe der Schneidenschrägen zu achten ist.

Die beim Freihandschleifen am häufigsten vorkommenden Fehler sind: Ungleiche Neigung der beiden Schneidkanten zur Achse, ungleich lange Schneidkanten, falscher Winkel zwischen den beiden Schneidkanten, zu großer oder zu kleiner Hinterschliff.

Beim Schleifen von Schnellstahlbohrern ist stets unter reichlichem Kühlwasserzufluß zu arbeiten, da sonst infolge zu starker Erwärmung feine Oberflächenrisse entstehen, die häufig zu einem Ausbrechen der Schneidspitzen führen.

Spiralbohrer für Messingbearbeitung

Gradnutige Bohrer, welche ähnlich ausgeführt sind wie die Langlochbohrer für Holz oder Metall, haben sich für die Messingbearbeitung gut bewährt, so daß sie von den meisten Spiralbohrerfabriken hergestellt werden. Die Sprödigkeit des Messings verhindert das Rollen der Späne, sie bilden in der Spiralbohrnute die Ursache zum Abbrechen des Bohrers. Wenn von Hand gebohrt wird, läßt sich ein Festsetzen des Bohrers feststellen. Da der Automat aber kein Gefühl aufweist, muß man hier mit einem Bruch rechnen. Es ist deshalb erforderlich, daß man bei den Spiralbohrern für die Messingbearbeitung nur das beste Erzeugnis verwendet, denn die Härtung und die Eignung des Bohrermaterials für die genannte Arbeit spielt eine sehr große Rolle.

Hat man einmal einen Lieferanten gefunden, der ein in jeder Beziehung tadelloses Erzeugnis herstellt, so wird man nicht mit ihm wechseln.

Um abgebrochene Spiralbohrer schnell nachzuschleifen, bedient man sich zweckmäßig des Trennschleifens, wie die Abb. 248 zeigt. Nach dem Abtrennen erfolgt ein neuer Anschliff. Hervorzuheben ist bei einem derartigen Arbeitsgang die große Zeitersparnis.

Abb. 248 Abtrennen des vorderen Teils eines zerbrochenen oder im Durchmesser (an der Fase) zu stark abgenutzten Spiralbohrers mit einer Alundum-Schleifscheibe in 60-P7T-2 (Schliff und Scheibe)

Das Schleifen der Gewindebohrer

Der Gewindebohrer ist ein Werkzeug, welches meist fertig bezogen wird, deshalb steht seine richtige Handhabung und Wiederinstandsetzung im Vordergrund. So ist beim Nachschleifen stumpfer Gewindebohrer besondere Vorsicht geboten, damit die Nuten und Schneidwinkel nicht verschliffen werden.

Voraussetzung ist, daß, wenn sich die ersten Anzeichen einer Abstumpfung bemerkbar machen, sofort das Nachschleifen erfolgt.

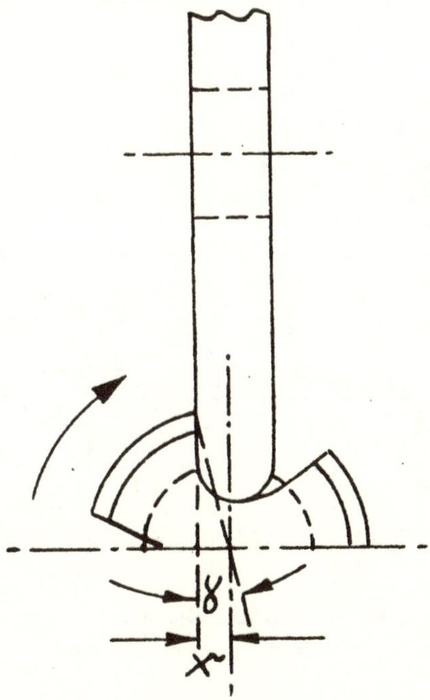

Abb. 249 Einstellen des Spanwinkels

Bei gerade genuteten Gewindebohrern kann das Schleifen der Spanfläche mittels einer Teilvorrichtung auf jeder Werkzeugmaschine erfolgen. Zunächst wird das Profil der Schleifscheibe der Nutenform genau angepaßt. Es kommen sowohl Tellerschleifscheiben als auch schräge Topfschleifscheiben zur Anwendung. In Abb. 249 wird das Einstellen des Spanwinkels y veranschaulicht. Besonders ist darauf zu achten, daß die Schneidspitzen beim Schleifen nicht ausgeglüht werden. Beim Schleifen geht man nun wie folgt vor: Man richtet die Arbeitsseite der Schleifscheibe auf die Achsmitte aus und verschiebt die Schleifscheibe um den Betrag x seitlich ($x = r \cdot \sin y$). Tab. 12 gibt nun die Verstellung x des Gewindebohrers in mm an. Wie die Abb. 249 zeigt, erfolgt die Spanzustellung in der angegebenen Pfeilrichtung. Tab. 13 gibt ferner Richtwerte nach Loewe für die Spanwinkel am Gewindebohrer an.

Allgemein richtet sich der Hinterschliff oder Freiwinkel nach den Arbeitsbedingungen des Gewindebohrers. So werden beispielsweise kurze Anschnitte an Hand- und Sackloch-Gewindebohrern im Einstechverfahren hinterschliffen, was in Abb. 250 veranschaulicht wird. Die Tab. 14 gibt Werte über den Hinterschliff des Anschnittkegels an, und zwar gelten diese für 4nutige Gewindebohrer von ca. 30°. Für Vorschneider und Muttergewindebohrer vermindern sich die Werte um ⅓, für Bronze, Messing und Gußeisen erhöhen sie sich auf das 1½fache.

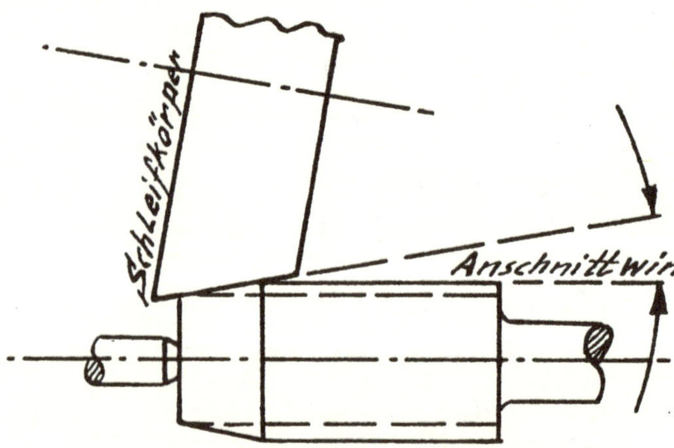

Abb. 250 Hinterschliff des Anschnittkegels

Tabelle 12*

Verstellung x des Gewindebohrers in mm nach Abb. 100.

Gewindebohrer Φ mm	Spanwinkel γ				
	5°	10°	15°	20°	25°
1	0,04	0,09	0,13	0,17	0,21
2	0,09	0,17	0,26	0,34	0,42
3	0,13	0,26	0,39	0,51	0,63
4	0,17	0,35	0,52	0,68	0,85
5	0,22	0,43	0,65	0,86	1,06
6	0,26	0,52	0,78	1,03	1,27
7	0,30	0,61	0,91	1,20	1,48
8	0,35	0,69	1,04	1,37	1,69
9	0,39	0,78	1,16	1,54	1,90
10	0,44	0,87	1,29	1,71	2,11
11	0,48	0,96	1,42	1,88	2,32
12	0,52	1,04	1,55	2,05	2,54
13	0,57	1,13	1,68	2,22	2,75
14	0,61	1,22	1,81	2,39	2,96
15	0,65	1,30	1,94	2,57	3,17
16	0,70	1,39	2,07	2,74	3,38
17	0,74	1,48	2,20	2,91	3,59
18	0,78	1,56	2,33	3,08	3,81
19	0,83	1,65	2,46	3,25	4,02
20	0,87	1,74	2,59	3,42	4,23

Tabelle 13*

Richtwerte für die Spanwinkel am Gewindebohrer

Werkstoff	Spanwinkel γ°
Gußeisen bis 200 H_B . . . . Stahl bis 70 kg/mm² Festigkeit . .	5 . . . 10
Gußeisen hart . . . . Stahl zäh	0 . . . 5
Leichtmetall	20 . . . 25
Messing, Bronze	0 . . . 5
Bakelit	0
Norotext, Hartpapier	18 . . . 20

* Loewe Notizen

Tabelle 14*

Hinterschliff des Anschnittkegels

Gewindedurchmesser mm	Hinterschliff h mm
1 ... 3,5	0,05 ... 0,06
über 4 . . 8	0,06 ... 0,08
„ 8 ... 14	0,08 ... 0,12
„ 14 ... 20	0,12 ... 0,15
„ 20 ... 30	0,15 .. 0,20
„ 30 ... 40	0,20 ... 0,24
„ 40 ... 52	0,24 ... 0,30
„ 52 ... 75	0,30 ... 0,35

* Loewe Notizen

In den meisten Fällen erfolgt die Abstumpfung des Gewindebohrers zunächst im Anschnitt. Die Abstumpfung tritt sowohl auf der Rückenfläche als auch an der Brust derjenigen Gewindezähne ein, welche die größte Zerspanungsarbeit zu verrichten haben.

Abb. 251 Schleifen der Nuten in Gewindebohrern mit einer Alundum-Schleifscheibe mit abgerundetem Profil in 3846-L5B. (Schliff u. Scheibe)

Zuerst bilden sich auf dem Rücken kleine dreieckige Flächen, und wenn man beim Auftreten derselben nicht rechtzeitig genug nachschleift, vergrößern sich diese Flächen äußerst schnell.

Eine weitere Abstumpfung tritt an der Brust der Gewindebohrer ein, wo sich die Schneidkanten der Zähne mit der Zeit mehr und mehr runden. Die

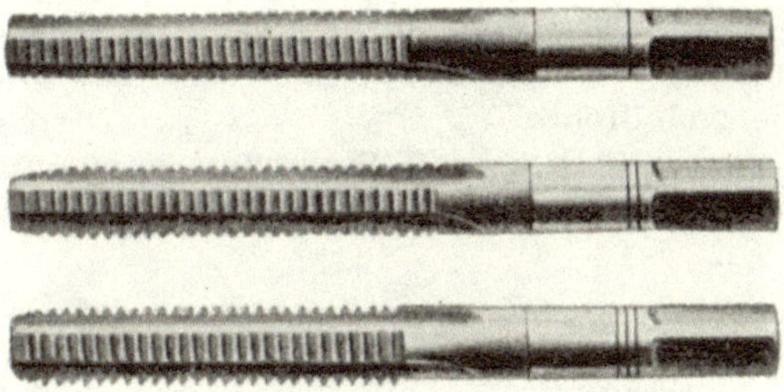

Abb. 252 Gewindebohrer DIN 352

Abb. 252a

Abb. 252b Maschinengewindebohrer für Whitworth-Gewinde

Abstumpfung an der Rückenfläche der Zähne ist immer für das Nachschleifen zeitbestimmend. Sobald sich die geringsten Flächen zeigen, ist es zweckmäßig, den Bohrer nachzuschleifen, und zwar so, daß man zuerst an der Brustfläche schleift, also in den Nuten. Es ist darauf zu achten, daß nur so viel weggeschliffen wird, bis die Abstumpfung der Schneidkanten an der Brustfläche verschwunden ist. Schleift man aber so viel weg, bis die kleinen dreieckigen Flächen auf der Rückenfläche der Anschnittzähne vollkommen verschwunden sind, so würde sich dies auf die Lebensdauer des Gewindebohrers sehr ungünstig auswirken.

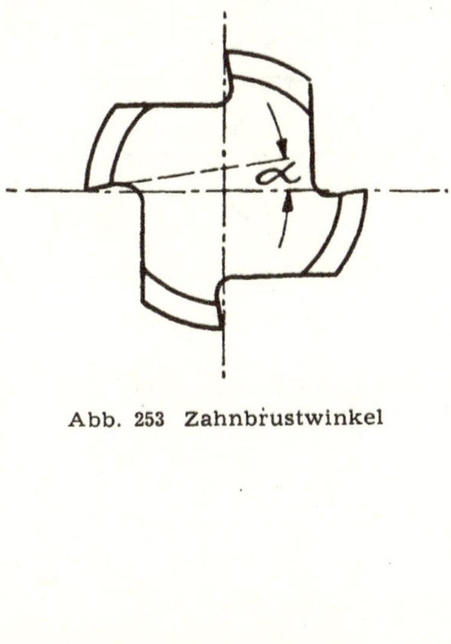

Abb. 253 Zahnbrustwinkel

Sollten nach dem Nachschleifen an der Brust noch Dreieckflächen auf der Rückenfläche stehengeblieben sein, so beseitigt man sie zweckmäßig durch Nachschleifen des Anschnittes.

Der in der Abb. 253 dargestellte Zahnbrustwinkel α richtet sich jeweils nach dem Werkstoff. Um diesen Winkel muß die Zahnbrust unterschliffen sein, wenn wirtschaftlich damit gearbeitet werden soll. Nachfolgend sind zu den verschiedenen Werkstoffen die zugehörenden Brustwinkel angegeben:

Gußeisen bis 200 Brinell	8—10 Grad
Gußeisen (sehr hart)	0— 7 Grad
Stahl bis 40 kg Festigkeit	12—15 Grad
Stahl bis 70 kg Festigkeit	8—12 Grad
Stahl über 70 kg Festigkeit	0— 8 Grad
Leichtmetalle	20—45 Grad
Messing und Bronze	0— 7 Grad

Diese Winkel lassen sich leicht auf Werkzeugschleifmaschinen oder Schälschnittschleifmaschinen einstellen und anschleifen. Zweckmäßig verwendet man

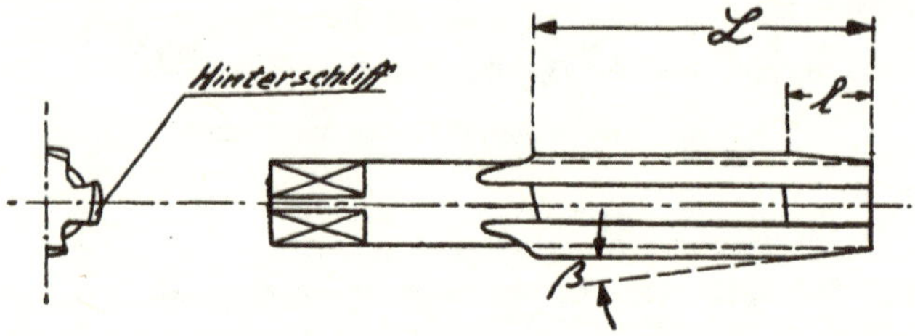

Abb. 254 Gewindebohrer-Hinterschliff

hierfür eine Topfschleifscheibe nach DIN 183, und zwar eine keramisch gebundene Schleifscheibe, Körnung 46—60, Härte I—K (noch Norton-Skala).

Es ist vor allem darauf zu achten, daß die einzelnen Gewindezähne nicht ausglühen, da sie sonst ihre Härte verlieren und somit der ganze Bohrer unbrauchbar wird, daher ist hier für eine gute Kühlmittelzufuhr Sorge zu tragen. Selbstverständlich ist die Wahl der geeigneten Schleifscheibe von großem Einfluß auf eine saubere Schleifoberfläche, denn es muß eine Anschliffläche erzielt werden, die ein Anschweißen der Späne ausschließt.

In der Abb. 254 wird der Gewindebohrerhinterschliff veranschaulicht. Hierbei ist zu beachten, daß nur der angespitzte Teil der Gewindelänge des Bohrers

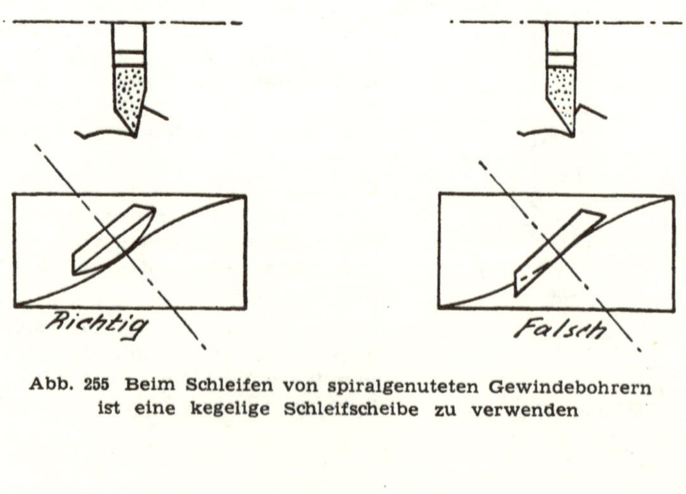

Abb. 255 Beim Schleifen von spiralgenuteten Gewindebohrern ist eine kegelige Schleifscheibe zu verwenden

hinterschliffen wird. Geschieht dies nicht, so wird das Gewinde verdorben, da sich beim Zurückdrehen des Bohrers Späne zwischen die im spitzen Winkel zum Gewindeumfang verlaufende Hinterschliffläche klemmen. Normalerweise beträgt die angespitzte Länge (l) ein Viertel bis ein Drittel der Länge (L) des Gewindes bei Hand- und Maschinen-Gewindebohrern. Im übrigen richtet sich die Länge des angespitzten Gewindes nach der Art des Gewindebohrers, denn beispielsweise bei Sacklochgewindebohrern wird die angespitzte Länge entsprechend kürzer gehalten. Wie aus der Abb. 254 hervorgeht, wird der Winkel β durch die Gewindezahntiefe und die Länge (l) bestimmt.

Beim Schleifen von spiralgenuteten Gewindebohrern ist darauf zu achten, daß nicht mit der ebenen Seite der Schleifscheibe geschliffen wird; hierfür ist eine kegelige Schleifscheibe zu verwenden. Die Abb. 255 veranschaulicht dies sehr deutlich.

Das Schleifen eines Gewindebohrers auf der in Abb. 215 dargestellten Werkzeugschleifmaschine, Bauart AWS II, wird in Abb. 256 gezeigt.

Es müßte also oberster Grundsatz jeder Betriebsführung sein, auch dem Gewindebohrer in der Pflege die ihm zukommende Bedeutung zuteil werden zu lassen. Sehr häufig werden immer noch arbeitsunfähige Werkzeuge dieser Art verwendet. Daher geht es nicht an, diese teuren Gewindebohrer, die ein hochwertiges Werkzeug darstellen, einfach nach Gutdünken von Hand zu schleifen und das Gelingen dem Zufall zu überlassen. Es ist vorteilhaft, die auf dem Markt befindlichen zweckentsprechenden Werkzeugschleifmaschinen und Sondereinrichtungen hierfür zu verwenden.

Abb. 256 Schleifen eines Gewindebohrers

Das Schleifen von Stempeln und Schnittwerkzeugen (Schnittplatten)

Der letzte Arbeitsgang am fertigen Werkzeug ist das Schleifen, daher muß es sachgemäß durchgeführt werden, weil sonst alle bisher aufgewendeten Kosten umsonst gewesen sind.

Da die modernen Schleifmaschinen mit hohen Arbeitsgeschwindigkeiten laufen, ist beim Schleifen, insbesondere bei Anwendung großer Vorschübe, darauf zu achten, daß keine zu starke örtliche Erhitzung des Werkstückes entsteht, damit ein Verbrennen der Schnittwerkzeuge vermieden wird.

So wählt man beispielsweise zweckmäßig folgende Umfangsgeschwindigkeiten beim Schleifen von Schnittwerkzeugen (Schnittplatten) aus gehärtetem und legiertem Stahl:

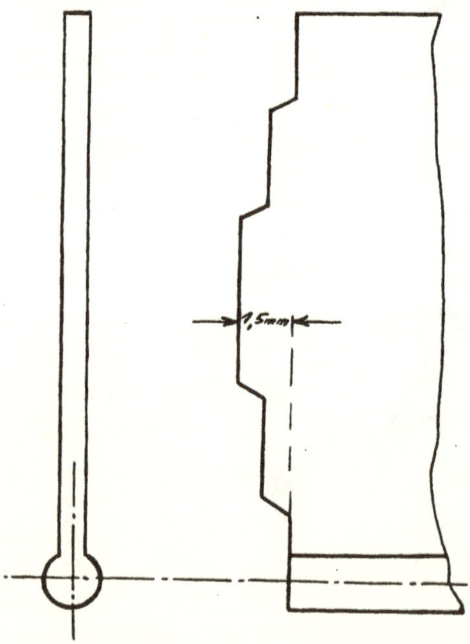

Abb. 257 Darstellung der Unterteilung der Schnittkraft durch Abstufung der Schnittkanten

Flächenschliff: Umfangsgeschwindigkeit der Schleifscheibe 25 m/sek.

Rundschliff: Auf einer Rundschleifmaschine etwa 25 bis 28 m/sek. Umfangsgeschwindigkeit.

Umfangsgeschwindigkeit d. Werkstückes beim Schruppen 12 bis 15 m/min.

Umfangsgeschwindigkeit d. Werkstückes beim Schlichten 6—8 m/min.

Längsvorschub des Werkstückes beim Schruppen $\frac{2}{3}$ der Scheibenbreite.

Längsvorschub des Werkstückes beim Schlichten $\frac{1}{3}$ der Scheibenbreite.

Besonders beim Schleifen von Stempeln und Schnittplatten ist darauf zu achten, daß die Schneidkanten nicht durch zu große Spanleistungen anlaufen.

Es ist zweckmäßig, nach dem Schleifen von Stempeln den Schleifgrat mit einem feinen Abziehstein zu beseitigen, weil sonst die Führungsplatten ausgeschabt werden.

Hat man komplizierte Werkzeuge, wie z. B. Blockschnitte, so soll man die wirtschaftlichen Erwägungen hinten anstellen, denn eine längere Schleifzeit, die durch geringere Vorschübe und geringere Spantiefe bedingt ist, verursacht allgemein geringere Kosten als ein Werkzeug, welches durch zu große Spanleistung der Schleifscheibe verdorben wird. Solche Schäden lassen sich meist nicht mehr beseitigen.

Eine Herabsetzung der Schnittkraft läßt sich leicht erreichen, sie führt vor allem zur Minderung der Bruchgefahr des Werkzeuges. Gibt man beispielsweise den Stempeln einen dachförmigen Schrägschliff, so wird die Schnittkraft schon herabgemindert. Da die Schnittarbeit gleich Kraft mal Weg ist, so verlängert sich hier bei der Abschrägung in der Formel für die Schnittarbeit der Weg. Der Weg ist nun nicht mehr gleich der Blechstärke, sondern es kommt die Abschrägung, also vom niedrigsten bis zum höchsten Punkt der Stempelschneidkante hinzu.

In Abb. 257 ist die Unterteilung der Schnittkraft durch Abstufung der Schnittkanten beim Schleifen dargestellt. Es muß allerdings betont werden, daß die Abstufung stark übertrieben dargestellt ist. Hier in der Abbildung sind die Stempel zwar nicht schräg geschliffen, sondern stufenförmig abgeschliffen, wodurch ebenfalls die Schnittkraft unterteilt wird.

In Abb. 258 wird das Schärfen eines stumpfgewordenen Schnittes mit der Schleifmaschine mit biegsamer Welle und einem elastischen Schleifkörper dargestellt.

Neben der Bruchgefahr der Stanzwerkzeuge spielt der Verschleiß bzw. die Standzeit der Stanzwerkzeuge eine große Rolle, d. h. die Zeit zwischen den Nachschliffen.

Die Standzeiten lassen sich durch Toleranzausnutzungen bedeutend verlängern. Wird ein Stanzwerkzeug beispielsweise mit einer bestimmten Toleranz hergestellt, so ist es zweckmäßig, das Werkzeug so zu bauen, daß die zuerst ausgeschnittenen Werkstücke das zulässige Kleinstmaß besitzen, und das zulässige Höchstmaß läßt sich erst im Laufe des sich über die ganze Toleranzspanne ausgedehnten Verschleißes erreichen.

Von großer Wichtigkeit ist auch die richtige Pflege und sorgfältige Lagerung sowie eine richtige Einrichtung und gute Behandlung der Stanzwerkzeuge.

Die Arbeitskanten und Flächen der Stanzwerkzeuge sind gut zu schmieren und zu kühlen. Einen großen Einfluß auf die Verlängerung der Standzeiten und Verminderung der Instandhaltungskosten dieser Werkzeuge spielt die Vorbehandlung der zu stanzenden Bleche. Dies bezieht sich nicht nur auf die wärmetechnische Vorbehandlung, sondern vor allem auf die Säuberung der Bleche; denn gerade der auf den Blechen nach dem Sandstrahlen noch haftende Staub bildet mit dem Öl eine Art Schleifpaste, die den Schneiden der Stanzwerkzeuge äußerst schädlich ist.

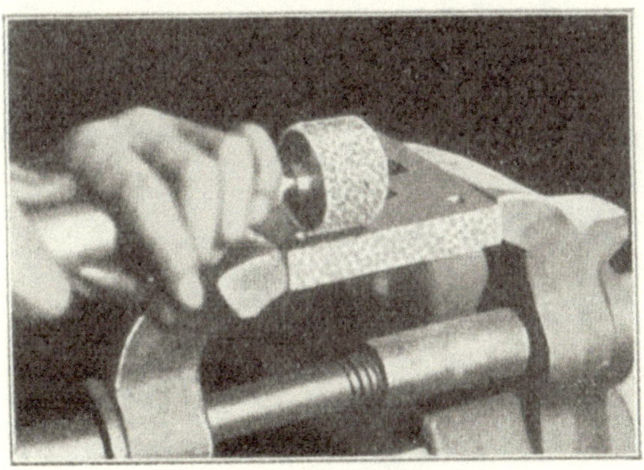

Abb. 258 Schärfen eines stumpf gewordenen Schnittes mit elastischem Schleifkörper

Die richtige Instandhaltung der Werkzeuge setzt eine fachmännische Prüfung der Stanzwerkzeuge einschließlich ihrer Sicherungen voraus. Vor allem ist es auch zweckmäßig, die Standzeiten neuer Stanzwerkzeuge zu beobachten, wodurch sehr oft etwaige Bau- oder Konstruktionsfehler erkannt werden.

Es kommt bei sehr hochwertigen Schnittwerkzeugen häufig vor, daß von Hand fertig bearbeitete oder auch gehobelte Schnittstempel in Bezug auf ihre Oberflächenbearbeitung den Anforderungen nicht voll entsprechen. Besonders schwierig sind Stempel nachzuarbeiten, welche sich beim Härten verzogen haben oder „gequollen“ sind. In diesem Falle bleibt nur eine mühselige Nacharbeit von Hand übrig, die außerdem meist noch sehr unzulänglich ist; dieses Nacharbeiten nimmt in vielen Fällen bedeutend mehr Zeit in Anspruch als die gesamte Herstellung des Schnittstempels bis zum Härten. Handarbeit sollte daher immer vermieden werden.

Allgemein ist das Schleifen von Schnittstempeln oder ähnlichen Formteilen, besonders wenn sie, wie beispielsweise bei Blockschnittwerkzeugen, mit Fuß herzustellen sind, sehr schwierig und erfordert schon eine große Erfahrung.

Es gibt allerdings Form- und Stempel-Hobler, wie z. B. der Thiel-32-Hobler, mit dem auch diese Arbeit leicht durchführbar ist. Es wird auf der normalen Maschine ein elektrischer Schleifapparat, der eine Absaugevorrichtung besitzt, angebracht, und es ist auf diese Weise möglich, die gehärteten Stempel einfach und genau zu schleifen. Beim Schleifen selbst bleibt der Hobler unverändert, und statt des Hobelstahles wird der mit 40 000 U/min laufende Schleifapparat angebracht. Durch Lösen einer Schraube wird die Schwenkbewegung der Stahlhalterbrücke, die während des Hobelns die Radiusbewegung des Stahles ausführt, ausgeschaltet. Auf diese Weise macht der Schleifapparat nur eine senkrechte Hubbewegung, welche in der Hublänge und auch in der Hublage hoch oder tief eingestellt werden kann. Diese Schleifmethode wird im übrigen genau so gehandhabt wie das Formhobeln, so daß eine besondere Vorbildung nicht erforderlich ist.

Neuzeitliche Handschleifer für die Werkzeugmacherei und den Vorrichtungsbau

Die Leistungsfähigkeit eines Betriebes ist in vielen Fällen von der Werkzeugmacherei und vom Vorrichtungsbau abhängig, da die Herstellung und laufende Instandhaltung der verschiedensten Fertigungswerkzeuge die wichtigste Aufgabe der Werkzeugmacherei ist. Vor allem gehören auch in eine moderne Werkzeugmacherei die in der Abb. 258 dargestellten Elektrohandschleifer, welche die unvermeidbare Handarbeit vereinfachen, erleichtern und verkürzen.

Der Elektrohandschleifer besteht aus Schleifspindel und organisch damit zusammengebautem Motor mit Schalter. Nur ein dünnes Kabel führt zur Steckdose. Das Wesentliche dieser Bauart ist Handlichkeit, erschütterungsfreier Lauf der Spindel sowie hohe Drehzahl. Es ist wohl allgemein bekannt, daß die beste Schleifleistung erreicht wird, wenn die Schleifscheibe mit einer Umfangsgeschwindigkeit von mindestens etwa 25 m/sek arbeitet. Beim Bau kleiner und mittelgroßer Fertigungswerkzeuge kommt man im allgemeinen mit Schleifscheiben von etwa 3 bis 30 mm Durchmesser aus. Um mit kleinen wie größeren Schleifkörpern möglichst im Bereich der günstigsten Umfangsgeschwindigkeit zu arbeiten, werden Elektroschleifer mit 50 000 bzw. 20 000 U/min gebaut. Es bestehen daher zwei Gerätegruppen.

1. Elektrohandschleifer mit 50 000 U/min für feine Arbeiten mit 2 bis 14 mm großen Schleifsteinen.
2. Elektrohandschleifer mit 20 000 U/min für 15 bis 30 mm große Steine.

Im allgemeinen teilt sich die Herstellung eines Werkzeuges in 2 Abschnitte, und zwar:

1. Vorarbeiten auf Werkzeugmaschinen.
2. Fertigmachen mit Hilfe von Schleifgeräten, Feilen, Schabern, Handsticheln usw.

Die unter 2 genannten Arbeiten sind meist am schwierigsten. Es leuchtet ohne weiteres ein, daß die Abnahme des Bruchteiles eines Millimeters mit behelfsmäßigen Mitteln große Schwierigkeiten und nicht zuletzt auch einen

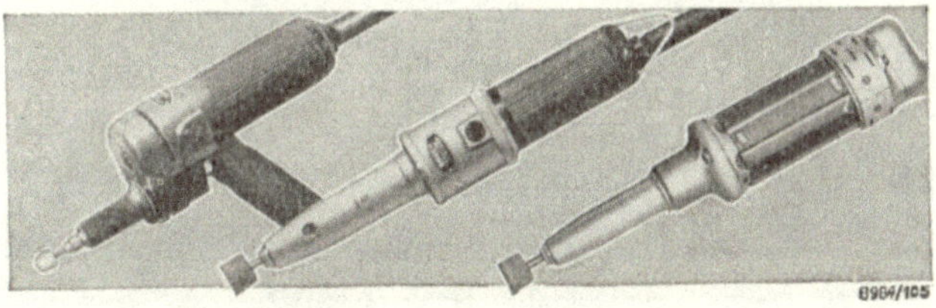

Abb. 258 Moderne Handschleifer

erheblichen Zeitverlust mit sich bringt. In sehr vielen Fällen lassen sich diese Arbeiten mittels Handschleifern durchführen, und es ist möglich, auf diese Weise derartige Arbeiten in mindestens der Hälfte der allgemein üblichen Arbeitszeit durchzuführen.

Nun ist der Gebrauch derartiger Elektrohandschleifer nicht nur für den Werkzeugmacher eine große Entlastung, sondern die Gestehungskosten der Werkzeuge wirken sich ebenfalls sehr günstig aus.

Der Anwendungsbereich des Handschleifers erstreckt sich über große Gebiete des Werkzeug- und Vorrichtungsbaues, vor allem auf die Herstellung von Schnittwerkzeugen, für Maßkorrekturen und Einpaßarbeiten an Teilen, die sich beim Härten verzogen haben, sowie für nachträgliche Änderungen an gehärteten Formhälften, Preß- und Biegeformen und dergleichen mehr.

Von großer Bedeutung ist die leichte Handhabung des Elektrohandschleifers, die in erster Linie durch die äußere Form und durch die Länge und Schlankheit der Spindel, sowie durch die Anordnung der Handgriffe gegeben ist.

Ein Werkzeugmacher muß im Verlaufe seiner Arbeit die verschiedensten Stahlsorten bearbeiten, deshalb benötigt er eine Schleifscheibe, die möglichst allen Anforderungen gerecht wird. Langjährige Erfahrungen mit hochtourigen Elektrohandschleifern führten zur Schaffung verhältnismäßig weicher und poröser Elektrokorundschleifscheiben. Mit diesen Schleifkörpern lassen sich die drei Stahlgruppen: Eisen, Werkzeugstahl und hochlegierter Schnellstahl annähernd gleich gut bearbeiten. Dies ist sehr wichtig, denn es ist unmöglich, für jede Stahlsorte einen anderen Schleifstein auszuwählen. Dem Schleifkörper kann durch Abdrehen mit einem Diamanten oder Abziehstein rasch jede gewünschte Form gegeben werden: kugelig oder ballig, spitz, zylindrisch oder

Abb. 259 Feine und genaue Schleifarbeit an der Kokille
Elektroschleifer arbeitet mit 50 000 U/min

konisch. Die Anpassungsfähigkeit des Schleifkörpers in Verbindung mit der schlanken Spindel des Elektrohandschleifers ergeben eine nahezu unbeschränkte Verwendbarkeit auch an schwierigen, schwer zugänglichen Arbeitsstellen.

Die Abb. 259 zeigt beispielsweise die feine und genaue Schleifarbeit des Elektroschleifers an einer Kokille. Man darf sagen, daß der Handschleifer heute bereits zum festen Werkzeugbestand des Formenbauers gehört. Nicht allein zum Nacharbeiten nach dem Härten, sondern vor allem auch bei der großen Vorarbeit unterstützen sie die Handarbeit. Es ist ein leichtes, unregelmäßige Formen und Mulden, kleine Radien und gewölbte Flächen auszuarbeiten. Die Oberfläche ist bei entsprechend feiner Scheibe sauber und glatt. Durch verschieden lange Schleifdorne lassen sich vor allem auch tiefe Formen bearbeiten, die mit den üblichen Werkzeugen nur mit Mühe und Zeitaufwand fertiggestellt werden können.

In Abb. 260 wird der Elektrohandschleifer beim Nacharbeiten einer beim Härten verzogenen Schnittplatte gezeigt. Die meisten Schnittplatten gehen beim Härten etwas ein oder sie verziehen sich nach irgendeiner Richtung. Der Durchbruch der Platte muß also nachgearbeitet werden. Diese Arbeit ist sehr zeitraubend. Mit einem Elektroschleifer braucht man jedoch im allgemeinen nur ein Drittel der sonst üblichen Zeit.

Gearbeitet wird von der Rückseite der Platte her mit einer vorne etwas konischen Schleifscheibe. Es ist mit Leichtigkeit möglich, Hundertstel für Hundertstel Millimeter abzuschleifen, bis das genaue Maß erreicht ist. Bei dieser Arbeitsmethode bleibt die Durchbruchkante sauber und scharf; auch wird durch die hohe Drehzahl der Schliff sehr glatt. Vor allem kann die scharfe Kante des Durchbruches nicht beschädigt werden, da der Schleifer die Arbeits-

Abb. 260 Nach dem Härten wird der Durchbruch einer Schnittplatte fertig ausgeschliffen

stelle, an welcher die Schleifscheibe angreift, genau überprüfen kann. Wichtig ist, daß die Schnittkante scharf bleibt und nicht gerundet wird, wie es vielfach bei der Anwendung von Feilen der Fall ist.

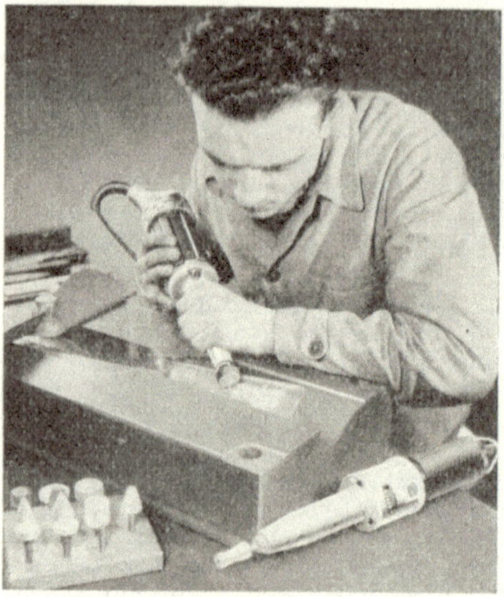

Abb. 261 Ueberarbeiten einer Kokille

Die Abb. 261 zeigt den Elektrohandschleifer beim Überarbeiten einer Kokille. Es lassen sich aus der Praxis des Spritzgußformenbaues sehr viele Beispiele bringen. Besonders deutlich werden die Vorteile beim Einpassen von beweglichen Formteilen, Stempeln oder Schiebern einer komplizierten Spritzgußform. Das Zuschleifen bzw. Anpassen des die Werkstückinnenform bildenden Stempelkopfes wird mit zylindrischen, balligen oder halbrunden Schleifscheiben außerordentlich erleichtert. Kleine und ungenaue Übergänge lassen sich spielend leicht verziehen.

Wie die Abb. 262 zeigt, lassen sich die mit einem auf Spindeln aufgesetzten Schleifkörper schwer zugänglichen Spanausläufe eines Gewindeschneideisens mit Leichtigkeit ausschleifen.

Heute werden auch im Vorrichtungsbau zunehmend Elektrohandschleifer gebraucht. Man hat erkannt, daß z. B. beim Bau von Sondermaschinen viel Zeit und Mühe gespart werden können durch Nacharbeiten von gehärteten Kurvenscheiben, Nocken und dergleichen in eingebautem Zustand. Das zeitraubende Zerlegen und Zusammenbauen fällt auf diese Weise aus.

Man sieht also schon aus den wenigen Beispielen, daß in den meisten Fällen sich dieser Elektrohandschleifer überall da zweckmäßig verwenden läßt, wo

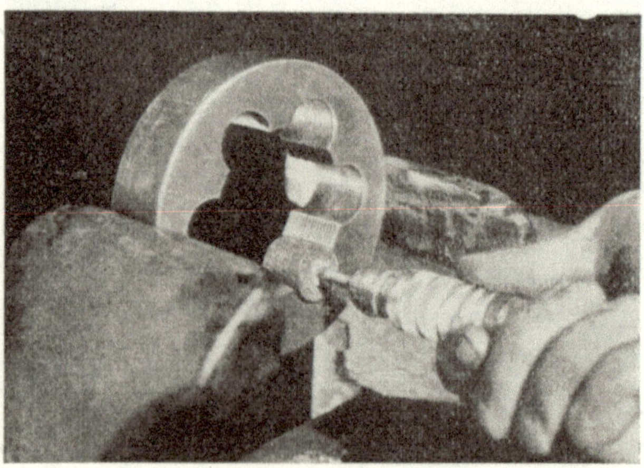

Abb. 262 Ausschleifen eines Gewindeschleifeisens
(Schliff und Scheibe)

früher mit Meißel und Feile mühselig gearbeitet werden mußte, was man heute in erstaunlich kurzer Zeit mit dem neuzeitlichen Elektrohandschleifer durchführen kann. Die Handarbeit läßt sich also durch geeignete Schleifwerkzeuge erheblich vereinfachen und erleichtern, und zwar geschieht dies, ohne dabei das handwerkliche Können des Werkzeugmachers zu schmälern; denn genau wie er eine Feile, einen Schaber oder einen Handstichel verwenden kann, ist es ihm möglich, mit Hilfe dieses modernen Elektrohandschleifers die Entfaltung seiner persönlichen Handfertigkeit voll zur Geltung zu bringen.

Es ist heute kaum noch vorstellbar, mit welchen Mühen und welchem Zeitaufwand derartige Arbeiten früher in der Werkzeugmacherei ohne den modernen Elektrohandschleifer ausgeführt wurden.

Die Erfahrung hat gelehrt, daß durch planmäßigen Einsatz von Handschleifern jede Werkzeugmacherei schneller, leichter und besser arbeitet. Können sich doch die Fachkräfte mehr ihren eigentlichen Aufgaben widmen, auch werden sie weniger mit einer rein mechanischen Tätigkeit belastet.

Die verschiedenen Formen der Spindelschleifkörper, die bei den Elektrohandschleifern Verwendung finden, sind in Abb. 263 dargestellt.

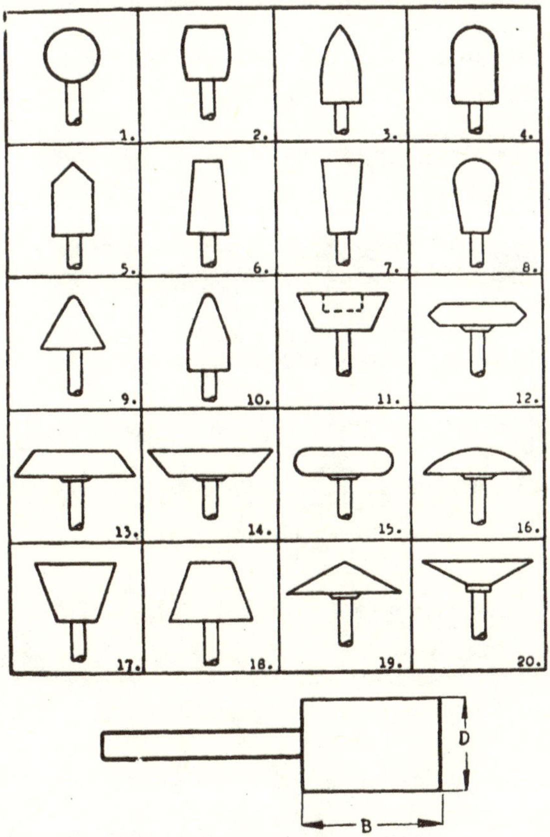

Abb. 263 Verschiedene Formen von Spindelschleifkörpern

Das Schleifen der Reibahlen

Die Erzeugung lehrenhaltiger Bohrungen spielt in jedem Werk eine bedeutende Rolle; denn sehr oft geht von diesen Bohrungen die weitere Bearbeitung des betreffenden Werkstückes aus.

An eine gute Bohrung sind zwei Bedingungen zu stellen:

1. Die Bohrung muß maßhaltig sein.
2. Die Bohrung muß eine hohe Oberflächengüte besitzen.

Die zufriedenstellende Lösung dieser Aufgaben fällt teilweise den Reibahlen zu.

Nachstehend sind einige Arten von Reibahlen im Bilde dargestellt.

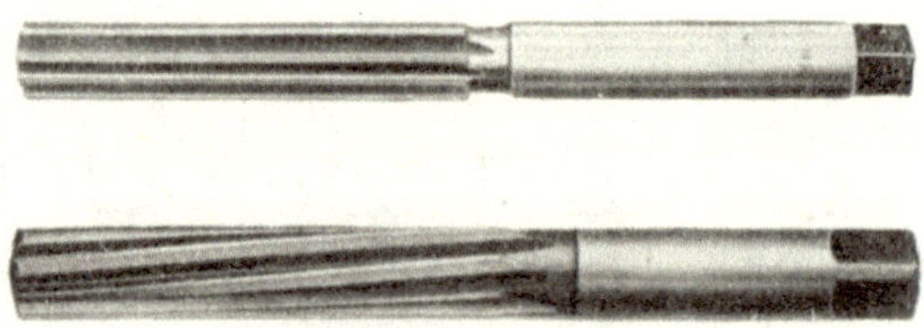

Abb. 264 Handreibahlen mit geraden Zähnen und mit Spiralzähnen

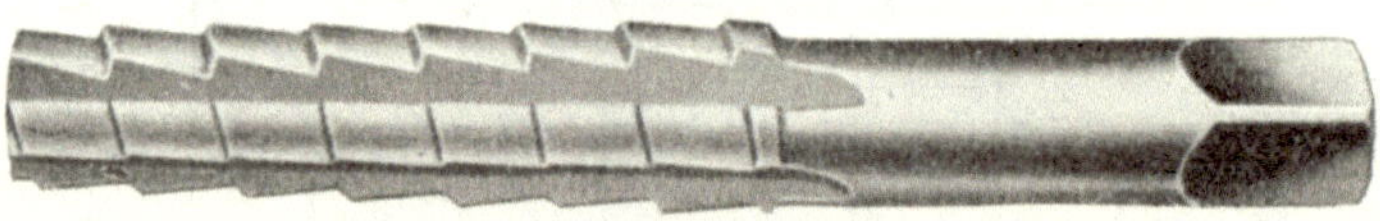

Abb. 265 Kegelreibahle (Vorreibahle)

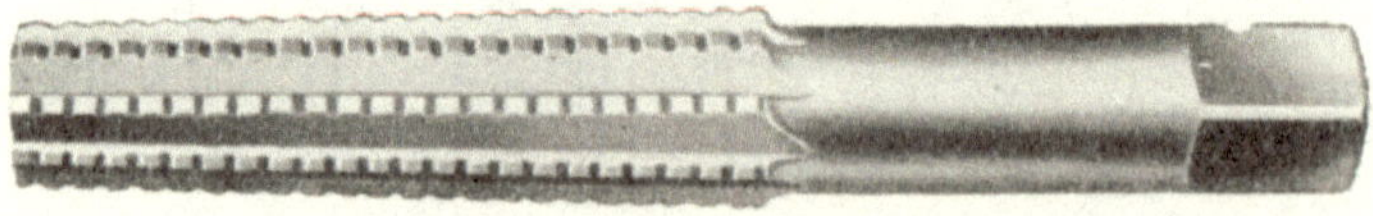

Abb. 266 Kegelreibahle (Mittelreibahle)

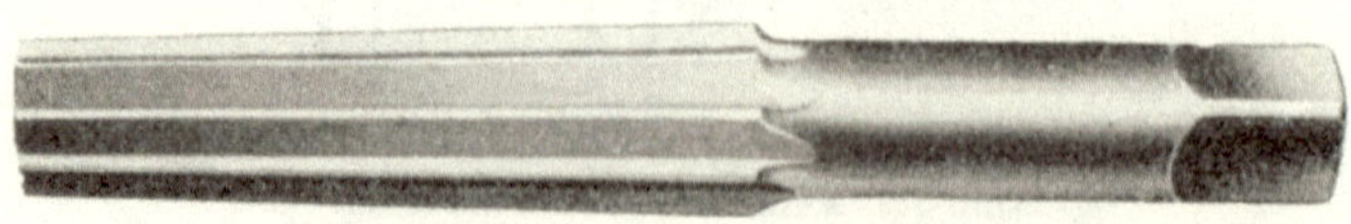

Abb. 267 Kegelreibahle (Fertigreibahle)

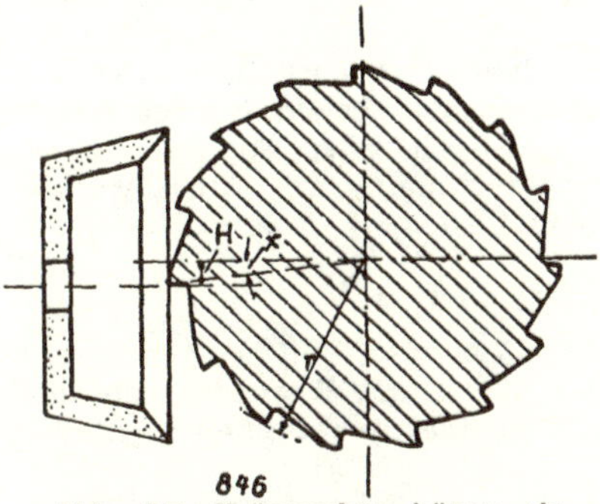

Abb. 268 Fräserachse höher als Achse der Topfscheibe, H = r sin x; r = Halbmesser des Fräsers

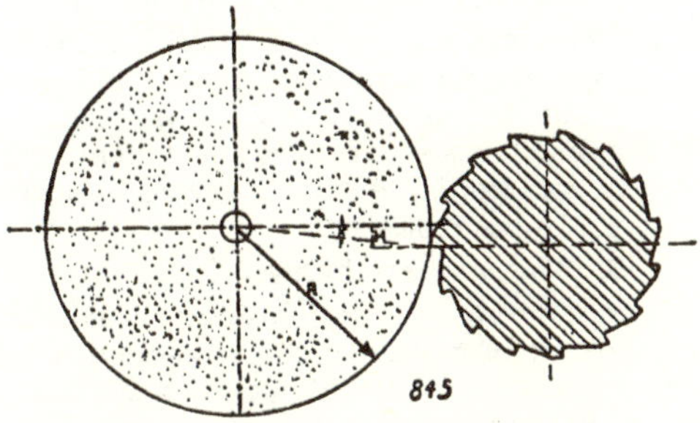

Abb. 269 Fräserachse tiefer als Achse der geraden Schleifscheibe, H = r sin x. r = Halbmesser der Schleifscheibe

Man versteht unter Reiben das Abheben eines dünnen Spanes aus einem vorgebohrten Loch mit einem vielschneidigen Werkzeug, so daß die Bohrung sauber, lehrenhaltig und zylindrisch wird. Alle Bohrungen, die mit der zusammenarbeitenden Welle einen vorgeschriebenen Sitz haben müssen, und wenn ein Innenschleifen nicht erforderlich ist, müssen mittels Reibahlen auf-

Abb. 270 Schleifen einer Reibahle mit der Topfscheibe

gerieben werden. Bei Grobpassung ist ein Aufreiben nicht notwendig, wogegen es bei Schlichtpassung teils erforderlich ist.

Bei Vernietungen, wie sie im Schiffsbau, Kesselbau usw. vorkommen, werden die vorgebohrten Löcher in vielen Fällen aufgerieben; dagegen werden eckige Löcher auf besonderen Maschinen mittels Räumnadeln oder Sonderbohrvorrichtungen hergestellt. Grundsätzlich unterscheidet man zwei Ausführungsformen von Reibahlen nach der Art der Bedienung:

1. Handreibahlen.
2. Maschinenreibahlen.

Beide Arten von Reibahlen werden mit feststehenden und nachstellbaren Schneidzähnen ausgeführt. Allgemein wird als Werkstoff Werkzeugstahl genommen, da Schnellstahl wegen der geringen Schnittgeschwindigkeit nicht voll ausgenutzt werden kann.

Die Handreibahlen teilt man wieder in zwei Arten ein, und zwar in Handreibahlen nach DIN 206 und in nachstellbare Handreibahlen nach DIN 207. Beide Arten haben zum Zweck einer besseren Führung verhältnismäßig lange Schneiden. Damit das Ausschneiden zentrisch erfolgen kann und die Reibahle sich leicht in die Bohrung einführen läßt, soll der Anschnitt etwa ¼ der Zahnlänge ausmachen und vor allem kegelig sein.

Es ist zweckmäßig, die vordere Kante in einem Winkel von etwa 45 Grad zu brechen.

Die Maschinenreibahlen nach DIN 208 bis 216 werden mit verhältnismäßig kurzen Schneiden und langem Schaft ausgeführt. Gegenüber den Handreibahlen haben die Maschinenreibahlen einen kurzen Anschnitt. Auch hier wird die vordere Kante unter einem Winkel von 45 Grad gebrochen.

Die Schneiden-Fase ist das Ergebnis von Rund- und Hinterschliff. Im Führungsteil muß eine schmale Fase stehen bleiben, damit der gewünschte Durchmesser gewährleistet bleibt, und zwar hängt die günstigste Fasenbreite eines Schneidwerkzeuges von der zu leistenden Arbeit und der Bearbeitbarkeit des

Abb. 271 Das Schleifen einer Reibahle mit einer kegligen Topfscheibe (einer weißen Norton-Schleifscheibe) (Schliff und Scheibe)

Metalles ab. Eine Fase von 0,1—0,2 mm an Handreibahlen für Stahl, und 0,64 mm an Hand- und Maschinenreibahlen für Gußeisen und Rotguß, sichert eine gute Schneidfähigkeit bei möglichst langer Nutzdauer des Werkzeuges.

Wird beispielsweise zum Schleifen eine Topfschleifscheibe gewählt, so muß die Werkzeugachse entsprechend höher liegen als die Schleifwellenachse, wie dies in der Abb. 268 gezeigt wird. Benutzt man dagegen zum Hinterschleifen eine normale gerade Schleifscheibe, so muß die Achse des Werkzeuges dem Schleifscheibendurchmesser entsprechend tiefer liegen als die Schleifwellenachse, was in Abb. 269 veranschaulicht wird. Streift die gerade Schleifscheibe einen zweiten Zahn des Werkzeuges, so muß die Schleifscheibe entsprechend kleiner gewählt werden.

In Abb. 270 wird das Schleifen einer Reibahle mit der Topfschleifscheibe gezeigt, und in Abb. 271 wird das Schärfen einer konischen Reibahle mit der kegligen Topfschleifscheibe dargestellt.

Durch ein zweifaches Hinterschleifen A und B (siehe Abb. 272) wird die richtige Zahnform der Reibahle in Bezug auf Fase und Hinterschliff erreicht.

Man ist heute in der Lage, die günstigsten Winkel für die einzelnen Werkstoffe anzugeben; so wählt man für weiche und filzige Werkstoffe mit geringer Festigkeit sehr kleine Winkel, für Werkstoffe von hoher Festigkeit dagegen größere Winkel.

Nachstehend werden die günstigsten Hinterschliffwinkel für Reibahlen angegeben:

Tabelle: Gebräuchliche Hinterschliffwinkel für Reibahlen [1])

Werkstoff	Hinterschliff-winkel
Maschinen- und Schraubenstahl von etwa 60 . . . 70 kg/mm² Festigkeit; Weiches Gußeisen	2
Werkzeugstahl	2½
Schnellstahl, Einsatz-Maschinenstahl, Einsatz-Nickelstahl	1 . . . 1½
Temperguß, Stahlguß	1½ . . . 2
Chromnickelstahl; Harter Maschinenstahl; Hartes Gußeisen; Bronze, Messing	3
Gußeisen (sehr hart); Bronze (sehr zäh)	3 . . . 4
Leichtmetall (Aluminium, Silium, Elektron usw.)	½ . . . 1

[1]) Nach Loewe Notizen.

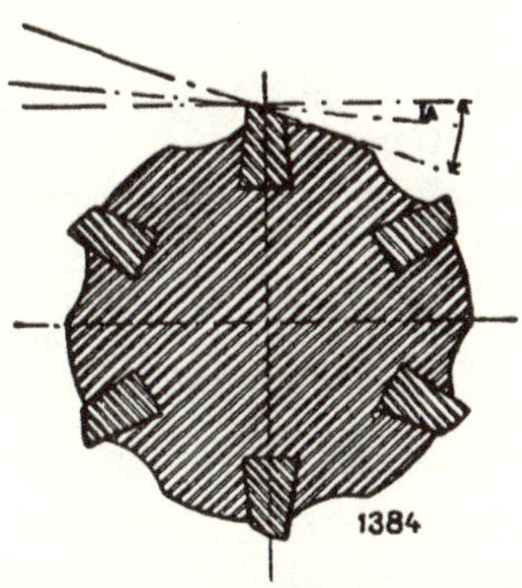

Abb. 272 Zweifacher Hinterschliff A und B an einer Reibahle mit eingesetzten Messern

Folgende Regeln sind bei der Instandsetzung von Reibahlen zu beachten:

1. Es ist zu empfehlen, das Instandsetzen und Nachstellen von Reibahlen zweckmäßig nur durch Werkzeugmacher vornehmen zu lassen.
2. Besonderer Wert ist auf das Scharfhalten des Anschnittes zu legen, denn dies ist für ein gutes und sauberes Arbeiten Vorbedingung.
3. Es ist zweckmäßig, die Reibahle nach jeder Nachstellung rund und scharf zu schleifen.
4. Ist eine Reibahle stark abgenutzt, so ist sie rund und scharf zu schleifen, wobei zu beachten ist, daß nur wenig Werkstoff abgenommen wird, damit ein Ausglühen der Schneidkanten vermieden wird.
5. Reibahlen mit aufgeschraubten Messern sind durch Unterlegen nachzustellen und erst nach dem Unterlegen rund und scharf zu schleifen.
6. Besonderer Wert ist auf einen gleichmäßigen Anschnitt zu legen und sämtliche Schneiden müssen gleichmäßig angreifen; daher ist der Anschnitt niemals von Hand zu wetzen, da sonst die Reibahle unrund wird und die Zähne ungleichmäßig angreifen, wodurch leicht Zahnbrüche entstehen.
7. Es ist zweckmäßig, auch Maschinenreibahlen vor dem Schärfen am Umfang rund zu schleifen, wobei der Übergang zum Führungsteil am besten unter einem Winkel von etwa 15° gebrochen wird.
8. Kühlen und Schmieren beim Reiben vgl. AWF-Betriebsblatt 37, AWF-Druckschrift 205.
9. Schnittfertig gemachte Reibahlen sollen möglichst durch Einstellringe für Reibahlen nach DIN 369 geprüft werden. Auf diese Weise ist es am einfachsten zu erkennen, ob alle Schneiden gleichmäßig anliegen und somit auch wirkliche Schneidarbeit leisten können.
10. Bei jeder Instandsetzung ist die Reibahle auf genauen Rundlauf zu prüfen. Weist die Reibahle einen Schlag auf, so ist sie zu richten.
11. Die Aufbewahrung von Reibahlen geschieht zweckmäßig so, daß immer ein Satz zusammenliegt, wobei besonders auf den Schutz der Schneidkanten zu achten ist, die zweckmäßig durch geeignete Hüllen zu schützen sind.

Wie aus den vorstehenden Ausführungen hervorgeht, muß das Schleifen abgestumpfter Reibahlen mit großer Vorsicht vorgenommen werden, daher sollen auch nur Maschinen verwendet werden, die in Ordnung sind, d. h. deren Schleifspindeln ruhig laufen und deren Spitzen für die Aufnahme der Reibahlen gut rund sind.

Bei verstellbaren Reibahlen ist darauf zu achten, daß sie nach dem Verstellen unbedingt rund geschliffen werden.

Im allgemeinen werden feste Reibahlen nach dem Abstumpfen auf ein Maß heruntergeschliffen, das sie zum Vorreiben noch geeignet macht.

Will man nun Bohrungsoberflächen von tadelloser Güte erzeugen, so ist auf eine sachgemäße Instandhaltung der Reibahlen besonderer Wert zu legen. Auf das AWF-Betriebsblatt 43 sei besonders hingewiesen.

Das Schleifen der Gewinde

Früher benutzte man zur Herstellung von Gewinden Werkzeuge, die aus Werkzeugstahl oder Schnellschnittstahl hergestellt waren und entweder auf Drehbänken oder Gewindefräsmaschinen geschnitten wurden. Ein weiteres Verfahren war das Herstellen der Gewinde im Rollverfahren. Das Gewinde wurde auf Sondermaschinen vorgerollt und später nachgeschliffen; aber diese spanlose Formung war wegen der Umspannzeiten unwirtschaftlich. Die Arbeitsverfahren wie Fräsen, Schneiden mit dem Stahl auf der Drehbank oder Verrollen des Gewindes mit Spezialrollen sind nur möglich, wenn der Werkstoff, der mit Gewinde versehen werden soll, sich mit den vorhandenen Werkzeugen zweckmäßig bearbeiten läßt.

So brachte die Entwicklung der Schleifscheibe in der Herstellung von Gewinden eine große Wendung, denn die Schleiftechnik ist heute so weit, für jeden Werkstoff das entsprechende Schleifmittel herzustellen, das gilt sowohl für die mit Chrom, Molybdän, Mangan, Wolfram usw. legierten Stähle als auch für die hartmetallbestückten Werkzeuge wie Widia, Böhlerit, Rheinit, Titanit usw. Der Maßstab für die Leistung einer Gewindeschleifmaschine ist die Leistung der Schleifscheibe.

Eine grundsätzliche Darstellung des Gewindeschleifens mit einer Einprofilscheibe im Durchgangsverfahren wird in der nachstehenden Abb. 273 und mit einer Mehrprofilscheibe im Durchgangsverfahren und Einstechverfahren in Abb. 274 gegeben.

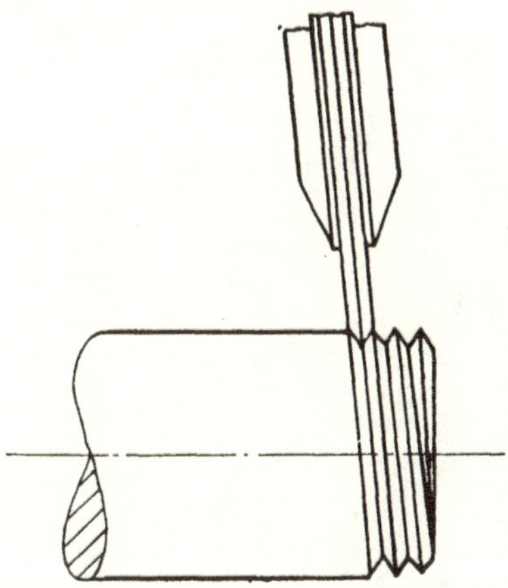

Abb. 273 Gewindeschleifen mit einer Einprofilscheibe im Durchgangsverfahren

In Abb. 275 wird das Längsschleifen eines Innengewindes mit der mehrprofiligen Schleifscheibe an einem Maschinenteil gezeigt.

Die wirtschaftlichste Art des Gewindeschleifens ist das Einstechschleifen. Hierbei werden die Gewinde nicht nur fertig fein geschliffen, sondern es ist möglich, sie aus dem Vollen herauszuschleifen, dies geschieht mit mehrprofiliger Schleifscheibe. Bei einem einzigen Umlauf des Werkstückes wird das Gewinde aus dem vollen sofort fertiggeschliffen, daher muß die Schleifscheibenbreite mindestens gleich der Gewindelänge sein. Diese mehrprofiligen Schleifscheiben sind bis zu 70 mm breit. Man kann natürlich auf diese Weise auch längere Gewinde schleifen, es wird in diesem Falle mehrmals nebeneinander eingestochen. Die Abb. 276 zeigt eine solche Gewindeschleifmaschine mit

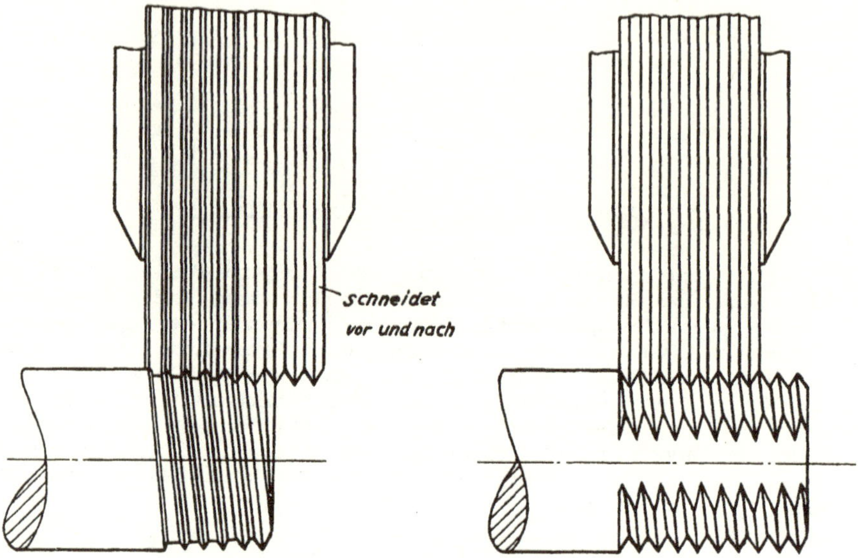

Abb. 274 Gewindeschleifen mit einer Mehrprofilscheibe im
Durchgangsverfahren Einstechverfahren

einer mehrprofiligen Schleifscheibe. Allgemein schleift man erst grob vor und hinterher wird fertiggeschliffen. Zum Vorschruppen werden bei diesem Verfahren mehrprofilige Schleifscheiben verwendet, wogegen das Schlichten mit einer einprofiligen Schleifscheibe durchgeführt wird. Abb. 277 zeigt das Gewinde-Längsschleifen mit der einprofiligen und Abb. 278 mit der mehrprofiligen Schleifscheibe. Das Profilieren der Schleifkörper erfolgt nach dem Einroll-

Abb. 275 Gewinde-Längsschleifen eines Innen-Gewindes an Maschinenteil mit der mehrprofiligen Schleifscheibe.

Abb. 276 Gewinde-Einstechschleifen

verfahren, bei dem eine Rolle aus besonderem Metall, die eine dem Gewindeprofil entsprechende Form besitzt, zwangsläufig unter bestimmten Druck gegen die Schleifscheibe preßt. Das Verfahren des Gewindeeinstechschleifens findet Anwendung beim Außen- und Innengewinde-Schleifen. Die Genauigkeiten beim Einstechverfahren betragen im Flankenwinkel $\pm$ 20 ^{0}; Flankendurchmesser $\pm$ 0,02 mm; Steigung $\pm$ 0,01 mm. Letztere bezieht sich nur auf die Breite der Schleifscheibe. Die Genauigkeitswerte bei einer neuen Profilrolle sind sehr hoch; mit der Dauer der Benutzung fallen sie jedoch mehr und mehr ab. Praktisch stellt die Schleifscheibe die Kopie der Profilrolle dar. Mit einer neu eingerollten Schleifscheibe läßt sich eine Toleranz im Flankenwinkel von etwa $\pm$ 10 ^{0} erreichen.

Beim Durchschleifen mittels einer einprofiligen Schleifscheibe wird dieselbe in ihrer Achsenrichtung vorgeschoben und durchläuft in stetem Fortschreiten

Abb. 277 Gewinde-Längsschleifen mit der einprofiligen Schleifscheibe

die Gewindelänge. Bei diesem Vorgang wird das ganze Profil, Flanken wie Abrundungen hergestellt. Neben diesem einprofiligen Durchschleifen gibt es noch ein mehrprofiliges Durchschleifen, bei welchem die Schleifscheibe kegelig profiliert ist. Hier werden ähnlich wie beim Gewindeschneiden mittels Strähler die Gänge hintereinander allmählich immer tiefer eingeschnitten, bis sie schließlich den richtigen Durchmesser erreicht haben. Auch hier durchläuft die Schleifscheibe, genau wie vorher, alle Gänge in ihrer Achsenrichtung. Selbstverständlich ist zur Erzielung hoher Leistungen die Verwendung der Mehrprofilschleifscheibe erforderlich. Die Beschaffenheit der Schleifscheibe spielt daher beim Schleifen von Gewinden eine große Rolle, um überhaupt auf gute Qualitäten beim Gewindeschleifen zu kommen, dasselbe gilt für den Abzug der Schleifscheiben selbst und ihre stete Überprüfung. In starkem Maße ist die Leistung einer Gewindeschleifscheibe neben ihrer Güte von ihrer Gleichmäßigkeit abhängig und dies ist Aufgabe des Schleifmittelherstellers, der bestrebt ist, diesen hohen Anforderungen nach Möglichkeit gerecht zu werden, denn die Schleifscheibe ist ein keramisches Produkt und ihre gleichmäßige Beschaffenheit ist von einer Menge Faktoren abhängig und gerade bei der Gewindeschleifscheibe kann man daher mit Recht von einer Sonderschleifscheibe sprechen, da nicht jeder Schleifmittelhersteller in der Lage ist, sie diesen hohen Ansprüchen entsprechend herzustellen. Die erste Anforderung an derartige Schleifkörper ist das Standhalten der Kanten. Eine tonreiche Bindung dagegen ergibt ein nicht so offenes Gefüge als eine tonarme Bindung. Daher mußten Sonderbindungen geschaffen werden, um eine griffigere Schleifscheibe herzustellen, die poriger ist und somit einen kühlen Schliff ergibt. Mit derartigen Schleifkörpern erreicht man bedeutend höhere Leistungen und auch der Kraftbedarf ist geringer als bei den sehr tonreichen Bindungen. Ausschlaggebend ist also beim Gewindeschleifen das Verhalten der Bindung beim Schleifen selbst und man erkennt die Eignung der Schleifscheibe erst beim Schleifen, mithin ist hier die Schleifmaschine der beste Prüfer der Schleifscheibe. Die Firma Herbert Lindner hat nun ein besonderes Schleifscheiben-

Abb. 278
Gewinde-Längsschleifen mit der mehrprofiligen Schleifscheibe

Abb. 279 Prüfraum mit Härteprüfmaschinen für Gewinde-Schleifscheiben

Prüfverfahren entwickelt, welches auf dieser Erkenntnis beruht. In Abb. 279 ist dieser Schleifscheibenprüfstand wiedergegeben. Mittels diesem Härteprüfverfahren wird im Gegensatz zu anderen Verfahren die Prüfung auf dem ganzen Umfang des Schleifkörpers vorgenommen, und zwar mit Hilfe eines rotierenden Prüfwerkzeuges nach dem Einrollverfahren. Nach genauem Abdrehen der Schleifscheibe wird das Prüfwerkzeug mit festgelegtem gleichbleibendem Druck gegen die Schleifscheibe gedrückt, wobei dasselbe an der Schleifscheibe abrollt, ohne sich abzunutzen. Mit einer Meßuhr wird das Eindringen des Prüfkörpers in die Schleifscheibe abgelesen. Man kann nun mit Hilfe des Schleifscheiben-Härte-Diagrammes und auf Grund der abgelesenen Einrolltiefen nebst Berücksichtigung der jeweiligen Körnung der Schleifscheibe die Härte derselben in sehr feinen Abstufungen bestimmen. Diese Prüfung ist eine Vergleichsmessung und setzt die gleichmäßige Einhaltung aller bei der Schleifscheibenherstellung wichtig geltenden Dinge voraus. Die Härteangaben werden mit Nummern gemacht und jede Nummer umfaßt einige damit wirtschaftlich zu schleifende Gewindegrößen. Es kommen allgemein 9 Schleifscheibensorten in Frage, um alle gebräuchlichen Gewinde schleifen zu können. Die günstigste Umfangsgeschwindigkeit der Schleifscheibe beim Gewindeschleifen liegt im Einklang mit diesen Härten zwischen 27 und 35 m/sek. Beim Gewindeschleifen ist die Leistung ein Produkt aus Maschine, Arbeitsverfahren und einer richtig gewählten Schleifscheibe, die vornehmlich in der Eigenhärte gleichmäßig sein muß.

Ein weiterer wichtiger Faktor ist beim Gewindeschleifen das Kühlmittel, welches nichtangreifende Zusätze im Wasser enthalten muß; denn das Kühl-

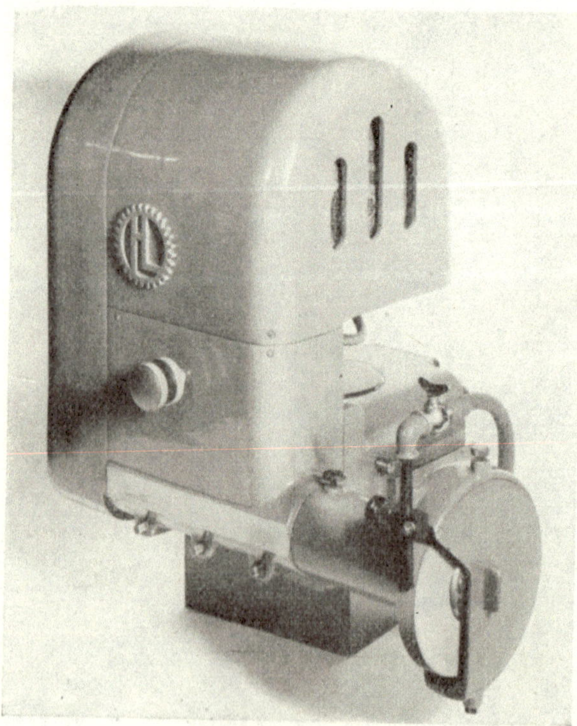

Abb. 280 Gewinde-Schleifeinrichtung, Bauart HGa

mittel hat hier eine Aufgabe zu erfüllen, die vor allem darauf beruht, die Werkstücktemperatur und die der Schleifscheibe herabzudrücken, wodurch naturgemäß eine bessere Erzeugung des Schliffes gewährleistet ist.

Außer den verschiedensten Ausführungen von Gewindeschleifmaschinen sind eine Anzahl Gewindeschleifapparate entwickelt worden, welche man auf die Drehbank ohne Schwierigkeit aufsetzen kann und mit denen recht gute Leistungen erzielt werden. In Abb. 248 wird eine Gewindeschleifeinrichtung, Bauart HGa, dargestellt, während Abb. 249 einen konischen Gewindelehrring und -dorn zeigt, die mit dieser Gewindeschleifeinrichtung geschliffen wurden. Trotzdem wird das Gewindeschleifen auf Drehbänken allgemein als Notbehelf angesehen. Manchmal ist das Gewindeschleifen auf Drehbänken auch vorteilhaft, denn soll z. B. das Gewinde der Spindelnase einer Drehbank geschliffen werden, so ist dies auf einer Gewindeschleifmaschine leicht durchführbar, erfordert aber die ganze Aufmerksamkeit des Schleifers; beim Schleifen auf einer Drehbank dagegen wird die Spindel in dieselbe eingebaut und durch die Arbeitsweise wird die Schlagfreiheit gesetzmäßig sichergestellt.

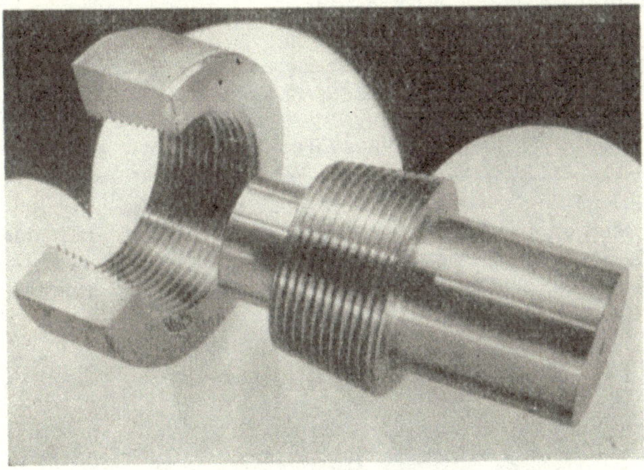

Abb. 281 Konischer Gewindelehrring und -Dorn. Geschliffen auf einer Drehbank mit Gewinde-Schleifeinrichtung, Bauart HGa

Das Schleifen von Dreh- und Hobelstählen

In jedem gut geleiteten Betriebe gilt als einer der obersten Grundsätze das Bestreben nach höchster Ausnutzung des Werkzeug-Maschinenparkes, d. h. daß hinsichtlich Leistung, Genauigkeit und Einfachheit in Auswertung und Bedienung die Anforderungen stetig im Wachsen begriffen sind. Als Vorbedingung für die Erreichung dieses Zieles ist nicht allein die neuzeitliche Bauart der Werkzeugmaschine ausschlaggebend, sondern von mindestens gleicher Wichtigkeit sind beste, zweckentsprechende und billige Werkzeuge, mit anderen Worten:

Soll die Spitzenleistung einer Werkzeugmaschine dauernd erhalten bleiben, so muß die Bereitstellung eines gleichbleibenden stets genauen Werkzeuges die Grundlage für die günstigsten Bedingungen der Zerspanung des abzutragenden Werkstoffes bilden. Ungleichmäßiges Werkzeug führt zu Minderleistungen, erhöhtem Kraftbedarf und zu größerem Werkzeugverbrauch.

Nach Vorstehendem steht also die Wirtschaftlichkeit der Werkzeug-Maschinen in sehr enger Beziehung zu Art und Beschaffenheit der Werkzeuge. Während dem technischen Fortschritt der Maschine und der Anpassungsfähigkeit an das Werkzeug größte Beachtung geschenkt werden, kommt die Instand-

Abb. 283 Selbsttätige Stähleschleifmaschine mit Hohlkehlenschleifeinrichtung

haltung des Werkzeuges, die für den Leistungserfolg allein ausschlaggebend ist, in sehr vielen Fällen zu kurz. Die Bedeutung der richtigen Werkzeugbehandlung, vor allem der Schärfung, wächst aber mit der Forderung hoher Leistung und Genauigkeit. Es war daher selbstverständlich, daß in allen neuzeitlichen Betrieben für die Herstellung und Unterhaltung der Werkzeuge Spezialmaschinen aufgestellt wurden, welche den Betriebsleiter der Sorge für gutes Werkzeug entheben und den Maschinenarbeiter von unproduktiver Belastung seiner Tätigkeit freimachen (Abb. 283, 284).

In vielen Kleinbetrieben wird die Schärfung von Schneidwerkzeugen noch an einfachen Handschleifmaschinen durchgeführt, und hier entstehen die Fehler, die zu großer Unwirtschaftlichkeit der Werkzeuge und der Bearbeitungsmaschinen führen. Aber auch in größeren Betrieben, mit Sonderschleifmaschinen ausgerüstet, kommt es vor, daß durch falsche Einstellung Schleiffehler auftreten, welche die Genauigkeit und Leistung des Werkzeuges als auch rückwirkend die Leistung der Bearbeitungsmaschine in hohem Maße herabsetzt. Es soll nun durch praktische Hinweise das Schleifen der Dreh- und Hobelstähle beleuchtet werden.

Die Unterhaltung von Dreh- und Hobelstählen ist ein außerordentlich wichtiger Faktor, der nach wie vor in erhöhtem Maße Praktiker und Wissenschaftler beschäftigt. [1])

Dieses findet seinen Grund vor allen Dingen darin, daß trotz aller wissenschaftlichen Arbeiten und Versuche in dieser Richtung in vielen Betrieben das Zurechtschleifen und Instandhalten von Schneidstählen dem betreffenden Facharbeiter selbst überlassen wird. Um die mit Schneidstählen arbeitenden Betriebsabteilungen voll auszunützen und den produktiven Betrieb vor Verlusten zu schützen, müssen auch hier Mittel und Wege gefunden werden, die Schneidstähle von einer Zentralstelle aus zu unterhalten.

Schon das Vorschmieden von Schnellstählen kann bei unsachgemäßer Behandlung zu großen Materialverlusten führen. Weit wirtschaftlicher ist es in diesem Falle, die Schneidkopfformen auf geeigneten Maschinen aus dem vollen Material heraus zu schleifen, was ohne Risiko in weit kürzerer Zeit erreicht wird, wenn nicht, wie bei größeren und Großbetrieben, geeignete Schmiedemaschinen für eine Massenherstellung zur Verfügung stehen. Das Vorschleifen der Spanfläche an Verbundstählen hat zum mindesten den Vorteil, daß auf ihre Fläche eine dünne kalibrierte Schnellstahlplatte aufgeschweißt werden kann, die neben einer beachtenswerten Materialersparnis nur eine sehr kurze Schleifzeit für den Fertigschliff bedingt. Die verminderte Arbeitszeit und die hohe Leistung der heutigen selbsttätigen Stähleschleifmaschinen bedeuten gegenüber dem alten Verfahren der Warmbehandlung eine sehr große Ersparnis.

Während das Vorarbeiten der Dreh- und Hobelstähle fast ausnahmslos in der Werkzeugmacherei erfolgt, kann man aber in vielen Betrieben feststellen, daß das Nachschleifen der Stähle dem Facharbeiter selbst überlassen bleibt. Wir wissen, daß der Schnellstahl, wie auch alle übrigen Schneidwerkzeuge, nur dann seine höchste Leistung entfalten kann, wenn derselbe seinem besonderen Verwendungszweck entsprechend hergerichtet ist. Hierzu gehört ein richtiges Schleifen der einzelnen Flächen mit ihren Winkeln, wie Spanwinkel, Freiwinkel, Einstellwinkel usw. Durch ein gefühlsmäßiges Schleifen von Hand kann auch hier der Zweck nie oder nur zufällig erreicht werden, und schon aus rein wirtschaftlichen Gründen sollen alle Stähle maschinell geschliffen werden. Die

---

1) Siehe Kluthausen, Wirtschaftliches Schleifen von Messerköpfen, Dreh- und Hobelstählen im Schleifindustrie-Kalender 1949, Vulkan-Verlag, Essen.

Abb. 284 Rückansicht der Stähleschleifmaschine mit Blick auf die Hohlkehlenschleifeinrichtung

durch das Schleifen der Schneidstähle verlorengegangene Arbeitszeit wirkt sich auf die Produktion sehr ungünstig aus. Dies sollte zu bedenken geben und zu der Überzeugung kommen lassen, daß es bestimmt wirtschaftlicher ist, die Stähle von einer Zentralstelle aus zu unterhalten, wo sie gleich ihrem speziellen Verwendungszweck angepaßt werden. Wenn man aus falscher Rücksichtnahme auf den Facharbeiter oder auf Grund bestehender Stahlnormen sich zu keiner zentralen Unterhaltung der Schneidstähle verstehen kann, so müssen diese Bedenken heute als behoben gelten. Die Schneidstahlnormen, wie sie auf Grund langjähriger praktischer Versuche der Betriebsingenieure ermittelt worden sind, sind bemerkenswert. Mit Einführung dieser Stahlnormen steht der Durchführung eines einheitlichen Systems und der zentralen Unterhaltung von Schneidstählen nichts im Wege. Es ist ein leichtes, an Hand dieser Stahlnormen die für den einzelnen Betrieb notwendigen Stähle festzulegen. Erfolgt nun das Schleifen solcher Stähle auf selbsttätigen Maschinen, so müssen diese die Möglichkeit bieten, die in den Stahlnormen festgelegten Winkel mühelos zu erreichen. Dies wird erzielt durch die richtige Einstellung des Schneidstahles im schwenk- und neigbaren Spannkopf solcher automatischen Maschinen und durch die selbsttätige Schleifweise. Bei Ausbildung des Schneidkopfes gibt man in bezug auf die Spanfläche der geraden gegenüber der hohlgeschliffenen weitaus den Vorzug, da erstere einen sehr guten Schnittwiderstand bietet. An sich ist die Frage der Verwendung von Schneidstählen mit Hohlkehle noch heiß umstritten. Außerhalb der persönlichen Meinung stehend, kann gesagt werden, daß das ungehinderte Fließen des Spanes nur von den einzelnen Flächen und Winkeln des Schneidkopfes sowie dessen richtiger Einstellung zum Werkstück abhängig ist. Jede Veränderung am Schneidkopf beeinflußt die Spanabnahme. Grundbedingung für einen leichten Spanablauf ist, daß der richtige Keilwinkel eingehalten wird, ganz gleich, ob die Spanfläche als Gerad- oder Hohlkehlenschliff ausgebildet wird. Da, wo letztere zur Anwendung kommt, muß dem Einschleifen der Hohlkehle besondere Beachtung geschenkt werden. Nur eine richtig geschliffene Hohlkehle kann die Vorzüge in Anspruch nehmen, die ihr vielfach zugesprochen werden. Neben den bestehenden ver-

Abb. 285 Halbautomatische Stähleschleifmaschine für Flach- und Hohlkehlenschliff, Bauart „2a M“

schiedensten Möglichkeiten für das Einschleifen von Hohlkehlen ist die zweckmäßigste Art die des maschinellen Schleifens auf selbsttätigen Maschinen. Bei einer Relativbewegung der Schleifscheibe wird durch die gegebene Schrägstellung dieser Scheibe die Spanfläche des Schneidstahles, der ortsfest eingespannt ist, als Hohlkehle ausgebildet. Dieses Verfahren ist unterschiedlich von der üblichen Formgebung durch fassonierten Rand der Schleifscheibe und somit zeit- und materialersparend. Durch die Schrägstellung der Schleifscheibe wird ein sauberer Schliff und eine scharfe Schneide in kurzer Zeit erreicht. Es dürfte einleuchtend sein, daß das noch vielfach angewandte Schleifen der Hohlkehle von Hand niemals vollkommen sein kann und es wirtschaftlicher und zweckmäßiger ist, das Schleifen von Hohlkehlen auf neuzeitlichen Maschinen auszuführen, um so die Gewähr für ein wirklich gleichmäßiges schneid- und leistungsfähiges Werkzeug zu haben.

Zwei Größen von Sonderschleifmaschinen zum Schleifen von Stählen stellt die Firma Munthe weiter her, und zwar:

Bauart 2aM für Stähle bis 55×55
Bauart 3aM für Stähle bis 70×70

Diese Maschinen eignen sich sowohl für Trockenschliff als auch für Naßschliff. Sie sind mit automatischer Hohlkehlenschleifvorrichtung versehen. Die Maschinen sind mit zwei verschiedenen Schleifscheiben ausgerüstet, eine Topfscheibe für Flachschliff und eine gerade Schleifscheibe für Hohlkehlenschliff. Der Hohlkehlenschliff wird in Abb. 285 veranschaulicht. Man führt das Schleifen der Hohlkehle auf einer besonderen Profil-Flachschleifscheibe aus. Es ist möglich, den Aufspanntisch für die verschiedenen Stellungen von Hand einzustellen. Besonders zu beachten ist, daß der Schneidstahl gegen den Anschlagwinkel liegt, damit man eine Hohlkehle erhält, welche parallel zur Schneidkante liegt. Die Spannschiene ist um 180 Grad verstellbar, wodurch es möglich ist, sowohl rechte als auch linke Stähle zu schleifen.

Ein großer Vorteil dieser Maschinen liegt in der einfachen Bedienungsweise. Der Antrieb ist ein elektrischer Einzelantrieb mittels Druckknopfsteuerung. Mit einem Einrückhebel wird eine Lamellenkupplung betätigt, durch welche die hin- und hergehende Hubbewegung des Schleifschlittens mit der Schleifscheibe erzeugt wird.

Die Abb. 297 veranschaulicht die Lagerung der Schleifscheibe. Wie hieraus zu ersehen ist, sitzt die Schleifscheibe nicht auf der Antriebswelle, sondern auf einer feststehenden Stahlbüchse, durch welche die Schleifwelle hindurchgeht.

Die Abb. 298 zeigt die Festspannung des Stahlhalters, während die Abb. 299 die Einstellung der Schneidwinkel veranschaulicht.

Es sei hier auch auf die Seite 127 verwiesen, wo eine Sondereinrichtung zum Schleifen von Spanbrechernuten (Abb. 148) beschrieben ist.

Richtwerte für die Schneidwinkel am Drehstahl*

Werkstoff		Stahl bis 50 kg/mm² Festigkeit	Stahl 50...70 kg/mm² Festigkeit	Stahl 70...100 kg/mm² Festigkeit	Zähharter Stahl über 100 kg/mm²	Gußeisen bis 200 H_B	Hartguß
Spanwinkel γ^0	SS	20...25	15...20	10...12	10...15	10...15	3...8
	Hartmetall	15...20	14...18	10...12	12...14	8...10	0...5
Freiwinkel α^0	SS	6...8	6...8	6...8	6...8	6...8	6...8
	Hartmetall	5...6	5...6	4...5	5...6	4...6	3...4

Werkstoff		Rotguß Bronze, Messing	Zinklegierung (Zn Al 4-Cu 1)	Aluminium weich	Silumin	Geschichtete Kunstharz-Preßstoffe	Glas gehärt. Stahl
Spanwinkel γ^0	SS	15...20	10...15	30...40	15...20	20...25	—
	Hartmetall	12...15	10...15	30...35	12...15	15...20	—5...—8
Freiwinkel α^0	SS	6...8	10...12	8...10	8...10	10...12	—
	Hartmetall	4...6	10...12	8...10	8...10	8...10	5...6

*) Loewe Notizen

Beim Schleifen von Dreh- und Hobelstählen ist es nun praktisch so, daß ein gut geschliffener Stahl von geringerer Qualität mehr leistet als ein landläufig hergerichteter Stahl erster Qualität; daher ist die Leistung der Schneidstähle nicht nur von der Stahlsorte, sondern auch von der Schneidenform abhängig. Es ist also ratsam, diese hochwertigen Werkzeuge auf Sonderschleifmaschinen zu bearbeiten.

Abb. 286 **Falsch** geschliffene Stähle

Abb. 287 **Richtig** geschliffene Stähle

Abb. 288 Halbselbsttätige Stähle-Schleifmaschine Bauart XM, für kleine Stähle bis 16×16 mm

Abb. 289 Seitenansicht

Abb. 290 Dreischeibige Hartmetallschleifmaschine, Bauart DHS 3, mit Läppeinrichtung

Abb. 291 Läppeinrichtung zur Hartmetall-Schleifmaschine, Bauart DHS 3

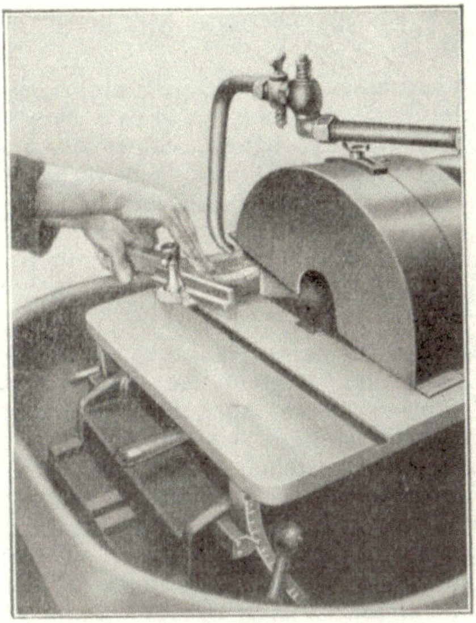

Abb. 292 Schleifen eines gebogenen Schruppstahls

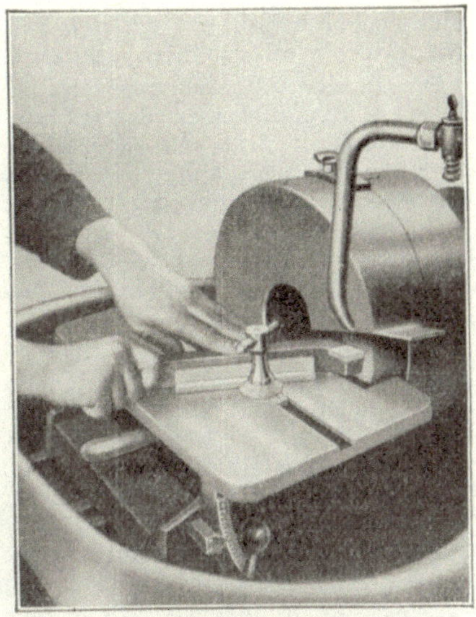

Abb. 293 Schleifen der Seitenfläche eines gebogenen Schruppstahls

Abb. 294 Schleifen eines Einstechstahles

Die Abb. 286 zeigt beispielsweise falsch geschliffene Stähle, mit denen man keine großen Leistungen erzielen kann, wogegen in Abb. 287 richtig geschliffene Schneidstähle mit Hohlkehle gezeigt werden.

Die in der Abb. 288 dargestellte halbautomatische Stähle-Schleifmaschine, Bauart XM, eignet sich zum Schleifen kleiner Stähle bis 16×16 mm, wie z. B. für Automatenstähle, Gewindestähle, Bohrstähle usw. Die Maschine wird durch einen Flanschmotor angetrieben, der durch Druckknopfsteuerung betätigt wird, wie aus Abb. 289 hervorgeht. Durch den Einrückhebel Abb. 289 wird eine Lamellenkupplung betätigt, wodurch die hin- und hergehende Hubbewegung des Schleifschlittens mit der Schleifscheibe erzeugt wird. Die Topfschleifscheibe sitzt auf einer feststehenden Stahlbüchse, durch welche die eigentliche Schleifwelle frei hindurchgeht.

Im Stahlhalter Abb. 289, der die Stähle aufnimmt, lassen sich die verschiedenen Winkel mittels Skalen leicht einstellen. So kann der Ansatzwinkel von 0 bis 10 Grad eingestellt werden. Ferner lassen sich die Seitenwinkel ebenfalls durch eine Noniuseinstellung genau einstellen. Das Handrad Abb. 289 betätigt die Zustellung des Stahlhalters zur Schleifscheibe und das Handrad Abb. 289 dient zur Verstellung der Schleifzonen. Die Maschine ist für Naß- und Trockenschliff eingerichtet, für den Naßschliff ist sie mit einer Elektropumpe ausgerüstet, die ebenfalls durch Druckknöpfe geschaltet wird. Auch die Kühlleistung, Abb. 289, ist verstellbar eingerichtet. Im Ständer der Maschine ist der Wasserkasten so angeordnet, daß man ihn mit Leichtigkeit reinigen kann. Zum Schleifen von gesinterten Hartmetallen wird die Maschine mit einem polumschaltbaren Motor geliefert, und zwar für die Drehzahlen n-1400 und n-2800 Umdr./min. Die niedrige Drehzahl entspricht einer Schleifscheiben-Umfangsgeschwindigkeit von 12 m/sek, wie sie zum Schleifen der Hartmetalle verwandt wird. Man braucht also nur die Schleifscheiben auszuwechseln, da zum Schleifen der gesinterten Hartmetalle nur grüne Siliziumkarbid-Schleifscheiben in Frage kommen.

Die Abmessungen der Maschine sind:

Leistung des Motors	2 PS
Umdrehungen des Motors	2850 bzw. 1400 Umdr./min
Topfschleifscheiben-Durchmesser	175 mm
Automatische Hubbewegung	30 mm
Quereinstellung der Schleifscheibe	95 mm
Verstellung des Stahlhalter-Schlittens	100 mm
Einzuspannende Stähle	bis 16 × 16 mm
Gesamthöhe bis Mitte Schleifspindel	950 mm

In Abb. 290 wird eine dreischeibige Hartmetall-Stähle-Schleifmaschine, Bauart DHS 3, mit Läppeinrichtung wiedergegeben. Die kräftige Bauart der Maschine gewährleistet ein vollkommen erschütterungsfreies Arbeiten, denn die geringste Vibration schließt die Erzielung einer scharfen Schneide aus.

Der Antrieb der Maschine erfolgt durch einen Gehäuseflanschmotor. Die Antriebskraft wird mittels Keilriemen auf die obere Schleifspindel übertragen. Die Maschine eignet sich für Trocken- und Naßschliff; für letzteren ist eine Elektropumpe vorgesehen. Ferner ist die Maschine mit zwei Topfschleifscheiben aus grünem Siliziumkarbid für Vor- und Fertigschliff ausgerüstet. Eine besondere Läppeinrichtung, Abb. 291, ist noch angeordnet, deren Antrieb durch einen geschützt eingebauten Fußmotor mit zwei Drehzahlen von 1500 und 3000 Umdr./min erfolgt. Um immer auf die Schneide zuschleifen zu können, ist der Motor für Rechts- und Linkslauf eingerichtet. Die verstellbare Stahlauflage kann mit Hilfe einer Gradeinteilung leicht eingestellt werden.

In Abb. 292 wird das Schleifen der Vorderfläche eines Schruppstahles auf dieser Maschine gezeigt. Wie aus dieser Abbildung zu ersehen ist, sind die Stahlauflagen der Maschine ziemlich groß gehalten, so daß die Stähle eine sehr gute Auflage haben. Man kann sie leicht in jeden beliebigen Winkel durch Skaleneinteilung einstellen.

Abb. 293 zeigt das Schleifen der Seitenfläche eines gebogenen Schruppstahles. Wie die Abbildung erkennen läßt, dienen die Anschläge für die entsprechenden Schleifwinkel.

In Abb. 294 wird das Schleifen eines Einstechstahles und in Abb. 295 das Schleifen eines Messerstahles gezeigt.

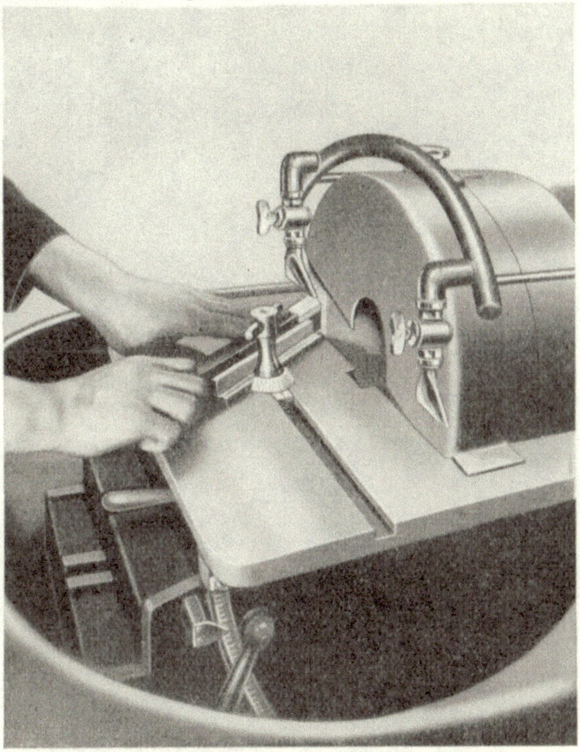

Abb. 295 Schleifen eines Messerstahles

In den Nuten des Auflagetisches läßt sich zum Abrichten der Topfschleifscheibe eine Abrichtvorrichtung festschrauben, die durch eine Schlittenführung mit Griff an der Schleifscheibe vorbeigeführt werden kann.

Die Abmessungen der Maschine sind:

Durchmesser der Topfschleifscheiben	350 mm
Breite der Topfschleifscheiben	125 mm
Höhe bis Mitte Schleifspindel	950 mm
Kraftbedarf	3 PS
Umdrehungen der Schleifspindel	1450 Umdr./min
Durchmesser der Feinschleifscheibe	150 mm
Kraftbedarf des Motors für die Läppscheibe	0,3 PS
Umdreh. d. Motors für die Läppscheibe	1500 und 3000 Umdr./min

Abb. 296 Schleifen eines Schnellstahles mit Hohlkehle auf einer halbautomatischen Stähleschleifmaschine.

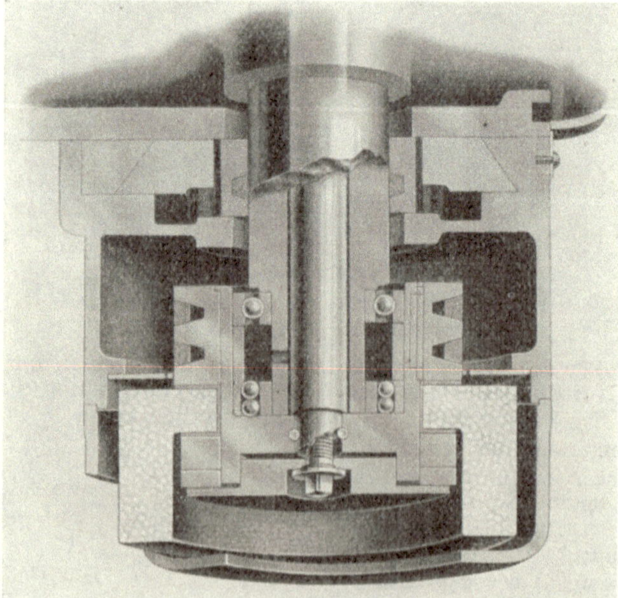

Abb. 297 Schnitt der Schleifspindel der halbautomatischen Stähleschleifmaschine, Modell 2a M

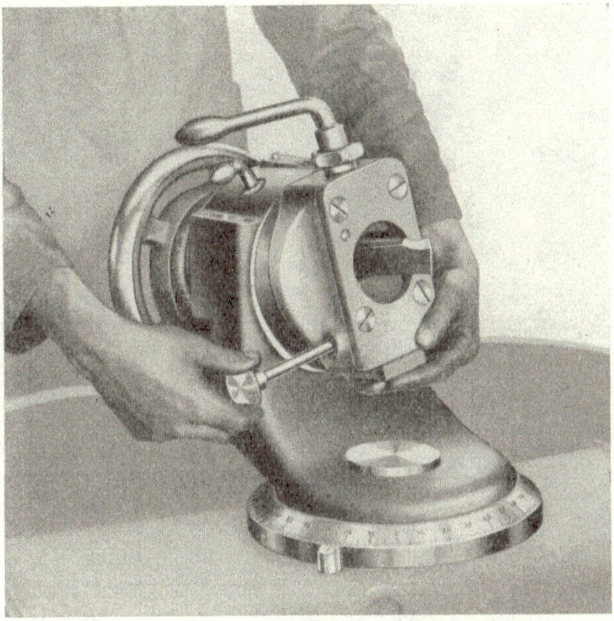

Abb. 298

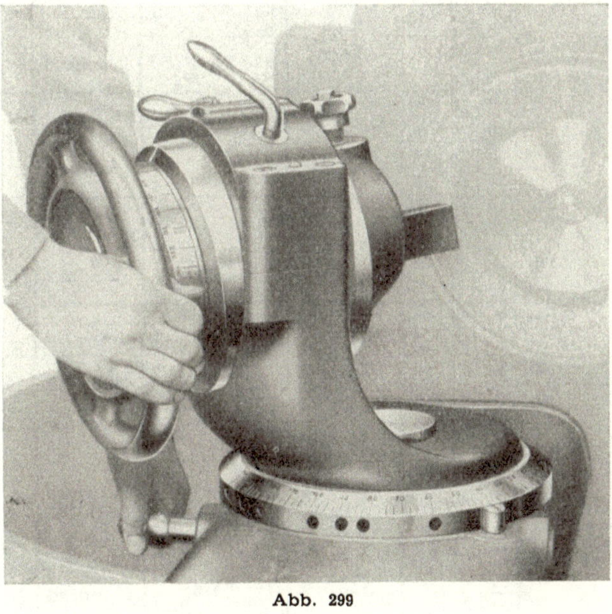

Abb. 299

Die Stahlformen und Angabe der Hohlkehlenradien und der

Einstellung: Untere Backe | Gradzahl: „Griff“ | H. f. c. M. Hebelchen zurückdrücker

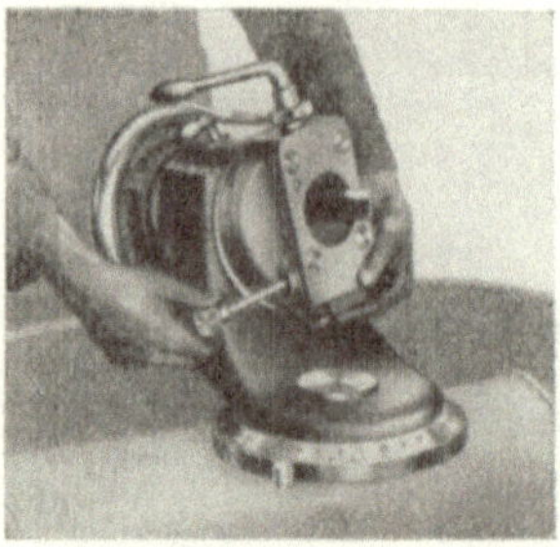

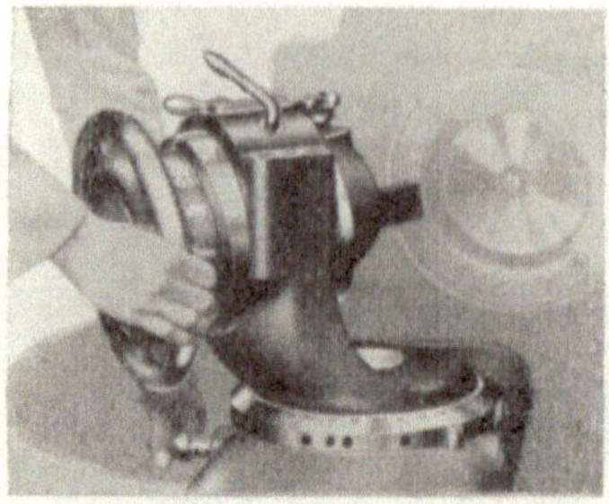

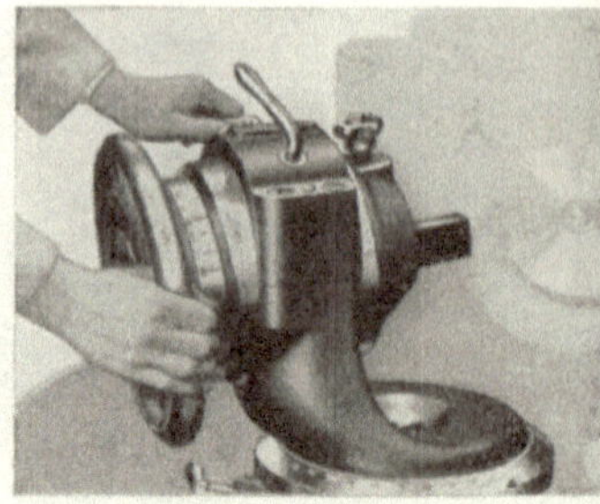

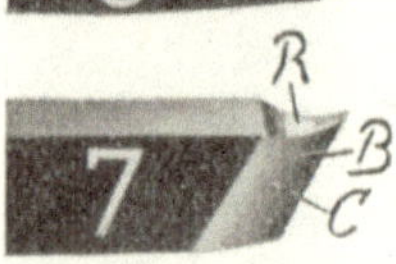

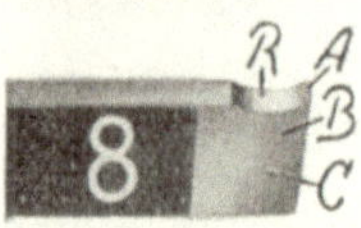

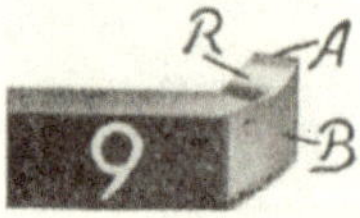

Hohlkehl.-Radius R	a	b	c	Stahlform	Rechte Stähle A	B	C	Skala	Linke Stähle A	B	C
I	15	20	30	Schrupp-Stahl	45°	85°	—	Griff	45°	35°	—
II	20	30	20								
III	30	40	50		H 7	T 180	—	Handrad	T 173	H 0	—
IV	50	60	75								
I	15	20	30	Schrupp-Stahl	45°	35°	—	Griff	45°	35°	—
II	20	30	40								
III	30	40	50		H 7	T 180	—	Handrad	T 173	H 0	—
IV	50	60	75								
I	15	20	30	Abstech-Stahl	90°	- 2°	- 2°	Griff			
II	20	30	40								
III	30	40	50		H 0	T 178	H 2	Handrad			
IV	50	60	75								
I	15	20	30	Stech-Stahl	90°	- 2°	- 2°	Griff			
II	20	30	40								
III	30	40	50		H 0	T 178	H 2	Handrad			
IV	50	60	75								
I	15	20	30	Seiten-Stahl	30°	50°	—	Griff	30°	50°	—
II	20	30	40								
III	30	40	50		H 7	T 180	–	Handrad	T 173	H 0	—
IV	50	60	75								
I	15	20	30	Seiten-Stahl	5°	75°	—	Griff	5°	75°	—
II	20	30	40								
III	30	40	50		H 7	T 175	—	Handrad	T 173	H 5	—
IV	50	60	75								
I	15	20	30	Spitz-Stahl	90°	15°	15°	Griff			
II	20	30	40								
III	30	40	50		H 0	T 175	H 7	Handrad			
IV	50	60	75								
I	15	20	30	Schlicht-Stahl	90°	0°	H 7	Griff			
II	20	30	40								
III	30	40	50		H 0	T 173	0°	Handrad			
IV	50	60	75								
I	15	20	30	Haken-Stahl	0°	85°	—	Griff	0°	85°	—
II	20	30	40								
III	30	40	50		H 7	T 173	—	Handrad	T 173	H 7	—
IV	50	60	75								

Querschnitte

Querschnitte		Gruppe
10 x 15	12 x 18	I
10 x 15	15 x 23	I
20 x 30		II
25 x 40		II
30 x 50		III
40 x 60		III
50 x 70	80 x 100	IV
50 x 70	80 x 100	IV

Einstellungen der Skalen an den Munthe-Stähleschleifmaschinen

Gradzahl: „Handrad“ | Einstellung: Hohlschliff | Schrägstellung: Hohlschliff

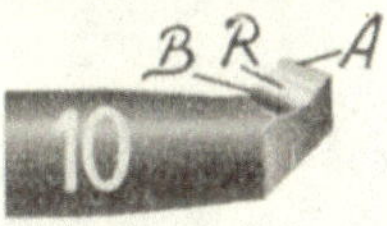

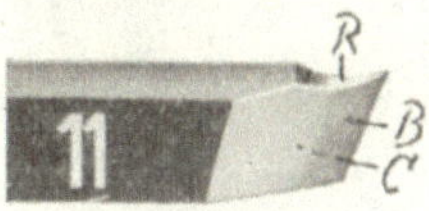

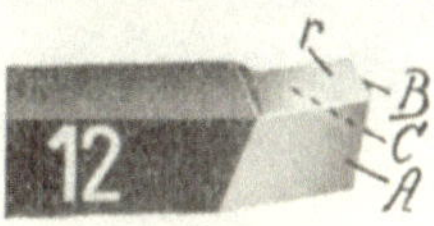

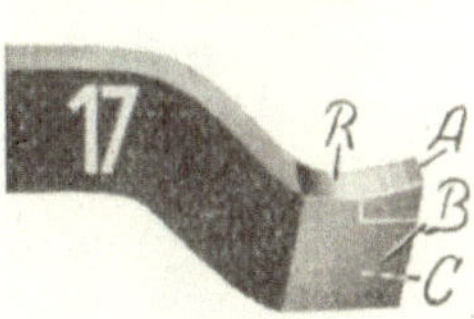

Hohlkehl.-Radius R	a	b	c	Stahlform	Rechte Stähle			Skala
—	—	—	—	Bohr-Stahl	0°	- 25	-	Griff
—	—	—	—		H 7	H 7	—	Handrad
—	—	—	—					
—	—	—	—	Gewinde-Stahl	90°	27,5°	27,5°	Griff
—	—	—	—		H 0	T 177	H 3	Handrad
—	—	—	—					
—	—	—	—	Schrupp-Stahl	17,5°	75°	- 2°	Griff
—	—	—	—		H 4	T 176	H100	Handrad
—	—	—	—					
—	—	—	—	Stoß-Stahl	82°	- 2°	- 7°	Griff
—	—	—	—		M 90	T 178	H 2	Handrad
—	—	—	—					
—	—	—	—	Radius-Stahl	90°	10°	7°	Griff
—	—	—	—		H 7	T 260	M 270	Handrad
—	—	—	—					
I	15	20	30	Hobel-Spitz-Stahl	90°	15°	15°	Griff
II	20	30	40		H 0	T 173	H 7	Handrad
III	30	40	50					
I	15	20	30	Hobel-Schrupp-Stahl	45°	75°	—	Griff
II	20	30	40		T 173	H 7	—	Handrad
III	30	40	50					
I	15	20	30	Hobel-Schlicht-Stahl	90°	0°	0°	Griff
II	20	30	40		H 0	T 173	H 7	Handrad
III	30	40	50					

a = Weicher Stahl.
b = Harter Stahl.
c = Guß-Eisen.

Nachstehende in Abb. 300 gebrachte Darstellung einer Lehrwerkstatt gibt einige praktische Hinweise über den richtigen Anschliff eines Drehstahls.

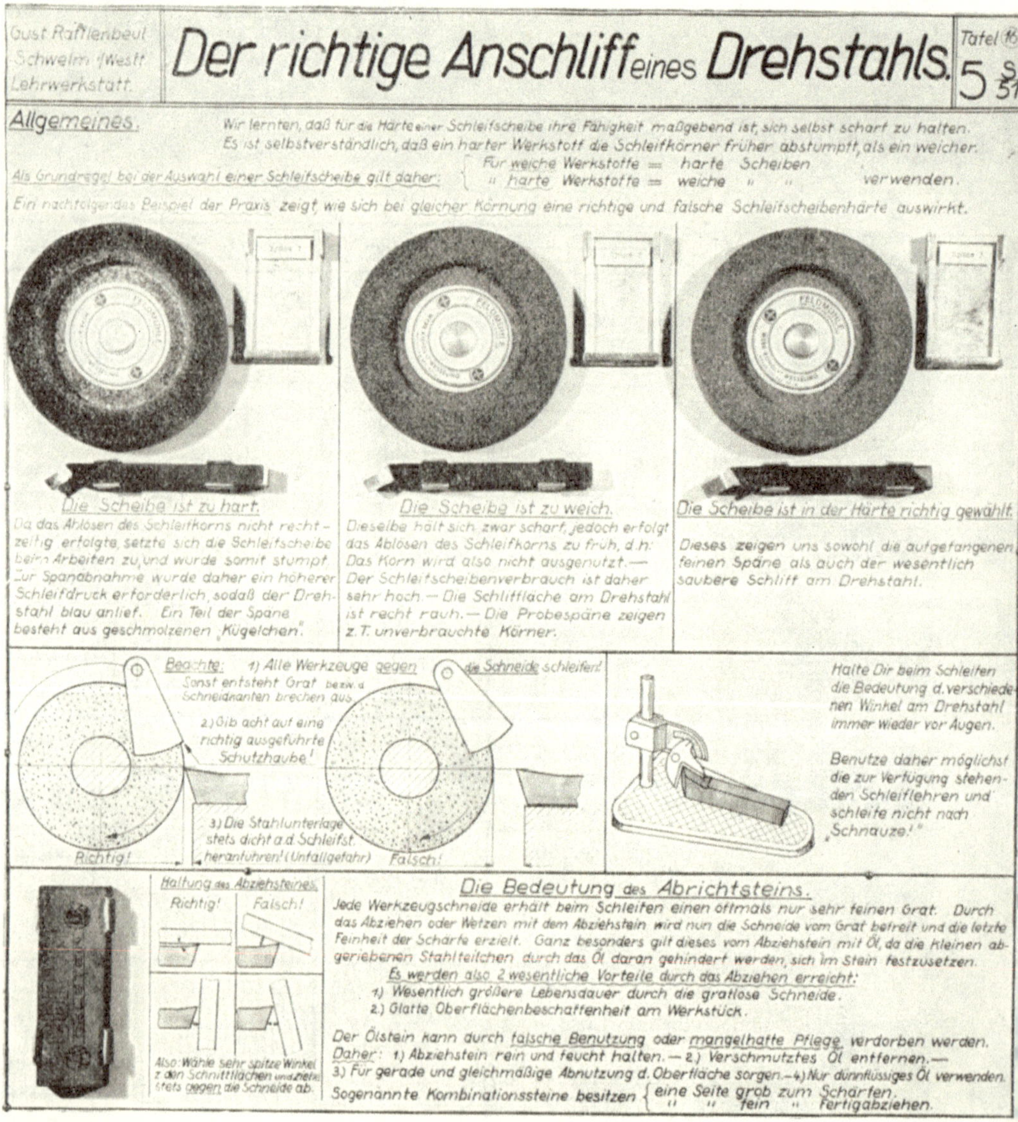

Abb. 300

Das Schleifen von Dreh- und Hobelstählen, die mit Hartmetall bestückt sind, erfordert besondere Vorkehrungen dadurch, daß sie eine wesentlich herabgesetzte Schleifgeschwindigkeit gegenüber Schnellstahl bedingen, wenn sie auf selbsttätigen Stähleschleifmaschinen geschliffen werden. Maßgebend hierfür war neben der hohen Abnutzung der Spezialschleifscheiben die früher vielfach beim Schleifen von Hartmetall mit normaler Geschwindigkeit, d. i. etwa 25 m/sek, insbesondere bei großen Spanflächen, in diesen auftretende äußere oder äußerlich oft nicht sichtbare innere Rißbildung. Diese wurde hervorgerufen durch vorzeitiges Stumpfwerden der Schleifscheibe, die dann statt Schleifarbeit zu verrichten, eine zu hohe örtliche Reibungswärme erzeugte. Die auf 5 m/sek herabgesetzte Schleifgeschwindigkeit hat sich bei Verwendung geeigneter Sonderschleifscheiben für den Maschinenschliff selbst bei großen Spanflächen, wie sie beispielsweise bei Walzendrehstählen auftreten, als besonders vorteilhaft erwiesen. Ferner muß die Schleifscheibe für Links- und Rechtslauf vorgesehen werden, so daß es möglich ist, die Scheibe auch bei den verwickelsten Schneidenformen stets gegen die Hartmetallschneide laufen zu

Abb. 301 Drehstähle mit Hohlkehlen richtig geschliffen
(Abb. 1 ausgesprochene Klopstockschneide)

lassen, wodurch Ausbrechungen an den Schneidkanten vermieden werden. Bei dieser Gelegenheit sei darauf hingewiesen, daß auch das Schleifen der mit Hartmetall bestückten Messerköpfe bei einer Schleifgeschwindigkeit von 5 m/sek stattfindet. Bei neuzeitlichen, selbsttätigen Messerkopf- und Stähleschleifmaschinen müssen also zwei Schleifgeschwindigkeiten zur Verfügung stehen, und zwar 25 m/sek für Schaftmaterial und Schnellstahl und 5 m/sek für Hartmetall.

Wird die Unterhaltung der Schneidstähle in vorstehendem Sinne restlos in der Werkzeugmacherei durchgeführt, so müssen alle vorkommenden Stähle in genügender Anzahl fertig geschliffen vorrätig gehalten werden. Es muß hierbei angestrebt werden, sich auf möglichst wenig Formen und Materialquerschnitte festzulegen, um eine Überladung des Lagers zu vermeiden. Nachdem man seine Wahl diesbezüglich getroffen und das Schneidstahllager geschaffen hat, werden die Facharbeiter in genügender Anzahl mit den normalen Schneidstählen ausgerüstet. Beim Stumpfwerden eines Stahles wird aus dem Vorrat ein zweiter oder dritter Stahl eingespannt und die stumpfen Werkzeuge werden durch eine unproduktive Kraft umgetauscht. Die organisations-technische Bezeichnung auf jedem einzelnen Stahl erleichtert den Umtausch und den Nachschliff der stumpfen Werkzeuge. Die gruppenweise gesammelten stumpfen Schneidwerkzeuge wandern zu bestimmten Zeiten in die Schleiferei der Werkzeugmacherei, wo dieselben maschinell wieder nachgeschliffen werden. Durch dieses Verfahren ist der Produktivarbeiter vollständig entlastet und die sonst durch diesen für das Schleifen aufzuwendende und sehr ins Gewicht fallende Schleifzeit kommt der Produktion zugute. Ein gut geschliffenes Werkzeug beeinflußt die Lebensdauer der Maschine auch bei höchster Ausnutzung sehr günstig.

Wie die Erfahrungen mit den selbsttätigen Messerkopf- und Stähleschleifmaschinen gezeigt haben, ist zu ihrer Bedienung keinerlei besondere Fachkenntnis erforderlich. Das Anschleifen der richtigen Winkel ist gegeben durch entsprechendes Einstellen der Maschinen, die ungelernte Kräfte bedienen können. Man betritt also bei Anwendung dieser Schleifweise das Gebiet der wirtschaftlichen zentralen Werkzeugunterhaltung, während man sich gleichzeitig von der Geschicklichkeit des Schleifers unabhängig macht.

Stähle-Schleifmaschine, Bauart DV 40 H

Die im Bilde dargestellte Greif-Stähleschleifmaschine (Abb. 302), Bauart DV 40 H, ist für Schnellstahl und Hartmetall bis etwa 60×60 mm und für breite Walzen-Drehstähle bis 150 mm Breite bestimmt. Sie ist mit polumschaltbarem Drehstrommotor 2,8/4 PS, 950/1430 Umdr./min ausgerüstet.

Durch das Schleifen von Hand ist ein gefühlsmäßiger Vorschub gewährleistet. Bei Anwendung des Wipptisches ist gleichzeitig ein Schliff höchster Genauigkeit möglich, weil nicht der Stahl, sondern der Wipptisch mit dem fest am Anschlag liegenden Stahl bewegt wird. Große Maschinenabmessungen ermöglichen ein bequemes Arbeiten, selbst beim Schleifen großer Stähle, auch wird eine hohe Standfestigkeit und somit ein erschütterungsfreies Schleifen erreicht. Ein unbehindertes Schleifen auch großer Stähle wird durch die hohe Motorleistung ermöglicht. Durch den polumschaltbaren Motor sind folgende Umfangsgeschwindigkeiten gegeben:

Schleifzylinder	350x100x270 mm	= 17,5	und 25 m/sek
Umfangs-Scheibe	400x50 x127 mm	= 20	und 30 m/sek

Man kann also die Umfangs- bzw. Schleifgeschwindigkeit der Empfindlichkeit der verschiedenen Hartmetallsorten anpassen.

Abb. 302 Greif-Stähleschleifmaschine DV 40 H.

Für besonders breite Stähle, wie sie in den Drehereien der Walzwerke üblich sind, ist zur Erzielung einer schnurgeraden Schneide ein solider Kreuzsupport vorgesehen.

Bei dieser Maschine sind drei verschiedenartig ausgerüstete Schleifstellen möglich. Die Kühlmittel-Zufuhr erfolgt durch eine Elektro-Kühlmittel-Tauchpumpe, die auf einem von der Maschine unabhängigen Kühlwasser-Kasten angebracht ist. Der eingebaute Wendepolumschalter gestattet die Benutzung an der rechten und linken Seite, je nach Form und Gestalt der zu schleifenden Stähle.

Das Schleifen der gesinterten Hartmetalle

Ganz besondere Aufmerksamkeit ist dem Schleifen der Hartmetallschneiden zu schenken, denn neben der Beachtung richtiger Zerspanungsbedingungen hängt die Schneidleistung in erster Line von der sachgemäß geschliffenen Schneidkante der Hartmetallplatten ab.

Es gibt gegossene, aufgeschweißte und gesinterte Hartmetalle. Die gegossenen Hartmetalle haben wegen ihrer großen Sprödigkeit für die Zerspanungstechnik keine Bedeutung. Die aufgeschweißten Hartmetalle, die sogenannten Stellite finden heute nur noch für Auftragsschweißungen als Panzerungsmetall auf großen Verschleißteilen Anwendung. Die gesinterten Hartmetalle sind dagegen heute bei der spangebenden Formung in der gesamten Metallindustrie in Gebrauch. Die Grundstoffe sind Metallkarbide, und zwar Karbide von Wolfram, Titan, Molybdän, Tantal und ähnlichen Metallen. Nach dem Sinterungsprozeß können Hartmetallplättchen nur noch durch Schleifen umgeformt werden, deshalb soll die gewünschte Form schon bei der Bestellung genau festgelegt werden. Allgemein schwinden die Preßlinge beim Sintern um 20 bis 30 v. H.

Die in der Abbildung 303 dargestellten Schliffbilder zeigen den Gefügeaufbau von Hartmetall im Gegensatz zu schweißbaren Hartlegierungen und Schnellstahl.

Bei Schnellstahl sieht man in einer polyedrischen Grundmasse (Abb. 303) etwa 20 v. H. Karbidanteil eingelagert. Diese Karbide wirken in der Meißelschneide wie aufgesetzte Schneidzähne. Sie brechen nicht leicht aus, da sie in reichlicher Grundmasse eingebettet sind. Ein ausgesprochenes Gußgefüge zeigt die gegossene Stellithartlegierung (Abb. 303) mit wenig Grundmasse verkittet. Der Karbidanteil beträgt etwa 50 v. H.

Gesintertes Schneidmetall Böhlerit E	Gegossene Stellit Hartlegierung Böhler ✱ Celsit	Schnellstahl Böhler ✱ Super Rapid Extra
Böhler	Gefüge von Schneidlegierungen	

Ab. 303 Gefügeaufbau von Hartmetall im Gegensatz zu schweißbaren Hartlegierungen und Schnellstahl

Beim Hartmetall sieht man ein Haufwerk feinkörniger Karbide (Abb. 303) mit wenig Grundmasse verkittet. Der Karbidanteil beträgt 95 v. H., die Karbide sind also nur durch eine feine Haut des Bindemetalls aneinandergeschweißt.

Wie aus der Abb. 305 zu ersehen ist, besitzen die Hartmetalle eine außerordentlich hohe Wärmehärte, die sie befähigt, sehr hohe Schneidtemperaturen auszuhalten, was letzten Endes für ihre Leistung ausschlaggebend ist.

In der Abb. 304, Tabelle 1, sind verschiedene Hartmetallmarken der Firma Gebr. Böhler & Co., A.-G., für die Bearbeitung der verschiedenen Werkstoffe aufgeführt.

Die Abb. 306 zeigt verschiedene Formen der gesinterten Hartmetallplättchen. Im Normblatt DIN 4966 sind die gebräuchlichen Hartmetallplatten für Dreh- und Hobelstähle festgelegt. In Abb. 307 wird ein mit Hartmetall bestückter Drehstahl gezeigt.

Zum Schleifen der gesinterten Hartmetalle eignet sich nur das grüne Siliziumkarbid. Die aus diesem Schleifrohstoff hergestellten Schleifkörper haben ein hochporiges Gefüge, wodurch eine kühle und schnelle Schneidwirkung gewährleistet ist. Die gebräuchlichsten Formen von Schleifkörpern, wie sie zum Schleifen der gesinterten Hartmetalle gebraucht werden, sind in der Abb. 309 dargestellt. Hervorgehoben sei noch, daß mit diesen Sonderschleifscheiben nicht etwa auch der Stahlschaft geschliffen wird, damit die Schleifscheibe griffig und sauber bleibt. Den Stahlschaft schleift man zweckmäßig mit einer Elektrokorundschleifscheibe. Den Freiwinkel des Schaftes hält man möglichst 2° größer

Böhler

Böhlerit Marken und ihre Anwendung

2568

	Hartmetall-Marke	Kennfarbe d Werkz.	Anwendungsbereich
Wolframkarbid - Hartmetalle	Böhlerit G1	blau	Bearbeitung von Gußeisen unter 200 Brinell, Kupfer, Messing, Leichtmetallen, Kunst- und Preßstoffen
	Böhlerit G2	braun	Bearbeitung von Kunst- und Hartholz, Faserstoffen, verschiedenen Preßstoffen u. für Schlagbohrwerkzeuge
	Böhlerit H1	gelb	Bearbeitung von Hartguß, Gußeisen über 200 Brinell, Temperguß, Glas, Porzellan, Gesteinen, Hartpapier
	Böhlerit H2	gelb-schwarz	Spezial-Hartguß (z. B. Ni-legierter Hartguß) über 100 Shore
Wolfram - Titankarbid - Hartmetalle	Böhlerit S1	schwarz	Für **hohe** Schnittgeschwindigkeiten bei Vorschüben bis 1 mm/U
	Böhlerit S2	weiß	Für **mittlere** Schnittgeschwindigkeiten bei Vorschüben bis 2 mm/U. Die Schnittgeschwindigkeiten liegen etwa 40 v. H. tiefer als die für Böhlerit S1
	Böhlerit F1	grau	Feinstdrehen und Feinstbohren von Stahl, d. h. bei Arbeiten mit sehr klein. Spanquerschnitten u. Schnittkräften
	Böhlerit S3	rot	Für **niedrige** und mittlere Schnittgeschwindigkeiten bei Vorschüben bis 3 mm/U. Die Schnittgeschwindigkeiten liegen etwa 60 v. H. tiefer als die für Böhlerit S1

Abb. 304, Tabelle 1 Hartmetallmarken für die Bearbeitung verschiedener Werkstoffe als den eigentlichen Freiwinkel am Hartmetallplättchen. Der Abschliff der Hartmetallplättchen beim Nachschärfen soll sehr gering sein, er ist kaum größer als 0,1 bis 0,2 mm je Schliff.

Die Umfangsgeschwindigkeit soll bei Handschliff 20 bis 25 m/sek betragen, während bei dem voll- und halbselbsttätigen Schliff dieselbe höchstens 13 bis 15 m/sek zu wählen ist.

Es soll immer gegen die Schneide geschliffen werden, da die Hartmetalle sehr spröde sind und sonst sehr leicht ausbrechen. Es ist ratsam, naß zu schleifen, allerdings nur unter Zuführung eines kräftigen Kühlwasserstrahles, welcher die Breite des Schleifkörpers haben soll. Um eine zu starke örtliche Erwärmung zu vermeiden, die leicht zu Rißbildungen führt, ist der Schleifdruck allgemein nicht größer zu wählen als beim Schleifen von normalen Schnellstahlwerkzeugen. Auch bewege man das zu schleifende Werkzeug dauernd an der Schleifscheibe hin und her, wie es in Abb. 308 dargestellt ist.

Abb. 309 zeigt einen Stahl, der durch die hohe örtliche Erwärmung einen Schleifriß aufweist. Eine weitere bekannte Beschädigung des Hartmetallwerkzeuges zeigt die Abb. 311, und zwar unterbrochene Schleifspiegelbildungen (Verfärbungen); während die Abb. 312 den sogenannten Haarriß erkennen läßt.

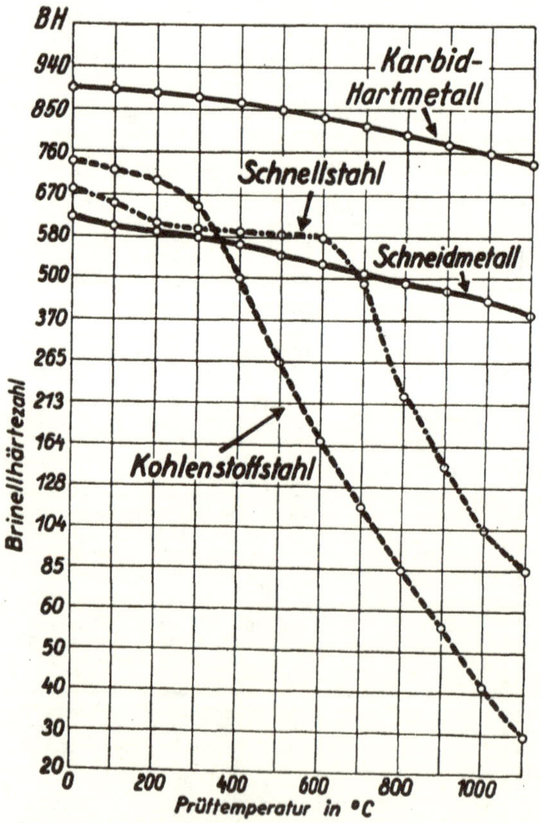

Abb. 305 Warmhärte verschiedener Schneidlegierungen

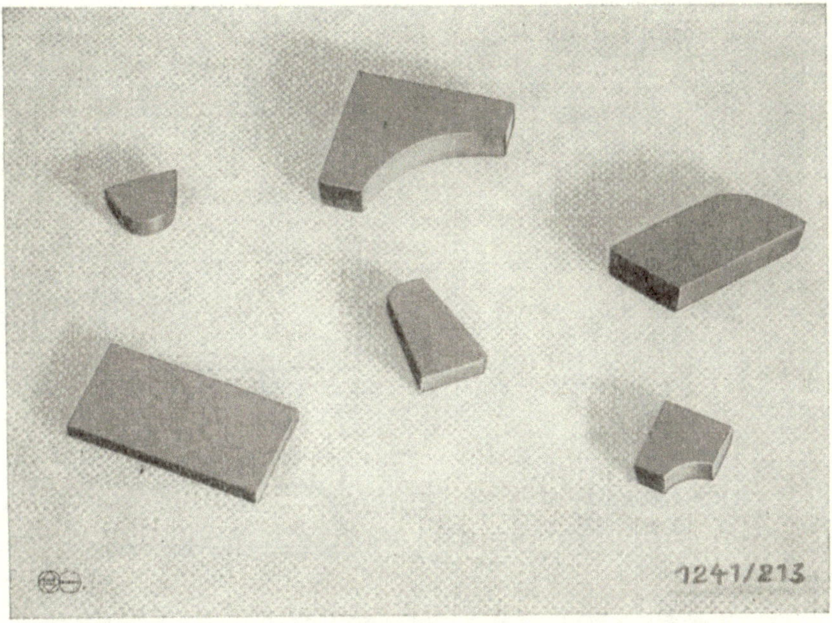

Abb. 306

Abb. 307 Mit Hartmetall bestückter Drehstahl

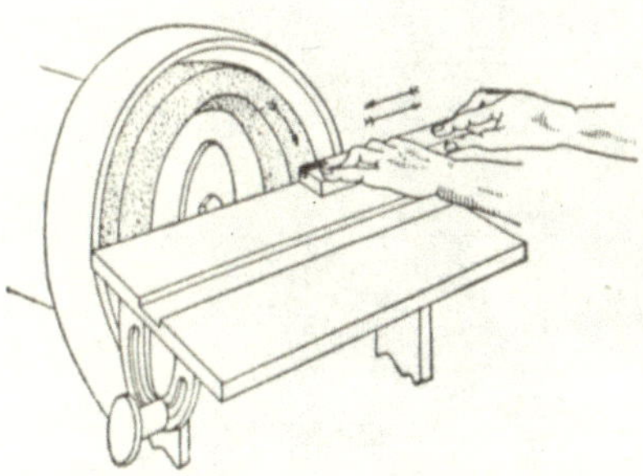

Abb. 308 Richtige Schleifbewegung

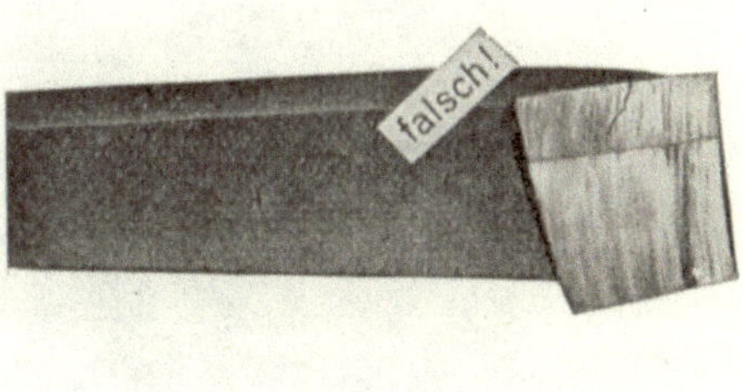

Abb. 309 Schleifriß, entstanden durch örtliche Erwärmung

DIN 181 Form A
A 100 bis A 200

DIN 181 Form B
B 100 bis B 200

DIN 182 Form C
C 100 bis C 200

DIN 182 Form D
D 75 bis D 150

DIN 183 Form E
E 75 bis E 150

DIN 185 Form H
H 250

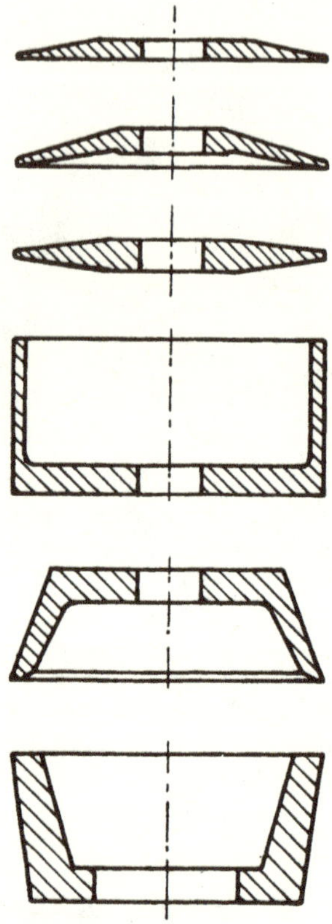

Abb. 309a Die gebräuchlichsten Formen der Schleifkörper DIN 181—185

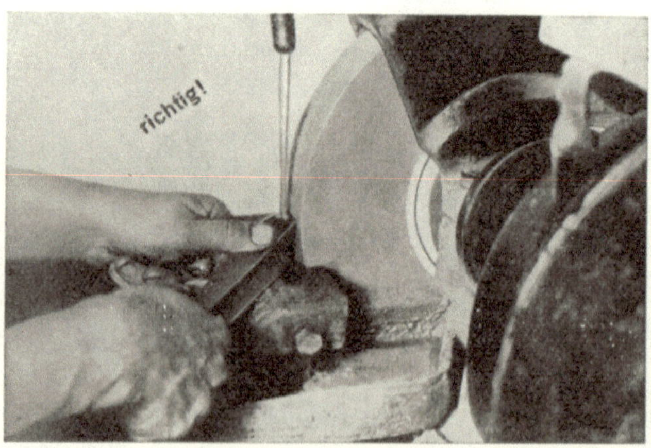

Abb. 310

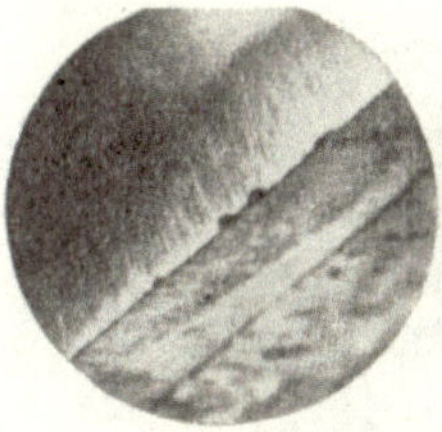

Abb. 311

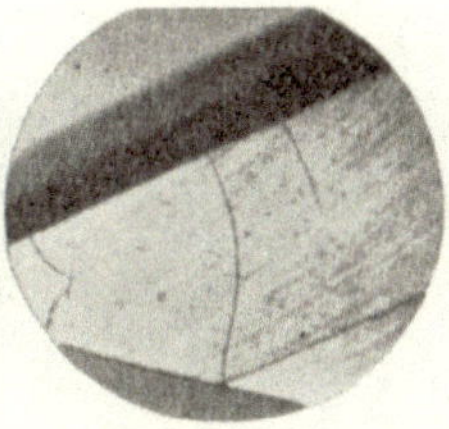

Abb. 312

Abb. 313

Abb. 313a Dreikopf-Hartmetallschleifmaschine

Abb. 314 Zweistellige Schleifmaschine mit Flachscheibe für Vorschliff und Topfscheibe für Nachschliff

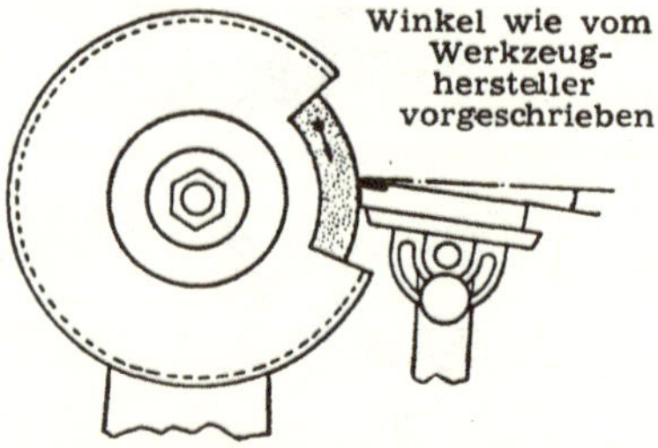

1. Einstellen des Schleiftisches im richtigen Winkel

2. Vorschleifen des Spanwinkels

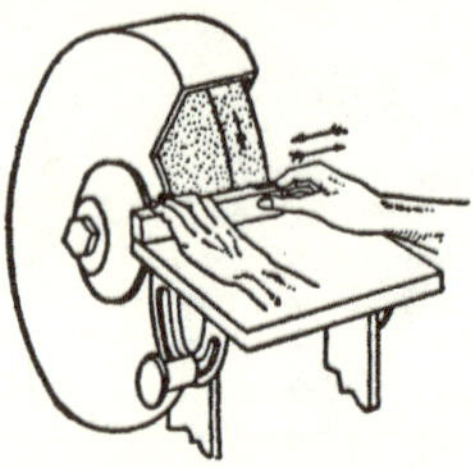

3. Vorschleifen des Seitenfreiwinkels

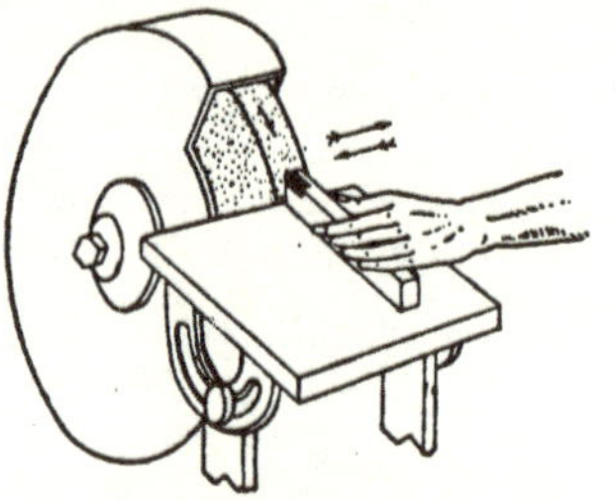

4. Vorschleifen des Rückenfreiwinkels

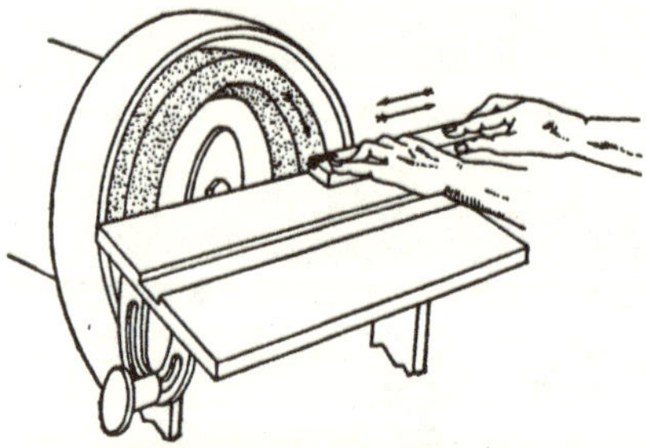

5. Fertigschleifen des Spanwinkels auf einer Topfscheibe

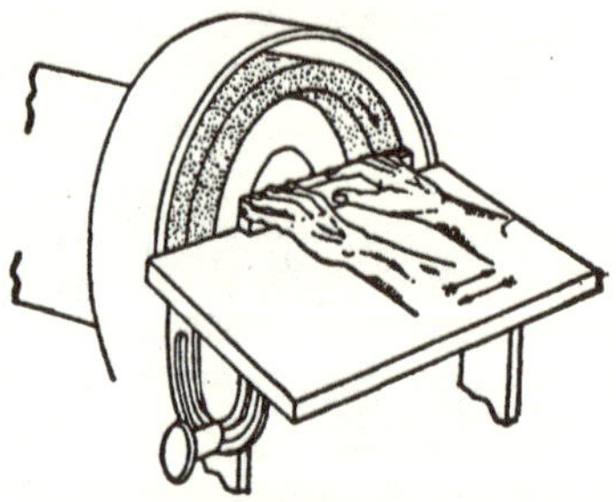

6. Fertigschleifen des Seitenfreiwinkels auf einer Topfscheibe

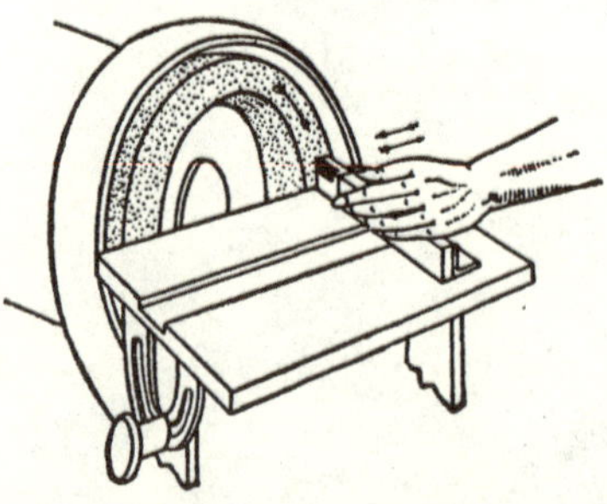

7. Fertigschleifen des Rückenfreiwinkels auf einer Topfscheibe

8. Anschleifen des Nasenradius auf einer Topfscheibe

Abb. 315 Folgerichtiges Vor- und Fertigschleifen eines Schruppstahles von Hand

Weitere Folgen sind das Ausschlagen und Ausbrechen der Schneiden, wie die Abb. 313 erkennen läßt, verursacht durch zu große Wärmeentwicklung beim Schleifen mit zu harten Schleifscheiben und dem damit verbundenen zu hohen Schleifdruck (starke Kühlwasserzufuhr Abb. 310).

Normalerweise schleift man die gesinterten Hartmetalle in verschiedenen Arbeitsgängen, und zwar Vorschliff, Nachschliff und Feinstschliff, dem noch ein Läppschliff folgen kann. Zum Vorschliff gebraucht man eine mittelkörnige Schleifscheibe aus grünem Siliziumkarbid in Korn 36—80, Härte Jot—K, und

Abb. 316 Zweistellige Schleifmaschine mit zwei Schleiftöpfen nach DIN 184, Form G

zum Nachschliff eine ziemlich feinkörnige Schleifscheibe in Korn 80—100, Härte H—Jot. Mit dem Vorschliff verfolgt man den Zweck, das Hartmetall von Löt- und Zunderschichten zu säubern und blank zu schleifen, während der Nachschliff vor allem die Schneide selbst schärfen soll. Man kann noch einen dritten Arbeitsgang, den Feinstschliff einschalten, und zwar auf einer grünen Siliziumkarbid-Schleifscheibe in Korn 220—280, Härte Jot—O, dies genügt, um an den normalen Dreh- und auch rundlaufenden Werkzeugen, wenn man an der Schneidkante nur eine schmale Läpp-Phase anschleift. Nur bei der Bearbeitung stark schmierender Leichtmetalle ist das Läppen der ganzen Spanablauffläche zu empfehlen. Zum Läppen benutzt man Diamantschleifscheiben. Das sind entweder Kunstharzringe oder Tragkörper aus Leichtmetall, die an der arbeitenden Fläche mit Diamantsplittern durchsetzt sind. Man kann auch Diamantstaub in Form von Pasten oder mittels Oel auf Kupferscheiben oder dergleichen auftragen. Man läppt zweckmäßig nur solche Werkzeuge, die zur Erreichung äußerst glatter Werkstückoberflächen dienen. Es gibt Sonderschleifmaschinen mit drei Arbeitsstellen, an denen man nacheinander Vor-, Fertig- und Feinst-Schleifen kann.

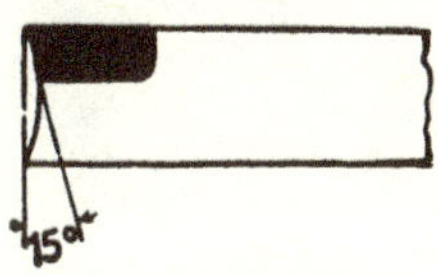

falsch

Abb. 317 Hohl geschliffene Freiwinkelfläche

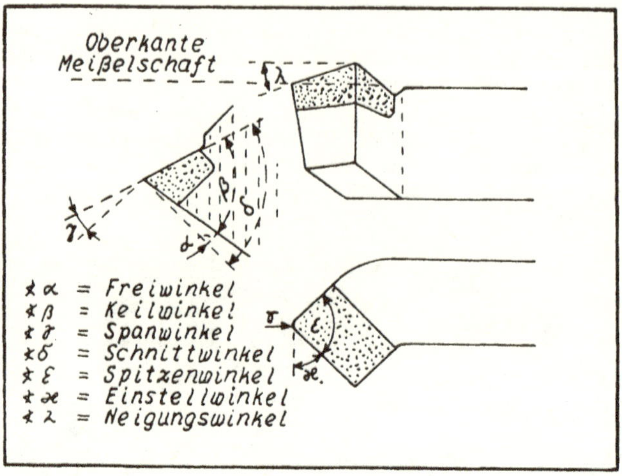

Abb. 318

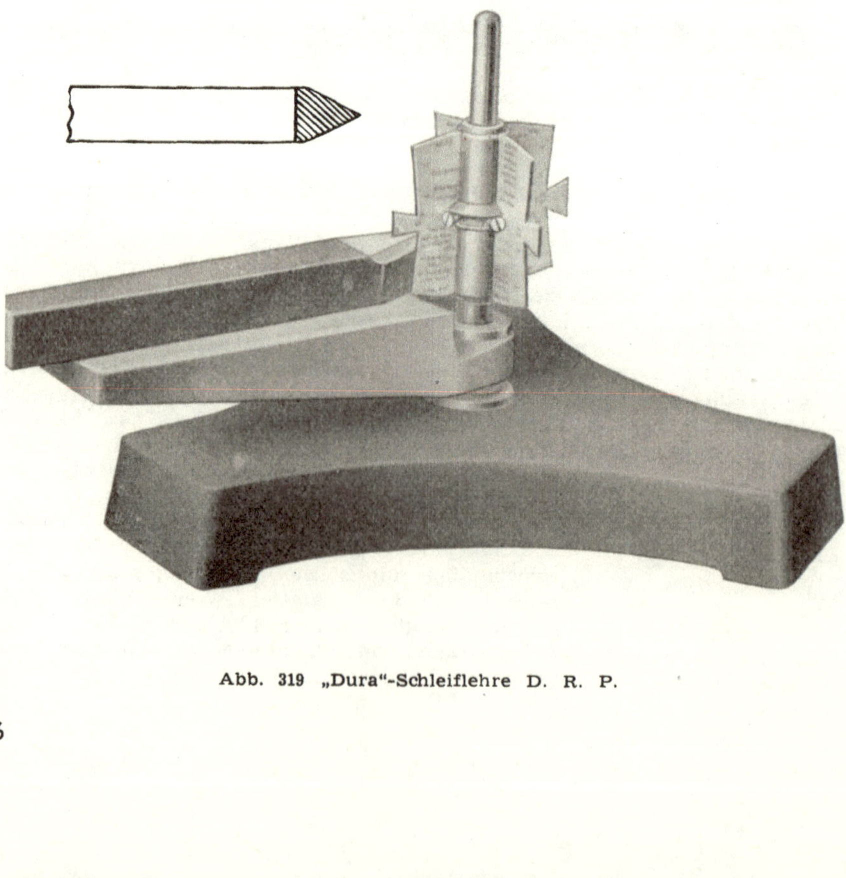

Abb. 319 „Dura"-Schleiflehre D. R. P.

Eine mit Flachscheibe für Vorschliff und Topfscheibe für Nachschliff versehene zweistellige Schleifmaschine ist in Abb. 314 dargestellt, während Abbildung 316 eine zweistellige Schleifmaschine mit zwei Schleiftöpfen nach DIN 184, Form G, zeigt.

Wie bei allen übrigen Werkzeugen, so ist es auch bei den gesinterten Hartmetallen angebracht, frühzeitig genug nachzuschleifen. Die Sonderschleifmaschinen für Hartmetalle sind meist mit Topfschleifscheiben ausgerüstet, da

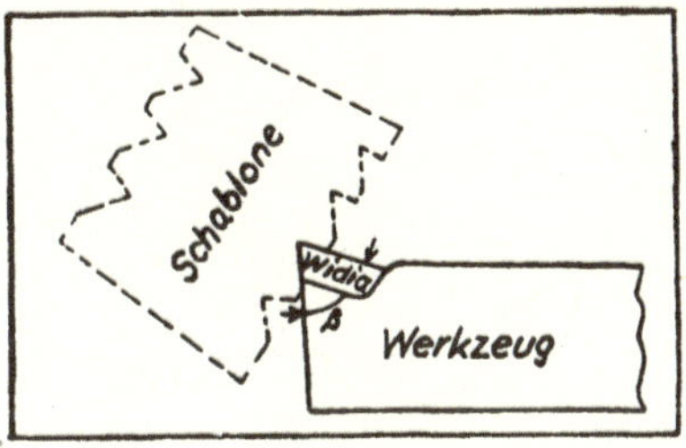

Abb. 320

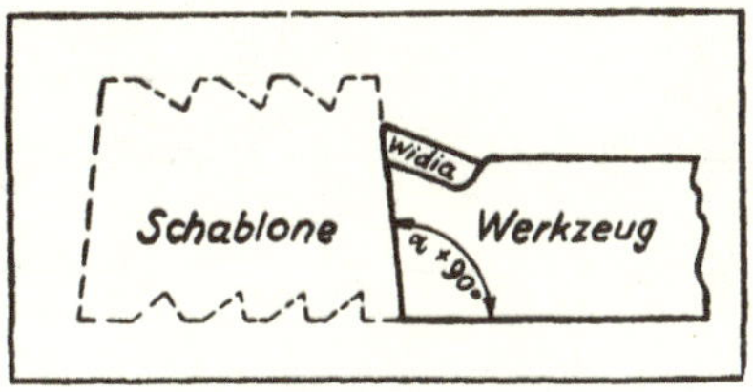

Abb. 321

mit diesen Schleifkörpern der gefürchtete Hohlschliff vermieden wird. Abbildung 317 zeigt diesen Hohlschliff, der an einer geraden Schleifscheibe entstanden ist. Ein weiterer Vorteil der Topfschleifscheibe ist die gleichbleibende Schleifgeschwindigkeit, da an der Seite der Schleifscheibe geschliffen wird.

Voraussetzung für ein fehlerfreies Schleifen ist vor allem eine erschütterungsfreie Maschine und ein schlagfreier Lauf der Schleifscheibe.

Vielfach sind die Hartmetallschleifmaschinen für Naßschliff gebaut. (Abbildung 310).

In der Praxis werden Hartmetallstähle nicht oft von Hand geschliffen, da der Maschinenschliff saubere Schneiden ergibt. Die Abb. 315 zeigt in acht Arbeitsgängen das folgerichtige Vor- und Fertigschleifen eines Schruppstahls von Hand. Die angegebenen Schneidwinkel (Abb. 318) sind genau einzuhalten und mittels Lehren und Schablonen nachzuprüfen. In Abb. 320 und 321 wird dargestellt, wie die Schnittwinkel an einem Werkzeug, das mit Hartmetall bestückt ist, mittels Schleiflehre gemessen werden müssen.

Die Abb. 319 zeigt eine „DURA"-Schleiflehre, D. R. P. Diese Lehre eignet sich zum Nachprüfen der Schnitt- und Neigungswinkel für Hartmetall-Werkzeugstähle.

Zu beachten ist, daß stets gegen die Schneide geschliffen wird und zwar zuerst die Oberfläche, dann die Seitenfläche und zuletzt die Vorderseite der Schneidplatte. Die Phase der Werkzeugschneide kann man leicht und einfach mit einem Sonderabziehstein (Abb. 322) aus grünem Siliziumkarbid abziehen, damit wird die Standzeit bedeutend erhöht. Es ist dabei zu beachten, daß der Abziehstein richtig gegen die Schneide,

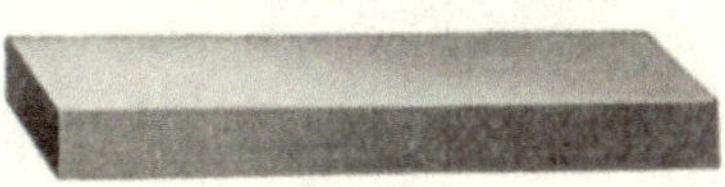

Abb. 322 Abziehstein für das Abziehen der Schneiden von gesinterten Hartmetallen

wie es Abb. 323 zeigt, geführt wird. Bei Nuten- und Formstählen schleift man auf einer Flächenschleifmaschine zunächst alle Seiten sauber, sodann wird die Schneidenform angeschliffen. Abb. 324 zeigt die falsche Haltung des Abziehsteins.

Empfehlenswert ist, dauernd den Verschleiß der Hartmetallwerkzeuge zu beobachten und vor allem frühzeitig genug nachzuschleifen, um einen zu großen Schleifverlust zu vermeiden. Abb. 325 zeigt die Schliffbilder einer Hartmetall-Werkzeugschneide in 5 verschiedenen Schleifgraden. Ein ordnungsgemäßer Schliff eines Hartmetallstahles ist in Abb. 326 wiedergegeben, während die

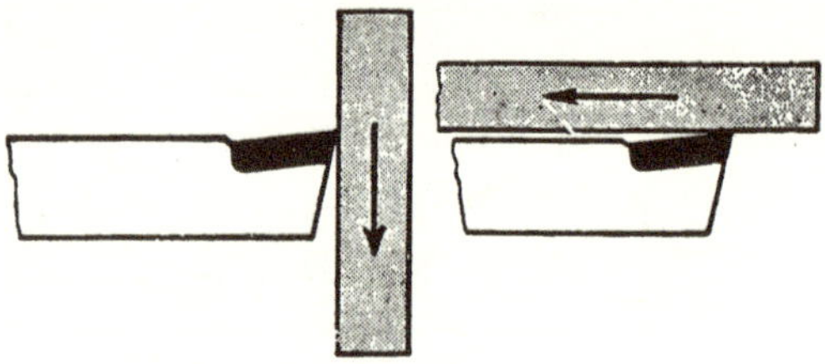

Abb. 323 Richtige Haltung und Handhabung des Abziehsteins

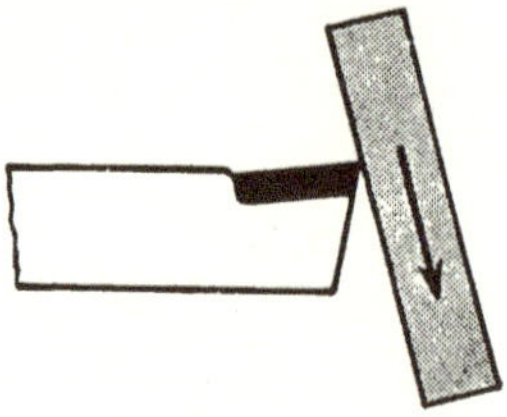

Falsche Haltung des Abziehsteines

Abb. 324

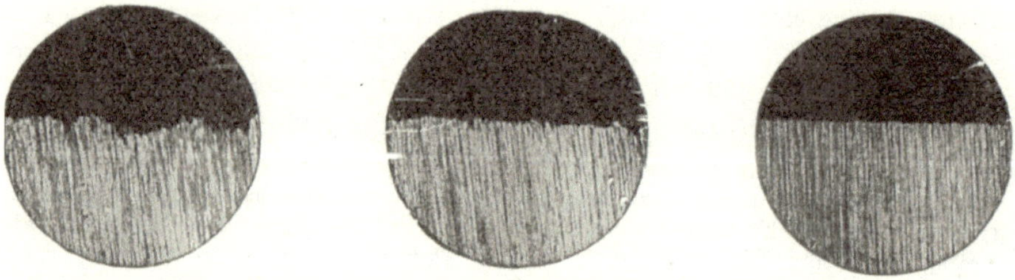

1. Stumpf 2. Grobschliff 3. Feinschliff

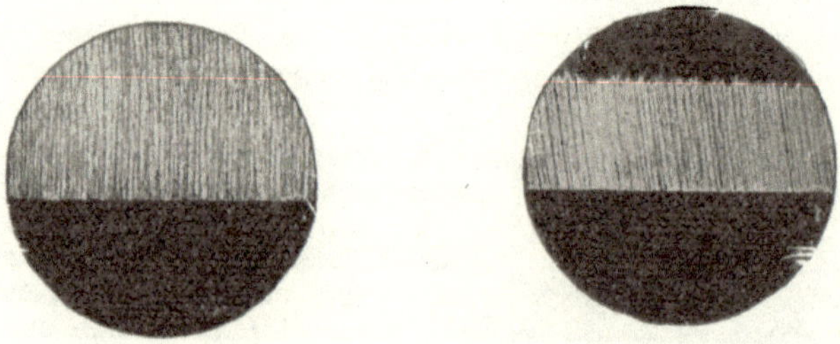

4. Feinstschliff 5. geläppt

Abb. 325 Schleifgrade an einer Hartmetall-Werkzeugmaschine. (20fache Vergrößerung)

Abb. 327 einen Drehstahl zeigt, der wegen seiner Fasernabstumpfung leicht nachgeschliffen werden muß.

Die Folge des Weitergebrauches eines Hartmetall-Drehstahles wird in Abb. 328 vor Augen geführt, und läßt eine totale Schneidenabstumpfung erkennen, wodurch ein sehr großer Schleifverlust entsteht.

In Abb. 329 wird das Fertigschleifen eines mit Hartmetall bestückten Messerkopfes gezeigt.

Abb. 326 Ordnungsgemäßer Schliff, Werkzeug unbenutzt

Abb. 327 Fasenstumpfung nach längerem Gebrauch, leichter Nachschliff erforderlich

Abb. 328 Totale Schneidenabstumpfung (als Folge des Weitergebrauches ohne Nachschliff, bei Aufbereitung großer Schleifverlust)

Abb. 329 Fertigschleifen eines mit Hartmetall bestückten Messerkopfs

Hartmetall-Werkzeug- und Stähleschleifmaschine Quint und Quint-Junior

Die in Abb. 330 gezeigte Quint-Schleifmaschine der Barmer Maschinenfabrik Ernst Thielenhaus hat 5 Arbeitsplätze aufzuweisen, und zwar lösen 4 Schleifstellen 5 Aufgaben. Die zweckmäßige Zusammenfassung der Schleifstellen gestattet es, alle Vorgänge nacheinander ohne Zwischenwege und ohne Zeitverlust mit einem Geringstaufwand an Arbeitszeit auszuführen. Bei dieser Bauart wurde für jeden Vorgang die bestgeeignete Schleifscheibenform aus-

Abb. 330
Hartmetall-Werkzeug- und Stähleschleifmaschine "Quint"

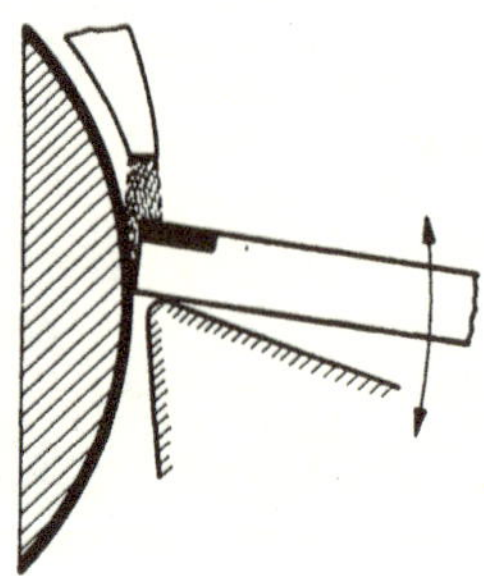

Vorschleifen des Schaftmaterials
Abb. 331

gewählt. Weil sie schnell und kühl arbeiten, sind für größere Verspanungsleistungen Stirnschleifscheiben vorzuziehen. Aus den nachstehend gebrachten 5 Abbildungen 331 bis 335 sind die einzelnen Arbeitsgänge ersichtlich.

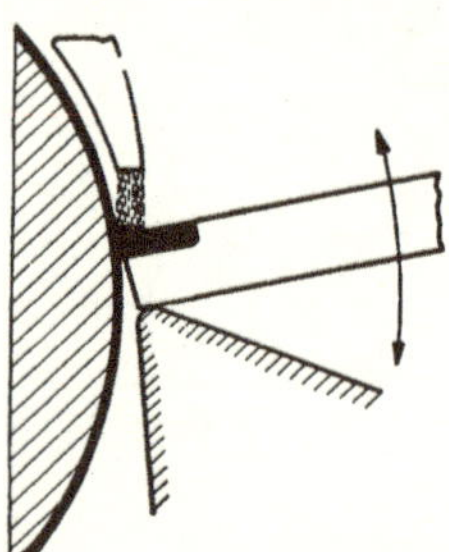

Abb. 332
Vorschleifen des Hartmetalls

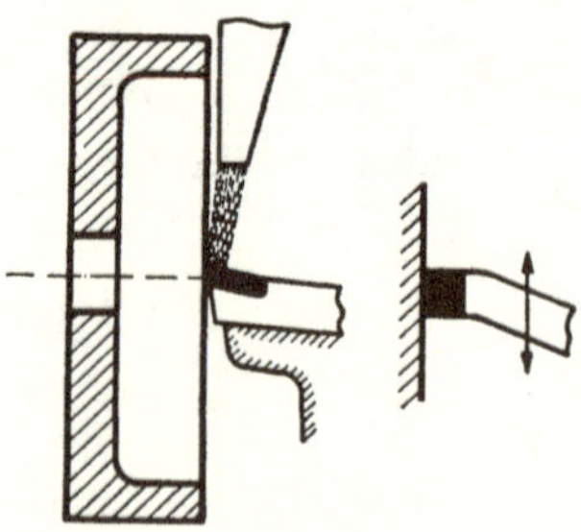

Abb. 333 Fertigschliff des Hartmetalls

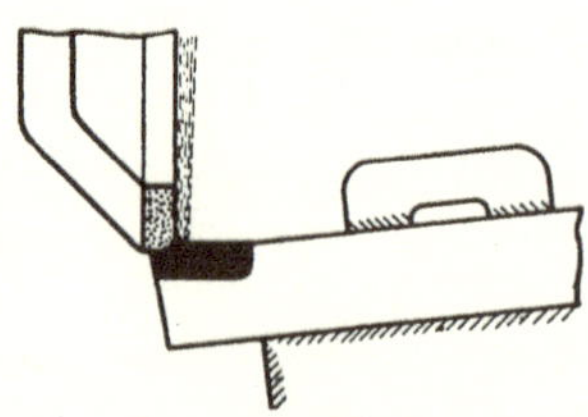

Abb. 334 Schleifen des Spanbrechers

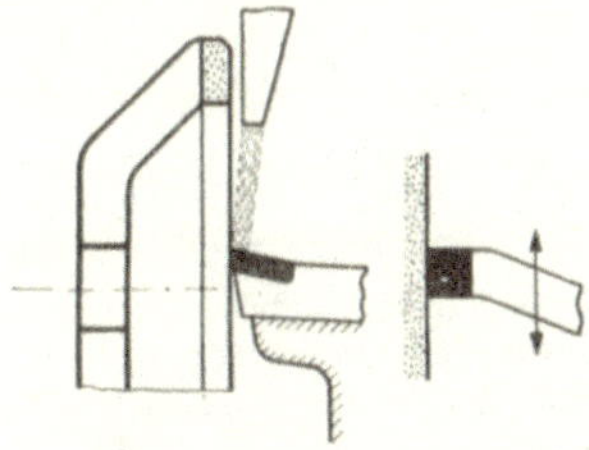

Abb. 335
Läppen der Hartmetallschneide

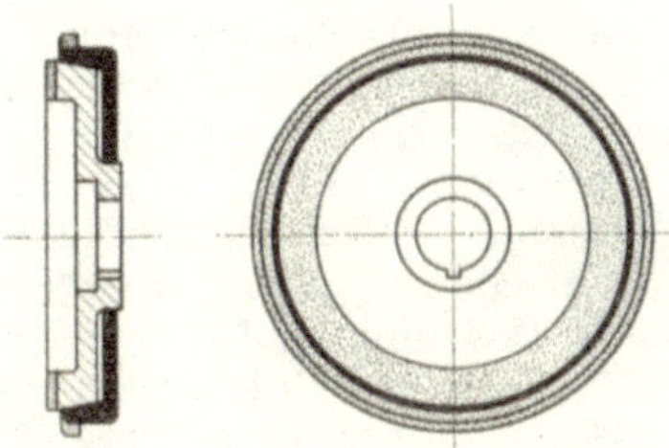

Abb. 336
Zweiteilige Schleif- und Läppscheibe

Je eine Stirnschleifscheibe ist für den Schliff des Schaftmaterials und für das Schleifen sowie die Beseitigung grober Ausbrüche von Hartmetall vorhanden (Abb. 331 und 332). Unter allen Umständen muß das Unterschleifen der Schneide vermieden werden. Daher kann man für den Fertigschliff des Hartmetalls auf die Topfschleifscheibe nicht verzichten; denn sie allein gewährleistet die erforderliche gerade Freiwinkelfläche (Abb. 333). Das Läppen der Hartmetallschneide wird auf der vierten Arbeitsstelle vorgenommen (Abb. 335). In glücklicher Lösung wurde mit dieser Stelle noch ein weiterer Arbeitsplatz gewonnen. Der vordere Teil der Schutzhaube ist mit einem Handgriff umklappbar; er bildet dann einen reichlich bemessenen Schleiftisch, der als Auflage zum Läppen der Schneiden dient und für die verschiedenen Winkel einstellbar ist. Die an dieser Arbeitsstelle verwendete Schleifscheibe in Sonderausführung ist zur Arbeit auf dem Umfang und an der Seite ausgebildet. Sie dient also zum Einschleifen der Spanbrecher, sowie auch zum Feinstläppen (Abb. 334 und 335). In Abb. 336 ist eine zweiteilige Schleif- und Läppscheibe dargestellt. Abb. 337 zeigt das Läppen eines Hartmetall-Drehmeißels mit

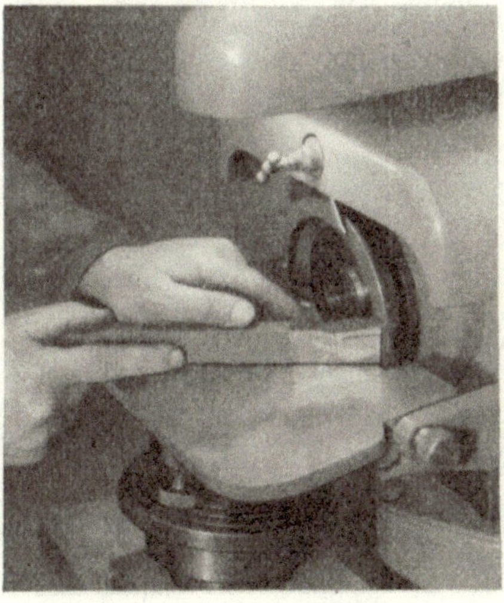

Abb. 337 Das Läppen eines Hartmetall-Drehmeißels mit einer Diamantscheibe

Diamantscheibe. Auch hier wird zur Schonung von Werkzeug und Schleifscheibe mit Kühlmitteln gearbeitet.

Der Auflagetisch ist als besonderer Vorteil der Quint- und Quint-Junior-Maschine in der Höhe verstellbar. Nur so kann die Schneide bei kleinen und großen Werkzeugen stets etwa in Mittellinie der Läppscheibe anliegen und der Schleifvorgang in kürzester Zeit und mit höchster Güte durchgeführt werden.

Nachstehend noch einige technische Daten: Der Topfscheiben-Durchmesser × Höhe × Bohrung (nach DIN 184, Form G) ist für die Quintmaschine 406 × 100 × 203 mm, die Aussparung 256 × 50 mm, Umfangsschleifscheibe Durchmesser × Breite × Bohrung 406 × 52 × 203 mm und die Schleifgeschwindigkeit ca. 20 m/sek. Für die Quint-Junior-Maschine sind diese Daten wie folgt: 200 × 70 × 51 mm, 90 × 40 mm, 200 × 32 × 51 und ca. 25 m/sek.

Die Leistung und Drehzahl der Motoren für Topfscheiben sind 1,5/940 PS/U/m bzw. 0,75/2720, die der Umfangsschleifscheiben die gleiche und die des Motors für Spanbrecher und Läppschliff 0,75/2720 PS/U/m für beide Maschinen.

Von den Herstellern der gesinterten Hartmetalle sind für die Bezieher der Hartmetall-Plättchen Regeln für das Schleifen der Plättchen aufgestellt worden.

Zusammenfassend seien diese Schleifregeln, die beim Schleifen der gesinterten Hartmetalle zu beachten sind, aufgeführt:

1. Voraussetzung für eine einwandfreie Hartmetallschneide ist eine stabile Schleifmaschine, die für einen erschütterungsfreien Lauf des Schleifkörpers bürgt.
2. Zum Schleifen verwende man nur eine erstklassige Spezialschleifscheibe, die in Größe, Härte und Bindung dem jeweiligen Verwendungszweck genau angepaßt ist. Die Wahl der bestgeeigneten Schleifscheiben überläßt man am zweckmäßigsten den Herstellerfirmen.
3. Man schleife die gesinterten Hartmetalle mindestens in zwei Schleifoperationen, also in Vor- und Nachschliff. Den Feinst- und Läppschliff reihe man je nach der zu erzielenden Schneidengüte ein.
4. Das Läppen geschieht am besten auf einer Diamantkorn-Läppscheibe oder auf einer Sondergußeisenscheibe unter Zusatz einer Läppaste bzw. unter Zusatz von Diamantstaub mit Öl.
5. Werkzeuge, die nicht geläppt zu werden brauchen, zieht man zweckmäßig mit einer sehr feinen Siliziumkarbid-Feile unter möglichst spitzem Winkel gegen die Schneide ab.
6. Man wähle Naßschliff unter Zuführung eines kräftigen Kühlmittelstromes (am besten Wasser). Bei Trockenschliff dagegen vermeide man die Berührung der warmen Schneide mit Wasser.
7. Die Arbeitsgeschwindigkeit der Spezialschleifscheibe soll bei Handschliff etwa 20 bis 25 m/sek betragen, und bei halbautomatischem Schliff ist die Grenze von 12 bis 15 m/sek nicht zu überschreiten.
8. Der Schleifdruck ist nicht größer zu wählen als bei Schnellstahl, wegen der sonst zu hohen örtlichen Erwärmung. Der Schleifdruck ist um so geringer zu nehmen, je feiner die Körnung der Spezialschleifscheibe ist.
9. Die angegebenen Schneidwinkel sind genau einzuhalten und mittels Lehren und Schablonen nachzuprüfen.
10. Stark beschädigte Schleifkörper sind zuerst an der Vorschliffscheibe zu schleifen, wogegen leicht gestumpfte Schneiden direkt an der Naßschliffscheibe geschliffen werden können.
11. Es ist stets gegen die Schneide zu schleifen und zwar zuerst die Oberfläche, dann die Seitenflächen und zuletzt die Vorderseite der Schneidplatte.

12. Beobachte dauernd den Verschleiß der Hartmetallwerkzeuge und schleife frühzeitig genug nach, um zu großen Schneidverlust zu vermeiden.

Abb. 338 Winter-100 Sägemaschine mit Diamantsägeblatt 100 mm ∅

Es dürfte an dieser Stelle angebracht sein, auf die mit Diamantkorn besetzten Sägeblätter hinzuweisen. Die Anwendung dieser Sägeblätter erfolgt, wenn die Hartmetall-Plättchen sehr stark beschädigt sind und man nicht das gesamte Material abschleifen will. Man schneidet das Plättchen ab. Dies geschieht z. B. mit einer Winter-Diamantschneidscheibe, wie sie in Abb. 339 dargestellt ist. Eine dazu benötigte Sägemaschine, Bauart Winter 100, mit Diamant-Sägeblatt von 100 mm Durchmesser wird in Abb. 338 gezeigt. Dort, wo man eine größere Anzahl Hartmetall-Plättchen benötigt, werden diese Sägeblätter mit großem Erfolg verwendet. In solchen Fällen kaufen die Firmen die Hartmetall-Plättchen in längeren Stückchen und zerschneiden dann die

Abb. 339 Schneidscheibe mit Aufnahmevorrichtung ohne Morsekegel

Abb. 340 Trennen eines Hartmetallplättchens mit einer Winter-Diamant-Schneidscheibe

Teile auf Maß, was natürlich wesentlich billiger ist. Die Bedienung der Maschine kann von ungelernten Arbeitskräften vorgenommen werden.

Außer Hartmetall können auch Edelsteine und Diamanten mit verschieden einstellbarer Gewichtsbelastung gesägt werden, und zwar befestigt man die Werkstücke in einer Klemmvorrichtung oder zwischen Hohlspitzen. Da der Werkstückarm mit einer Gradeinstellung versehen, schwenkbar und um seine Achse drehbar ist, kann jeder Winkel gesägt werden.

Auch Werkstücke aus Glas, Porzellan, Natur- und Kunststein und Kunststoffen werden gefühlsmäßig von Hand auf dem breiten Maschinentisch gesägt.

Die in der Abb. 339 dargestellte Schneidscheibe weist eine Leistung von 40 mm²/min bei 20 m/sek Umfangsgeschwindigkeit und eine durchschnittliche Lebensdauer von 3000 mm² auf. Das Trennen eines Hartmetall-Plättchens mit einer Winter-Diamant-Schneidscheibe wird in Abb. 340 dargestellt.

Es ist bekannt, daß die meisten Hartmetalldrehstähle bei hohen Schnittgeschwindigkeiten und feinen Vorschüben nur eine geringe Spantiefe schneiden. Infolge der geringen Spanstärke kommt die meist verhältnismäßig lange Hauptschneide mit dem Werkstück gar nicht in Berührung, vielmehr wird die Schneidarbeit von der scharfen Ecke des Drehstahls, die von der Haupt- und Nebenschneide gebildet wird, getragen. Bei den bisher bekannten Stähle-Feinstschleifmaschinen können die Schneiden nur als ebene Flächen feinstgeschliffen werden, so daß eine scharfe Ecke zwischen Haupt- und Nebenschneide unvermeidlich entsteht. Diese Ecke ist aber unzweckmäßig hoch belastet und daher schneller Abstumpfung unterworfen. Es ist erfreulich, daß diesem Mangel durch die Peter-Wolter-Stähle-Feinstschleif- und Läppmaschine, Bauart S T 2, (Abb. 409) abgeholfen wird, da auf ihr die Möglichkeit besteht, zwischen Haupt- und Nebenschneider zwangsläufig und maschinell eine geometrisch genaue Abrundung zu schleifen, feinstzuschleifen und zu läppen.

Die Einstellung des Drehstahls auf der Maschine ist zum Schleifen des erwähnten Radius so vorzunehmen, daß die Drehstahl-Spitze mit der Drehachse des Supports übereinstimmt. Hierzu dient eine Radieneinstellung, welche mit der Maschine geliefert wird.

Schneidwerkzeuge, die nach diesem Verfahren bearbeitet werden, erreichen eine wesentlich höhere Standzeit und die mit ihnen bearbeiteten Werkstückflächen haben eine geringere Rauhigkeit als solche von Drehstählen mit scharfen Ecken.

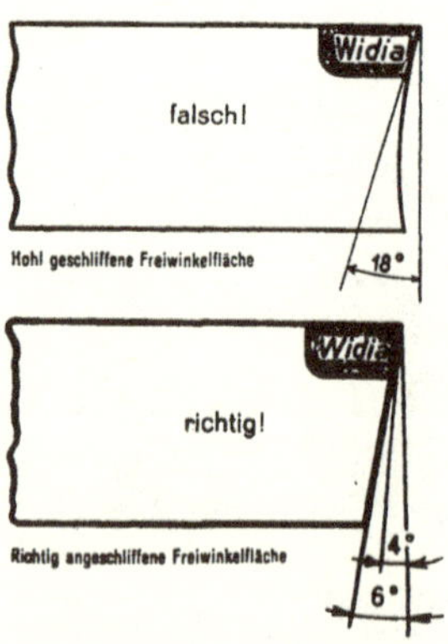

Abb. 341 und 342

Wenn Form und Genauigkeit des Werkzeuges ein selbsttätiges Schleifen erforderlich macht, dann verwendet man für das Feinschleifen eine weiche Schleifscheibe aus grünem Siliziumkarbid oder eine Diamantschleifscheibe bei einer Umfangsgeschwindigkeit von 10 bis 30 m/sek (s. S. 41—50).

Hinsichtlich der Abmessungen der für die einzelnen Schaftquerschnitte der Werkzeuge zu benutzenden Schleifscheiben sei gesagt, daß zu kleine Durchmesser der Schleifscheibe immer wieder hohl geschliffene Freiwinkelflächen ergeben, so daß die Hartmetallschneide, wie aus der Abb. 341 und Abb. 342 zu ersehen ist, keine Stütze mehr hat. In der von der Firma Robert Zapp herausgegebenen Broschüre „Warum Widia-Beratung?“ werden als zweckmäßig Schleifscheiben mit folgenden Abmessungen empfohlen:

Schaftquerschnitt des Werkzeuges:	Schleifscheiben-durchmesser:	Schleifscheiben-breite:
über 40 mm	400—500 mm	60—80 mm
20—40 mm	300—400 mm	40—60 mm
unter 20 mm	200—300 mm	30—40 mm

Vor dem Schleifen muß man sich auch darüber klar geworden sein, ob Umfangs- oder Stirnschliff in Betracht kommt. Es ist zweckmäßig, daß alle Schleifarbeiten an der Spanablauffläche des Werkzeuges und das Vorschleifen der Freiwinkelfläche am Umfang der Scheibe und das Fertigschleifen der Freiwinkelfläche an der Stirnseite der Schleifscheibe vorgenommen werden. Wie schon erwähnt, muß das Werkzeug beim Schleifen am Umfang der Schleifscheibe auf und ab bewegt werden, um den gefürchteten Hohlschliff zu vermeiden. Wird auf der Stirnseite der Schleifscheibe geschliffen, so bewege man das Werkzeug auf der Unterlage hin und her.

In der schon erwähnten Broschüre „Warum Widia-Beratung?" werden die am häufigsten vorkommenden Fehler beim Schleifen wie folgt angegeben:

A: Bevor das Werkzeug in Gebrauch genommen wurde.

Risse im Widia-Plättchen:

1. Bei Trockenschliff durch zu hohen Schleifdruck überhitzt.
2. Unzureichende Kühlung während des Naßschleifens.
3. Erwärmen bei Trockenschliff mit nachherigem Abschrecken im kalten Wasser.
4. Wechselnde Kühlung beim Schleifen. Wasser hat nicht vom Beginn des Schleifens an gelaufen.
5. Beim Arbeiten erwärmte Werkzeuge unter Verwendung von kaltem Wasser geschliffen, bevor sie abgekühlt waren.
6. Ungeeignete oder zu harte Schleifscheiben verwandt.

B: Während der Arbeit.

Zerstörung der Widia-Schneide:

1. Schlecht nachgeschliffen, Schleifscheibe zu grob, schartige Schneide.
2. Meißel zu weit ausgespannt.
3. Schaftquerschnitt des Meißels zu schwach für die verlangten Spanquerschnitte oder Plättchenstärke zu gering.
4. Bei Schnittunterbrechungen kein Neigungswinkel oder Neigungswinkel zu gering.
5. Maschine im Schnitt stillgesetzt, ohne Vorschub auszuschalten.
6. Mit stumpf gewordener Schneide weitergearbeitet.
7. Ungeeignete Werkzeugform.
8. Rattern beim Drehen dünner Wellen.
9. Zu geringe Schnittgeschwindigkeit.
10. Falsche Schnittwinkel.

Zum Schleifen und Läppen von Hartmetall-Schneiden und Meßflächen werden am zweckmäßigsten Diamant-Schleifscheiben verwendet.

Während bei der Verwendung von Siliziumkarbid-Schleifscheiben beim Vorschliff an einer normalen geraden Schleifscheibe, Nachschliff an einer feineren Schleifscheibe, und dem Läppen auf einer Gußscheibe mit aufgetragener

Läpp-Paste, also drei verschiedene Arbeitsgänge notwendig waren, kann man dieses umständliche Verfahren bei der Verwendung von Diamantschleifscheiben sehr vereinfachen. Die Gleichmäßigkeit des Anschliffs ist dabei weit höher als bei dem früheren Verfahren. Hinzu kommen die Annehmlichkeiten mit der kompakten und stets betriebsbereiten Diamant-Schleifscheibe gegenüber dem umständlichen Schleifen mit aufgetragenen Läppmitteln. Um die gewünschte Leistung zu erzielen, ist es erforderlich, die am besten geeignete Diamantkörnung zu wählen.

Es braucht nicht besonders betont zu werden, daß gleichmäßige Körnungen gleichmäßige Oberflächengüte und geringsten Diamantverbrauch sichern. Nachstehende Angaben, die von der bekannten Diamantfirma Winter aufgestellt sind, können nur als Richtlinien für die Auswahl betrachtet werden, da außer der Diamantkörnung auch die Scheibenbindung, Arbeitsweise und Umfangsgeschwindigkeit Einfluß auf die erzielbare Oberflächengüte haben.

	Diamant		
Richtlinien	Korn	Korngrenzen	
Vorschleifen	grob	300—200	My
Feinschleifen	mittel	120—90	My
		90—60	My
		60—40	My
Feinstschleifen	fein	40—20	My
		20—10	My
Läppen und Polieren	feinst	10—5	My
		5—2	My
		2—1	My
		1—0,5	My

Die Diamantmetallauflage ist etwa 2 mm stark und durch ein Sonderlot fest mit der Aluminium- bzw. Stahlunterlage verbunden. Der Diamantgehalt ist für eine Durchschnittsleistung von 20 m/sek berechnet.

Aus der nachstehenden Aufstellung ist zu ersehen, welche Umlaufszahlen bei den verschiedenen Scheibendurchmessern in Frage kommen.

Durchmesser	von	50	mm	eine	Drehzahl	von	etwa	7500	in	der	Minute
„	„	75	„	„	„	„	„	5000	„	„	„
„	„	100	„	„	„	„	„	3800	„	„	„
„	„	120	„	„	„	„	„	3000	„	„	„
„	„	130	„	„	„	„	„	2800	„	„	„
„	„	150	„	„	„	„	„	2500	„	„	„
„	„	175	„	„	„	„	„	2200	„	„	„
„	„	200	„	„	„	„	„	1900	„	„	„

Als Norm sind für Werkzeuge unter 40 mm Durchmesser 15 m/sek und für solche unter 20 mm Durchmesser 10 m/sek angenommen worden. Der Diamantgehalt wird dementsprechend gesteigert. Wird die Umdrehungszahl unterschritten, so verlängert sich der Schleifprozeß.

Beim Schleifen mit den Diamantschleifscheiben in keramischer Bindung ist es erforderlich, daß gegen die Schneide geschliffen wird. Mit Diamantmetallscheiben braucht man, besonders wenn es sich um feine Körnungen handelt, nicht immer gegen die Schneide zu schleifen. Auch sollte man vermeiden, Hartmetallwerkzeuge mit festem Vorschub zu schleifen, da sich hierbei in den meisten Fällen Nachteile einstellen. Der Grund liegt in dem Härteunterschied von Metall und Hartmetall. Die Schleifrückstände werden bei starkem Vorschub in die Scheibe gepreßt, wobei der Hartmetallkörper beschädigt werden kann. Wird trotzdem mit fester Aufspannung geschliffen, so soll die Umlaufzahl der Scheibe herabgesetzt werden und der Vorschub auf ein Minimum gebracht werden. Da die Diamantmetallscheiben in der Hauptsache für die Bearbeitung von Hartmetall verwendet werden, ist ein Mitschleifen des Schaftmaterials zu vermeiden, da sonst leicht ein Verschmieren der Diamantmetallauflage eintreten kann. Läßt sich dies jedoch nicht vermeiden, so sorge man für eine schnelle Beseitigung des anhaftenden Schleifrückstandes, indem man für wenige Sekunden einen Siliziumkarbid-Abziehstein benutzt, wodurch die Angriffsfreudigkeit des Werkzeuges wieder hergestellt wird. Man darf aber durch erhöhten Druck die verminderte Schleifleistung nicht auszugleichen versuchen.

In Abb. 81 sind eine Anzahl bakelitgebundene Sonderformen der Spedia-Diamantschleifscheibe dargestellt. Die Vielseitigkeit der Formen zeigt, daß der Formgebung kaum Grenzen gesetzt sind.

Der in Abb. 73 dargestellte Handläpper eignet sich sehr zweckmäßig zum Nacharbeiten von Profilstählen. Seine Anwendung bei normalen Dreh- und Hobelstählen in einer dem Schnittwinkel abwegigen Richtung beeinflußt die Wirkung der Hartmetallschneiden günstig.

Das Schleifen der Werkzeuge für die Leichtmetallbearbeitung

Um das Bearbeiten von Leichtmetallen wirtschaftlich zu gestalten, müssen für sie Sonderwerkzeuge zur Anwendung kommen; denn die Arbeitsbedingungen bei Schwer- und Leichtmetall sind grundsätzlich so voneinander verschieden, daß Höchstleistungen in der Leichtmetallbearbeitung nur dann zu erreichen sind, wenn zweckentsprechende Werkzeuge benutzt werden.

Vor allem muß aber auch der Maschinenpark zweckentsprechend sein, d. h. die Maschinen, mit welchen die Leichtmetalle bearbeitet werden sollen, müssen hohe Drehzahlen aufweisen und von großer Starrheit sein. Jede gute Schleifmaschine eignet sich zum Schleifen von Leichtmetall, weil die Arbeitsbedingungen nur unwesentlich von denen anderer Werkstoffe abweichen. Wie bereits erwähnt, ist vor allem die Werkstückdrehzahl und ihre Regelung von Wichtigkeit; denn die Güte der erreichten Oberfläche ist von der bestgeeigneten Umlaufgeschwindigkeit des Werkstückes abhängig.

So werden auch an die Werkzeuge der Leichtmetallbearbeitung ganz andere Anforderungen gestellt als an solche der Schwermetallbearbeitung. Beispielsweise entstehen bei der Leichtmetallbearbeitung größere Mengen von Spänen, die natürlich günstig abgeführt werden müssen. Daher ergibt sich die Form dieser Sonderwerkzeuge, und zwar müssen sie große, gut abgerundete und glatte Spannuten besitzen; ferner große Spanwinkel (Brustwinkel), und damit kleine Keilwinkel; geringe Schneidenzahl, große Drallwinkel (kurzer Drall) und schmale Führungsfasen. Für diese Werkzeuge kommen heute nur noch Schnellstahl- oder Hochleistungs-Schnellstahl-Werkzeuge in Frage, da die Standzeiten der für Leichtmetallwerkzeuge verwendeten verschleißbeständigen Schnellstähle bei sonst denselben Bedingungen etwa 8- bis 10mal höher als diejenige von Werkzeugstählen sind. In vielen Fällen greift man heute zu den hartmetallbestückten Werkzeugen. So zeigt beispielsweise die Abb. 343 einen Sonderbohrer mit Hartmetall DRP. Zu beachten ist hier vor allem die außerordentlich starke und breite Rückenanlage am Kopf des Bohrers sowie die Überdeckung für die Hartmetallplatte an der Schneidenbrust bis über die Bohrermitte, wodurch ein sicherer Halt der Hartmetallplatte gewährleistet ist. Die Spannuten weisen einen kurzen Drall mit großem Nutenquerschnitt auf, der einen guten Spantransport ermöglicht.

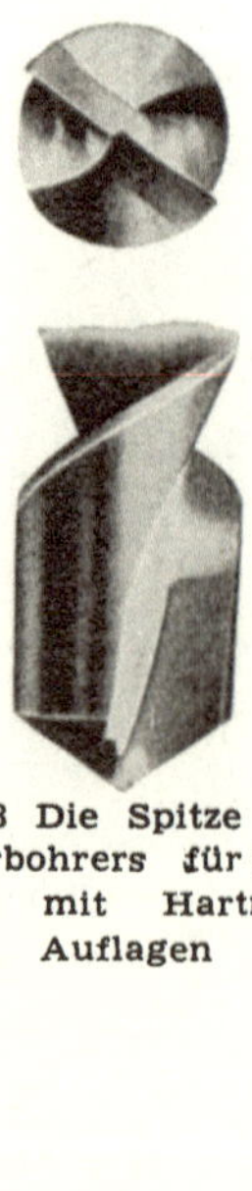

Abb. 343 Die Spitze eines Sonderbohrers für Leichtmetall mit Hartmetall-Auflagen

Bei der Bearbeitung von Aluminium und seiner Legierungen ist auf eine gute Kühlung besonderer Wert zu legen, und zwar soll die Kühlflüssigkeit die Schneiden des Werkzeuges ständig und in ausreichender Menge umspülen. Je nach Arbeitsgang fallen den Schmiermitteln veschiedene Aufgaben zu, es ist dementsprechend auch damit die Auswahl zu treffen. Es lassen sich hier zwei Gruppen unterscheiden: Schmiermittel, die bei reichem Spanabfall Verwendung finden und die Aufgabe haben, das Werkzeug zu kühlen, zu schmieren und die Späne zu entfernen, und Schmiermittel, die bei Feinarbeiten in erster Linie eine große Schmierfähigkeit besitzen sollen. Die Hauptvertreter der ersten Gruppe sind Bohröle und Seifenlösungen, die der zweiten Gruppe Petroleum, Terpentin und Seifenspiritus. Beim Bohren, Drehen, Fräsen nimmt man wasserlösliche oder unlösliche Bohröle oder Seifenwasser mit verschiedenen Zusätzen, wie sie allgemein erhältlich sind. Zum Gewindeschneiden und Aufreiben werden leicht flüssige Schmiermittel bevorzugt, um eine gute Benetzung der Oberflächen zu erreichen. Feste Fette, wie Talg, viskose Öle, finden nur wenig Anwendung. Werkzeuge, die eine hohe Entspanungsarbeit zu leisten haben, müssen besonders reichlich gekühlt werden, um ein „Verschweißen" des Spanes an der Schneidkantenfase zu verhindern, da jedes Ansetzen zu einem unsauberen Schnitt führt. Im übrigen wird auf den Abschnitt Kühlen beim Schleifen verwiesen.

Für die Haltbarkeit und gute Leistung des Werkzeuges ist eine gute Pflege und frühzeitiges Nachschleifen Voraussetzung, denn bei zu weit vorgeschrittener Stumpfung steigt der Kraftbedarf der Maschine zu stark an. Aus diesem Grunde sollte man lieber einmal mehr nachschleifen und die zusätzliche Schleifarbeit in Kauf nehmen. Bei zuweit vorgeschrittener Stumpfung verlängert sich außerdem die Schleifzeit, und es muß bedeutend mehr von der Schneide abgeschliffen werden, was zur Folge hat, daß das Werkzeug einem höheren Verschleiß unterliegt.

Allgemein soll ein Leichtmetallspiralbohrer mit einem Spitzenwinkel von 140° und einem Drall von 30 bis 45° versehen sein.

Für die Leichtmetallbearbeitung auf Automaten verwendet man Bohrer, die nur an der Spitze einen für die Schnittbedingungen günstigen engen Drall besitzen, der dann aber in einen die schnelle Spanabfuhr fördernden schlanken Drall übergeht. Zweckmäßig sollten diese Sonderbohrer auf Bohrschleifmaschinen geschliffen werden, da die richtige Ausbildung der Bohrerschneiden für die Maßhaltigkeit der Löcher von größter Bedeutung ist.

In Abb. 344 wird ein Sonderbohrer für Leichtmetall mit Zentrumsspitze gezeigt. Dieser Bohrer eignet sich besonders zur Herstellung genau runder Löcher sowie zum Bohren dünner Bleche. Durch die kurze Spitze wird außer-

Abb. 344 Sonderbohrer für Leichtmetall mit Zentrumsspitze

Abb. 345 Spiralbohrer mit Hartmetallschneide

dem der Bohrweg bedeutend verkürzt. Abb. 345 zeigt einen Spiralbohrer mit Hartmetallschneide für Leichtmetallbearbeitung.

Hervorzuheben ist, daß beim Bohren von Leichtmetallen der Durchmesser des gebohrten Loches nicht gleich dem Durchmesser des Bohrers ist. Allgemein nimmt das Übermaß des gebohrten Loches mit größer werdendem Drallwinkel zu. In der nachstehenden Tabelle werden nun Annäherungswerte angegeben, um die der Durchmesser der Spiralbohrer kleiner sein muß als der Durchmesser des gebohrten Loches.

Lochdurchmesser mm	bis 5	über 5—10	10—15	15—20	20—25	25—30
Aluminium und weiche Alumin.-Legierungen	0,3	0,6	0,8	0,9	1	1,1 mm
vergütete Aluminium-Legierungen	0,2	0,4	0,45	0,5	0,55	0,6 mm

Magnesium-Legierungen je nach Arbeitsbedingungen nicht nennenswertes Untermaß.

Die an den Bohrmaschinen zur Verfügung stehenden Höchstdrehzahlen werden in vielen Fällen nicht ausreichen, um die benötigten hohen Geschwindigkeiten zu erzielen. In der folgenden Tabelle werden nun die Schnittgeschwindigkeiten und Vorschübe für Leichtmetall bei guten Maschinen und besten Schnellstahlwerkzeugen angegeben:

Bearbeitung	Schnittgeschwindigkeit m/Min.	Vorschub	Dimension
Hobeln und Stoßen	24—48	0,1—2,0	mm/Hub
Drehen (Schruppen)	80—250	0,1—2,0	mm/Umdr.
Drehen (Schlichten)	80—250	0.05—0,1	mm/Umdr.
Gewindeschneiden	10—30	—	—
Bohren (Spiralbohrer)	80—180	0,1—1,0	mm/Umdr.
Reiben	20—50	0,5—4	mm/Umdr.
Fräsen	100—350	100—400	mm/Min.
Gewindefräsen	80—120	80—100	mm/Min.
Rundschleifen	14—20	—	—
Räumen	3—5	—	—

Leichtmetallfräser werden zweckmäßig nicht mit geraden, sondern mit schraubenförmig gewundenen Zähnen ausgeführt. Abb. 346 zeigt einen Walzenfräser für Leichtmetallbearbeitung und Abb. 347 einen Walzenstirnfräser zum Fräsen von Leichtmetall. Diese Fräser zeichnen sich durch geringe Zähnezahl und starke Spirale aus. Zur Bearbeitung von größeren Flächen werden auch

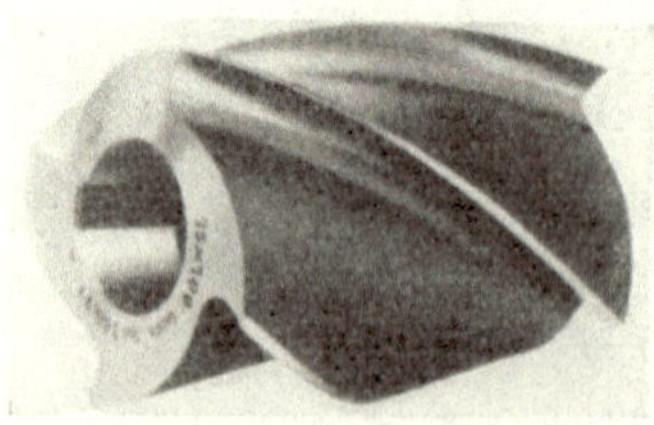

Abb. 346 Walzenfräser für Leichtmetall-Bearbeitung

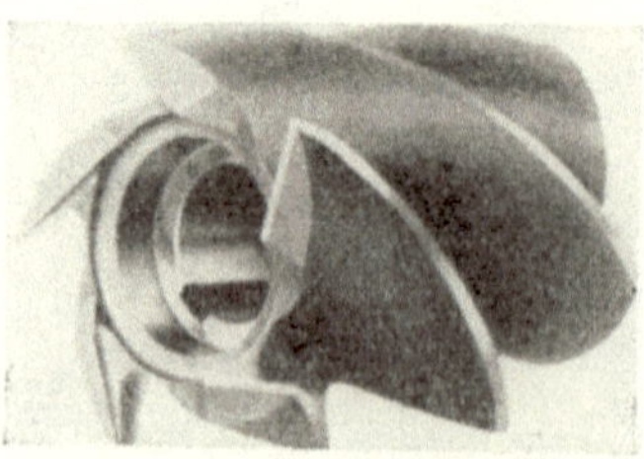

Abb. 347 Walzenstirnfräser für Leichtmetall-Bearbeitung

Messerköpfe ausgebildet, die sich besonders zum Bearbeiten von Leichtmetall eignen. In Abb. 348 ist ein solcher Messerkopf mit den günstigsten Winkeln für die Leichtmetallbearbeitung dargestellt. Vor allem müssen solche Messerköpfe möglichst dicht am Spindellager sitzen, damit Schwingungen vermieden werden.

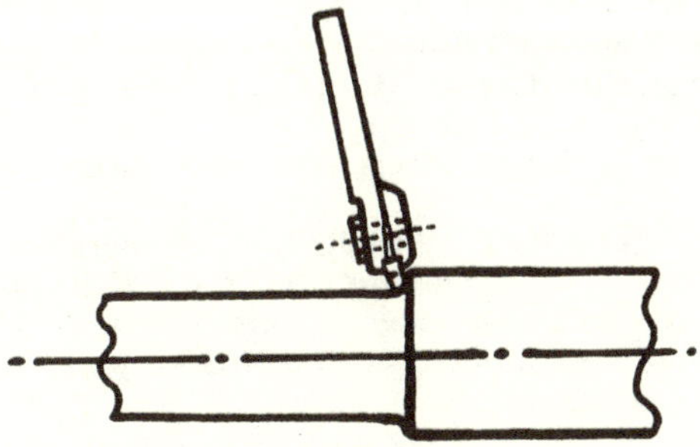

Abb. 348 Messerkopf zur Bearbeitung von Leichtmetall

In Abb. 349 werden die günstigsten Winkelgrößen des Schneidstahles für die Leichtmetallbearbeitung wiedergegeben, und zwar für den Keilwinkel 35 bis 40 °, für den Anstellwinkel B 5 bis 10 °. Der Schnitt ist um so besser, je kleiner der Keilwinkel ist.

In Abb. 350 wird die gerade Schneidkante am Drehstahl gezeigt; hier ist der günstigste Neigungswinkel 30 bis 50 ° zur Arbeitsfläche.

In Abb. 351 wird eine kommaartig (Taylorform) ausgebildete Schneide gezeigt, die sich noch besser als eine gerade Schneidkante zum Bearbeiten von Leichtmetall eignet. Stähle dieser Art sind schnitthaltiger, da sie keine spitzen Ecken besitzen, die sich rasch abnutzen, und sie arbeiten selbst bei breitem Span noch ruhig. Ferner gibt die gebogene Schneidkante eine saubere Arbeitsfläche.

In Abb. 352 wird die günstigste Form eines mit Hartmetall bestückten Werkzeuges gezeigt, die sich bei der Bearbeitung von Aluminium gut bewährt hat. Der Keilwinkel beträgt 50 bis 70 °.

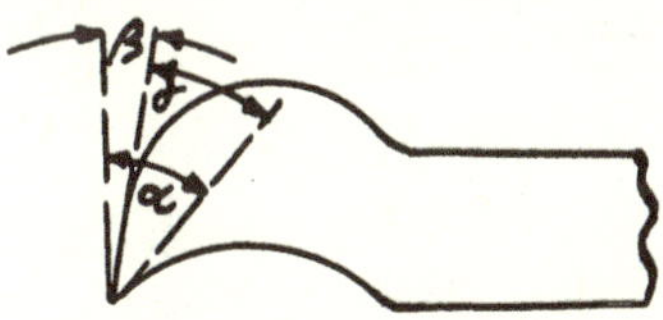

Abb. 349 Schneidstahlform

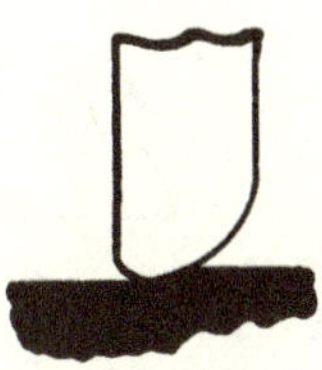

Abb. 350 Gerade Schneidkante

Abb. 351 Drehstahl nach Taylor

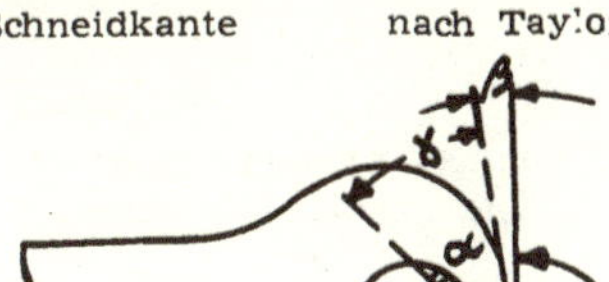

Abb. 352 Günstigste Drehstahlform für Hartmetalle

Die Abb. 353 zeigt einen Leichtmetallgewindebohrer; dieser zeichnet sich durch breite Spannuten, zylindrische Schneidflächen, die nicht hinterdreht sind, aus. Bei diesen Gewindebohrern für Leichtmetall stehen die Rückenflächen radial, so daß auch beim Zurückdrehen ein Schneiden stattfindet, wodurch ein Einklemmen von Spänen verhindert wird. Für Schraubengewinde, die oft zu lösen sind, wählt man zweckmäßig gröbere Gewindearten, wie beispielsweise Trapezgewinde.

Die Senker zum Bearbeiten von Leichtmetall haben genau wie die Bohrer für Leichtmetall einen engen Drall. Man arbeitet beim Senken in der Regel mit einer geringen Schnittgeschwindigkeit und einem größeren Vorschub als beim Bohren.

Auch die Reibahlen für Leichtmetalle werden mit geraden und auch mit schraubenförmig gewundenen Schneiden angefertigt. Die schraubenförmigen Reibahlen verwendet man zweckmäßig bei großen Lochdurchmessern. Gegenüber den Bohrern und Senkern werden die Reibahlen mit gewundenen Schneiden linksgängig ausgeführt. Es ist darauf zu achten, daß die aufzureibenden Löcher so groß vorgebohrt werden, daß für die Reibahlen ein noch genügend großer Span stehen bleibt, damit die Reibahle auch sauber schneiden kann. Allgemein wählt man hier das Untermaß doppelt so groß wie bei der Stahlbearbeitung.

In Abb. 354 wird eine Leichtmetallkreissäge dargestellt, die sich durch große Spannuten auszeichnet. Diese Nuten setzen sich nicht voll und gestatten die Anwendung höherer Vorschübe als grob gezahnte Kreissägen der normalen Ausführung.

Leichtmetall-Bandsägen werden aus glashartem schwedischem Sonderstahl oder auf halbhartem Sägestahl hergestellt. Die Zähne sind nicht nachfeilbar. Zweckmäßig werden die Sägebänder über und unter dem Arbeitstisch seitlich und am Rücken geführt. Die Schränkung der Zähne führt man zweckmäßig wie folgt aus: rechts, links, gerade.

In Abb. 355 wird eine gefräste Feile mit gekerbten Zähnen dargestellt, die sich zum Bearbeiten von Leichtmetallen eignet. Normale Feilen können hier nicht verwendet werden, da sie sich zu schnell verstopfen.

Zum Schleifen von Leichtmetallen verwendet man zweckmäßig hochporöse keramisch gebundene Schleifscheiben oder elastisch gebundene Schleifscheiben von mittlerer Härte. Zu weiche Schleifscheiben nutzen sich sehr schnell ab, wogegen zu harte Schleifscheiben sofort verschmieren. Die normale Umfangsgeschwindigkeit zum Schleifen von Aluminium beträgt 30—35 m/sek, sie richtet sich je nach der Art und Zusammensetzung der Schleifscheiben und muß den jeweiligen Verhältnissen angepaßt werden. Es gibt auch kunstharzgebundene Schleifscheiben, die mit erhöhter Umfangsgeschwindigkeit laufen. Die Schleifscheibenhersteller geben entsprechend der Bindung die für jede Schleifscheibe wirtschaftliche Arbeitsgeschwindigkeit mit den Etiketten auf. Als Kühlmittel eignet sich, wie bereits erwähnt, Petroleum oder ein Kühlmittelöl 1 : 60 (Öl : Wasser).

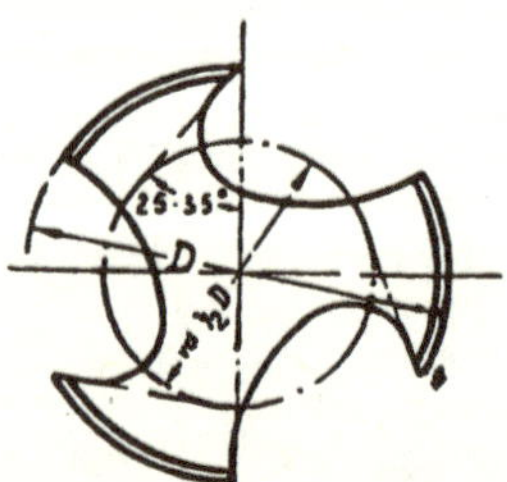

Abb. 353 Leichtmetall-Gewindebohrer

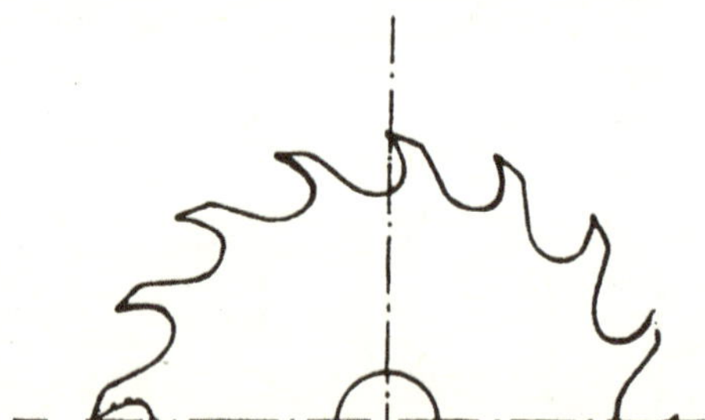

Abb. 354 Leichtmetall-Kreissäge

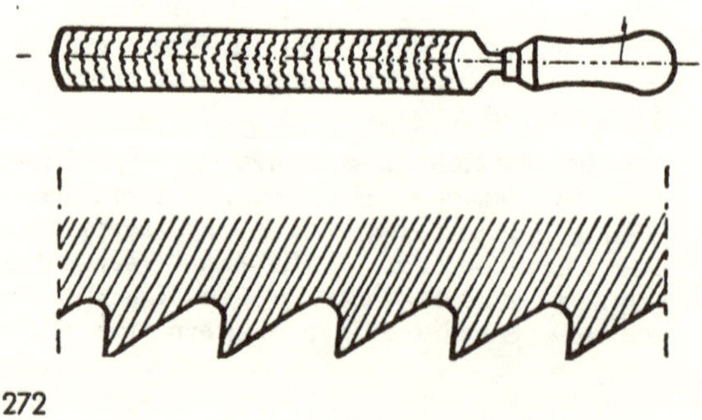

Abb. 355 Sonderfeile für die Leichtmetall-Bearbeitung

Das Schleifen und Schärfen der Werkzeuge für die Holzbearbeitung

In der Holzbearbeitung sind scharfe Werkzeuge ganz besonders nötig. Für den Holzwerker sind daher zwei Punkte von Bedeutung:

a) daß er die beste Art von Werkzeugen verwendet,

b) daß er zum Schärfen seiner Werkzeuge die besten und wirksamsten Schleifmittel benutzt.

Früher benutzte man zum Schärfen nur den langsam schärfenden Naturstein. Damals hatte jeder Stein nur eine Körnung und so kam es, daß der Stein in vielen Fällen zu fein war, um eine gute Schneide zu geben, oder daß er zu grob war, um eine feine Schneide zu erzielen. Schnell schneidende oder schnell schärfende Schleifsteine werden heute in ebenso guter oder noch besserer Güte erzeugt, als sie die Natur hervorbringt. Die Schleifindustrie kann den Verbrauchern Schleifkörper zur Verfügung stellen, die für jede in Betracht kommende Arbeit hervorragend geeignet sind. Besonders ist es der Kombinationsstein, der sich einer großen Beliebtheit erfreut und für das Schärfen von Werkzeugen in ausgedehntem Maße verwendet wird; er bietet dem Holzwerker, wie auch anderen Handwerkern die Vorteile zweier Schleifsteine in zwei verschiedenen Körnungen.

Auf dem Markt befinden sich heute Abziehsteine und sonstige Schärfmittel, die für alle Verwendungszwecke geeignet sind und in jeder Körnung geliefert werden können.

Gebräuchliche Formen von Schleifscheiben zum Schleifen von Hobelmessern sind in Abb. 368 dargestellt.

Abb. 356 Abziehsteine (Oelsteine)

Abb. 357 Kombinationssteine

Abb. 358 Abziehstein in Messerklingenform und mit abger. Kanten

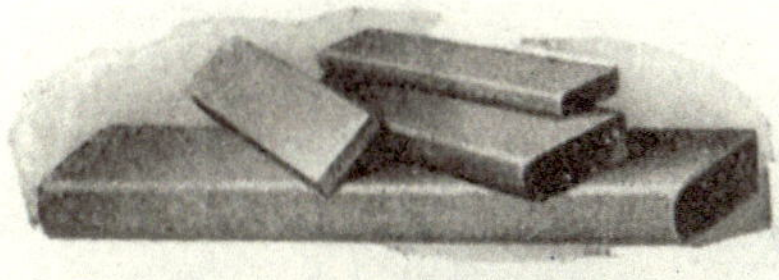

Abb. 359 Hohlmeißelsteine mit abgerundeter Kante

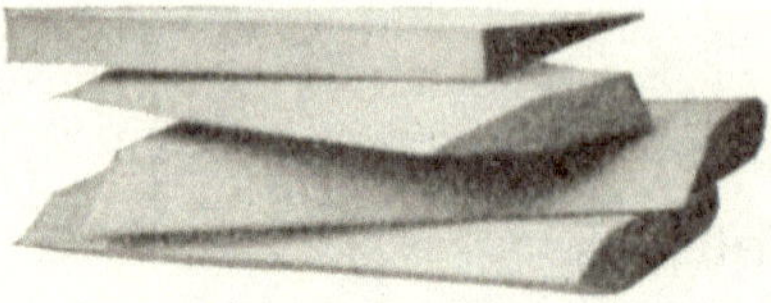

Abb. 360 Fassonabziehsteine für Holzbildhauer

Abb. 361 Besonders feiner und harter Abziehstein für Werkzeuge

Abb. 362 Axtsteine

Abb. 363 Viereckiger Axtstein

Abb. 364 Runder Abziehstein

Abb. 365 Multiformstein aus Siliziumkarbid

Abb. 366 Abziehstein in Messerklingenform

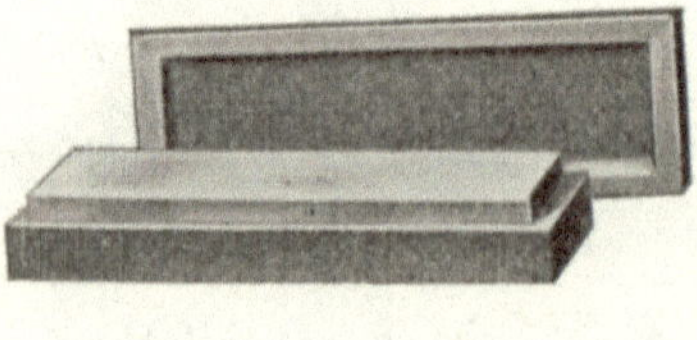

Abb. 367 Bankstein in Holzkasten

In den Abbildungen 356 bis 367 werden die gebräuchlichsten Abziehsteine in der Holzbearbeitung dargestellt.

Abb. 368 Schleifscheiben zum Schleifen von Hobelmessern

Der Holzwerker sollte daher in seinem Werkzeugkasten stets eine gute Auswahl von Abziehsteinen vorrätig halten, um jeweils einen dem Verwendungszweck entsprechenden Abziehstein verwenden zu können.

Heute ist das Schärfen von Werkzeugen keine schwierige Arbeit mehr und der Satz: „Schärfste Werkzeuge in kürzester Zeit durch das richtige Schleifverfahren und vermittels des geeigneten Abziehsteines" sollte für jeden Handwerker heute maßgebend sein. Ein guter brauchbarer Abziehstein muß die folgenden Anforderungen erfüllen:

1. Er muß eine große Schleiffähigkeit besitzen, um einen schnellen und sauberen Schliff zu erzielen.
2. Für den gewünschten Schliff muß er die geeignete Körnung besitzen.
3. Der Abziehstein muß hart sein, um eine möglichst lange Lebensdauer zu verbürgen und besonders bei Profilsteinen mit scharfer Schneide die Kante und Schneide halten.
4. Er muß die zweckentsprechende Form haben.
5. Er muß ein gleichmäßiges Gefüge besitzen, um einen genauen Schliff zu ermöglichen.
6. Er muß porig sein und die Feuchtigkeit aufsaugen.

Hinsichtlich der Form der Abziehsteine sei gesagt, daß die rechteckigen Steine am meisten Verwendung finden, wie z. B. für alle Schneidwerkzeuge, Hobeleisen, Stichel, Maschinenmesser usw.

Gewöhnlich versteht man unter Ölsteine ganz harte Abziehsteine, die zum Abziehen hochwertiger Werkzeuge verwendet werden, jedoch auch von Uhrmachern, Feinmechanikern usw. gebraucht werden. Die Bezeichnung Ölstein rührt daher, daß diese Steine mit Petroleum oder Öl getränkt werden, um ein Verstopfen der Poren zu vermeiden.

Von den natürlichen Abziehsteinen werden hauptsächlich die Arkansas-Ölsteine, die im Staate Arkansas gewonnen und nach Deutschland gesandt wurden, wo geschulte Arbeiter die gewünschten Profile schnitten, gebraucht. Dann gibt es noch den Washita-Ölstein, der poriger ist und stärker als der Arkansas-Ölstein angreift. Für Holzbearbeitungswerkzeuge wird daher der Washita-Ölstein verwendet. Hier sind dann noch der Thüringer Wasserstein und die Belgischen Brocken zu nennen. Der Thüringer Wasserstein, auch Sächsischer Ölstein genannt, sei hier der Vollständigkeit halber noch genannt. Er ist nicht ganz so hart wie der Arkansas und hat eine grünliche Färbung, während die amerikanischen Steine gewöhnlich rein weiß sind.

Ein neu auf dem Markt gekommenes Erzeugnis ist der „Oberharzer Brocken", der einen wirklich brauchbaren deutschen Werkzeugabziehstein darstellt. Dieser Oberharzer Brocken ist dem Belgischen Brocken vollkommen gleichwertig. Er hat sogar den Vorzug, daß er in einer Größe wie bisher kein Werkzeugabziehstein geliefert werden kann.

Der künstliche Abziehstein kam auf den Markt, als man in der Schleifmittelindustrie dazu überging, den bei der Schleifkornsiebung verbleibenden feinen Staub anderweitig praktisch zu verwerten. Die künstlichen Abziehsteine haben die natürlichen Steine zum Teil schon verdrängt. Durchweg sind die künstlichen Abziehsteine von großer Abzugsfähigkeit, da das Herstellungsverfahren es gestattet, die Steine in jeder beliebigen Härte und Körnung zu erzeugen. Meist werden diese Abziehsteine in drei Körnungen, nämlich grob, mittel und fein hergestellt. Auf den künstlichen Abziehsteinen kann man durch Verwendung von Wachs oder Vaseline die große Feinheit und Geschmeidigkeit im Abziehen, wie sie bei Benutzung des Arkansassteines erreicht werden, ebenfalls erlangen.

Welcher Tischler oder sonstige Holzhandwerker hätte es nicht schon als Mißstand empfunden, daß die Sortenzahl der Hobeleisen bisher so verwirrend groß war und ihm unverhältnismäßig hohe Werkzeugunkosten verursachen. Dabei entsprach diese übertriebene Vielseitigkeit keineswegs einem arbeitsmäßigen Bedürfnis. Mit einem Bruchteil der Ausführungen wäre man praktisch ebensogut ausgekommen. Z. B. ergaben sich die allzuvielen, häufig nur geringfügigen Abweichungen in Breiten und Längen lediglich deshalb, weil eine Verständigung über gewisse Grundgrößen nicht erzielt werden konnte.

Erfreulicherweise ist diese Verständigung doch erreicht worden. Im Rahmen des Deutschen Normenausschusses, der zusammenfassenden Stelle für alle Vereinheitlichungsarbeiten, haben sich Hersteller, Händler und Verbraucher (zusammengefaßt im Fachnormenausschuß für Geräte, Handwerkzeuge und verwandte Gebiete) auf entsprechende Normen geeinigt.

Bisher sind folgende Normblätter erschienen: *)

DIN 5145 Hobeleisen,
DIN 5146 Schrupphobel,
DIN 5147 Stabhobeleisen,
DIN 5148 Plattbankhobeleisen,
DIN 5149 Hobeleisen 2,25 mm gleichdick für hölzerne Hobel (Reform- und ähnliche Putzhobel),
DIN 5150 Zahnhobeleisen,
DIN 5151 Küfer-Fugblock-Hobeleisen,
DIN 5255 Hobeleisen 2,25 mm gleichdick für eiserne Hobel.

*) Die Normalblätter sind durch die Vertriebsstelle des Deutschen Normenausschusses, den Beuth-Verlag, Berlin W 15, zu beziehen.

An diesen Normen ist bemerkenswert, daß die wenigen, den tatsächlichen Bedürfnissen genügenden Breiten einheitlich gestuft sind, so daß die Hobeleisen ohne Nachbehandlung der Hobelkörper (deren Vereinheitlichung im übrigen bevorsteht) ausgewechselt werden können.

Die gleichdicken Hobeleisen bestehen durchweg aus Werkzeugstahl, die anderen aus Flußstahl mit aufgeschweißter Schneide aus Werkzeugstahl.

Nachstehend werden nun die zweckmäßigsten Verfahren der in der Holzbearbeitung verwendeten Werkzeuge ausführlich erläutert.

Das Hobeleisen gehört zu den wichtigsten Werkzeugen in der Holzbearbeitung und daher soll nachstehend erläutert werden, wie man eine gerade und scharfe Schneidkante an einem Hobeleisen erzielt. Nachdem man das stumpfe Hobeleisen aus dem Hobel genommen hat, ist es auf seine Rechtwinkligkeit, wie in Abb. 369 dargestellt, zu prüfen. Muß nun das Hobeleisen gerade oder rechtwinklig geschärft werden, so ist nach Abb. 370 zu verfahren. Zweckmäßig benutzt man hierzu einen mittelfeinen Abziehstein. Praktisch führt man dies

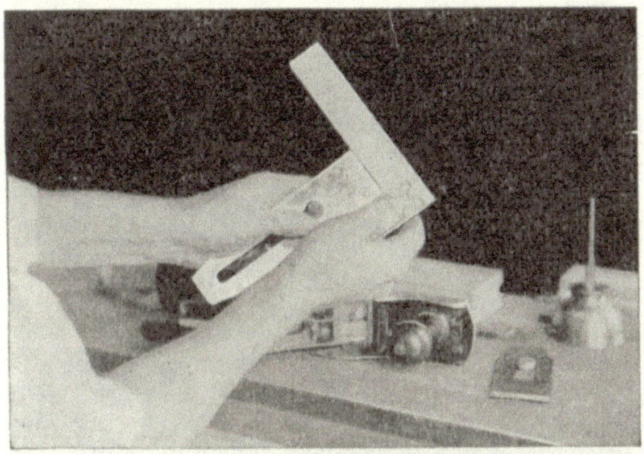

Abb. 369 Prüfung des Hobeleisens auf Rechtwinkligkeit

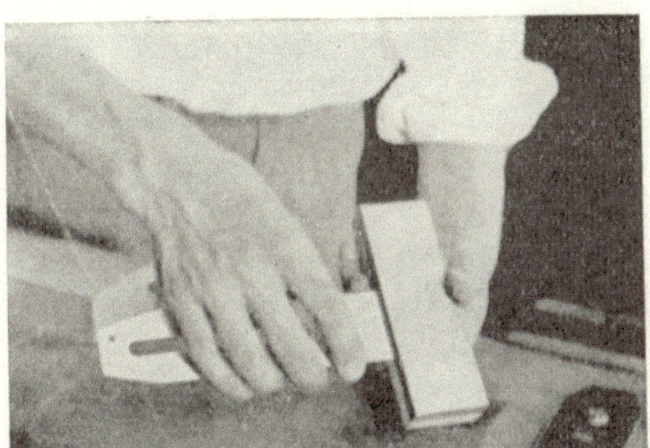

Abb. 370 Rechtwinkliges Schleifen des Hobeleisens auf einem Abziehstein

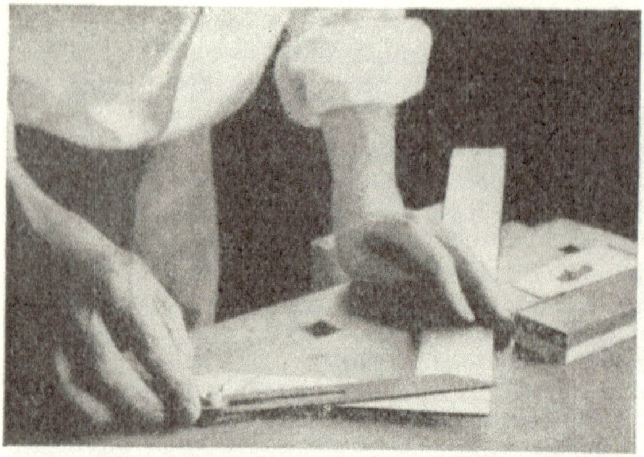

Abb. 371 Festlegung des richtigen Winkels für das Schleifen

Abb. 372 Handschleifmaschine

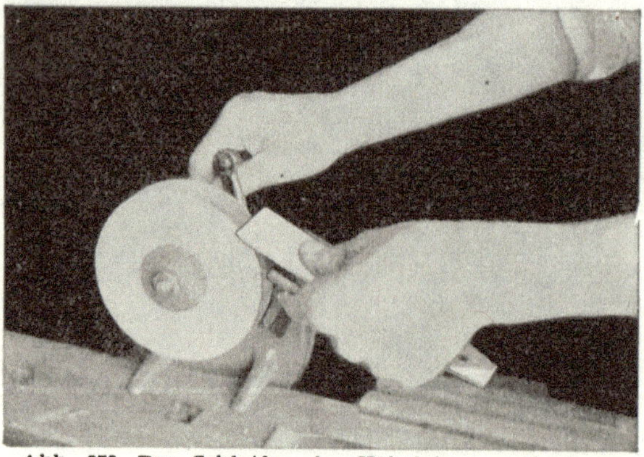

Abb. 373 Das Schleifen des Hobeleisens auf einer Handschleifmaschine

Abb. 374 Das Hobeleisen erhält den letzten Schliff

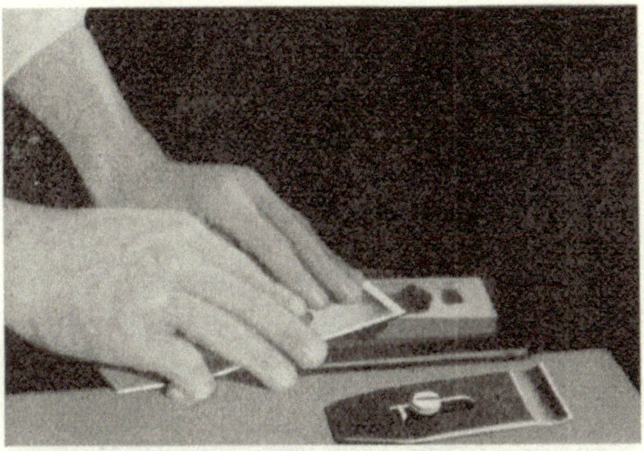

Abb. 375 Das Abziehen der Schneide

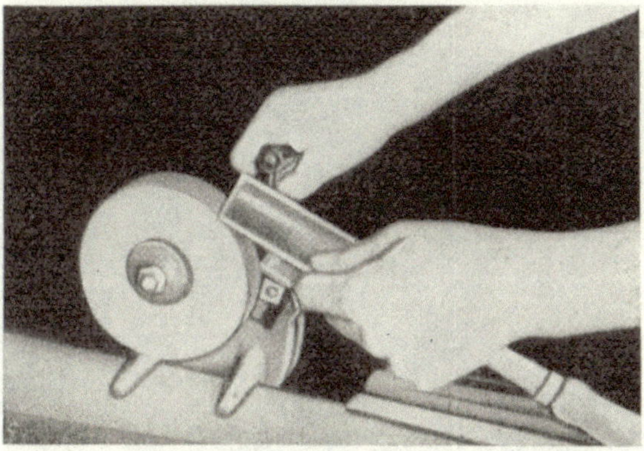

Abb. 376 Das Schleifen eines Hohleisens auf einer Schleifscheibe aus Siliziumkarbid

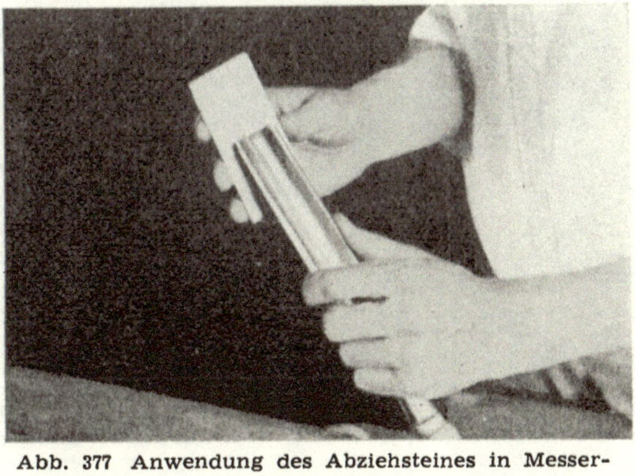

Abb. 377 Anwendung des Abziehsteines in Messerklingenform zum Schärfen von Hohleisen

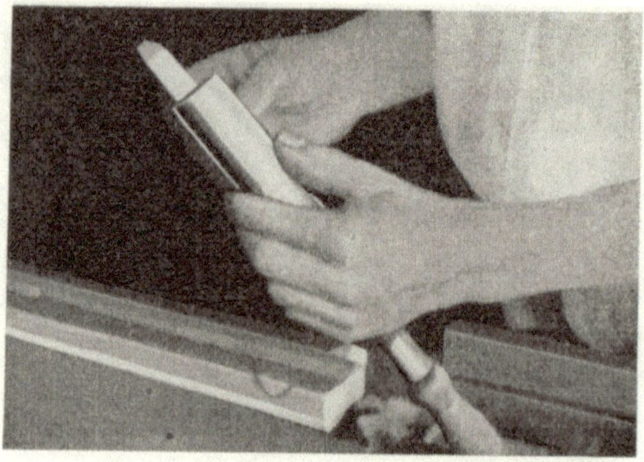

Abb. 378 Hohlmeißelstein mit abgerundeter Kante in Benutzung

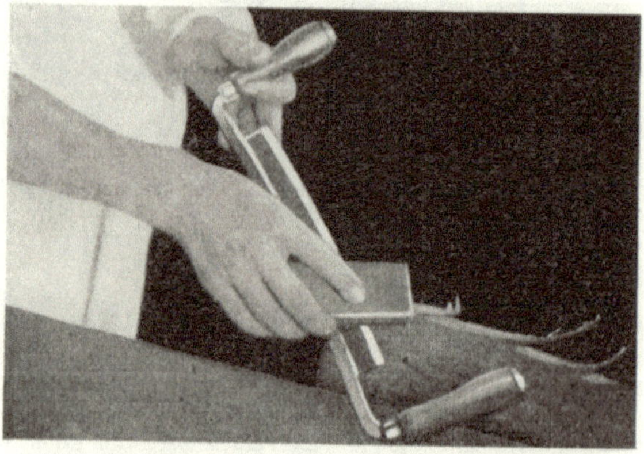

Abb. 379 Kombinationsstein aus Siliziumkarbid findet für Ziehmesser Verwendung

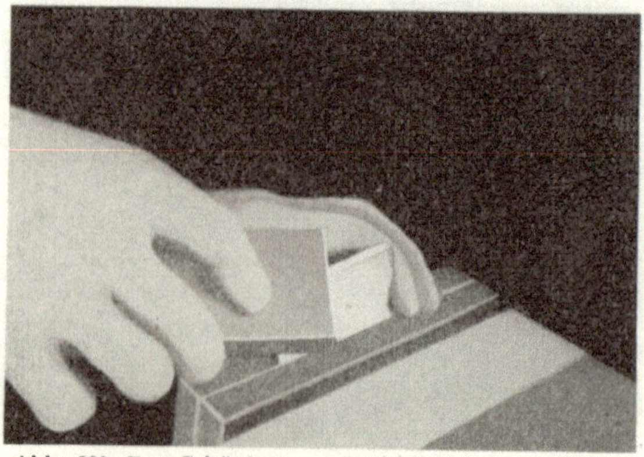

Abb. 380 Das Schärfen von Ziehklingen mit einem harten und feinen Kombinationsstein

am besten auf der Seite des Steines durch, da die flache Seite eines gebrauchten Steines selten gerade genug ist, um genügend gerade Schneidkanten zu erzeugen. Je nach der Verwendung des Eisens muß die Schneidkante leicht hohl geschliffen sein, was besonders bei einem Schrupphobel zutrifft.

Die nächste Arbeit ist nun die Abschrägung der Schneidkante. Der Winkel, der für die Schmiege gebraucht wird, ist je nach der Art des zu hobelnden Holzes verschieden. Je schlanker die Schneide, desto leichter ist die Arbeit beim Hobeleisen, vorausgesetzt, daß sie nicht zu schlank ist, um sich umzulegen (Abb. 371). Eine Handschleifmaschine wird in Abb. 372 gezeigt.

In dem nächsten Arbeitsgang ist das Schleifen des Hobeleisens dargestellt (Abb. 373). Hierzu benutzt man vielfach die moderne Handschleifmaschine, die eine Vorrichtung besitzt, um die Werkzeuge im richtigen Winkel zu schleifen. Beim Schleifen wird das Hobeleisen zweckmäßig von einer Seite auf die andere Seite bewegt, damit die Schneide glatt und gerade wird. Der Schleifdruck ist gering zu halten, damit die Schneide nicht durch zu starke Erwärmung ausglüht. Nach dem Schleifen zieht man nun das Hobeleisen noch auf einem Abziehstein ab. Das Abziehen geschieht am besten nach der in Abb. 375 dargestellten Weise. Es ist ratsam, den ganzen Vorgang zu wiederholen, wenn das Hobeleisen die Schärfe verliert. In diesem Falle ziehe man es mehrere Male auf einem Abziehstein ab, bis die Schneidfläche für die zweckmäßige Verwendung allzu dick wird.

Das Schärfen der Hohleisen

In der Abb. 376 wird gezeigt, wie ein Hohleisen auf einer Handschleifmaschine geschliffen wird. Das Hohleisen wird von außen angeschliffen, und zwar handelt es sich hier um ein Drechsler-Hohleisen. Die Auflage des Arbeitsstückes wird nach der richtigen Schmiege eingestellt und das Eisen seitwärts auf dem Stein hin- und herbewegt und zur gleichen Zeit von einer Kante zur anderen gedreht. Ist die Schneide ungleichmäßig, so macht man sie zuerst gerade, wie dies beim Hobeleisen auch gemacht werden muß. Hierfür verwendet man zweckmäßig einen Abziehstein in Messerklingenform, wie er in Abb. 366 dargestellt ist. Die Abb. 377 zeigt, wie der Stein in der Hand gehalten wird, und an Stelle der Bewegung des Werkzeuges über den Stein wird der Stein über das Werkzeug gestrichen, während das Hohleisen in der linken Hand gedreht wird. Die Abb. 378 zeigt, wie man sorgfältig einige Striche in der inneren Kante macht, damit nicht eine doppelte Fase entsteht. Von innen angeschliffene Hohleisen werden auf einem Stein mit runder Kante geschliffen, wie er in Abb. 359 dargestellt ist.

Das Zug- oder Ziehmesser

Die Abb. 379 zeigt, wie man gewöhnlich das Schärfen der Ziehmesser vornimmt. Am besten eignet sich hierfür ein Kombinationsabziehstein. Praktisch benutzt man zuerst die gröbere Seite des Steines und zieht dann mit der feinen Seite nach.

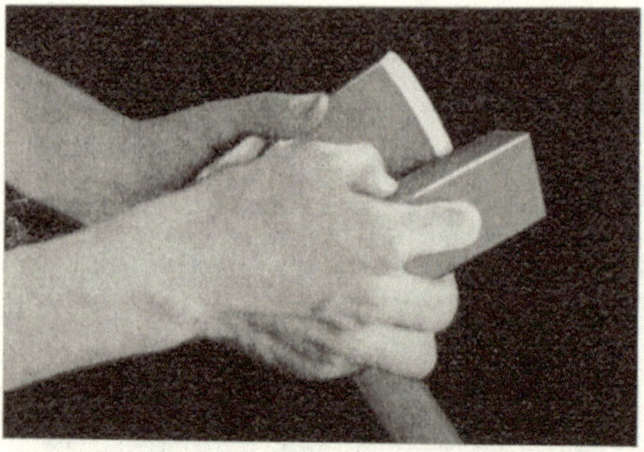

Abb. 380a Das Beil wird mit einem Kombinationsstein aus Siliziumkarbid oder dem viereckigen Axstein geschärft

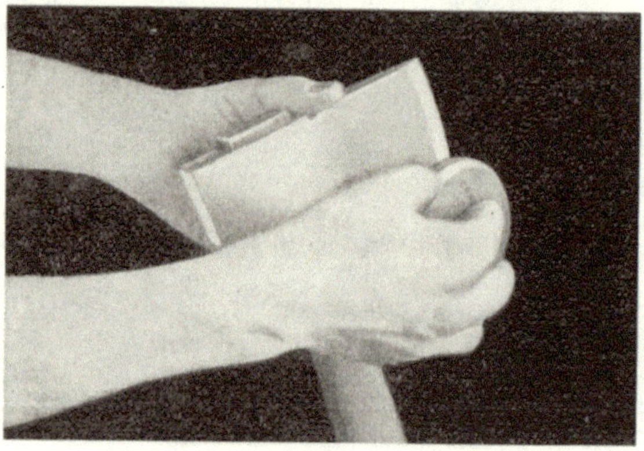

Abb. 381 Das Schärfen mit dem runden Kombinationsstein

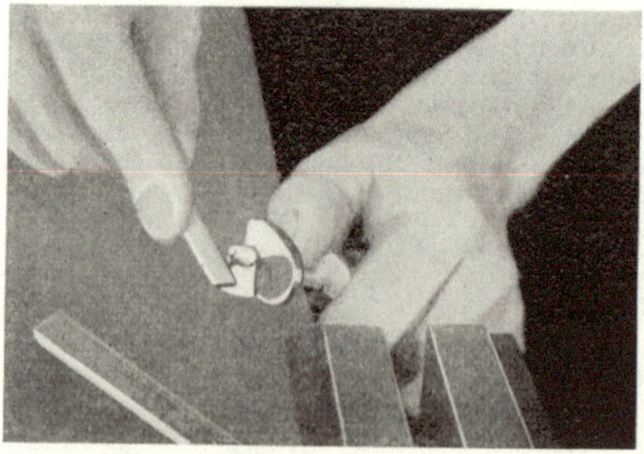

Abb. 382 Das Schärfen eines Stangen-Bohrers mit einer Feile aus Siliziumkarbid

Ziehklingen und Fußboden-Ziehklingen

Zweckmäßig befestigt man die Ziehklinge in einem Schraubstock, wie es die Abb. 380 zeigt. Auf diese Weise läßt sich die richtige Schmiege leicht anschleifen. Auch hier verwendet man zuerst die grobe und dann die feine Seite des Kombinationsabziehsteines. Ist die Ziehklinge einmal ordnungsgemäß mit einem Abziehstein geschärft, so kann man sie in den meisten Fällen öfter mit dem Polierstahl wieder instandsetzen, bevor der ganze Schleifprozeß von neuem begonnen werden muß. Wichtig ist vor allem, der Schneide die richtige Form zu geben.

Das Beil

Zum Schärfen des Beiles benutzt man einen gut schneidenden Kombinationsabziehstein, wie er in der Abb. 357 dargestellt ist. Die Abb. 380 zeigt, wie man diesen Abziehstein beim Schärfen des Beiles gebraucht. Zweckmäßig bewegt man den Stein auf dem Beil hin und her. In Abb. 381 sehen wir die Verwendung eines runden Abziehsteines, der in gleicher Weise benutzt wird. Das Beil soll also nach dem Schleifen auf diesen Steinen abgezogen werden, um eine wirklich widerstandsfähige Schneide zu erhalten.

Holzbildhauerwerkzeuge

Geeignete Abziehsteine in Messerklingenform gibt es auch für alle Arten von Holzbildhauerarbeiten. Das Schärfen der für diese Arbeiten gebrauchten Werkzeuge weicht ganz erheblich von dem Schärfen der Meißel und Hohleisen ab. Da diese Arbeit eine sehr feine Schneide erfordert, muß man auch sehr feine Steine gebrauchen. In Abb. 366 ist ein Abziehstein in Messerklingenform und mit abgerundeter Kante zum Schärfen von Bildhauerwerkzeugen dargestellt.

Bohrer

Die Abb. 382 zeigt beispielsweise das Schärfen von Stangenbohrern mit Schleiffeilen in Sonderformen. Es ist möglich, auf diese Weise die Bohrer in gutem Zustande gebrauchsfähig zu erhalten. Erwähnt sei hier, daß mit einem schnellaufenden Schleifkörper naturgemäß eine bessere Schneide zu erzielen ist, als mit einer Schleiffeile, die hier praktisch nur als Ersatz anzusehen ist.

Instandhaltung der Schraubenzieher

Eine sehr zuverlässige und beliebte Holzverbindung ist das Schrauben. Daher kommt der Instandhaltung der Schraubenzieher ganz besondere Bedeutung zu. In der Regel wird seine praktische Handhabung dadurch erschwert, daß er im Schlitz des Schraubenkopfes nicht sicher sitzt und daher das Bestreben hat, beim festen Anziehen der Schraube herauszugleiten. Aus diesem Grunde ist es verkehrt, an die Schraubenzieher eine Art Ballen anzuschleifen, wie man es sehr häufig vorfindet; denn diese kurze Abschrägung nach dem Ende zu erschwert das Festziehen der Schrauben in ganz erheblicher Weise. Meist muß die Hälfte der Kraft schon angewandt werden, um durch Druck den Schraubenzieher im Schlitz der Schraube zu halten. Es ist daher unbedingt erforderlich, daß der Schraubenzieher gegen die Schneide schlank ausläuft, am besten sogar flach hohl!

Da man am sichersten arbeitet, wenn die Dicke der Schneide genau in den Schlitz der Schraube paßt, so ist es erforderlich, stets Schraubenzieher von verschiedener Stärke und Breite zur Hand zu haben. Auf diese Weise werden auch die Verletzungen der Kanten des Schlitzes am Schraubenkopf vermieden. Diese Gesichtspunkte treffen in noch höherem Maße bei den Drillschraubenziehern zu, da hier das Gefühl der Hand mehr auf die Auslösung der mechanischen Drehbewegung eingestellt ist.

Es seien hier nun noch einige Schleifmaschinen behandelt, wie sie vorteilhaft in Holzbearbeitungs-Betrieben Verwendung finden.

Eine für Holzbearbeitungs-Werkzeuge, insbesondere für Hobel- und Stecheisen in Flachschliff geeignete Greif-Schleifmaschine ohne Ständer stellt die in Abb. 383 (17 EHS) gezeigte Maschine dar. Diese Maschine ist mit einer Spannvorrichtung HS für Hobeleisen versehen, während die in Abb. 384 dargestellte Spannvorrichtung BS für Stecheisen bestimmt ist. Die Maschine wird nur als Tischmaschine hergestellt. Die Länge der Schleifwelle beträgt 312 mm und die Abmessungen der Schleifscheiben 175/130 x 32/20 x 51; die Drehzahl beträgt 2800 und die Motorstärke 0,5 PS.

Die Abb. 385 zeigt eine Maschine, mit der man linksseitig die Hobeleisen und Stechbeitel h o h l schleifen kann, während mit der rechtsseitigen Vorrichtung die Werkzeuge f l a c h geschliffen werden. Für diese Seite werden stets 2 Vorrichtungen mitgeliefert, und zwar für Hobeleisen wie Abb. 385 zeigt und für Stechbeitel, wie aus Abb. 384 zu ersehen ist. Durch diese zweckmäßige Einspannvorrichtung ist die Gewähr eines einwandfreien Schleifens gegeben, während auf sonstige Weise die Hobeleisen meistens v e r schliffen werden.

Abb. 383 „Greif"-Schleifmaschine, Bauart 17EHS

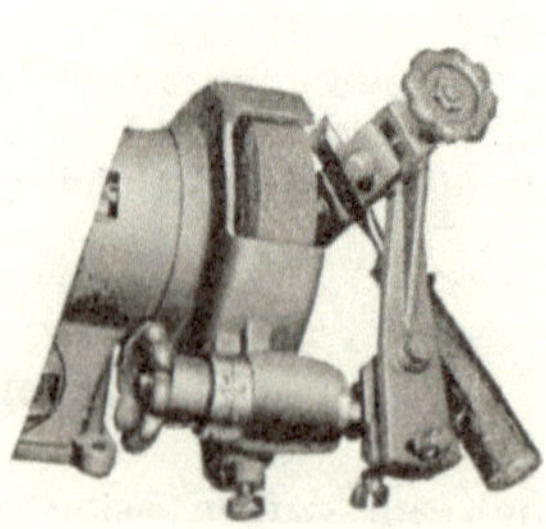

Abb. 384 Spannvorrichtung für Stecheisen

Um einen Hohlschliff herzustellen, dient die in Abb. 386 (20/4 R) dargestellte Greif-Schleifmaschine mit Betonständer, mit Spannvorrichtung, jedoch ohne Schrägvorlage. Die Stärke des Motors ist 0,5 PS, Drehzahl 1450 und die Abmessungen der beiden Schleifscheiben betragen 250 x 15 x 51 u. 250 x 40 x 51 mm.
180 25

Abb. 385 Bauart D20/4 HS

Abb. 386 Greif-Schleifmaschine für Hohlschliff

Das Schärfen der Sägen

Einen geraden Schnitt und einen guten Wirkungsgrad kann eine Säge nur dann geben, wenn ihre Zähne genauestens ausgerichtet sind. Vor allem müssen die Zähne gleichmäßig geschränkt und geschärft (geschliffen) werden, ein Zahn muß so lang und so schräg wie der andere sein. Selbst der geübteste Arbeiter kann durch Handarbeit diese Bedingungen nicht voll erfüllen. Ferner ist das Schärfen der Sägen von Hand infolge der langen Arbeitszeit und der damit verbundenen hohen Löhne unwirtschaftlich. Bedeutend günstiger arbeitet dagegen die Sägenschärf-Schleifscheibe, denn der Schleifindustrie ist es heute möglich, für jedes Sägenmaterial eine geeignete Schleifscheibe zu liefern. Voraussetzung für die Schneidhaltigkeit, Lebensdauer und die Erzielung einer hohen Schnittleistung bei Sägeblättern ist also der richtige sachgemäße Schliff derselben. Allgemein sind Sägen Schneidwerkzeuge mit gerader oder kreisender Hauptbewegung. Die Spanabhebung der einzelnen Sägenarten erfolgt durch verschieden ausgebildete Schneidzähne. In Abb. 387 werden die gebräuchlichsten Zahnformen von Sägen gezeigt. Man unterscheidet:

1. Hand- und Hubsägen, die aus gezahnten Stahlstreifen bestehen,
2. Bandsägen, welche aus Stahlbändern angefertigt werden,
3. Kreissägen, die man aus kreisförmigen Scheiben herstellt.

Die in Abb. 388 gezeigte Sägeblatt-Schärfmaschine schärft nach erfolgter Einstellung Bügelsägeblätter, Kreissägeblätter und Bandsägeblätter vollkommen automatisch mit höchster Präzision. Die Abb. 389 zeigt dieselbe Maschine beim „Geradschliff“ und Abb. 390 zeigt diese Maschine mit einer Aufspannvorrichtung für Kreissägeblätter.

Man darf auch beim Sägeschärfen die Schleifscheibe nicht nach ihrer Lebensdauer beurteilen, denn zu hart gewählte Schleifkörper verbrennen zu leicht den Sägezahn. Die Schleifmittelindustrie hat nun für jede Sägenart Sägeschärfschleifscheiben hergestellt, die sowohl in der Bindung als auch in der Härte auf den jeweiligen Schleifzweck abgestimmt sind. Als Richtwerte kommen für die einzelnen Gattungen von Sägen folgende keramisch gebundenen Schleifscheiben in Frage:

Bandsägen,	Körnung 50—60,	Härte L—M
feinverzahnte Bandsägen,	Körnung 80,	Härte M
Gattersägen,	Körnung 50—60,	Härte M—N
Kreissägen,	Körnung 50,	Härte M—N

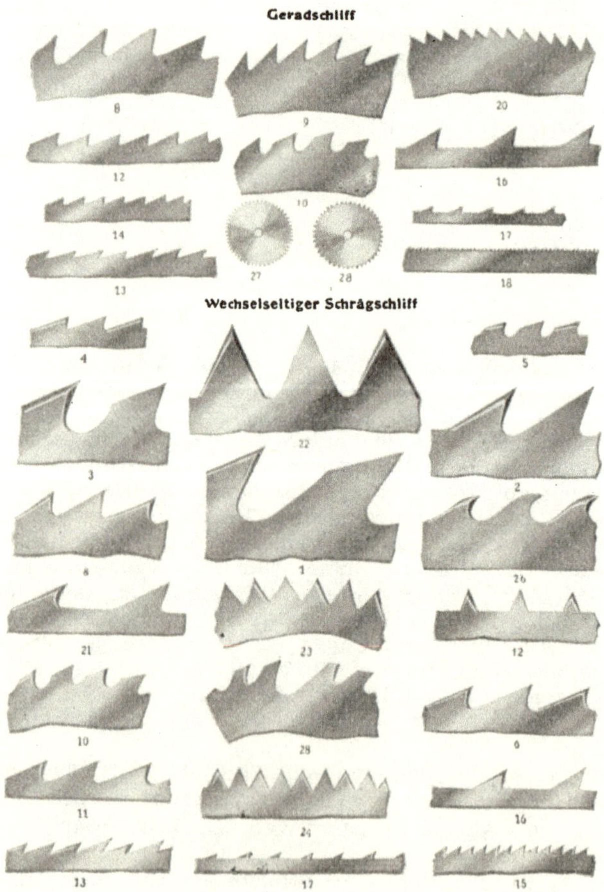

Abb. 387 Verschiedene Zahnformen

Außer den keramisch gebundenen Schleifkörpern werden auch noch Sägenschärfscheiben in vegetabilischer Bindung hergestellt. Je nach der Art des Sägezahnes wird die Schleifscheibe mit einem entsprechenden Profil versehen. Abb. 391 zeigt die verschiedenen Profile von derartigen Schleifkörpern. Vor allem muß eine gute Sägeschärfschleifscheibe sorgfältig ausgewuchtet und seitlich gleich dick abgedreht sein. Da bei zu hoher Umfangsgeschwindigkeit die Schleifscheibe zu hart wirkt und bei zu niederer Geschwindigkeit zu weich, so ist die richtige Umfangsgeschwindigkeit von 25—30 m/sek einzuhalten. Außerdem wird jeder Schleifscheibe ein Etikett beigefügt, welches die wirtschaftlichste Umlaufszahl für dieselbe angibt. Eine richtig gewählte Sägeschärfscheibe, die bei der günstigsten Umfangsgeschwindigkeit arbeitet, muß scharf zischen und kühl schneiden. Zweckmäßig schleift man mit einer mittleren Spantiefe, um ein Anlaufen der Zähne zu vermeiden. Wird mit einer

Abb. 388 Sägeblatt-Schärfmaschine Bauart „Columbo“

zugesetzten oder stumpf gewordenen Schleifscheibe weiter gearbeitet, so besteht ebenfalls die Gefahr des Ausglühens der Zähne und durch die zu hohe örtliche Erwärmung kann der Schleifkörper sogar zerspringen. Die meisten Sägeschärfautomaten besitzen heute Vorrichtungen zum Abrichten bzw. Aufrauhen der Schleifscheiben, und wo dies nicht der Fall ist, können entsprechende Apparate eingebaut oder von Hand zugeführt werden. Eine Reihe geeigneter Abdrehwerkzeuge sind auch in der AWF-Druckschrift 201 „Die Schleifscheibe" abgebildet. Nicht zuletzt ist auch ein guter Zustand der Schleifmaschine für ein wirtschaftliches Schleifen von Sägen unerläßlich. Es ist wichtig, daß das Schärfen der Zähne sofort erfolgt, wenn auch nur erst wenige Zähne stumpf geworden sind.

Wird das Schleifen der Zähne mit Sorgfalt durchgeführt, so ist ein Ausglühen der Zähne fast ausgeschlossen und es wird ein feiner Schliff erzielt, denn es ist falsch, immer die Schuld des Ausglühens der Schleifscheibe zuzuschieben.

Abb. 389 Sägeblatt-Schärfmaschine

Die vorstehenden Ausführungen haben gezeigt, daß das Schleifen an der automatischen Sägeblatt-Schärfmaschine stets eine Genauarbeit sein kann und vor allem wirtschaftlicher ist als das Schärfen von Hand. Einwandfreie Herstellung der Maschine ist selbstverständlich und in allen Fällen Bedingung für ein genaues Arbeiten beim Schleifen von Sägen.

Bei den durch D. R. P. geschützten Schärfmaschinen „Gebag" erfolgt die Bewegung der Schleifscheibe und des Vorschubes durch einen einzigen Excenter. Es ist also vermieden, für jede nötige Bewegung einen besonderen Excenter einzubauen. Damit wird zwangsläufig sicherster Wirkungsgrad und denkbar genaueste Arbeitsleistung erreicht. Ebenso ist für die Hauptwirkungsgrade jede Federwirkung ausgeschaltet (Abb. 392).

Diese Schärfmaschinen schleifen die Zähne und feilen nicht mehr. Es hat sich gezeigt, und es ist in Fachkreisen heute unbestritten, daß das Schleifen dem Feilen wesentlich überlegen ist in Hinsicht auf Betriebskostenersparnis und auf die erzielte Schnittwirkung der Sägen.

Abb. 390 Sägeblattschärfmaschine mit Aufspannvorrichtung für Kreissägeblätter

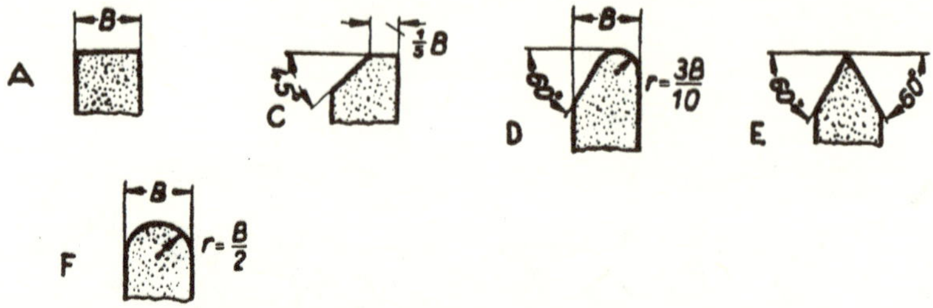

Abb. 391 Randformen von Sägeschärfscheiben nach DIN 69 150

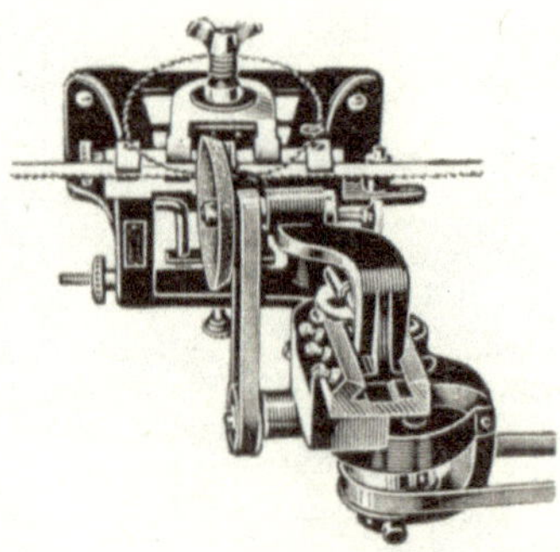

Abb. 392 Sägenschärfmaschine „Gebag“ I

Abb. 393 Schleifen einer Kreissäge auf der in Abb. 215 dargestellten Werkzeugschleifmaschine, Bauart AWS II

Abb. 394 Kaltkreissägeblatt mit übergreifenden Segmenten aus Schnellstahl und gehärtetem Stammblatt.

Bei der Bauart der „Gebag"-Schärfmaschinen ist besonderer Wert auf den Vorgang des Schleifens selbst gelegt. Diese Maschine schleift den Zahn nicht bloß an, sondern zieht ihn ab, und gerade dadurch wird eine außerordentliche Steigerung der Schnittwirkung erzielt.

Das bei Schleifmaschinen sonst gefürchtete Verbrennen bzw. Ausglühen der kleinen Sägespäne ist bei diesen Maschinen vollständig ausgeschlossen, weil der Schleifvorgang und die Form der Schleifscheibe völlig abweichend von allen bisher bekannten Bauarten sind. Bei diesen Maschinen berührt die Schleifscheibe die feine Zahnspitze nur während dem Bruchteil einer Sekunde, genügend, um diese haarscharf zu machen und ihr dann noch durch das Abziehen den richtigen Grat zu geben, der vorzüglichen Schnitt der Säge gewährleistet.

Das Modell „Gebag II" hat ein vollständig staubdicht verdecktes Getriebe. Das Modell „Gebag I" ist für kleinere Betriebe bestimmt, bei diesem wurde auf einen Getriebekasten verzichtet, die übrige Anordnung ist kaum abweichend von der des Modells „Gebag II". Die Maschinen können an jede vorhandene Wand, Säule, Fenster- oder Türrahmen usw. angeschraubt werden, beanspruchen also nur sehr wenig Platz und der Antrieb kann durch vorhandene Transmission getätigt werden, ebenso auch durch jeden normalen Elektromotor.

Modell „Gebag II" wird außerdem noch mit direkt angeflanschtem Elektromotor hergestellt.

In Abb. 394 wird ein Segmentsägeblatt gezeigt, dessen Segmente aus Schnellstahl bestehen, die lehrenhaltig gearbeitet sind und sich daher leicht

Abb. 395 Kreissägeblatt mit übergreifenden Segmenten aus Schnellstahl

Abb. 396 Sonderausführung für Gehrungschnitte

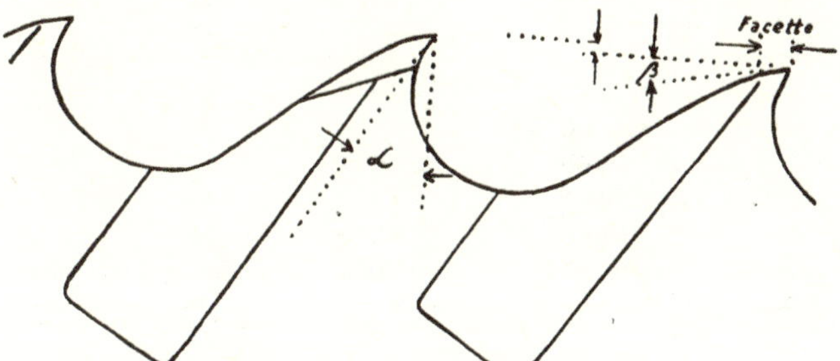

Abb. 397 Zahnform

auswechseln lassen. Ein Lockern der Segmente ist selbst bei stärkster Beanspruchung ausgeschlossen, da der Blattumfang beiderseitig eingedreht ist und die Segmente eingeschlitzt sind, wie es die Abb. 395 erkennen läßt. Die einzelnen Segmente werden laschenartig mit dem Stammblatt drei- bis vierfach vernietet, und mittels eines Verbindungsnietes werden die Segmente untereinander gehalten. Die Stammblätter bestehen aus gehärtetem Stahl von etwa 160 kg Festigkeit. Auf Grund dieser hohen Festigkeit wird das Blatt vor Krummwerden und Anfressen geschützt. Eine Sonderausführung für Gehrungschnitte wird in Abb. 396 gezeigt.

Die Verwendung der Segmentsägen erstreckt sich auf sämtliche Arten und Modelle von Kaltsägemaschinen.

Von ausschlaggebender Bedeutung für ein rationelles und wirtschaftliches Arbeiten ist natürlich die Zahnform. In Abb. 397 wird die Zahnform wiedergegeben, die sich in der Praxis als die leistungsfähigste und zuverlässigste erwiesen hat. Wie die letzte Abbildung erkennen läßt, ist der Zahn von der Schneide aus stark abgerundet, wodurch der Zahn aus dem Grund heraus eine verstärkende Wölbung erhält. Je nach Art der Festigkeit des Schnittmaterials ist der Schnittwinkel α 10 bis 25 Grad zu wählen. Der Anstellwinkel β soll etwa 5 bis 7 Grad betragen und die Zahnrücken sind mit kurzen Facetten versehen. Die auf Vor- und Nachschneider abgesetzten Zähne wirken kraftsparend, wobei der Vorschneidezahn unter 45° beiderseitig auf etwa ⅓ Schnittbreite abgeschrägt wird, wogegen die Facette des Nachschneiders einige Zehntel Millimeter tiefer geschliffen wird.

Man wähle die Zahnteilung nach dem Querschnitt des zu sägenden Materials. So erfordern beispielsweise große Querschnitte große Teilungen, während kleine Profile geringe Teilungen benötigen.

Zur Erreichung eines ruhigen Laufes der Maschine müßten möglichst 3 Zähne im Schnitt stehen. Die günstigsten Zahnteilungen sind:

Material-Querschnitt . .	mm	10—40	40—80	80—150	150 und mehr
Zahnweite	mm	8—12	12—18	18— 30	30—40

Abschließend ist zu sagen, daß nur ein in allen Teilen nach vorstehenden Angaben geschärftes Sägeblatt ein wirtschaftliches Arbeiten gewährleistet.

Nachstehend werden die normalen Schnittwinkel und Schnittgeschwindigkeiten in Meter je Minute für Segmentsägeblätter angegeben:

Werkstoff:	Festigkeit kg/mm²	Schnitt-winkel α	Anstell-winkel β	Schnittgeschwin-digkeit
Kupfer	—	25°	12°	—400
Messing	—	25°	10°	—400
Bronze	—	20°	10°	—100
S. M.-Stahl	34—42	20°	8°	—30
S. M.-Stahl	42—50	20°	7°	—30
S. M.-Stahl	50—60	18°	7°	—24
S. M.-Stahl	60—70	18°	6°	—18
S. M.-Stahl	70—85	15°	5°	—12
Formeisen	34—45	20°	8°	—30
Chrom-Nickel-Stahl	—85	15°	6°	—12
Chrom-Nickel-Stahl	—100	12°	5°	—10
Stahlguß	—	20—25°	7—10°	18—24
Werkzeugstahl	—	12°	5°	—12

Eine **selbsttätige Kreissägen-Schärfmaschine, Bauart „SS Tempo"**, wird in Abb. 398 dargestellt. Sie ist für Schleifen mit hoher Genauigkeit von Kreissägen mit Drehstahlzähnen mit Vor- und Nachschneider wie auch von Schrift- bzw. Winkelzähnen bestimmt. Durch den bedeutsamen Fortschritt, den die Einführung von Kreissägen mit Drehstahlzähnen mit sich brachte, wurden immer mehr Betriebe veranlaßt, die weit höhere Schnittleistung dieser Zahnform auch bei Kreissägen unter 350 mm Blatt-Durchmesser auszuwerten. Die Praxis hat auch bewiesen, daß die im Bilde dargestellte Schärfmaschine für diesen Zweck sehr gut geeignet ist. Sie bringt auch eine vollständig neue

Abb. 398 Selbsttätige Kreissägen-Schärfmaschine „SS Tempo"

Schaltvorrichtung mit allseitiger Einstellbarkeit der Hauptklinke und der mit ihr verbundenen federnden Hilfsklinke, wodurch außer einer sehr einfachen Einstellung ein genaues Teilen bzw. Schleifen gesichert ist. Ebenso ermöglicht dies das Bearbeiten von Sägen mit verbrauchten und teilweise ausgebrochenen Zähnen.

Die Blattauflage ist verschieb- und wippbar auf einem Querschlitten mit Prismaführung vorgesehen. Sie gestattet rasches und genaues Einstellen auf Blattdurchmesser, Blattdicke, Schnittwinkel und Abschrägwinkel. Der Schlitten ist mit einer Hubverstellung vorgesehen, die ein genaues Einstellen auf die Zahntiefe des zu schleifenden Sägeblattes ermöglicht. Diese kann auch für sich abgestellt werden, so daß lediglich die Schleifscheibe umläuft. Eine sichere Führung bewirkt eine Blattstütze mit Bremsvorrichtung, die auf dem Schlitten befestigt und mit dem Sägeblatt hin- und herbewegt wird; ein Verdrehen und Vibrieren der Säge wird dadurch verhindert.

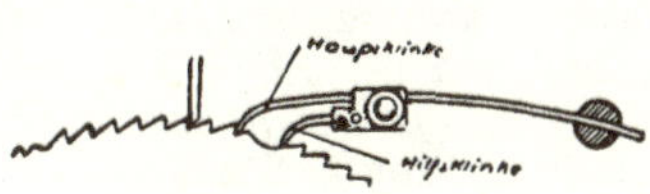

Abb. 399 Schaltvorrichtung

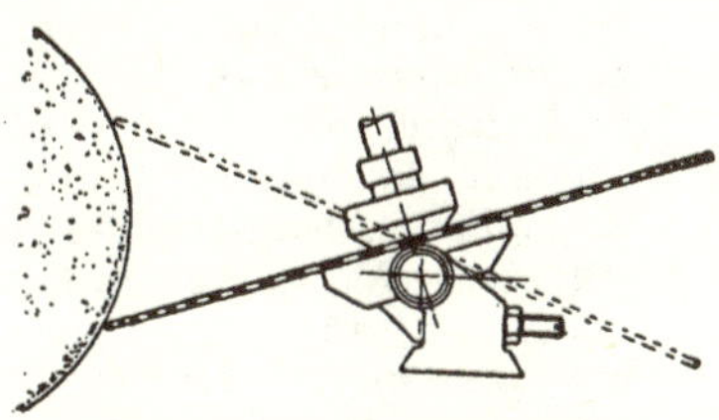

Abb. 400 Wippbare Blattauflage für seitliches Hinterschleifen

Hervorzuheben ist, daß durch eine stufenlose Regulierfähigkeit der Geschwindigkeit der Schleifscheibe zwischen 3600 und 2500 Touren und der Hubbewegung zwischen 145 und 95, für alle Zahnformen mit jeder Teilung und seitlichem Abschrägwinkel, die Gewähr gegeben ist, daß die individuelle Bearbeitung von Sägen mit verbrauchten oder ausgebrochenen Zähnen möglich ist.

Vorteilhaft ist auch, daß die Schutzhaube die Schleifscheibe auch nach vorn abschließt. Mithin kann sich das Strahlenbündel von der Schleifscheibe nur nach unten ergießen und nicht beliebig zerteilen. Teilscheiben (Sägen oder Teilscheiben mit geschliffenen Zahnflanken) ermöglichen das Nachschleifen oder Neuzahnen von Kreissägen mit größter Genauigkeit, und zwar mit Hilfe von verschiedenen Zusatzvorrichtungen.

Die Maschine ist auch für Riemenantrieb mit einem Zwischenvorgelege und von diesem zur Schleifscheibenwelle mit einem endlosen Keilriemen ausgestattet. Mit Leichtigkeit läßt sich auch diese Schärfmaschine als Feinwerkzeug-Schleifmaschine durch die Abstellvorrichtung der Hubbewegung des Schlittens anwenden.

Zu erwähnen ist noch, daß bei der Bauart „SS Tempo" der Form- und Schaltexzenter kastenförmig eingebaut ist. Die Schleifscheibenwelle ist kugelgelagert mit Spielausgleich und der breite Hauptschlitten mit Schwalbenschwanzführung nachstellbar und, was sehr vorteilhaft ist, vollkommen staubgeschützt. Auch ist das Schaltgetriebe in einem geschlossenen Fettgehäuse angeordnet.

Die Maschine wird in zwei Bauarten mit elektrischem Antrieb und in zwei Bauarten mit Riemenantrieb hergestellt. Man kann sie für Sägeblätter mit einem Durchmesser von 20—200 bzw. 30—350 mm verwenden. Die Schleifscheibe hat einen Durchmesser von 120 bzw. 150 mm. Der Kraftbetrag beträgt ⅙ PS. Die Umlaufzahl der Schleifscheibe ist in der Minute 3600/2500.

Diese selbsttätige Kreissägen-Schärfmaschine, die in den letzten Jahren hauptsächlich in der Metallbearbeitung Verwendung gefunden hat, wird in neuerer Zeit in sehr umfangreichem Maße auch für die Holzbearbeitung für Holzkreissägen mit Winkelzähnen (nicht Wolfszähnen) benutzt, da sie hierfür ganz hervorragend geeignet ist. Mit den Kreissägen, die auf dieser Maschine geschärft wurden, ist ein sehr guter Schnitt zu erzielen. Vielfach kann man sich die Arbeit auf der Abrichtmaschine dadurch vollkommen sparen.

Der Verein Deutscher Schleifmittelwerke e. V. hat über die richtige Anwendung der Schleifscheibe beim Sägeschärfen Vorschriften herausgegeben, die nachstehend wiedergegeben werden und in jeder Weise beachtet werden sollten.

1. Richtige Spanabnahme: Es ist vorteilhaft, mit einer mittleren Spanstärke beim Schleifen zu arbeiten. Es gibt Schleifer, die von einer Scheibe eine große, schnelle Spanabnahme erwarten und den rascheren Verbrauch der Schleifscheibe in Kauf nehmen, während andere wieder einen langsameren, leichteren Schnitt vorziehen und mit der Schleifscheibe länger auskommen. Naturgemäß haben die zwei Arten der Spanabnahme verschiedene Wirkungen auf die Schleifscheibe. Eine Schleifscheibe, welche die große und rasche Spanabnahme der ersten Art mit der Lebensdauer der zweiten Art vereinigt, gibt es nicht. Deshalb muß man sich vor zu großer und schneller Spanabnahme hüten. Die Schleifscheibe ist richtig zugestellt, wenn sie mit gut sichtbarer Funkenbildung arbeitet.

Wird beim vorschriftsmäßigen Schleifen, also bei mittlerer Spanstärke und gut arbeitender Maschine, der Zahn gelb und blau, dann ist die Schleifscheibe zu hart oder zu fein. Sie muß gegen eine weichere Scheibe ausgewechselt werden, wenn die Feinheit des Schliffes entspricht. Ist der Schliff aber zu fein, dann auswechseln gegen eine Scheibe mit gröberem Korn, vorerst ohne Härtewechsel. Läßt die Feuergarbe sehr bald nach, dann ist die Scheibe zu weich und muß gegen eine härtere ausgewechselt werden.

2. Bei Zeiten die Scheibe mit der Abdrehvorrichtung abdrehen und öfters mit einem Stück Siliziumkarbid abziehen. Ist die Schleifscheibe in Korn und Härte richtig, so muß der Schleifer in kurzen Zeitabständen mit den Fingern den soeben geschliffenen Zahn auf Erwärmung prüfen, denn auch eine passende Scheibe wird nach gewisser Zeit stumpf. Eine stumpf gewordene Scheibe führt zum Ausglühen der Zähne und kann in die Gefahr des Zerspringens geraten. Die meisten Maschinen besitzen keine Möglichkeit zum Abrichten. Entweder soll man sofort eine solche anbauen lassen oder das Aufschärfen mit den bekannten Apparaten von Hand ausführen, aber auf keinen Fall unterlassen. Bekannte Aufrauhapparate sind:

   Rohrdemant, Diamantwerkzeug, Ultra-Titanit-Abziehwerkzeug oder Indeg-Profil und andere.

3. Die Schleifscheibe richtig aufspannen. Schlag weder im Umfang noch seitlich! Tritt beim Laufen der Schleifscheibe eine Erschütterung der Schleifmaschine ein, dann kann diese durch den Schwerpunkt der Schleifscheibe verursacht sein. Dieser Übelstand muß sofort durch Auswuchten beseitigt werden. Auch ein ungleich stark stoßender Riemen kann schädlich wirken.

4. Das Schärfen der Sägen muß sofort erfolgen, sobald auch nur wenig Zähne stumpf geworden sind. Stumpf sein heißt: die scharfe Zahnspitze ist verlorengegangen entweder durch das Sägen oder durch Aufschlagen auf Stein, Nägel oder andere harte Gegenstände im Holz. Das Schärfen muß mit Sorgfalt erfolgen, damit jedes Ausglühen der Zähne und Zahnspitzen vermieden und auch der Schliff fein genug wird. Schuld ist nicht immer die Schleifscheibe, wenn die Zähne blaue und gelbe Flecken bekommen, auch eine zu starke Beistellung und vor allem das Verschmieren der Schleifscheibe führen zu diesem Ausglühen. Verschmieren der Schleifscheibe wird durch ungenügend gereinigte Sägezähne begünstigt.

Bei stumpfen oder verschmierten Schleifscheiben schmilzt der Schleifspan zu einem Kügelchen zusammen. Die Schleifscheibe fängt an zu brummen. Am Werkstück treten Brandflecke auf. Im Abschliff sind die Schmelzkügelchen unter einer guten Lupe deutlich sichtbar. Ihr Auftreten ist also ein Zeichen, daß die Schleifscheibe verschmiert oder stumpf oder zu hart gewählt ist.

Guter Zustand der Schleifmaschine.

1. Kein Lagerspiel. Sobald die Schleifwelle zu klappern beginnt, muß sofort die Lagerung nachgearbeitet werden, weil weder ein sauberer Schliff, noch eine gleichmäßige Spantiefe, noch eine gleiche Zahnentfernung erreicht werden kann und die Gefahr des Zerspringens begünstigt wird.
2. Richtige Einstellung der beweglichen Teile der Maschine.

3. Gute Schmierung und Pflege. Eine nicht gut geölte und wenig sauber gehaltene Maschine, verschmutzte und trockene Gleitflächen, verharzte Sägen schwächen jede Federwirkung, erschweren jede Gleit- und Schaltbewegung und können eine zuverlässige Weiterschaltung ganz verhindern, so daß die Schleifscheibe unmittelbar in den Zahn hineinschleifen kann. Ein solcher Fall kann zum Bruch der Schleifscheibe und unter Umständen zu schweren Verletzungen des Schleifers und zum Ausschuß des Sägeblattes führen.
4. Zweckmäßigerweise sollten an jeder Maschine 2 Geschwindigkeiten zum Ausgleich der Schleifscheibenabnahme vorhanden sein.
5. Benutze stets Schutzvorrichtungen und Schutzbrillen.
6. Achte auf eine gute unbeschädigte Staubabsaugung, da der Schleifstaub der Maschine wie dem Sägenschärfer schädlich ist. Der Lieferer der Sägenschärfmaschinen wird im Bedarfsfalle gern Vorschläge für eine gute Staubabfuhr machen.

Zusammenstellung der Fehler.

1. Falsch gewählte Schleifscheibe (meist zu hart oder zu fein).
2. Zu spärliches und ungenaues Abdrehen und Abziehen der Schleifscheibe und deshalb verschmierte Schleifscheibe.
3. Zu grobe oder zu feine Spanzustellung.
4. Klappernde Schleifwelle.
5. Schlecht ausgewuchtete Schleifscheibe.
6. Schlag im Riemen.
7. Unrichtige und ungenaue Einstellung der Maschine.
8. Ungenügend gereinigte, verharzte Sägen.

Feinstschleifen von Werkzeugschneiden

Läppbearbeitung

In neuerer Zeit ist es gelungen, die Spanleistung beim Plan- bzw. Planparallelläppen ganz wesentlich zu steigern, daß vielfach unbearbeitete Werkstücke in kürzerer Zeit und billiger planparallel geläppt werden als sie früher gefräst und geschliffen wurden. Man ist dazu übergegangen, für derartige Produktionen mit Materialabnahmen von 0,5 bis 1 mm Läppmaschinen an Stelle von Schleifmaschinen zu verwenden. Diese Entwicklung wurde nach Angabe der Herstellerfirma möglich.

1. durch die systematische Untersuchung und Steuerung der Bewegung der Werkstücke gegenüber der Läppscheibe;
2. durch eine vollkommen neuartige, von ihr zum Patent angemeldeten Läppscheibenart, die einen intensiven Angriff des Läppmittels möglich macht;

Abb. 401 Flach-Läppmaschine
Bauart FL 5

3. durch eine zum Patent angemeldete Läppscheibengestaltung, die ein Ebenbleiben der Läppscheibe beispielsweise über 48 Stunden sichert, während sie früher alle 3 Stunden abgerichtet werden mußte. Dies wird erreicht durch unterschiedliche Gestaltung der Widerstandsfähigkeit der Läppscheibe in radialer Richtung.

Heute werden Flach- oder Planläppmaschinen, deren Läppscheiben horizontal liegen, bis zu einem Scheibendurchmesser von 1200 mm gebaut. Dementsprechend groß können auch die Werkstücke sein. Bei kleinen Stückzahlen werden Werkstücke von Hand auf dieser Läppscheibe geführt. Um die Arbeitsweise bequemer zu gestalten, wird normalerweise ein Anschlaglineal radial zur Läppscheibe gestellt, an dem die Werkstücke hin- und hergeführt werden können (Bild 401). Hierdurch wird der hauptsächliche Arbeitsdruck, der durch die Reibung zwischen Werkzeug und Werkstück entsteht, auf diesem Lineal aufgenommen. Größere Werkstücke könnten bei der verhältnismäßig großen Flächenberührung nicht mehr von Hand gehalten werden. Die Massenfertigung fordert, daß Einrichtungen geschaffen werden, mit denen gleichzeitig mehrere Werkstücke über die Läppscheibe geführt und damit bearbeitet werden können.

Der in Abb. 402 dargestellte Handläpper, dessen oberste Schicht wie bei den Diamant-Läppscheiben mit Diamantstaub durchsetzt ist, findet sehr nutzbringende Verwendung, wo keine Diamant-Läppscheiben zur Verfügung stehen oder wo zeitraubender Aus- und Einbau von Hartmetallwerkzeugen vermieden werden soll, z. B. bei Automaten.

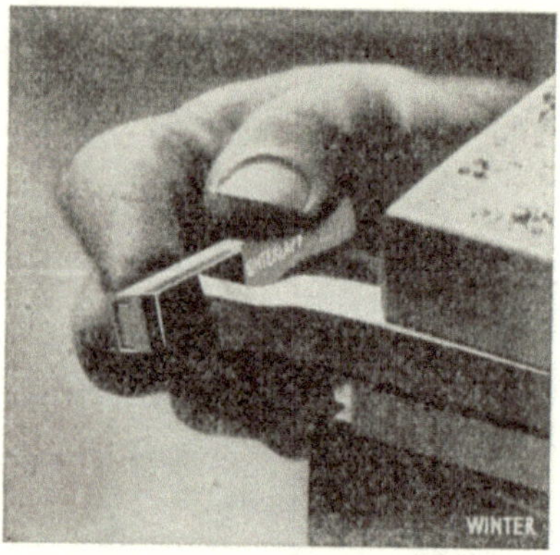

Abb. 402 Handläpper im Gebrauch

Läppen von Bohrungen

erfolgt mit Läpphülsen, die außen zylindrisch, einen inneren Kegel haben, und auf einem kegligen Läppdorn gespreizt. Mit diesen starren zylindrisch spreiz-

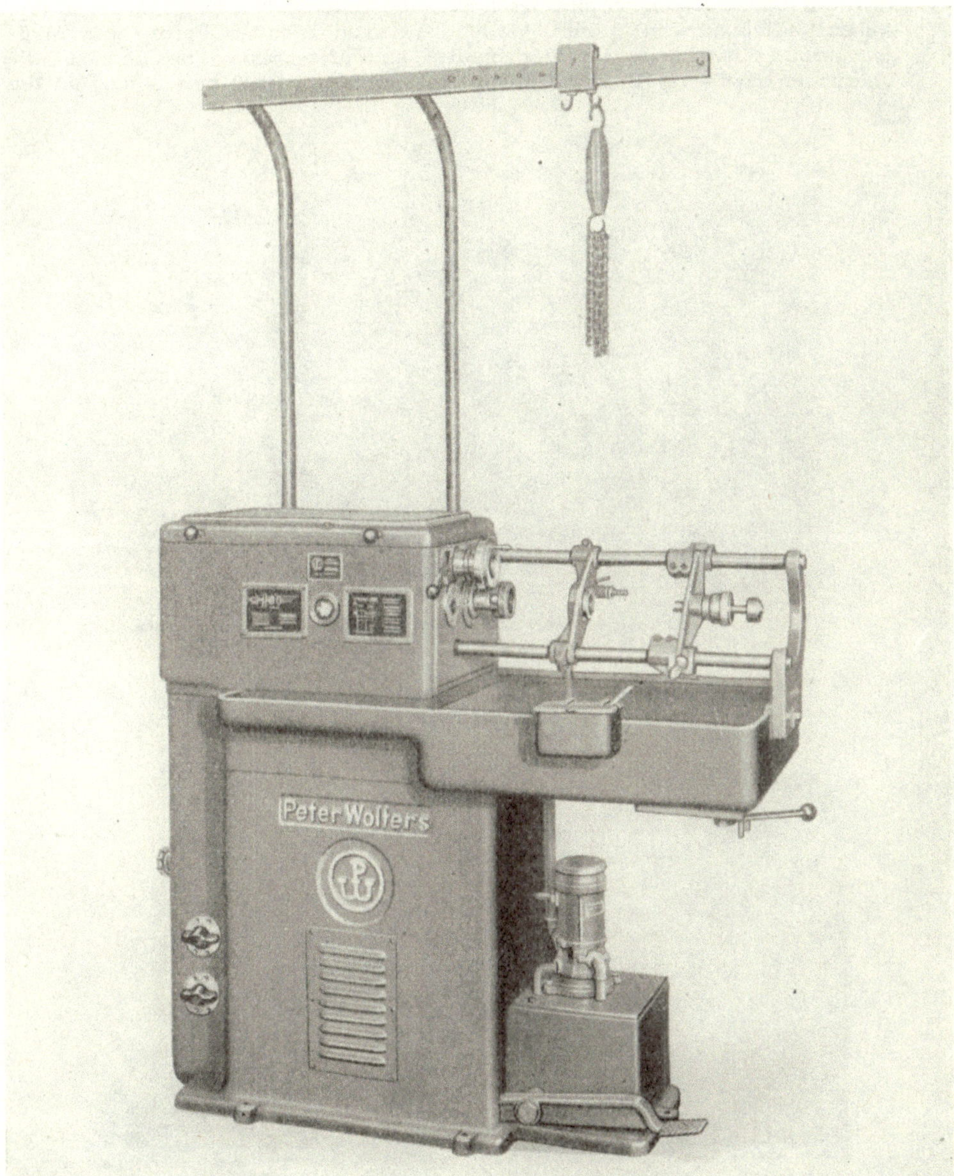

Abb. 403 Waagerechte Innen- und Außenrundläppmaschine Bauart IL 2

baren Läppwerkzeugen werden äußerst genaue Bohrungen erzielt. Die einzelnen Maschinen, die für das Arbeiten mit diesen Werkzeugen in Frage kommen, unterscheiden sich lediglich in der Art der Aufspreizung.

In der Abb. 403 wird eine waagerechte Innen- und Außenrundläppmaschine Microlap, Bauart J L 2 der Firma Peter Wolters, Mettmann/Rhld., gezeigt.

Die Bauart J L 2 eignet sich besonders zum Innenläppen von Bohrungen und Außenrundläppen von Bolzen, Wellen usw. von höchster Form- und Maßgenauigkeit bei bester Oberflächengüte. Auf dieser Maschine können alle Bohrungen von 6 bis 10 mm Durchmesser und bis zu 500 mm Länge, an die

Abb. 404 Getriebe der Innen- und Außenrundläppmaschine, Bauart Wolters.

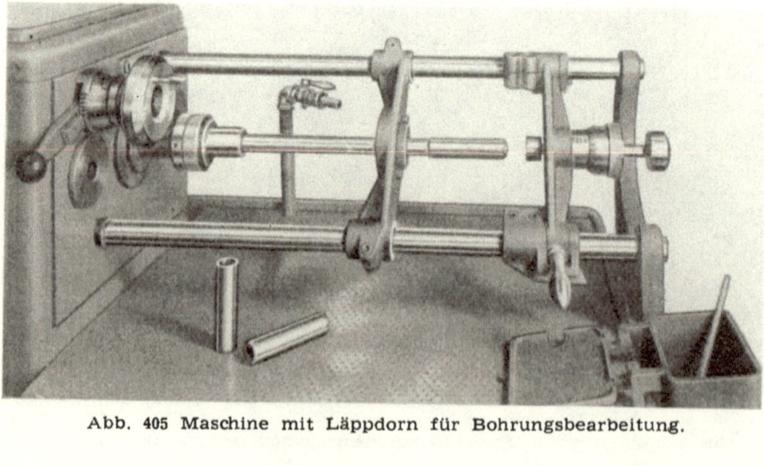

Abb. 405 Maschine mit Läppdorn für Bohrungsbearbeitung.

bezüglich der Genauigkeit und Oberflächengüte höhere Anforderungen gestellt werden als normalerweise durch Reiben, Schleifen, Räumen, Feinbohren usw. erreichbar ist, geläppt werden.

Der Arbeitsbereich für Außenrundläppen geht von 6 bis 65 mm Durchmesser, bei einer Länge bis zu 300 mm. Besonders hohe Formgenauigkeiten werden durch diese Außenrundläppmethode erreicht, da das als Büchse ausgebildete Läppwerkzeug in der Lage ist, Formfehler der Vorbearbeitung zu entfernen.

Wie aus der Abb. 403 zu ersehen ist, besteht die Maschine aus einem kräftigen, allseitig geschlossenen Unterteil, in welchem der Kühl- bzw. Läppmittelbehälter mit der Pumpe eingebaut ist. Auf diesem Unterteil ist als vollständig geschlossenes Gehäuse der Spindelkasten (Abb. 404) angeordnet.

Abb. 406 Maschine mit Läppdorn für Außenrundbearbeitung

Die Abb. 405 und 406 veranschaulichen die außerordentlich einfache Arbeitsweise der Maschine für Innen- und Außenbearbeitung. Von Hand wird das Werkstück über oder in das entsprechende Werkzeug zwischen Anschlägen hin- und herbewegt, während das Werkzeug gleichzeitig eine drehende oder schwingende Bewegung ausführt. Von Zeit zu Zeit wird dabei das Läppmittel, das in einem besonderen Topf mit Klappdeckel angerührt ist, mit einem Pinsel auf die Läpphülse aufgetragen. Entsprechend der Werkstoffabnahme der Werkstücke und dem Verschleiß des Läppwerkzeuges wird letzteres über einem Fußhebel oder auch an einem Handrad im Durchmesser zylindrisch aufgeweitet bzw. verengt, bis das gewünschte Maß erreicht ist. Die Aufweitung bzw. Verengung wird am Handrad um 2 bis 3 Umdrehungen zurückgedreht und dann kann in derselben Weise das nächste Werkstück geläppt werden. Durch einen verstellbaren Skalenreiter kann die jeweilige Endstellung festgelegt werden, wodurch ein Anhaltspunkt für das Endmaß gegeben ist.

Ganz besonderen Wert ist auf die Läppwerkzeuge zu legen. Höchste Form und Maßgenauigkeit, sowie beste Oberflächengüte lassen sich jedoch nur erreichen bei Verwendung von genauestens hergestellten Läppwerkzeugen, die sich einwandfrei zylindrisch verstellen lassen und in ihrem Strukturaufbau eine vollkommene Gleichmäßigkeit aufweisen. Die richtige Wahl und Mischung des Läpp- und Poliermittels ist außerdem von größter Bedeutung.

Sowohl die Innen- als auch die Außenläppwerkzeuge bestehen aus einem hohlgebohrten Läppdorn, der seinerseits die eigentlich zylindrische Läpphülse trägt. Im Innern des Läppdornes erfolgt die Verstellung der Läpphülse über einen Konus. Da die Läpphülsen selbst einem dauernden Verschleiß unterworfen sind, werden sie aus einem Sonder-Läppguß hergestellt, der im Besitze besonderer Läppeigenschaften ist. Großer Wert muß bei der Fertigung der Läpphülsen auf die Formgenauigkeit gelegt werden, da sonst ein einwandfreies Arbeiten nicht garantiert werden kann.

Beim Innenläppen ist zu beachten, daß das Werkstück stets so über die Läpphülse hin- und hergeschoben wird, daß in den Endstellungen Zweidrittel der Läpphülsenlänge mindestens noch in der Bohrung sitzt. Damit dies gewährleistet ist, wurde eine Anschlagvorrichtung vorgesehen, die für jedes Werkstück in der richtigen Lage einstellbar ist.

Wie die Abb. 403 zeigt, kann bei schweren Werkstücken das Gewicht durch Federzug entlastet werden.

Die technischen Daten der Bauart J L 2 sind:

Drehzahlen der Läppspindel	U/min	180/360
Schwinghubgröße der Läppspindel, normal . . .	mm	30
Schwinghubzahl der Läppspindel	Hub/min	200/400
Kraftbedarf	kW	0,8/1,1
Platzbedarf	mm	600×1250

Abb. 407 Handläppwerkzeug, Bauart Wolters, bei der Benutzung auf der Drehbank

Handläppwerkzeuge MICROLAP, Bauart Peter Wolters

In der Praxis hat sich erwiesen, daß in vielen Fällen die gebräuchlichen Maschinen nicht verwendet werden können, oder wegen der zu geringen Stückzahl der zu läppenden Teile lohnt sich die Anschaffung der Maschine nicht.

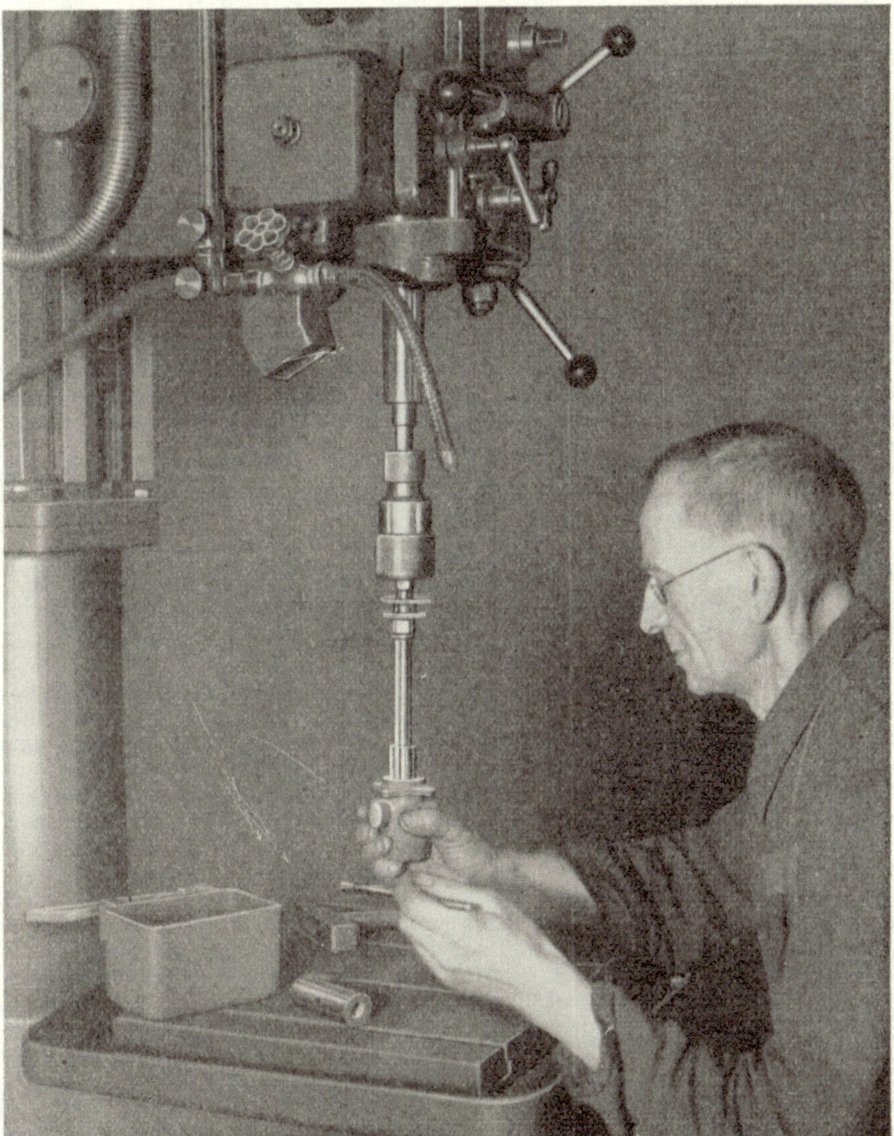

Abb. 408 Handläppwerkzeug, Bauart Peter Wolters, bei der Benutzung auf der Bohrmaschine

Für die am häufigsten vorkommenden Läpparten Innenrund- und Außenrundläppen sind daher eine Reihe von Handläppwerkzeugen entwickelt worden, mit dem sich ausgezeichnete Läppergebnisse erzielen lassen. Diese Läppwerkzeuge bestehen aus einem gehärteten und geschliffenen Läppdorn und der eigentlichen Läpphülse aus Sonderläppguß, die über einen genauen Konus zylindrisch aufgeweitet bzw. im Durchmesser verengt wird, entsprechend ihres Verschleißes beim Läppen. Die Nachstellung erfolgt dabei entweder mit Amboß und Hammer oder durch Verstellspindel. Eine Skalenmutter und eine Abdrückmutter auf dem Läppdorn gestatten die Einstellung eines gewünschten Maßes für die Aufweitung bzw. Verengung und auch das Abdrücken der Läpphülse auf ihre Anfangsstellung nach beendetem Läppvorgang.

Sowohl die Innenrund-Läppwerkzeuge als auch die Außenläppwerkzeuge können wahlweise von Hand betätigt bzw. in das Futter einer Drehbank (Abb. 407) oder in ein anderes laufendes Futter, wie z. B. einer Bohrmaschine (Abb. 408) eingespannt werden. Im zweiten Falle wird dabei wenigstens eine und zwar die Drehbewegung mechanisch ausgeführt, so daß dabei die Werkstücke unter Zuführung des Läppmittels nur noch von Hand in oder über die Läpphülse hin- und herbewegt werden brauchen. Dabei soll die Drehzahl des Futters etwa 200—300 U/min betragen.

Für das Außenrundläppen der Durchmesser über 21 mm sind die Läppkluppen geschaffen worden, die aus der eigentlichen Kluppe und den ebenfalls im Durchmesser nachstellbaren Läpphülsen bestehen. Auch längere Wellen und Wellensitze kann man mit diesem Werkzeug läppen, wobei die Werkstücke zwischen die Spitzen der Drehbank gespannt werden. Die Kluppe wird dann von Hand über die zu läppende Stelle bei etwa 100—300 U/min hin- und herbewegt unter Zuführung von Läppmittel.

Stähle-, Feinstschleif- und Läppmaschine, Modell ST. 2, für Werkzeuge

Das erforderliche Feinschleifen der Schneiden in einem Arbeitsgang mit der Spitzenabrundung unter Vermeidung jeglicher Rißbildung ist nur auf einer Sondermaschine möglich. Für diesen Zweck eignet sich die in Abb. 409 dargestellte Bauart ST 2 gut. Man kann mit ihr die Spitzenabrundung, die Freiflächen, die Spanflächen sowie Spanstufen an Dreh- und Hobelwerkzeugen unter genauester Einhaltung der vorgeschriebenen geometrischen Form und der gewünschten Schneidenwinkel feinschleifen. Unter 20facher Vergrößerung kann ständig das Schleifergebnis beobachtet werden.

Mit dieser Maschine können normale Werkzeuge nach DIN bis zu einem Schaftquerschnitt von 25×25 mm bearbeitet werden; Stahlquerschnitt für Stähle bis max. 2 kg Gewicht 35×35 mm. An dieser Maschine sind zum Aufspannen von Werkzeugen verschiedener Schaftformen sowie für die verschiedenen Bearbeitungsflächen am Werkzeug besondere Halter an der Maschine vorgesehen, die durch Schnellspannung in kürzester Frist gewechselt werden können. Auch lassen die verschiedenen Einstellmöglichkeiten der Maschine das gleichzeitige Schleifen von zwei Freiflächen verschiedener Winkelgröße zusammen mit der sie verbindenden Abrundung zu. Zu dieser Maschine wird eine Doppel-Diamantschleifscheibe geliefert, um Feinschliff und Fasenschliff in einer Aufspannung durchführen zu können.

Was die Arbeitsweise anbetrifft, so werden die Werkzeuge in Spannvorrichtungen aufgenommen und mit dem Mikroskop oder dem Radieneinstellgerät

Abb. 409: Stähle-, Feinschleif- und Läppmaschine mit doppelter Diamantschleifscheibe und Mikroskop, Bauart ST 2.

auf die Drehachse eingestellt. Der mit zwei Spindeln feinfühlig einstellbare Kreuzsupport dient hierfür. Durch Schwenken des Drehtisches über Schneckentrieb wird der Frei- oder Spanwinkel genau nach Skala eingestellt. Die Einstellgröße des Drehtisches und der obenliegenden Schaukelskala muß bei unterschiedlichen Winkeln benachbarter Flächen nach Angaben der Betriebsanleitung festgestellt werden. Das Werkzeug wird beim Feinschleifen an der ganzen Breite der Schleifscheibe vorbeigeführt. Der Drehtisch mit der Werkzeugspanneinrichtung erhält dafür eine zwischen Anschlägen einstellbare Schwenkbewegung. Zum Schleifen der Spitzenabrundung wird der Kreuzsupport auf dem Drehtisch geschwenkt. Die Endlagen sind durch Anschläge einstellbar.

Sondereinrichtungen sind für die Bearbeitung von Gewindestählen, besonders auch von Stählen für Trapezgewinde, sowie für Stechstähle, geschaffen. Durch die Einteilung der Strichplatte des Mikroskopes, die normalerweise konzentrische Kreise für verschiedene Spitzenradien enthält, ist die genaue Einstellung der Werkzeuge möglich. Die Maschine ist geschlossen und kräftig ausgebildet. Der innenliegende, genau gewuchtete Antriebsmotor treibt über

Abb. 410 Stählefeinschleif- und Läppmaschine beim Schleifen der Freiflächen und des Spitzenradius an einem Hartmetall-Drehstahl, Bauart ST 2

Stufenkeilriemenscheibe die in Sonderwälzlagern gelagerte Schleifspindel. Durch Riemenunterlagen lassen sich drei verschiedene Geschwindigkeiten der Drehspindel erreichen. Der Kraftbedarf beträgt 0,3 kW.

Die Abb. 409 stellt die Maschine mit doppelter Diamantschleifscheibe und Mikroskop dar, während Abb. 410 sie beim Schleifen der Freiflächen und des Spitzenradius an einem Hartmetalldrehstahl, und Abb. 411 beim Schleifen der Spanfläche eines Hartmetalldrehstahles zeigt.

Abb. 411 Stählefeinschleif- und Läppmaschine beim Schleifen der Spanfläche eines Hartmetall-Drehstahles, Bauart ST 2

Eickhoff Schleif- und Läppmaschine E 2

Um die bereits bekannte Methode des Läppens von Hartmetall-Werkzeugen, die ja bekanntlich eine außerordentliche Standzeiterhöhung und somit eine wirtschaftlichere Ausnutzung der teuren Hartmetall-Werkzeuge mit sich bringt, für die Wirtschaft zur Auswirkung zu bringen, hat die Fa. Gebr. Eickhoff eine

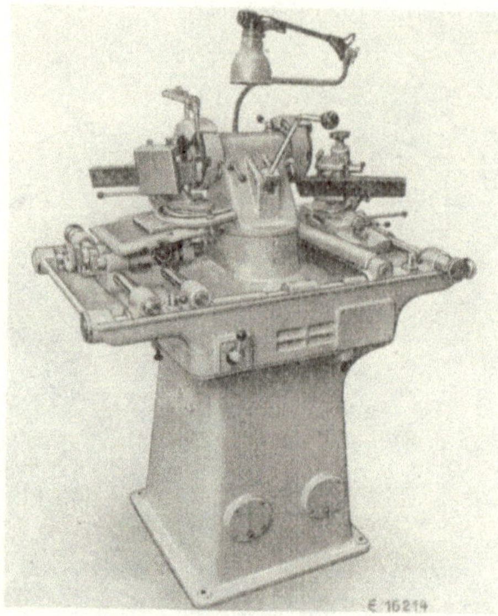

Abb. 412 Hartmetall-Schleif- und Läppmaschine E 2

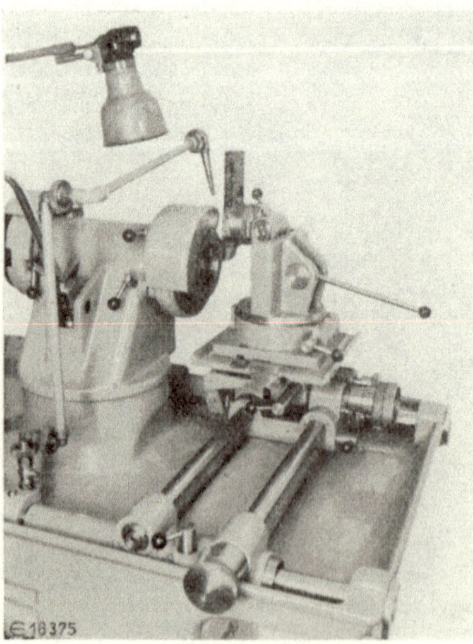

Abb. 413 Schleif- und Läppmaschine E 2 mit aufgebauter Schleifvorrichtung für Spanbrechernuten in Drehstählen.

Schleif- und Läppmaschine entwickelt, die sowohl für spanabhebende Werkzeuge wie auch für Werkzeuge, die in Bergwerken und Steinbetrieben gebraucht werden, Verwendung finden kann.

Die Maschine ist in Kastenbauweise konstruiert und gewährleistet einen erschütterungsfreien Lauf. Die Schleifspindel ist in nachstellbaren zweireihigen Ring-Zylinderlagern gelagert. Antrieb, elektrische Ausrüstung und Elektro-Schleuderpumpe für das Kühlmittel befinden sich im Sockel der Maschine und sind durch den aufklappbaren Deckel leicht zugänglich. Antrieb erfolgt durch Außenläufermotor.

Der Tisch (Support) ist in stabiler Form, dabei doch leicht beweglich, ausgeführt. Er pendelt zwischen zwei einstellbaren federnden Anschlägen. Die Zustellung erfolgt mittels Gewindespindel, die durch ein Griffrädchen (von Strich zu Strich 0,01 mm) eingestellt werden kann.

Die Tischplatte ist auf- und abwärts verstellbar und durch ein Griffrädchen um kleinste Winkel verstellbar.

Abb. 414 Schleif- und Läppmaschine E 2 mit aufgebauter Vorrichtung zum Läppen von Bohrkronen

Ein sehr wesentliches Merkmal der Maschine ist das Feinstschleifen und Läppen in einer Aufspannung der Werkzeuge. Der hierzu erforderliche Wechsel von der Schleif- auf die Läppscheibe erfolgt durch einfaches Schwenken des Schleifkopfes mit einem Handhebel. In seiner Endstellung wird der Schleifkopf durch den gleichen Hebel blockiert.

Die Vorteile des Fertigläppens von Hartmetall-Werkzeugen sind:

1. Die Standzeit wird erheblich vergrößert.
2. Der Verschleiß des Hartmetalls wird herabgesetzt.
3. Es werden Material und Löhne gespart.
4. Bei der Hartmetallbearbeitung bekommt die Oberfläche ein bedeutend besseres Aussehen.

Sondereinrichtungen

Für die spanabhebenden Stähle sind Vorrichtungen entwickelt, die universal anzuwenden sind, d. h., daß mit derselben Vorrichtung und in derselben Aufspannung alle Stahlwinkel und dazwischen liegende Radien geschliffen werden können. Bei der neuesten Ausführung wird die Spanbrechernut-Schleifvorrichtung auf der hinteren Seite der Maschine konstant aufgespannt, so daß zum Schleifen der Stähle nur noch zwei Vorrichtungen gebraucht werden, die dauernd auf der Maschine bleiben.

Außerdem sind Spannvorrichtungen für folgende Werkzeuge entwickelt:

Schrämmeißel Abb. 415 Kerbmeißel

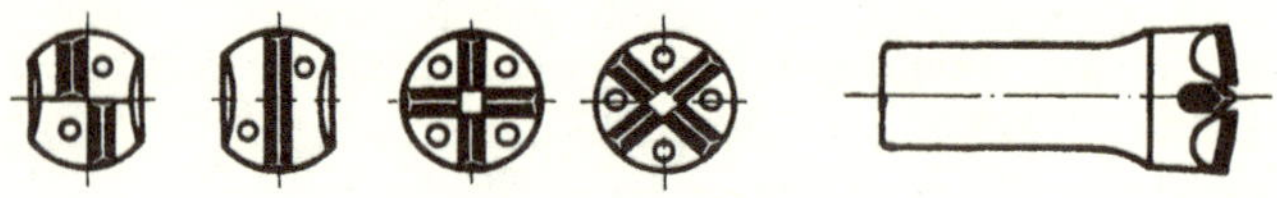

Abb. 416 Schlagbohrer mit Innen- und Außenkonus, mit Innen- und Außengewinde
Die Schlagbohrer können auf der Hartmetall-Schleifmaschine „E 3“ auch rund geschliffen werden

Abb. 417 Drehbohrer, zwei- und mehrschneidig, mit sämtlichen vorhandenen Aufnahmen und Winkelstellungen

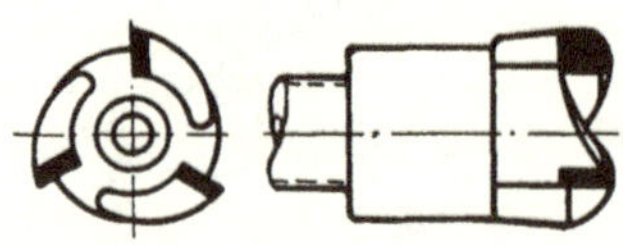

Abb. 418 Tannenbaumbohrer, drei- und mehrschneidig bis 120 mm ϕ sowie sämtliche Drehstähle in der eisenverarbeitenden Industrie

Arbeitsweise

An den zu behandelnden Hartmetall-Werkzeugen muß ein evtl. über den Hartmetallbesatz vorstehendes Haltematerial durch vorheriges Schleifen mit Silizium-Carbidscheiben entfernt werden. Das Hartmetallplättchen (oder Stift) wird dann auf der Eickhoff-Schleif- und Läppmaschine mit bakelitegebundenen Diamantscheiben vorgeschliffen und fertig geläppt.

Geläppt wird nur die Fase.

Der letzte Läppschliff ist durch einen nur ganz leichten Andruck in kurzer Zeit zu erreichen. Zum Sauber- und Griffighalten der Schleif- und Läppscheiben, wovon die Arbeitsgüte abhängig ist, wird von der Ölpumpe ein Gemisch von drei Teilen Petroleum und einem Teil säurefreien, dünnflüssigen Maschinenöles zugeführt.

Bei richtiger Behandlung bleiben die Diamantscheiben bis zum völligen Verschleiß griffig und verschmieren nicht. Sollte dennoch eine Diamantscheibe durch falsche Behandlung in ihrer Griffigkeit einmal nachlassen, so genügt meist ein Auswaschen der Arbeitsfläche mit Petroleum oder Benzin, um die volle Gebrauchsfähigkeit wieder herzustellen. Reicht ein Auswaschen nicht aus, so kann das Griffigmachen mit Bimsstein oder einem Stück Glas bei laufender Scheibe erfolgen, wobei aber in vorsichtiger Weise vorzugehen ist, damit keine wertvollen Diamantkörnchen verlorengehen. Die Scheiben werden aber auch durch die Lieferfirmen fachmännisch instandgesetzt.

Hartmetallschleifmaschine für den Bergbau - E 3 -

Das Feinstschleifen und Läppen der komplizierten Werkzeuge des Bergbaues auf der Schleif- und Läppmaschine E 2 war schwierig, da im Bergbau keine geeigneten Vorschleifmaschinen für die Formgebung vorhanden waren. Die

Abb. 419 Gesamtansicht der Hartmetallschleifmaschine E 3 mit angebautem Rundschleifapparat für Bohrkronen

Firma Eickhoff hat deshalb die Hartmetall-Schleifmaschine mit Siliziumkarbidscheiben E 3 entwickelt.

Diese Maschine ist mit den gleichen Vorrichtungen wie die Schleif- und Läppmaschine E 2 (siehe Abb. 412) ausgerüstet worden. Es können aber an

Abb. 420 Hartmetallschleifmaschine E 3 mit aufgebauter Schleifvorrichtung für Schrämmeißel

dieser Maschine außer dem Scharfschleifen der verschiedenen Werkzeuge auch die runden Werkzeuge — wie Schlagbohrer — rundgeschliffen werden.

Längere, von der Firma durchgeführte Versuche haben gezeigt, daß schon das richtige, maschinelle Schleifen der komplizierten Werkzeuge mit Silizium-Karbidscheiben sehr große Vorteile und Einsparungen an Hartmetall-Werkzeugen bringt.

Bei den bisher durchgeführten Versuchen auf verschiedenen Zechen und Vortriebsstrecken, bei denen die beiden Maschinen eingesetzt waren, wurden folgende Ergebnisse erzielt:

	Handschliff	Maschinenschliff	Maschinen- und Läppschliff
Schrämmeißel	17 mal	32mal	53mal
Bohrkronen	11 „	22 „	40 „
Bohrtiefe	176 m	352 m	640 m

Sonach ergibt sich:

Unterste Stufe: Schleifen von Hand
unzweckmäßig und unwirtschaftlich.

Mittlere Stufe: Maschinenschliff
des Haltematerials und der Schneiden auf Maschine TYP E 3
für Betriebe mit geringem oder mittlerem Werkzeugverbrauch in den meisten Fällen ausreichend.

Höchste Stufe: Vorschleifen auf Maschine TYP E 3,
Fertigschleifen und Läppen auf TYP E 2
für Betriebe mit hohem Werkzeugverbrauch und höchsten Ansprüchen.

In diesen Kosten sind enthalten:

die Meißelkosten mit 11,— DM/Stück
die Lohnkosten mit 1,50 DM/Std.
die Generalunkosten mit 200 %

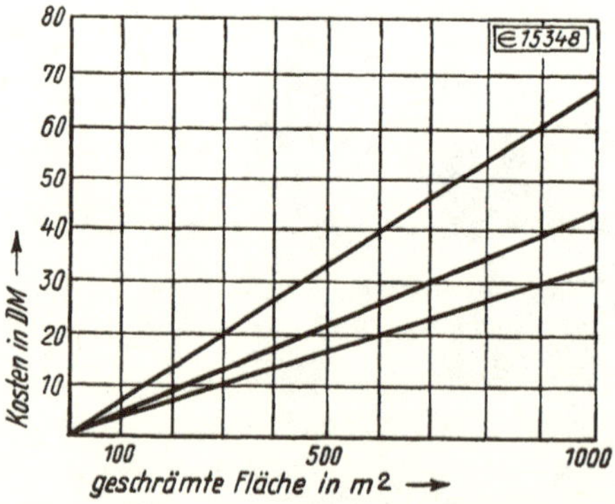

Kostenvergleich
a) Handschliff
b) Maschinenschliff
c) Maschinen- und Läppschliff

nicht berücksichtigt sind vorläufig:
die Schleifmittelkosten und die Maschinen-Amortisation, da sich hierüber wegen der stark verschiedenen Behandlung der Maschinen und Einrichtungen erst nach längerer Benutzung genauere Angaben machen lassen.

Abschließende Untersuchungen auf breiter Basis über die Wirtschaftlichkeit des Läppens bei Schlagwerkzeugen sind noch im Gange.

Greif-Hartmetall-Schleif- und Läppmaschine, Bauart HSL 2

Die in Abb. 421 gezeigte Schleif- und Läppmaschine, Bauart HSL 2, besitzt eine dynamisch ausgewuchtete Schleifspindel und Riemenscheibe; ein vibrationsfreier Lauf ist daher gewährleistet. Durch die Verwendung besonders geeigneter Kugellager mit Spielkompensierung wird Radial- und Achsialspiel vermieden, auch nach längerem Gebrauch. Sorgfältig ausgeführte Labyrinth-Dichtungen schützen das Kugellager-Schmiermittel gegen Verunreinigung. Eine denkbar einfache Einstellung der Schleiftische und Schleifwinkel ohne Hilfsmittel nach gut sichtbarer Winkelskala ist möglich.

Die Maschine ist mit Diamant-Schleifscheiben versehen, die zwar höhere Anschaffungskosten bedingen, aber eine wesentlich gekürzte Schleifzeit und hervorragende Schnittfähigkeit der geläppten Stähle und lange Lebensdauer der Diamantscheiben ermöglichen. Die mit diesen Scheiben geläppten Stähle sind von ganz vorzüglicher Beschaffenheit.

Durch Pendelbewegung des Schleiftisches wird ein einfacher Schleifvorgang und höchste Genauigkeit erzielt. Die Stähle werden an das mit Gradeinteilung versehene und festgespannte Normal-Lineal fest angelegt und der Tisch samt Lineal und Stahl auf den Blattfedern pendelnd an der Schleifbahn der Diamantscheibe vorbeigeführt.

Durch die wahlweise Betätigung des Wendeschalters können die Diamantscheiben mit Rechts- und Linksdrehung laufen, so daß je nach der Form der zu schleifenden Stähle die linke oder rechte Seite des Schleiftisches benutzt werden kann. Durch zwei Handräder erfolgt in einfacher Weise die Schrägstellung der Schleiftische; sie können von der Horizontalebene bis 20° nach unten und bis 10° nach oben nach gut lesbarer Gradeinteilung eingestellt werden.

Grundsätzlich soll nur naß geschliffen werden. Zweckmäßig verwendet man als Kühlflüssigkeit Petroleum, das aus einem 15 Liter fassenden Kühlmittel-Behälter durch Pumpe zugeführt wird.

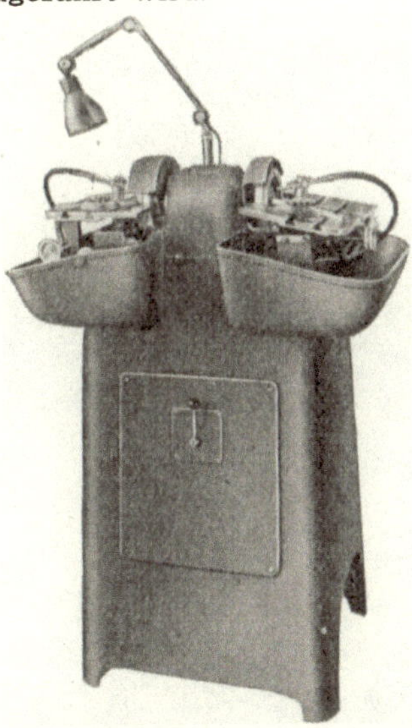

Abb. 421 Greif-Hartmetall-Schleif- und Läppmaschine HSL 2

Die Maschine ist mit einer Vorrichtung zum Schleifen von Spanbrechstufen versehen. Dieses Schleifen erfolgt an der Oberseite der Diamantscheibe. Wenn Spanbrecherstufen in großem Umfange geschliffen werden müssen, dann verwendet man hierzu zweckmäßig eine besonders geformte Diamantscheibe.

Bei besonders empfindlichen Hartmetall-Sorten wähle man vorteilhaft eine geringere Drehzahl der Schleifscheiben, um Schäden beim Schleifen zu vermeiden. Um dies zu ermöglichen, wurde die Maschine mit einem polumschaltbaren Motor mit Drehzahlen 1400/2800 U/min ausgestattet, was Drehzahlen von 1700/3400 U/min der Schleifwelle und Schleifgeschwindigkeit von etwa 12 resp. 24 m/sek entspricht. Es kommt ein Polumschalter für 2 Drehzahlen und 2 Drehrichtungen zur Verwendung. Die Leistung des Motors beträgt: 0,55/0,65 kW resp. 0,75/0,9 PS. Die Größe der zu schleifenden Stähle geht bis etwa 30×30 mm.

Der Durchmesser der Diamantscheibe beträgt 150 mm und die Bohrung 50 mm.

Das Schrifttum der Schleif- und Poliertechnik

Nach der Erfindung der technischen Schleifmittel Siliziumkarbid (SiC) und Elektrokorund (Al_2O_3) hat sich die Schleif- und Poliermittelindustrie stark entwickelt. Hand in Hand damit ging auch die Entwicklung der Schleif- und Polierverfahren und der Schleif- und Poliermaschinen. Nachdem im Jahre 1924 die Fachzeitschrift der Deutschen Schleif- und Poliermittel-Industrie (später: „die Schleif- und Poliertechnik“), im Jahre 1926 der Schleifindustrie-Kalender (Schleif- und Poliermittel-Kalender) und im Jahre 1931 das Institut für Schleif- und Poliertechnik an der Technischen Hochschule Braunschweig gegründet worden waren, entstanden eine Reihe von Doktor-Dissertationen, und die Buchliteratur über Schleifen und Polieren entwickelte sich allmählich. Die hauptsächlichsten Bucherscheinungen über Schleif- und Poliertechnik werden nachstehend gebracht, ebenso die Doktor-Dissertationen und die ausländische Literatur.

Etwas reichhaltiger ist die Zeitschriftenliteratur in Form von Aufsätzen über die verschiedenen Gebiete der Schleif- und Poliertechnik. Der Verfasser dieses Buches hat diese einzelnen Aufsätze gesammelt (zur Zeit sind es etwa 2500 Stück) und wird sie später, wenn die Zahl 5000 erreicht ist, einer Zentralstelle übergeben und sie damit einem größeren Interessentenkreis zugänglich machen.

Deutsche Literatur:

AWF: „Die Schleifscheibe, Aufbau, Auswahl und Behandlung“. 5. Auflage. Feinstbearbeitung, Betriebsblatt, Schleifen von Hartmetall, Kühlen und Schmieren beim Schleifen, Hartmetall-Schnittwerkzeuge der Stanzereitechnik.

Benninghoff, Hans: Elektrolytisches Polieren der Metalle in der Industrie, 144 Seiten u. 25 Tabellen. 37 Abb. auf 25 Tafeln 1953.

Brödner, Dr.-Ing., Ernst: „Zerspanung und Werkstoff“. 173 Seiten. 154 Abbildungen und 28 Tafeln. 1934.

Burkart, Dr.-Ing., W.: Neuzeitliche Schleif- und Polier-Praxis, 172 Seiten, 56 Abb., 6 Zeichnungen, 6 Tabellen. 1954.

Ericson-Kleinschmidt: „Das Schärfen der verschiedenen Werkzeuge für die Holzbearbeitung“. 1937.

Feldmann, Paul: „Handbuch des Schleifens“, 160 Seiten, 168 Abb., 1953.

Finkelnburg, Dr.-Ing., Hans H.: „Einführung in die Feinbearbeitung“, 69 Seiten, 43 Abb.

Finkelnburg, Dr.-Ing., Hans H.: „Werkzeuge für spanabhebende Formen“, 208 Seiten, 201 Abb.

Finkelnburg, Dr.-Ing., H.: „Läppen“ (Werkstattbuch Nr. 105), 60 Seiten, 100 Abb., 1950.

Graser, Th.: „Schleifen, Beizen, Polieren aller Hölzer“. 2. Auflage. 1932.

Guilleaume, Dr.-Ing., Alex: „Charakter und Eigenschaften keramischer Schleifmittelbindungen sowie Härteprüfung von Schleifscheiben“. Bonn. 1927.

Graupner, Th.: „Schleifen und Polieren von Steinen und Kunststeinen". 1924.

Heilborn, Dipl.-Ing., F.: „Das spitzenlose Schleifen von Wälzlager-Rollen".

Hofmann, W.: „Spitzenloses Schleifen", 54 Seiten, 99 Abb., II. Teil, 6 Zusatzvorrichtungen, Genauigkeits- und Schönheitsschliff, 62 Seiten, 77 Abb., 1950.

Hofmann, W.: „Spitzenloses Schleifen", 2. Teil, 62 Seiten, 77 Abb., 1952.

Joseph, Friedrich: „Schleifen und Polieren der Edelmetalle". 3. Auflage. 1929.

Kleinschmidt, Senator h. c.: „Handbuch des gesamten Schleif- und Polierwesens in 5 Bänden".

Band I: „Das Schleifen in der Metallbearbeitung". 3. Auflage. 1950. 575 Seiten, 633 Abb. und 3 Tafeln.

Band II: „Das Polieren der Metalle". 2. Auflage. 1948. 203 Seiten, 229 Abb.

Band III: „Das Schleifen und Polieren in der Holzbearbeitung". 210 Seiten, 227 Abb. und 3 Tafeln.

Band IV: „Das Schleifen und Polieren in der Glas-, Stein-, Leder- usw. Bearbeitung". 400 Seiten, 481 Abb. und 7 Tafeln.

Band V: „Das Schleifen der Werkzeuge".

Wörterbuch der Schleif- und Poliertechnik, Teil I Deutsch-Englisch, Teil II Englisch-Deutsch, 94 Seiten, 25 Abb., 1952.

„Schleifindustrie-Kalender" 1926—1944 und 1949—1954.

Krämer, Oskar: „Schleifen und Polieren in galvanotechnischen Betrieben". 109 Seiten. 1939.

Krause, Hugo: „Schleifen und Polieren in der Metallwarenindustrie". 196 Seiten und 63 Abb., 1939.

Kreher, Dr.-Ing., R.: „Gütesteigerung beim spitzenlosen Schleifen". 1939.

Kurek, Dr.-Ing., Franz, und Klein, Dr.-Ing., Werner: „Schneidwaren", 133 Seiten, 51 Abb., 1951.

Lätzig, Walter: „Läppen", Grundlagen und praktische Anwendung, 185 Seiten, 167 Abb., 1950.

Lichtenberger, Dipl.-Ing., H.: „Maßüberwachung in der Feinbearbeitung", 66 Seiten, 71 Abb., 1953.

Lindner, Dr.-Ing., Wolfram: „Fräsmaschinen, Schleifmaschinen und Zahnradbearbeitungsmaschinen". 8. Auflage. 1939. 170 Seiten, 166 Abb.

Meyer, Prof. Dipl.-Ing., H.: „Leitfaden der Werkzeugmaschinenkunde". 2. Auflage. 138 Seiten, 330 Figuren.

Opitz, Prof. Dr.-Ing., und Vits, Dr.-Ing.: „Schleifvorgang und Schleifflüssigkeit". 1942.

Potyka, Dipl.-Ing., Kurt: „Werkstattkniffe". Folge 7. Schleifen. 1939.

Rottler, August: „Werkzeugschleifen", 60 Seiten, 134 Abb., 1949.

Vollenbruck, H.: „Leitfaden zur spanabhebenden Metallbearbeitung". 145 Seiten. 1939.

Vorwerck, Prof. Dipl.-Ing.: „Der Schleifer". 1942.

Wallichs, Dr.-Ing. e. h., A., und Wallichs, Dr.-Ing., R.: „Zerspanung der Leichtmetalle". 1939.

Werkmeister, Dr.-Ing., O.: „Das Schleifen und Polieren der Metalle", 4. Aufl., 64 Seiten, 3 Abb., 1947.

Widmer, Ernst: „Schleifen und Werkzeugschleifen", 62 Seiten, 50 Abb., 1948.

Schrifttum über Feinstbearbeitung:

Altschuler, L. W. und Speranskaja, M. P.: „Durch Schleifen hervorgerufene Gefügeumwandlungen an Oberflächen gehärteter Stähle". Westu. Metalloprom. 20 (1940), Nr. 1, S. 15/21.

Denham, A. F.: „Feinziehgeschliffene Oberflächen". American Machinist, Heft 15 vom 27. Juli 1938 und Heft 16 vom 10. August 1938.

Dreyhaupt, W.: „Oberflächenprüfung von Flächen mit hohem Gütegrad". Werkstattstechnik 23 (1939), Heft 13, S. 321/24.

Geschelin: „Die Entwicklung des Feinziehschleifverfahrens". Automot. Ind. 1938, 10. September.

Hamburger, L.: „Zur Kenntnis des Schleif- und Polier-Vorganges". Zeitschrift f. Metallk. 25 (1923), Heft 2, S. 29/32, Heft 3, S. 58/62.

Koch, L., und Lehmann, A.: „Übermikroskopische Untersuchungen von geglätteten Aluminiumoberflächen". Wiss. Veröffentl. Siemenswerk, Werkstoff-Sonderheft 1940, S. 363/71.

Lätzig, Walter: „Läppen". Grundlagen und praktische Anwendung. 185 Seiten, 167 Abb.

Martz, L. S.: „Microfinish, sein Wesen und seine Anwendung". Modern Machine Shop 13 (1940), Nr. 3 und 4.

Neuweiler, L. G.: „Eine neue Art der Feinstbearbeitung, deren Prinzip und Anwendung". Schweiz, techn. Zeitschrift v. 14. September 1939, S. 511.

„Normung der Oberflächenrauhigkeit". Maschinery London 55 (1939), Nr. 1410, S. 62/63.

Petit, H.: „Das Feinziehschleifverfahren von Chrysler". La Technique Automobile et Aerienne, Oktober 1939, S. 129/31.

Roll, F.: „Fehlerquellen bei der Behandlung von Metallschliffen". Gießerei 23 (1936), S. 645/52.

Sawin, N. N.: „Über Oberflächenrauhigkeit und ihre Normung". Werkstattstechnik 35 (1941), Heft 3, S. 37/43.

Shaw, F. W.: „Geschliffene Oberflächen". Machinist London, 13. August 1938, S. 638.

Sherman, W. F.: „Feinziehschleifen, ein gänzlich neues Oberflächenbearbeitungsverfahren". Iron Age 1938 vom 1. Sept., 8. Sept., 22. September.

Swigert. A. M.: „The Story of Superfinish". Detroit 1940. Lynn Publishing Comp.

„Feinziehschleifen". Machinist London 1939, 5. August, S. 364/67 E.

Wallace, D. A.: „Feinziehschleifen". Tool Engineer, April 1939, S. 30/31.

Dissertationen:

Bachmann, Dipl.-Ing., Hellm.: „Beiträge zur Kenntnis der Zerspanung von Gußeisen und Stahl auf der Innenschleifmaschine".

Bornemann, Dipl.-Ing., Alfred: „Prüfung und Beurteilung von Schleifscheiben auf Grund ihres Verhaltens bei verschiedenen Geschwindigkeiten". Dresden 1931.

Brand: „Die Veränderung der Oberfläche eines Glases durch Schleifen und Polieren". 115 Seiten. Berlin 1937.

Conradt, Dipl.-Kfm., Max: „Die Deutsche Hautleimindustrie". München. 1932.

Crisan, Dipl.-Ing.-S.: „Untersuchung des Trennens von Stahl mittels dünner Schleifscheiben". Dresden. 1930.

Danz, Dipl.-Ing., Arthur: „Die Fachsprache der Schleiftechnik". Braunschweig. 1934.

Drache, Willy: „Experimentelle Vergleichsversuche mit den Schleifkörpern: Karborund, Siliziumkarbid und Diamant auf Schleifwirkung, Abnutzung und Wirtschaftlichkeit". Köln. 1936.

Feist, Werner: Untersuchungen über das Feinschleifen von optischem Glas mit losen Schleifmitteln auf selbsttätigen Hebelmaschinen, Braunschweig 1952.

Fleck, Dipl.-Ing., Kurt: „Ein Beitrag zur Klärung der Geschwindigkeits- und Kraftverhältnisse beim spitzenlosen Schleifen". Hannover. 1931.

Franke, Dr. med. dent., Anneliese: „Über das Schleifen in der Zahnheilkunde". Untersuchungen über den Einfluß von Druck und Tourenzahl auf den Schleifeffekt. Berlin. 1933.

Franz, Dipl.-Ing., Walter: „Die Schleifeigenschaften keramisch gebundener Korundschleifkörper in Abhängigkeit von Bindung (Härte), Schleifgeschwindigkeit und Diamantvorschub beim Abziehen". Braunschweig. 1936.

Goedecke, Dipl.-Ing., Helmut: „Die Vorgänge im schleifenden Gefüge von Schleifscheiben und deren zahlenmäßige Erfassung". (Ein Beitrag zur Beurteilung von Schleifscheiben.) Aachen. 1936.

Goerz, Dipl.-Ing., Paul: „Über ein neues Glasschleifverfahren und seine Anwendung zur Prüfung von Schleifmitteln". Berlin. 1928.

Hermann, Dipl.-Kfm., Herbert: „Die Industrie für Schleiftuche und -papiere in Deutschland". Rostock. 1928.

Heydt, Dipl.-Ing., Günther: „Grundlagen der Herstellung und Güteprüfung von Schleifpapieren und Schleiftuchen". Hannover. 1933.

Kratz, Dipl.-Ing., Erich: „Untersuchungen über Holzschleifen an Trommelschleifmaschinen". Dresden. 1932.

Kruel, Dipl.-Ing., Phil.: „Grundlegende Erkenntnisse über das Schleifen von Hartstoffen". Braunschweig. 1935.

Krumsiek, Fritz: „Über das Schleifen und die Schleifsteine". Untersuchungen über die Brauchbarkeit verschiedenkörniger Schleifsteine. Bonn. 1930.

Lindau, Dipl.-Ing., Albert: „Tatsächlicher und gemessener Feinheitsgrad geschliffener Flächen". Braunschweig. 1934.

Mackensen, Dipl.-Ing., Otto: „Beitrag zum Schleifen von Glas für Zwecke der Optik". Braunschweig. 1926.

Mathieu, Herbert: „Untersuchungen an Schleifsteinen für zahnärztliche Arbeiten". Rostock. 1932.

Mindt, W.: „Härtebestimmung von Schleifmitteln". Erlangen. 1922.

Neimeyer, Dipl.-Kfm., Oskar: „Die natürlich-technischen und die wirtschaftlichen Bedingungen der Schleifmittelproduktion". Frankfurt. 1928.

Pockrandt, Dipl.-Ing., Willy: „Versuche zur Ermittlung der günstigsten Arbeitsweise der Rundschleifmaschine". Berlin. 1910.

Poetzel, K.: „Untersuchung über Glasschleifen mittels Sand und Wasser". Dresden. 1933.

Röder, Dipl.-Ing., Karl: „Untersuchungen über Steintrennen mittels umlaufender Silizium-Karbid-Scheiben". Dresden. 1932.

Rohde: „Bedeutung und Leistungsprüfung von Schleif- und Poliermaterialien unter besonderer Berücksichtigung der Verhältnisse in der Zahnheilkunde". Rostock. 1930.

Schroeder, Dipl.-Ing., Alf.: „Entwicklung der Schleiftechnik bis zur Mitte des 19. Jahrhunderts". Braunschweig. 1930.

Seyppel: „Untersuchungen über den Einfluß von Tourenzahl und Druck auf die Arbeitsleistung spanabhebender zahnärztlicher Werkzeuge". Köln. 1934.

Voos, Studienassessor, Karl: „Das Schleifen, Pließten und Polieren in der Solinger Stahlwarenindustrie". Dresden. 1937.

Wilhelm, C.: „Der technisch-ökonomische Charakter der Schleifindustrie und ihre Bedeutung für die deutsche Volkswirtschaft". Frankfurt. 1925.

Ausländische Literatur:

Colvin, F. H., und Stanley, F. A.: „American Machinist Grinding Practice". 1937.

Darbyshire: „Precision Grinding".

Eardley-Wilmot, V. L.: „Abrasives". Band I: „Siliceous Abrasives", Band II: „Corundum and Diamond", Band III: „Garnet", Band IV: „Artifical Abrasives and Manufactured Abrasive Products and their Uses".

Guénard, Henri: „La Rectification des Pièces Mécaniques". Paris. 1929.

Guest: „Grinding Machinery".

Hamilton & Jones: „Advanced Grinding Practice".

Hammond, Edward K.: „Lapping and Polishing".

Heywood: „Grinding wheels and their uses". Cleveland, Ohio. 1938.

Hodgson, R. B.: „Emery Grinding Machinery".

Jacobs, Fred B.: „The Abrasive Handbook".

„Abrasives & Abrasive Wheels".

„Production Grinding".

Searle, Alfred B.: „The Manufacture and Uses of Abrasive Materials".

Shaw, T. R.: „Grinding Machines and their Use".

Woodworth, J. V.: „Grinding and Lapping".

Alphabetisches Sachregister

ANZEIGEN

DEUTSCHE CARBORUNDUM WERKE
GMBH
DÜSSELDORF-REISHOLZ

wasserfeste
Schleifpapiere
CARBORUNDUM
CARBORUNDUM SCHLEIFMITTEL GESELLSCHAFT
M. B. H.
DÜSSELDORF-REISHOLZ

ATLANTIC
GUILLEAUME-WERK
BEUEL AM RHEIN
ATLANTIC
GUILLEAUME-WERK BEUEL AM RHEIN

WERKZEUGSCHLEIFEN mit
NORTON SCHLEIF-SCHEIBEN
gewährleistet
• schnelle Verspanung
• hohe Genauigkeitswerte
• feine Schliffgüten
• lange Standzeiten
NORTON SCHLEIFMITTEL
DEUTSCHE NORTON GES. M B H WESSELING BZ. KÖLN

Hochleistungs-Schleifscheiben
Kleinschleifkörper
mit Stahlschaft
für jeden Industriezweig
liefert:
ERNST KIRCHER
PFORZHEIM
ERNST KIRCHER, Schleifmittelwerk
PFORZHEIM / BADEN

www.ingramcontent.com/pod-product-compliance
Lightning Source LLC
LaVergne TN
LVHW042227300926
849161LV00003B/300

* 9 7 8 3 1 1 2 3 0 6 6 7 3 *